中等职业学校工业和
信息化精品系列教材

AutoCAD 工程制图

项目式双色微课版

主编：叶红 孔小丹
副主编：徐明秀 孙涛 潘瀚琪

人 民 邮 电 出 版 社
北 京

图书在版编目（CIP）数据

AutoCAD工程制图 : 项目式双色微课版 / 叶红，孔小丹主编. -- 北京 : 人民邮电出版社，2023.3
中等职业学校工业和信息化精品系列教材
ISBN 978-7-115-60078-3

Ⅰ. ①A… Ⅱ. ①叶… ②孔… Ⅲ. ①工程制图—AutoCAD软件—中等专业学校—教材 Ⅳ. ①TB237

中国版本图书馆CIP数据核字(2022)第176008号

内 容 提 要

本书全面、系统地介绍AutoCAD 2019的各项功能和工程制图技巧，具体内容包括工程制图基础、AutoCAD 2019基础操作、绘制基本图形、绘制复杂图形、编辑图形操作、文字与表格、尺寸标注、图块与外部参照、创建和编辑三维模型及综合设计实训等。

本书采用“项目—任务”式体例，重点项目通过“任务引入”介绍任务的具体要求；通过“任务知识”帮助学生了解软件功能；通过“任务实施”帮助学生熟悉工程制图的操作流程；通过“扩展实践”和“项目演练”增强学生的软件使用技巧和实际应用能力。最后一个项目是综合设计实训，安排了5个专业设计案例帮助学生了解实际工作规范，提高综合制图能力。

本书可作为中等职业学校数字艺术类专业工程制图课程的教材，也可作为AutoCAD初学者的自学参考书。

◆ 主　　编　叶　红　孔小丹
　副 主 编　徐明秀　孙　涛　潘瀚琪
　责任编辑　王亚娜
　责任印制　王　郁　焦志炜
◆ 人民邮电出版社出版发行　　北京市丰台区成寿寺路11号
　邮编　100164　　电子邮件　315@ptpress.com.cn
　网址　https://www.ptpress.com.cn
　大厂回族自治县聚鑫印刷有限责任公司印刷
◆ 开本：889×1194　1/16
　印张：14.75　　　　2023年3月第1版
　字数：322千字　　　2023年3月河北第1次印刷

定价：59.80元

读者服务热线：(010)81055256　印装质量热线：(010)81055316
反盗版热线：(010)81055315
广告经营许可证：京东市监广登字20170147号

前言

PREFACE

AutoCAD 是由 Autodesk 公司开发的计算机辅助设计软件，它功能强大、易学易用，深受室内设计和机械设计人员的喜爱。目前，我国很多中等职业学校的数字艺术类专业都将 AutoCAD 作为一门重要的专业课程。本书根据《中等职业学校专业教学标准》要求编写，从人才培养目标、专业方案等方面做好顶层设计，明确课程标准，强化技能培养，安排教材内容；根据岗位技能要求，引入企业真实案例，进行项目式教学。

根据现代中等职业学校的教学方向和教学特色，我们对本书的编写体系做了精心的设计。全书主要根据 AutoCAD 2019 的功能模块来划分项目，重点项目按照“任务引入—任务知识—任务实施—扩展实践—项目演练”顺序进行编排。本书在内容选取方面，力求细致全面、重点突出；在文字叙述方面，注意言简意赅、通俗易懂；在案例设计方面，强调案例的针对性和实用性。

本书配套微课视频可登录人邮学院（www.rymooc.com）搜索书名观看。另外，为方便教师教学，除书中所有案例的素材及效果文件，本书还配备 PPT 课件、教学大纲、教案等丰富的教学资源，任课教师可登录人邮教育社区（www.ryjiaoyu.com）免费下载。本书的参考学时为 64 学时，各项目的参考学时见下面的学时分配表。

项目	课程内容	学时分配
项目 1	发现工程制图的美——工程制图基础	2
项目 2	熟悉设计工具——AutoCAD 2019 基础操作	8
项目 3	掌握基础绘图应用——绘制基本图形	6
项目 4	掌握高级绘图应用——绘制复杂图形	8
项目 5	掌握图形编辑方法——编辑图形操作	8
项目 6	掌握文字与表格应用——文字与表格	6
项目 7	掌握尺寸标注应用——尺寸标注	8
项目 8	掌握创建图块和引用外部参照——图块与外部参照	4

续表

项目	课程内容	学时分配
项目 9	掌握三维模型编辑应用——创建和编辑三维模型	8
项目 10	掌握商业设计应用——综合设计实训	6
学时总计		64

本书由叶红、孔小丹任主编，徐明秀、孙涛、潘瀚琪任副主编。由于编者水平有限，书中难免存在疏漏和不足之处，敬请广大读者批评指正。

编者

2022 年 12 月

目录

CONTENTS

01

项目1

发现工程制图的美
——工程制图基础

随着信息技术的发展与大众环境艺术审美的提高，工程制图的技术与要求也在相应地发生变化，从事工程制图设计及相关工作的人员需要系统地学习工程制图设计的应用技术和技巧。本项目对工程制图设计的应用领域及工作流程进行讲解。通过本项目的学习，读者可以对工程制图设计有一个初步的认识，了解其应用领域。

学习引导

知识目标

- 了解工程制图的应用领域

能力目标

- 明确工程制图的工作流程

素养目标

- 培养对工程制图的兴趣
- 提高建筑审美水平

任务 1.1　了解工程制图的应用领域

1.1.1 任务引入

本任务要求读者首先了解工程制图的应用领域；然后通过在知末网赏析中式建筑设计施工图，提高艺术审美水平，了解中式建筑的特色。

1.1.2 任务知识：工程制图的应用领域

1 土木建筑设计

与三维软件相比，AutoCAD 在实现土木建筑制图的过程中操作更加清晰、明确，拥有明显的优势。其清晰的界面、便捷的操作及强大的功能，可以有效地提高土木建筑制图效率，准确表达土木建筑实样特征，如图 1-1 所示。

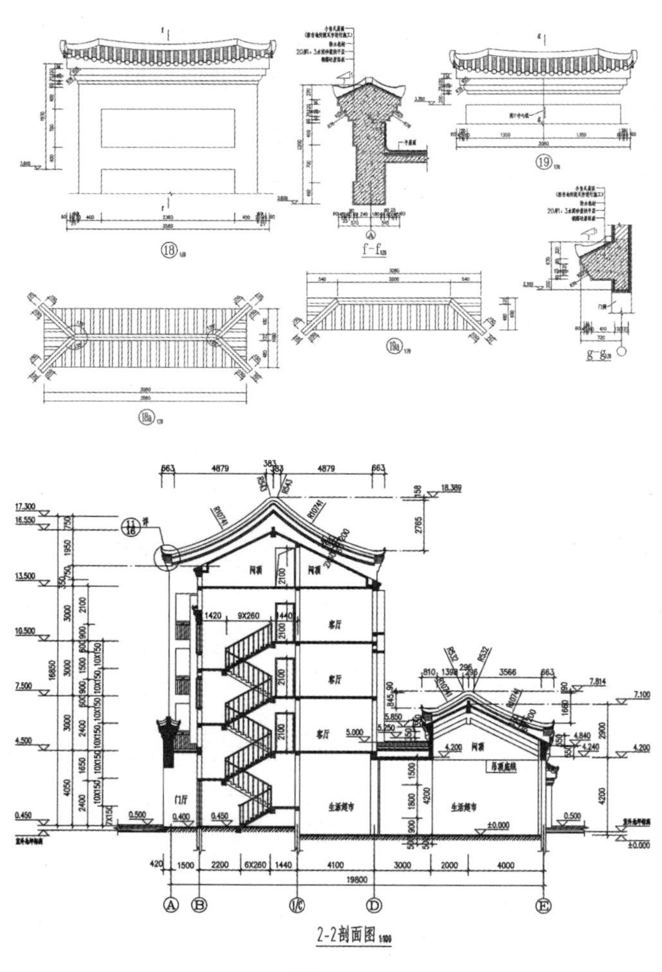

图 1–1

2 机械制造设计

机械制造中传统的制图方法为手工绘制。随着 AutoCAD 的出现与发展，其强大的图形绘制功能与编辑功能提高了机械制图的绘图质量与效率，如图 1-2 所示。

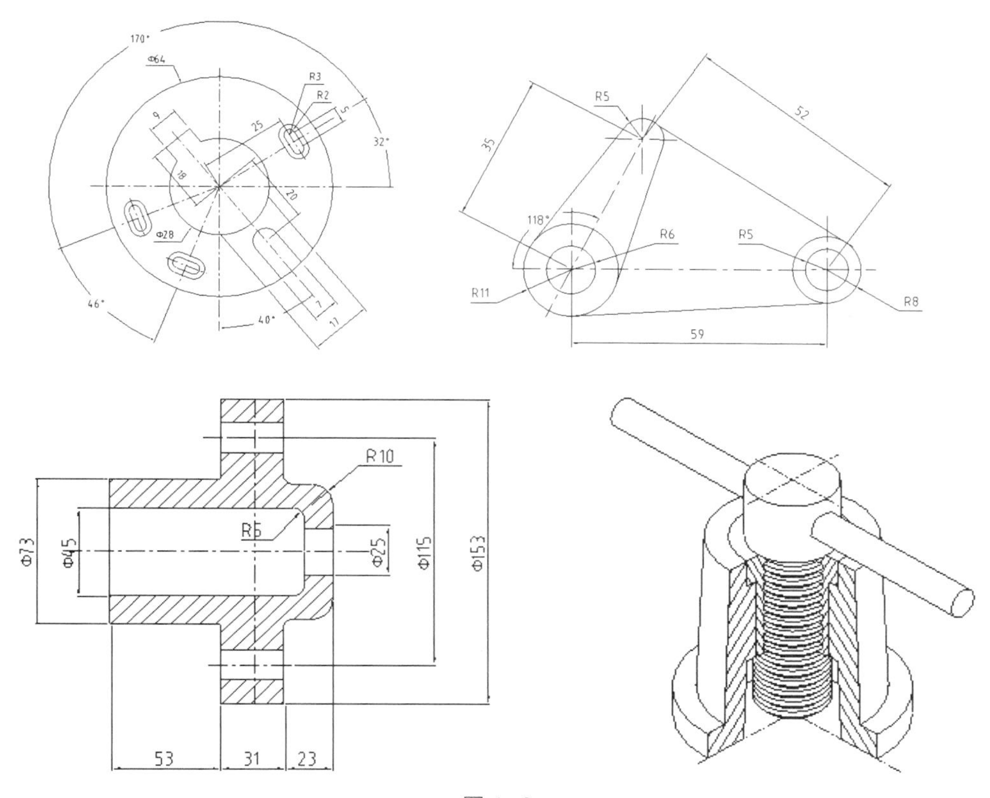

图 1–2

3 工业产品设计

随着社会的发展与进步，需要批量生产出品质较高且价格适中的产品。在工业产品设计中运用 AutoCAD，可以设计出更加美观、实用的产品，如图 1-3 所示。

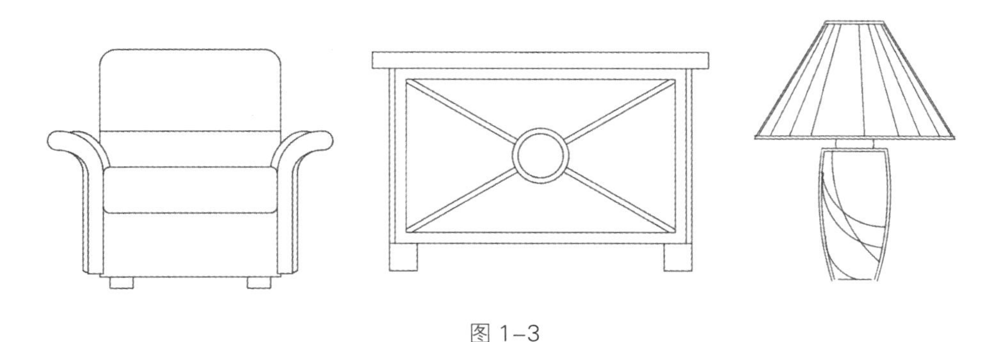

图 1–3

4 风景园林设计

风景园林的设计可以借助 AutoCAD，建立起参数化的风景园林模型，使风景园林的设计更加参数化、规范化及多元化，如图 1-4 所示。

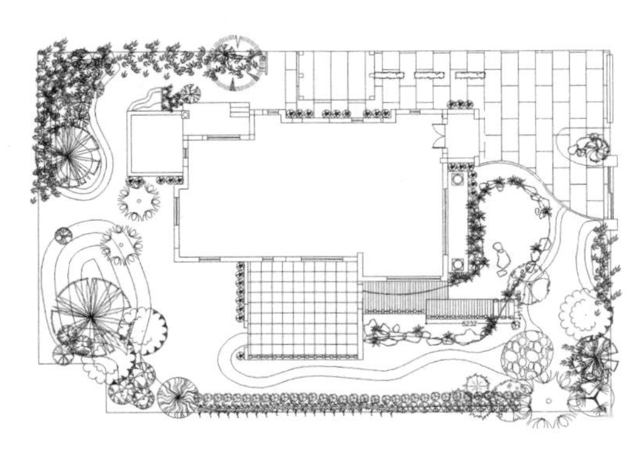

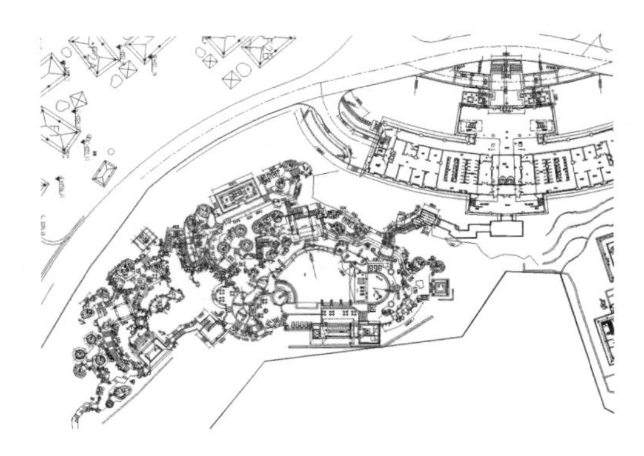

图 1–4

5 室内装饰设计

室内装饰的设计不能只是单纯地呈现最终效果图，还需要设计制作室内布置图、灯具布置图、电路系统图及轴测图等全套施工图。使用 AutoCAD 可以快速、准确、精细地绘制出这些施工图，如图 1-5 所示。

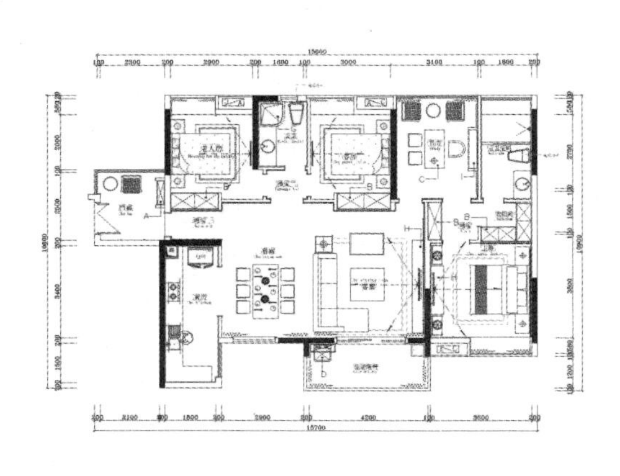

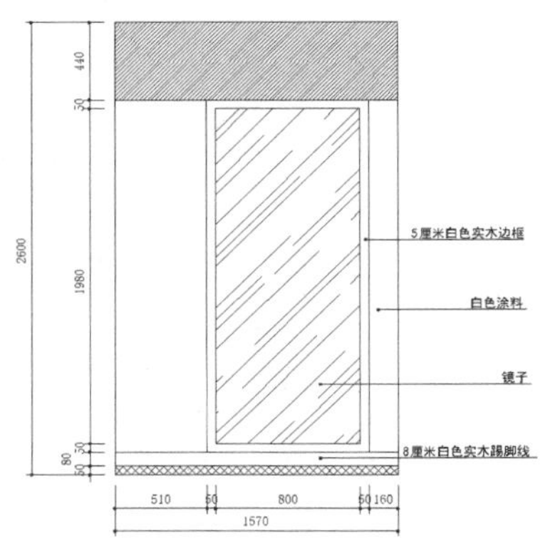

图 1–5

6 服装设计

将 AutoCAD 应用于服装设计时，可以进行服装制版，即进行服装的结构设计。制版是整个服装设计过程中最重要的一个环节，起到承上启下的作用。AutoCAD 的强大功能可以帮助服装设计师完成整个服装的结构设计工作，如图 1-6 所示。

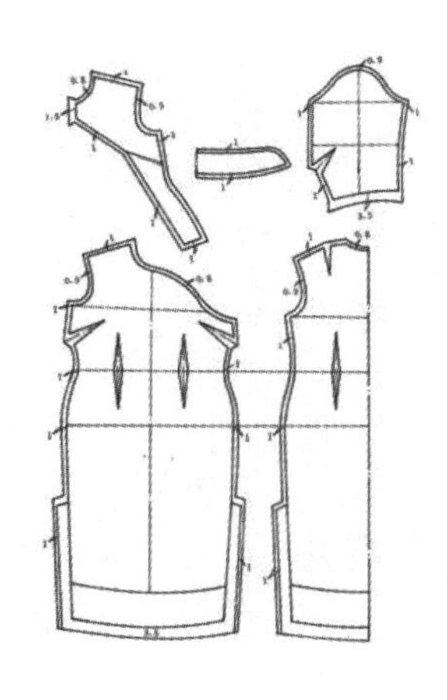

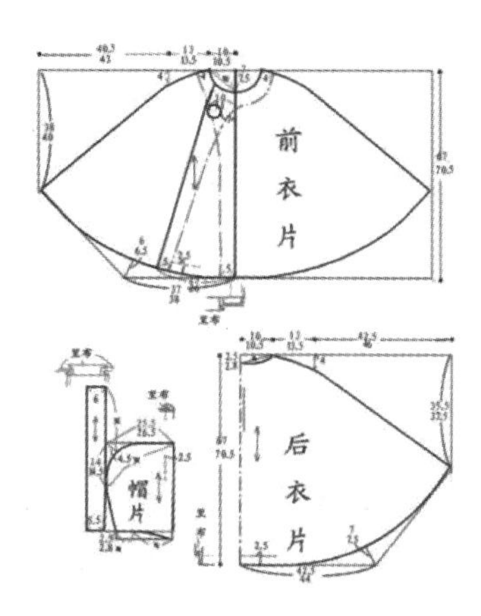

图 1–6

1.1.3 任务实施

（1）打开知末网官网，单击页面右上方的“登录 | 注册有礼”按钮，如图 1-7 所示，在弹出的对话框中选择登录方式并登录，如图 1-8 所示。

图 1–7

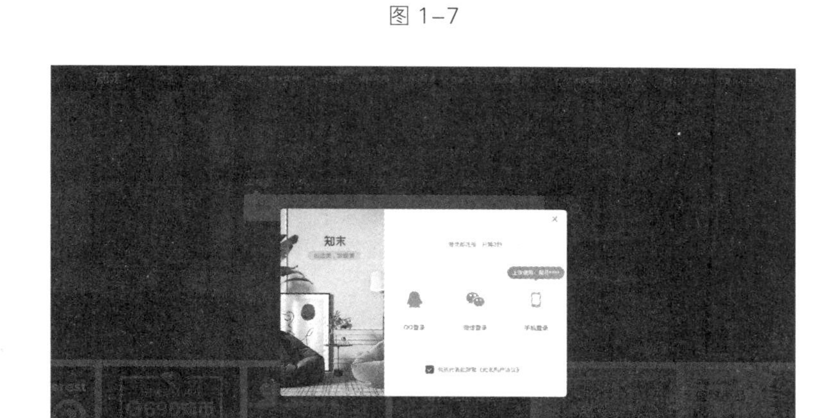

图 1–8

（2）在搜索栏上方选择“CAD”分类，并在搜索栏中输入“四合院建筑”，如图 1-9 所示，单击搜索按钮，进入“知末 CAD 图纸”页面，如图 1-10 所示。

图 1–9

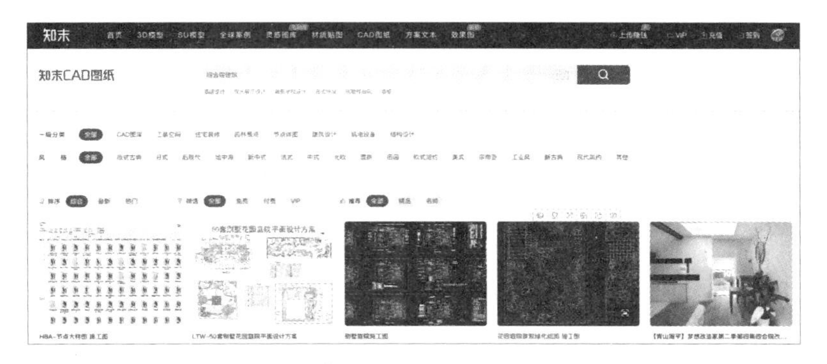

图 1–10

（3）此处以第一幅作品——仿古四合院为例，如图 1-11 所示。单击图示即可预览效果，部分效果如图 1-12 所示。图纸中建筑的轮廓清晰明了，图示详尽，尺寸及材料标注完善，制作工艺标注明确，能够为后期效果图的制作和施工提供充分的参考。

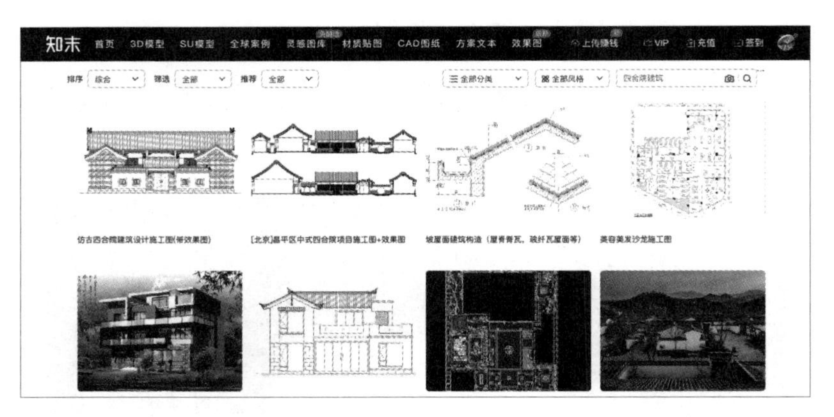

图 1-11

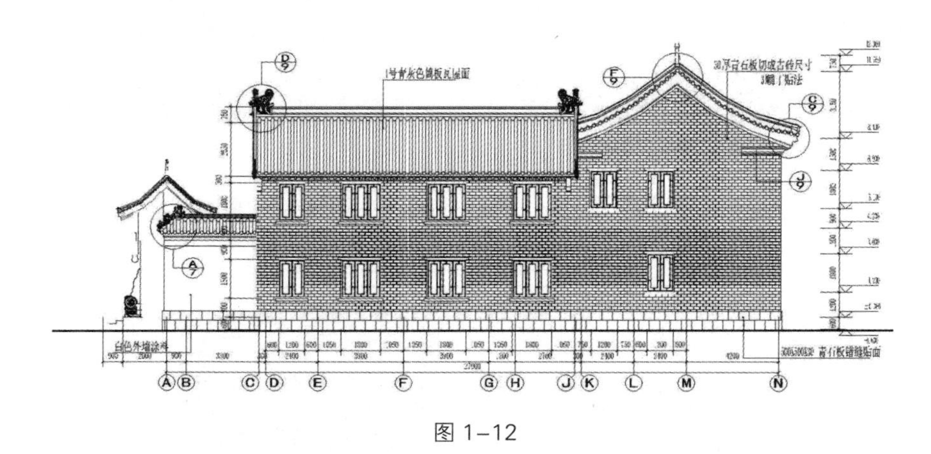

图 1-12

任务 1.2 明确工程制图的工作流程

1.2.1 任务引入

本任务要求读者首先了解工程制图的工作流程；然后通过在知末网中赏析室内设计施工图，进一步领略工程制图的魅力。

1.2.2 任务知识：工程制图的工作流程

工程制图的基本工作流程为绘制草图、平面图、平面布置图、灯具布置图、开关连线图等步骤，如图 1-13 所示。

（a）草图　（b）平面图　（c）平面布置图

（d）灯具布置图　（e）开关连线图

图 1–13

1.2.3 任务实施

（1）打开并登录知末网官网，如图 1-14 所示。

图 1–14

（2）在菜单栏中选择“CAD 图纸 > 建筑设计 > 居住建筑”命令，进入“知末 CAD 图纸”页面，如图 1-15 所示。

图 1–15

（3）在“一级分类”中选择“住宅装修”选项，如图 1-16 所示。

图 1–16

（4）此处以图 1-16 所示的第三幅作品为例。图 1-17 所示分别为该作品的平面详图、开关配置图。图纸分类清晰，内容齐全；图示详尽，尺寸标注明确，为后期效果图的制作和施工做好了充分的准备。

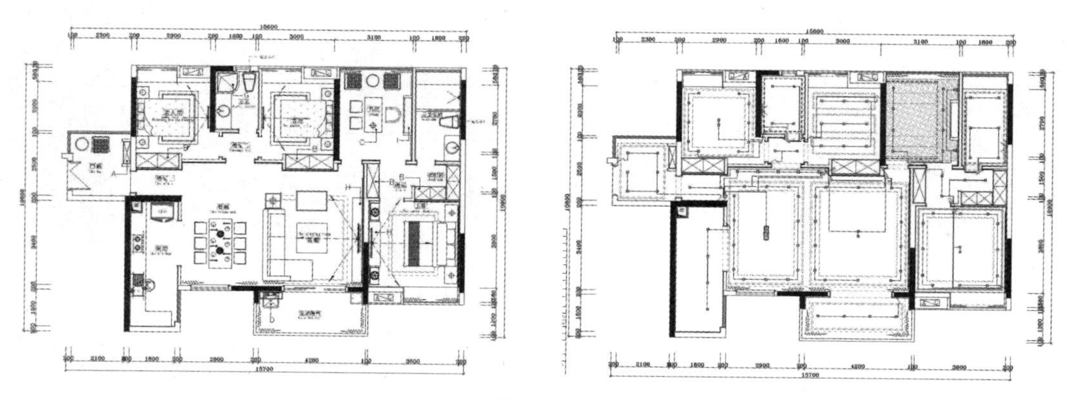

图 1–17

02

项目2

熟悉设计工具
——AutoCAD 2019基础操作

本项目将对 AutoCAD 2019 的基础操作进行讲解，通过本项目的学习，读者可以对 AutoCAD 2019 有初步的认识和了解，为进一步学习工程制图打下坚实的基础。

学习引导

知识目标

- 熟悉 AutoCAD 2019 界面
- 熟悉绘图窗口的视图显示

能力目标

- 掌握 AutoCAD 文件的操作方法
- 掌握不同视图显示方式的设置方法
- 掌握图层的操作方法
- 掌握快速查询信息的方法

素养目标

- 提高计算机操作水平

任务 2.1 熟悉软件界面及基础操作

2.1.1 任务引入

本任务要求读者首先熟悉 AutoCAD 2019 的界面及基础操作；然后利用“新建”“打开”“保存”“关闭”命令和菜单栏中的“绘图”命令，以及“复制”和“粘贴”命令绘制洗手池。最终效果参看云盘中的“Ch02 > DWG > 洗手池 .dwg”，如图 2-1 所示。

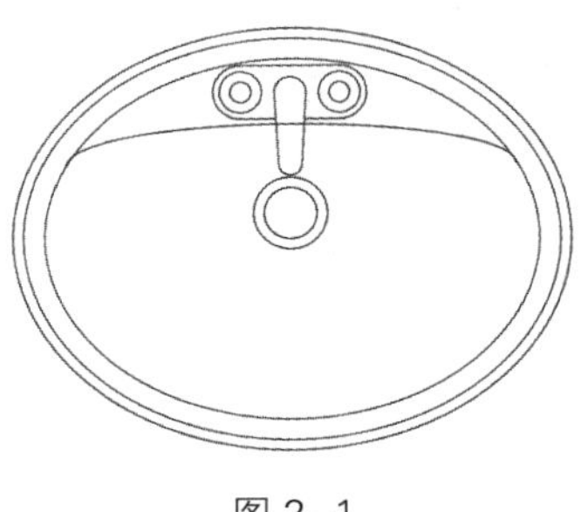

图 2-1

2.1.2 任务知识：AutoCAD 2019 的界面及基础操作

1 工作界面

AutoCAD 2019 的工作界面主要由标题栏、菜单栏、功能选项卡、绘图窗口、十字光标、命令提示窗口和状态栏等部分组成，如图 2-2 所示。下面介绍主要部分的功能。

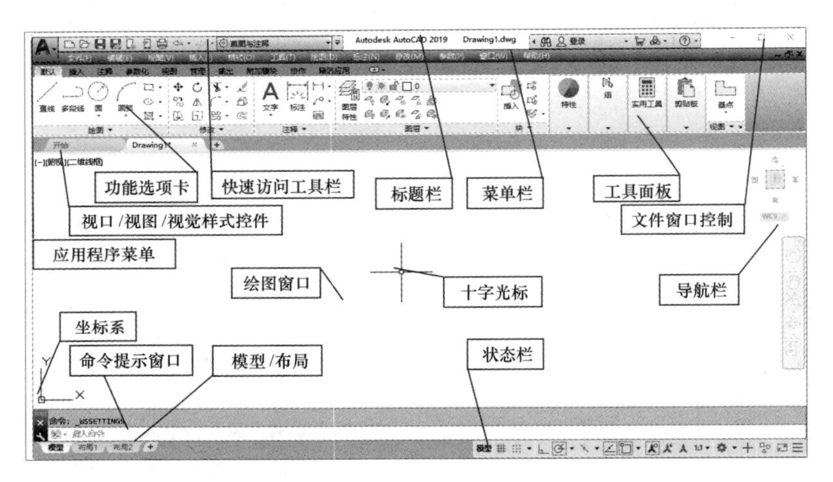

图 2-2

◎ 标题栏

标题栏用于显示软件的名称、版本，以及当前编辑的图形文件的名称。运行 AutoCAD 2019 时，在没有打开任何图形文件的情况下，标题栏中显示的是“AutoCAD 2019”。新建文件后，“Drawing1”是系统默认的文件名，“.dwg”是 AutoCAD 图形文件的扩展名。

◎ 绘图窗口

绘图窗口是用户绘图的工作区域，相当于工程制图中绘图板上的绘图纸，用户绘制的图形显示于该窗口。绘图窗口的左下方显示坐标系的图标。该图标指示绘图时的正负方向，其中的“X”和“Y”分别表示 x 轴和 y 轴，向东和向北分别指示 x 轴和 y 轴的正方向。

AutoCAD 2019 包含两种绘图环境，分别为模型空间和图纸空间。系统在绘图窗口的左下角提供了 3 个切换选项卡，如图 2-3 所示。默认的绘图环境为模型空间，单击“布局 1”或“布局 2”选项卡，绘图环境会从模型空间切换至图纸空间。

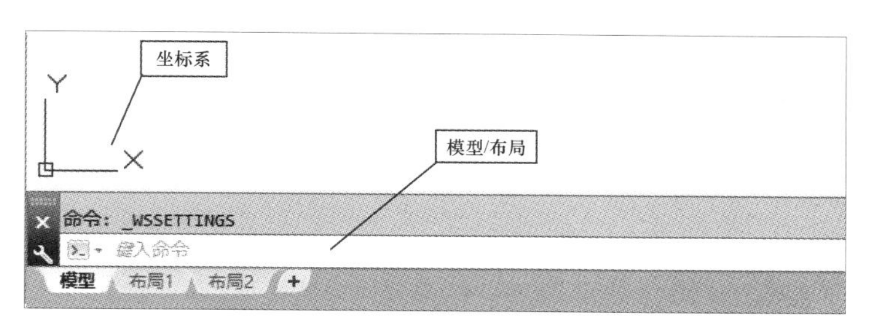

图 2-3

◎ 菜单栏

菜单栏集合了 AutoCAD 2019 中的绘图命令，如图 2-4 所示。这些命令被分类放置在不同的菜单中，供用户选择使用。

图 2-4

◎ 功能选项卡

功能选项卡根据任务的不同将 AutoCAD 2019 中的多个面板集合到选项卡中，面板中包含的工具和控件与功能选项卡中的相同，例如“插入”选项卡，如图 2-5 所示。

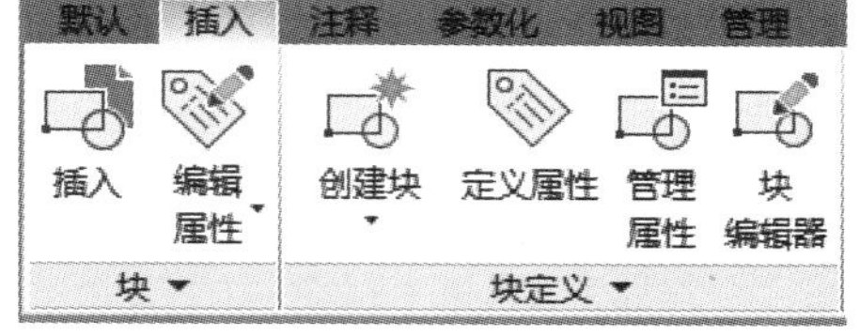

图 2-5

◎ 工具栏

工具栏是由形象化的图标按钮组成的，选择“工具 > 工具栏 > AutoCAD”命令，在弹出的子菜单中选择相应的命令，如图 2-6 所示，即可打开工具栏。在工具栏中单击图标按钮，即可使用相应的工具。快速访问工具栏也属于工具栏的一种形式（见图 2-2）。

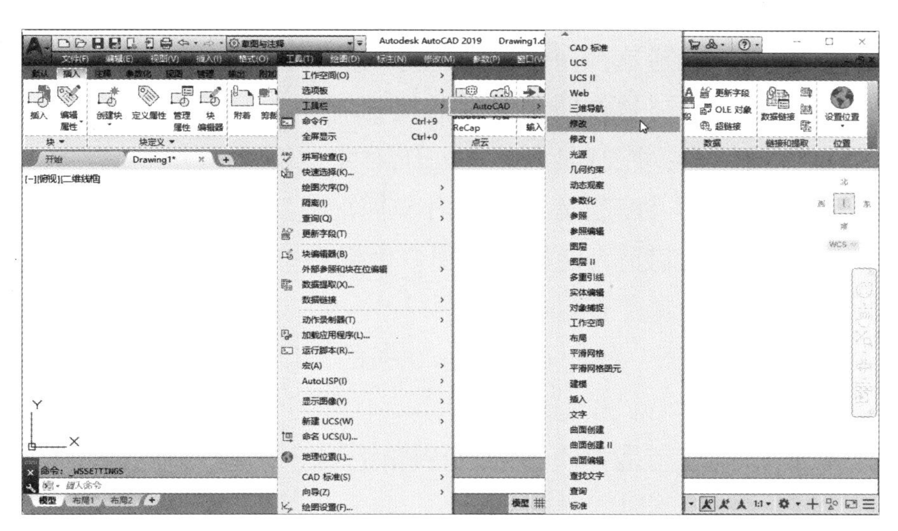

图 2-6

将鼠标指针移到某个图标按钮之上，并稍做停留，系统将显示该图标按钮的名称，同时在状态栏中显示该图标按钮的功能与相应命令的名称。

◎ 命令提示窗口

命令提示窗口是用户与 AutoCAD 2019 进行交互式对话的区域，用于显示系统的提示信息与用户的输入信息。命令提示窗口位于绘图窗口的下方，是一个水平方向的较长的小窗口，如图 2-7 所示。

指定圆的圆心或 [三点(3P)/两点(2P)/切点、切点、半径(T)]: *取消*
键入命令

图 2-7

◎ 状态栏

状态栏位于命令提示窗口的下方，用于显示当前的工作状态及与其相关的信息。当鼠标指针出现在绘图窗口时，状态栏左侧的坐标显示区显示当前鼠标指针所在位置的坐标，如图 2-8 所示。

8607.6403, -500.8394, 0.0000 模型 1:1 草图与注释 小数

图 2-8

状态栏中间的 15 个按钮用于控制相应的工作状态。当按钮处于高亮显示状态时，表示打开了相应功能的开关，即该功能处于打开状态。

例如，单击“正交限制光标”按钮，使其处于高亮显示状态，即可打开正交模式；再次单击“正交限制光标”按钮，即可关闭正交模式。

状态栏中间的 15 个按钮的功能介绍如下。

“显示图形栅格”按钮：控制是否显示栅格。

“捕捉模式”按钮：控制是否使用捕捉功能。

“推断约束”按钮：控制是否使用推断约束功能。

“正交限制光标”按钮：控制是否以正交模式绘图。

“极轴追踪”按钮：控制是否使用极轴追踪功能。

“对象捕捉”按钮：控制是否使用对象捕捉功能。

“三维对象捕捉”按钮：控制是否使用三维对象捕捉功能。

“对象捕捉追踪”按钮：控制是否使用对象捕捉追踪功能。

“动态 UCS”按钮：控制是否使用动态用户坐标系（User Coordinate System，UCS）。

“动态输入”按钮：控制是否采用动态输入。

“显示 / 隐藏线宽”按钮：控制是否显示线条的宽度。

“透明度”按钮：控制显示或隐藏透明度。

“快捷特性”按钮：控制是否使用快捷特性面板。

“选择循环”按钮：控制是否选择循环。

“注释监视器”按钮：控制是否打开注释监视器。

为了方便用户操作，AutoCAD 2019 还提供了快捷菜单。在绘图窗口中单击鼠标右键，系统会根据当前系统的状态及鼠标指针的位置弹出相应的快捷菜单。在没有选择任何命令时，快捷菜单显示的是 AutoCAD 2019 最基本的编辑命令，如“剪切”“复制”“粘贴”等；选择某个命令后，快捷菜单显示的是该命令的所有相关命令。例如，选择“圆”命令后，单击鼠标右键，系统显示的快捷菜单如图 2-9 所示。

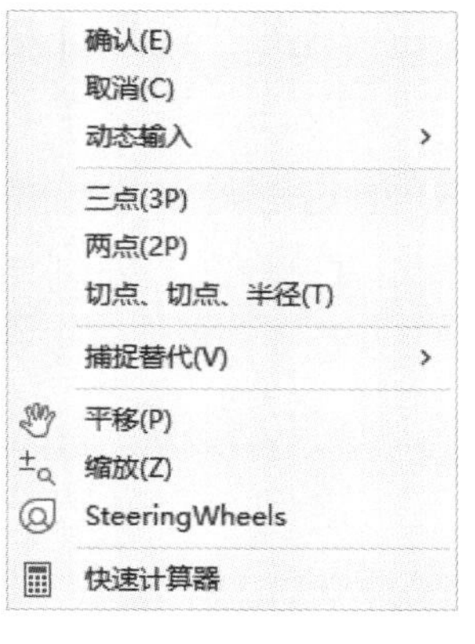

图 2-9

2 文件的基础操作

文件的基础操作一般包括新建图形文件、打开图形文件、保存图形文件和关闭图形文件等。在绘图之前，用户必须掌握文件的基础操作。因此，下面将详细介绍 AutoCAD 文件的基础操作。

◎ 新建图形文件

在使用 AutoCAD 2019 绘图时，先要新建一个图形文件。AutoCAD 2019 为用户提供了“新建”命令，用于新建图形文件。

启用命令方法：单击快速访问工具栏中的“新建”按钮，或单击“标准”工具栏中的“新建”按钮。

启用快捷方法：按 Ctrl+N 组合键。

单击按钮，在弹出的下拉列表中选择“新建 > 图形”选项，弹出“选择样板”对话框，如图 2-10 所示。在“选择样板”对话框中选择系统提供的样板文件，或选择不同的单位制，从空白文件创建图形。

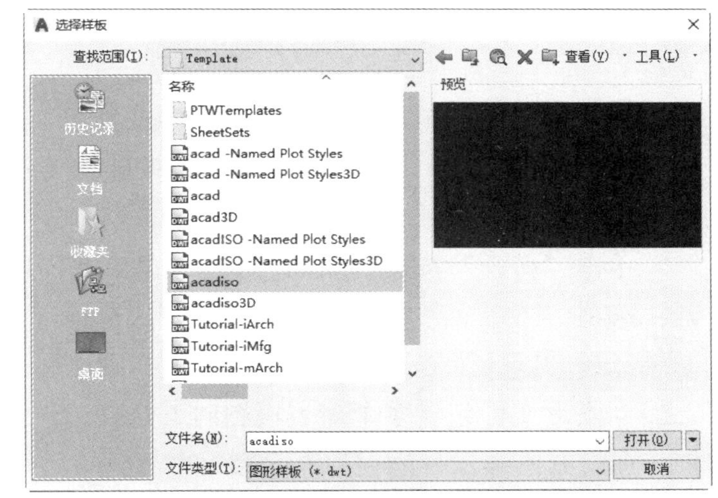

图 2-10

（1）利用样板文件创建图形

“选择样板”对话框中的列表框中提供了许多标准的样板文件。单击“打开”按钮 打开(O) ，将选中的样板文件打开，此时可在该样板文件上创建图形。也可直接双击列表框中的样板文件将其打开。

AutoCAD 2019 根据绘图标准设置了相应的样板文件，其目的是使图纸中的字体、标注样式、图层等一致。

（2）从空白文件创建图形

“选择样板”对话框中还提供了两个空白文件，分别为 acad 与 acadiso。当需要从空白文件创建图形时，可以选择这两个文件。

提示

acad 为英制，其绘图界限为 12 in × 9 in（1in ≈ 25.4mm）；acadiso 为公制，其绘图界限为 420mm × 297mm。

单击“选择样板”对话框中“打开”按钮右侧的按钮，弹出下拉列表，如图 2-11 所示。当选择“无样板打开 - 英制”选项时，打开的是英制单位的空白文件；当选择“无样板打开 - 公制”选项时，打开的是公制单位的空白文件。

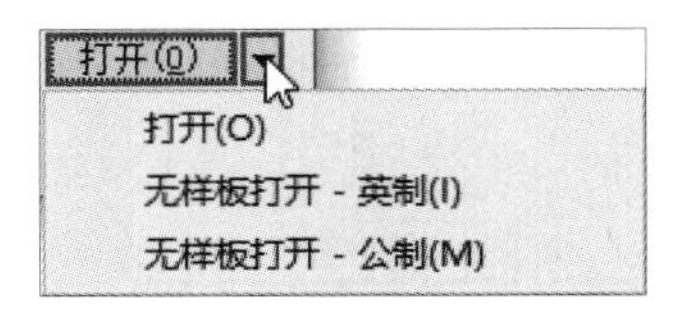

图 2-11

◎ 打开图形文件

可以利用“打开”命令来浏览和编辑绘制好的图形文件。

启用命令方法：单击快速访问工具栏中的“打开”按钮，或单击“标准”工具栏中的“打开”按钮。

启用快捷方法：按 Ctrl+O 组合键。

单击按钮，在弹出的下拉列表中选择“打开 > 图形”选项，弹出“选择文件”对话框，如图 2-12 所示。在“选择文件”对话框中，用户可通过不同的方式打开图形文件。

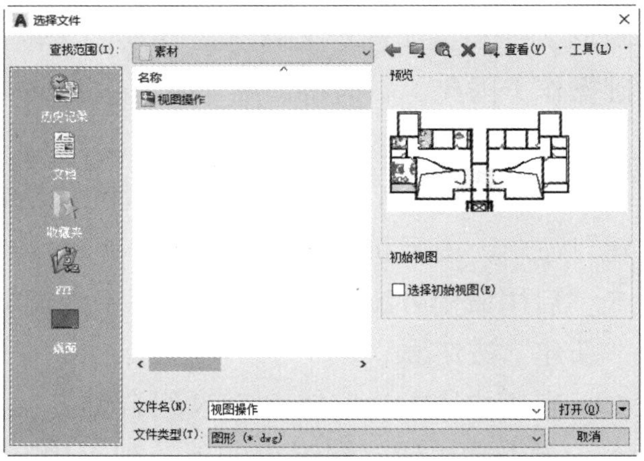

图 2-12

在“选择文件”对话框的列表框中选择要打开的文件，或者在“文件名”文本框中输入要打开文件的路径与名称，单击“打开”按钮，即可打开选中的图形文件。

单击“打开”按钮右侧的按钮，弹出下拉列表，如图 2-13 所示。选择“以只读方式打开”选项，图形文件将以只读方式打开；选择“局部打开”选项，可以打开图形的一部分；如果选择“以只读方式局部打开”选项，则以只读方式打开图形的一部分。

当图形文件包含多个命名视图时，选择“选择文件”对话框中的“选择初始视图”复选框，在打开图形文件时可以指定显示的视图。

在“选择文件”对话框中单击“工具”按钮，弹出下拉列表，如图 2-14 所示。选择“查找”选项，弹出“查找”对话框，如图 2-15 所示。在“查找”对话框中，可以根据图形文件的名称和位置或修改日期来查找相应的图形文件。

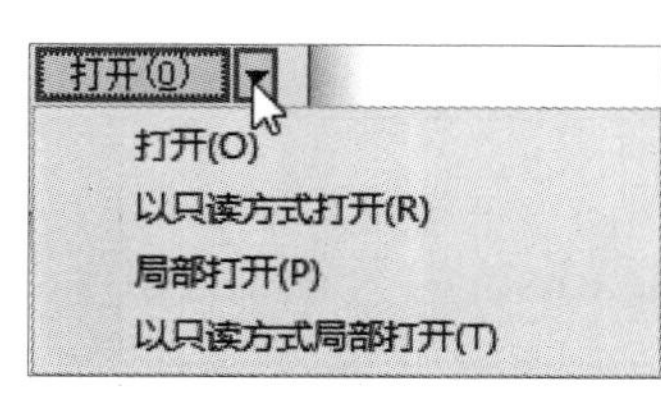

图 2-13

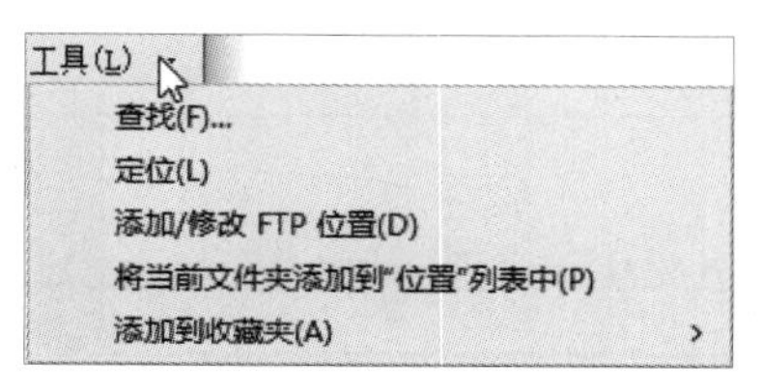

图 2-14

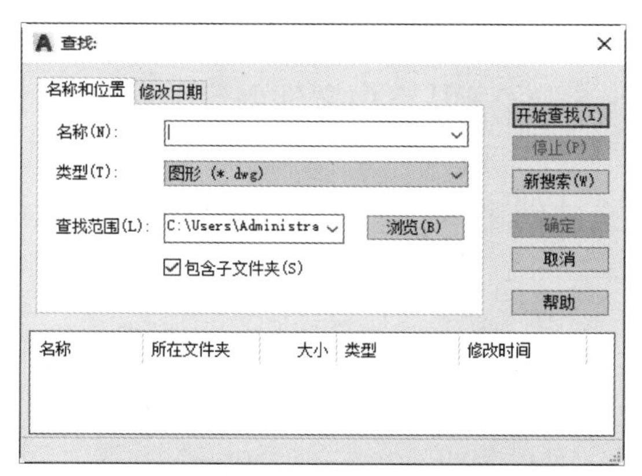

图 2-15

◎ 保存图形文件

图形绘制完成后，就可以对其进行保存。保存图形文件的方法有两种，一种是以当前文件名保存图形文件，另一种是指定新的文件名保存图形文件。

（1）以当前文件名保存图形文件

使用“保存”命令可以以当前文件名保存图形文件。

启用命令方法：单击快速访问工具栏中的“保存”按钮，或单击“标准”工具栏中的“保存”按钮。

启用快捷方法：按 Ctrl+S 组合键。

单击按钮，选择“保存”选项，当前图形文件将以原名称直接保存到原来的位置。若是第一次保存图形文件，则弹出“图形另存为”对话框，用户可按需要输入文件名称，并指定文件的保存位置和类型，如图 2-16 所示。单击“保存”按钮，保存图形文件。

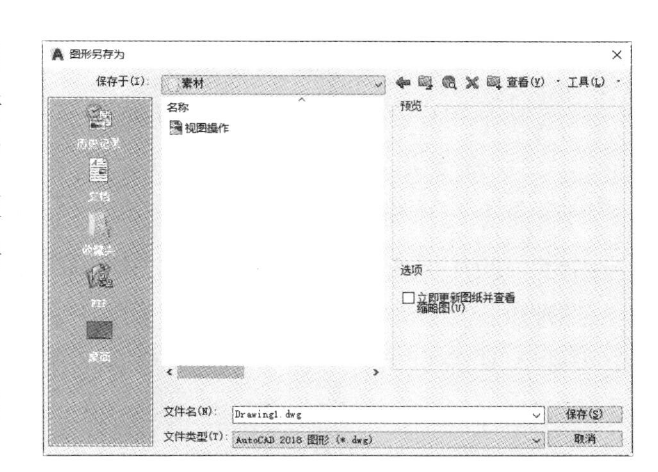

图 2-16

（2）指定新的文件名保存图形文件

使用“另存为”命令可以指定新的文件名保存图形文件。

启用命令方法：单击快速访问工具栏中的“另存为”按钮。

启用快捷方法：按 Ctrl+Shift+S 组合键。

单击按钮，选择“另存为 > 图形”选项，弹出“图形另存为”对话框，可以在“文件名”文本框中输入文件的新名称，并指定文件的保存位置和类型。单击“保存”按钮，保存图形文件。

◎ 关闭图形文件

保存图形文件后，可以将窗口中的图形文件关闭。

（1）关闭当前图形文件

启用命令方法：单击按钮，选择“关闭 > 当前图形 / 所有图形”选项，或单击绘图窗口右上角的按钮，即可关闭当前图形文件。如果图形文件尚未保存，则弹出“AutoCAD”对话框，询问用户是否保存文件，如图 2-17 所示。

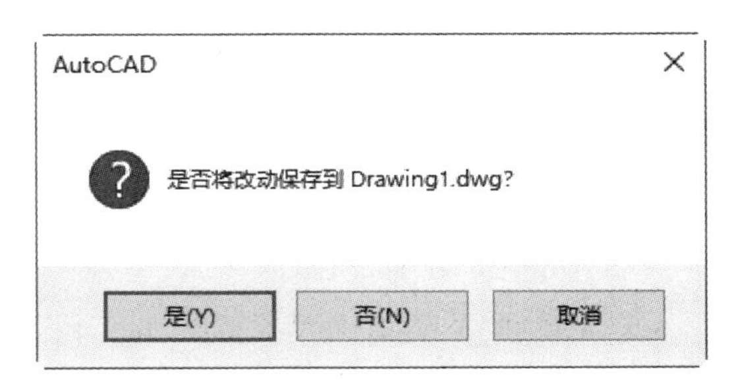

图 2-17

（2）退出 AutoCAD 2019

单击标题栏右侧的按钮，或单击按钮，在弹出的下拉列表中单击退出 Autodesk AutoCAD 2019按钮，即可退出 AutoCAD 2019。

3 命令的使用

在 AutoCAD 中，命令是系统的核心，用户执行的每一个操作都需要启用相应的命令。因此，用户有必要掌握启用命令的方法。

◎ 启用命令

单击工具栏中的图标按钮或选择菜单中的命令，可以启用相应的命令，然后进行具体操作。在 AutoCAD 中，启用命令通常有以下 4 种方式。

（1）工具按钮方式

直接单击工具栏中的图标按钮，启用相应的命令。

（2）菜单命令方式

选择菜单中的命令，启用相应的命令。

（3）命令提示窗口的命令行方式

在命令行中输入一个命令的名称，按 Enter 键即可启用该命令。有些命令还有相应的缩写名称，使用其缩写名称也可以启用该命令。

例如，要绘制一个圆时，可以输入“圆”命令的名称“CIRCLE”（大小写字母均可），也可输入其缩写名称“C”。输入命令的缩写名称是快捷的操作方法，有利于提高工作效率。

（4）快捷菜单中的命令方式

在绘图窗口中单击鼠标右键，弹出相应的快捷菜单，从中选择菜单命令，即可启用相应的命令。

无论以哪种方式启用命令，命令提示窗口中都会显示与该命令相关的信息，其中包含一些选项，这些选项显示在方括号［ ］中。如果要选择方括号中的某个选项，可在命令提示窗口中输入该选项后的数字和大写字母（输入字母时大写或小写均可）。

例如，启用“矩形”命令，命令行中的信息如图 2-18 所示，如果需要选择“圆角”选项，则输入“F”并按 Enter 键。

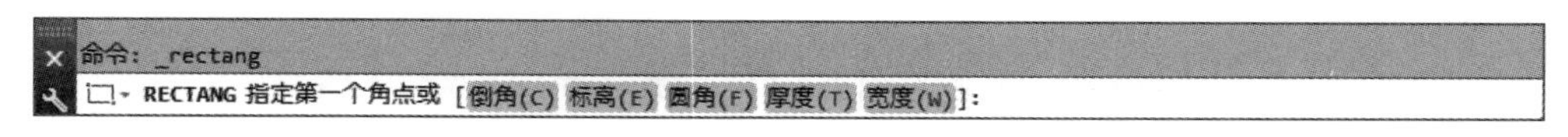

图 2-18

◎ 取消正在执行的命令

在绘图过程中，可以随时按 Esc 键取消当前正在执行的命令，也可以在绘图窗口内单击鼠标右键，在弹出的快捷菜单中选择“取消”命令，取消正在执行的命令。

◎ 重复调用命令

当需要重复调用某个命令时，可以按 Enter 键或空格键，或者在绘图窗口中单击鼠标右键，从弹出的快捷菜单中选择“重复 ××”命令（其中 ×× 为上一步使用过的命令）。

◎ 放弃已经执行的命令

在绘图过程中，当出现一些错误而需要取消前面执行的一个或多个操作时，可以使用“放弃”命令。

启用命令方法：单击“放弃”按钮，或单击“标准”工具栏中的“放弃”按钮。

例如，用户在绘图窗口中绘制了一条直线，绘制完成后发现了一些错误，希望删除该直线，操作步骤如下。

（1）单击“直线”按钮，或选择“绘图 > 直线”命令，在绘图窗口中绘制一条直线。

（2）单击“放弃”按钮，或选择“编辑 > 放弃”命令，删除该直线。

另外，用户还可以一次性撤销前面进行的多个操作。

（1）在命令提示窗口中输入“UNDO”，按 Enter 键。

（2）系统将提示用户输入想要放弃的操作数目，如图 2-19 所示，在命令提示窗口中输入相应的数字，按 Enter 键。例如，想要放弃最近的 5 次操作，可先输入“5”，再按 Enter 键。

图 2-19

◎ 恢复已经放弃的命令

当放弃一个或多个操作后，又想重做这些操作，将图形恢复到原来的效果，这时可以使用“重做”命令，即单击“标准”工具栏中的“重做”按钮，或选择“编辑 > 重做 × ×”命令（其中 × × 为上一步撤销的操作）。反复执行“重做”命令，可重做多个已放弃的操作。

2.1.3 任务实施

（1）启动 AutoCAD 2019，创建图形文件。选择“文件 > 新建”命令，弹出“选择样板”对话框，如图 2-20 所示，单击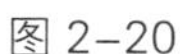按钮，创建新的图形文件。

（2）打开图形文件。选择“文件 > 打开”命令，打开云盘中的“Ch02 > 素材 > 洗手池 .dwg”文件，如图 2-21 所示。

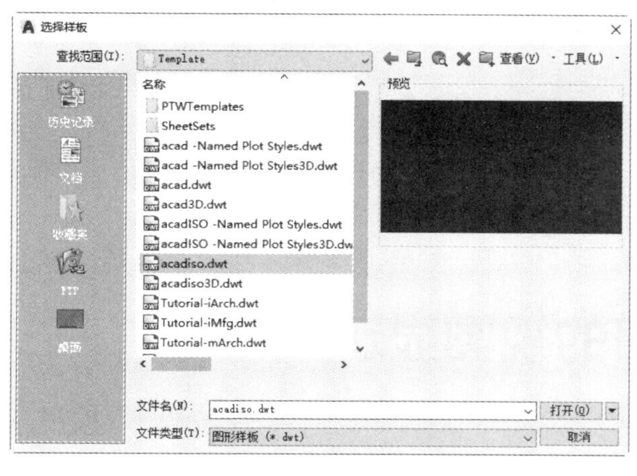

图 2-20

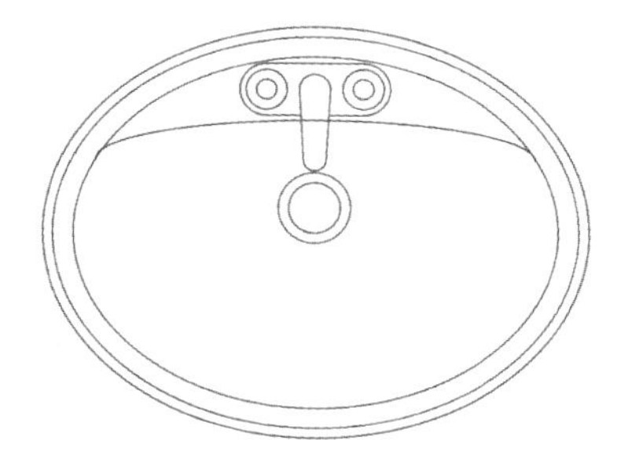

图 2-21

（3）编辑图形文件。选择“编辑 > 全部选择”命令，选取图形，如图 2-22 所示。在绘图窗口中单击鼠标右键，在弹出的快捷菜单中选择“剪贴板 > 复制”命令，如图 2-23 所示，复制图形。

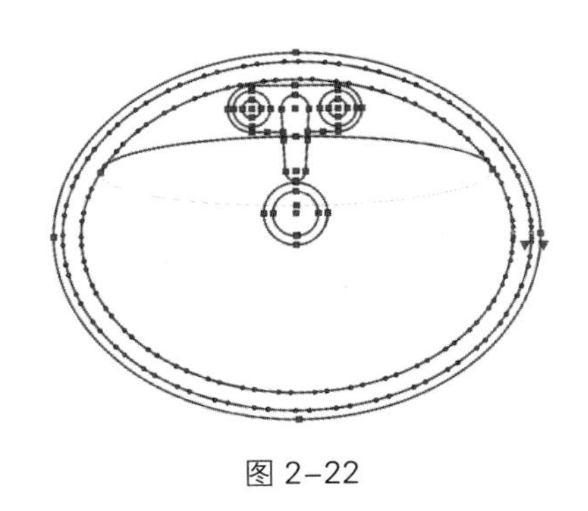

图 2–22

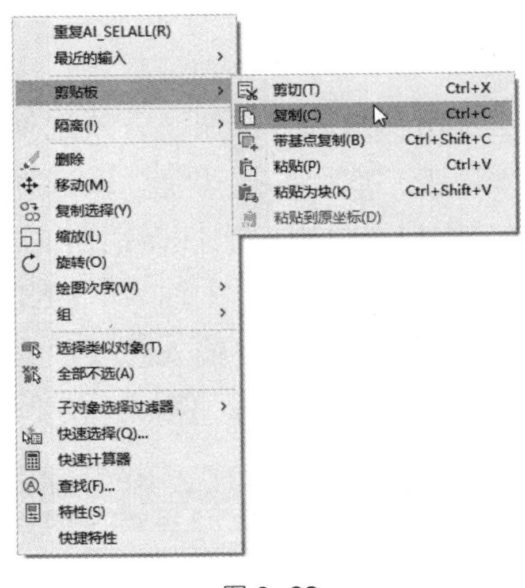

图 2–23

（4）选择“Drawing1”文件，选择“编辑 > 粘贴”命令，将复制的图形粘贴到绘图窗口中。

（5）关闭和保存图形文件。选择“文件 > 关闭”命令，弹出“AutoCAD”对话框，如图 2-24 所示，单击“是”按钮，弹出“图形另存为”对话框，按需要输入文件名称，如图 2-25 所示，单击 保存(S) 按钮，保存图形文件。

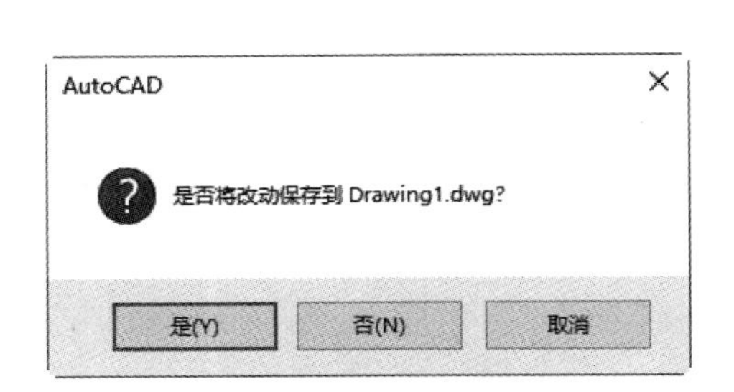

图 2–24

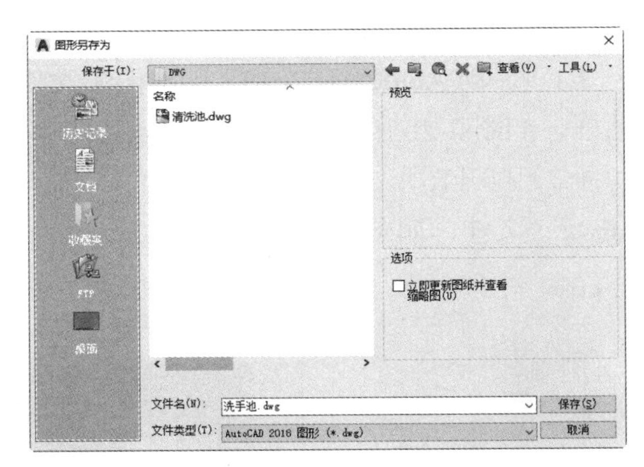

图 2–25

任务 2.2 熟悉绘图窗口的视图显示

2.2.1 任务引入

本任务要求读者首先了解视图显示方式和鼠标定义；然后利用“实时缩放”按钮、“实时平移”按钮和“视口”命令调整滑动轴承座的显示范围。最终效果参看云盘中的“Ch02 > 素材 > 滑动轴承座 .dwg”，如图 2-26 所示。

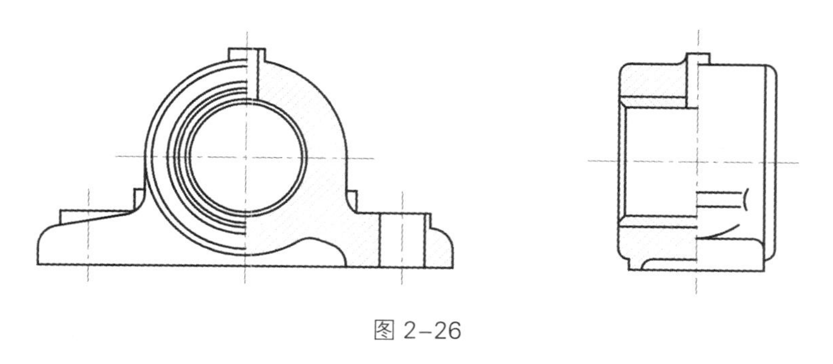

图 2-26

2.2.2 任务知识：视图显示及鼠标定义

1 视图显示

AutoCAD 2019 的绘图区域是无限大的。在绘图的过程中，用户可通过实时平移功能实现绘图窗口显示区域的移动，通过实时缩放功能实现绘图窗口的放大和缩小显示，并且还可以设置不同的视图显示方式。

◎ 缩放视图

AutoCAD 2019 提供了多种调整视图显示的命令。下面对各种调整视图显示的命令进行详细讲解。

（1）实时缩放

在 AutoCAD 2019 中，“标准”工具栏中的“实时缩放”按钮用于缩放图形。单击“实时缩放”按钮，启用实时缩放功能，鼠标指针变成放大镜的形状。向右、向下拖动鼠标指针，可以放大视图；向左、向下拖动鼠标指针，可以缩小视图。完成图形的缩放后，按 Esc 键可以退出缩放图形的状态。

当鼠标有滚轮时，将鼠标指针放在绘图窗口中，向上滚动滚轮可以放大图形，向下滚动滚轮可以缩小图形。

（2）窗口缩放

单击“窗口缩放”按钮，启用窗口缩放功能，鼠标指针会变成十字形。在需要放大的图形的一侧单击，并向其对角方向移动鼠标指针，系统会显示出一个矩形框。用矩形框包围住需要放大的图形并单击，矩形框内的图形会被放大并充满整个绘图窗口。矩形框的中心就是新的显示中心。

在命令提示窗口中输入命令来实现窗口缩放，操作步骤如下。

```
命令 :_zoom                                      // 输入缩放命令
指定窗口的角点，输入比例因子 (nX 或 nXP)，或者
[ 全部 (A)/ 中心 (C)/ 动态 (D)/ 范围 (E)/ 上一个 (P)/ 比例 (S)/ 窗口 (W) / 对象 (O)] < 实时 >: W
```

// 选择“窗口”选项

指定第一个角点：指定对角点： // 绘制矩形窗口，放大图形

（3）“缩放”工具栏

长按“窗口缩放”按钮，弹出的“缩放”工具栏中有9个用于调整视图显示的按钮，如图2-27所示。下面详细介绍这些按钮的功能。

● 动态缩放

单击“动态缩放”按钮，鼠标指针变成中心有“×”标记的矩形框，如图2-28所示。移动鼠标指针，将矩形框放在图形的适当位置并单击，使其变为右侧有“→”标记的矩形框，调整矩形框的大小，矩形框的左侧位置不会发生变化，如图2-29所示。按Enter键，矩形框中的图形被放大并充满整个绘图窗口，如图2-30所示。

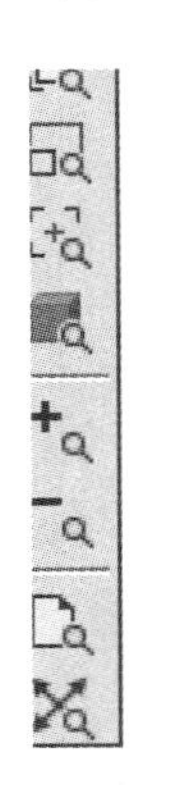

图2-27

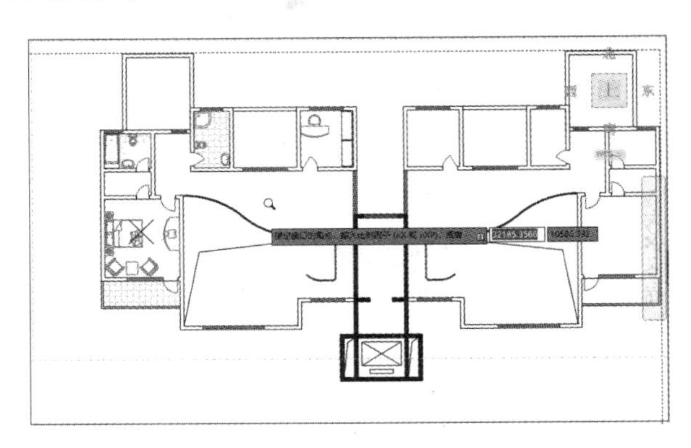

图2-28

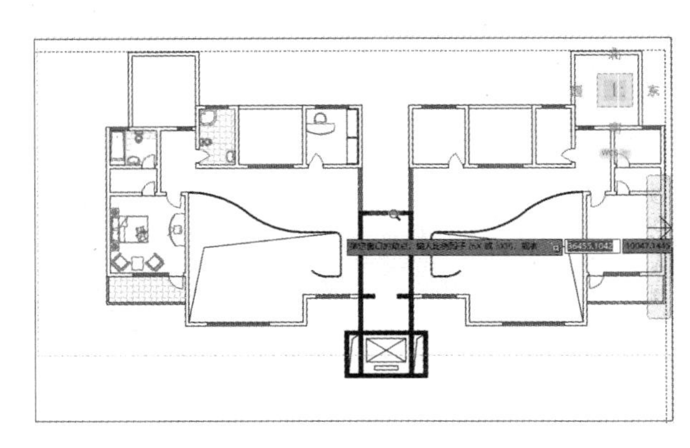

图2-29

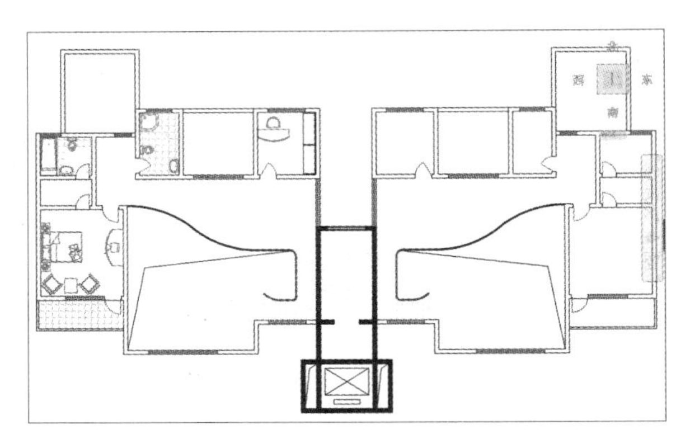

图2-30

在命令提示窗口中输入命令来实现动态缩放，操作步骤如下。

命令：_zoom // 输入缩放命令

指定窗口的角点，输入比例因子(nX或nXP)，或者

[全部(A)/中心(C)/动态(D)/范围(E)/上一个(P)/比例(S)/窗口(W)/对象(O)]<实时>: D

// 选择“动态”选项

● 比例缩放

单击“比例缩放”按钮，鼠标指针变成十字形。在图形的适当位置单击并移动鼠标指

针到适当比例长度的位置上，再次单击，图形被按比例放大显示。

在命令提示窗口中输入命令来实现按比例缩放，操作步骤如下。

命令 :_zoom // 输入缩放命令

指定窗口的角点，输入比例因子 (nX 或 nXP)，或者

[全部 (A)/ 中心 (C)/ 动态 (D)/ 范围 (E)/ 上一个 (P)/ 比例 (S)/ 窗口 (W) / 对象 (O)] < 实时 >: S

// 选择“比例”选项

输入比例因子 (nX 或 nXP): 2X // 输入比例数值

提示

如果要在图纸空间的绘图环境中缩放图形，需要在比例因子后面加上字母“XP”。

● 中心缩放

单击“中心缩放”按钮，鼠标指针变成十字形，如图 2-31 所示。在需要放大的图形的中间位置单击，确定放大显示的中心点，再绘制一条线段来确定需要放大显示的方向和高度，如图 2-32 所示。图形将按照所绘制的高度被放大并充满整个绘图窗口，如图 2-33 所示。

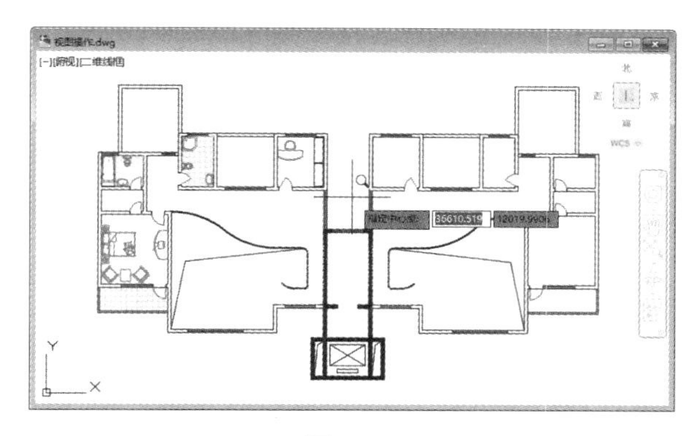

图 2–31

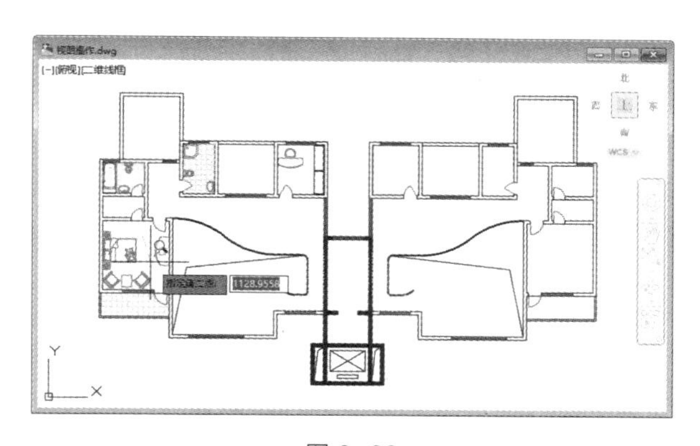

图 2–32

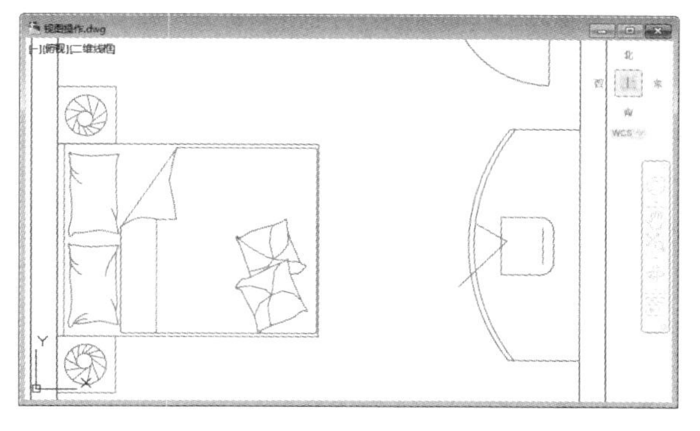

图 2–33

在命令提示窗口中输入命令来实现中心缩放，操作步骤如下。

命令 : _zoom // 输入缩放命令

指定窗口的角点，输入比例因子 (nX 或 nXP)，或者

[全部 (A)/ 中心 (C)/ 动态 (D)/ 范围 (E)/ 上一个 (P)/ 比例 (S)/ 窗口 (W) / 对象 (O)] < 实时 >: C

// 选择“中心”选项

指定中心点 : // 单击确定放大区域的中心点的位置

输入比例或高度 <1129.0898 >: 指定第二点 : // 绘制线段指定放大区域的高度

提示

输入高度时，如果输入的数值比当前显示的数值小，视图将放大显示；反之，视图将缩小显示。缩放比例因子为“*n*X”，*n* 表示放大倍数。

● 缩放对象

单击“缩放对象”按钮，鼠标指针会变为拾取框。选择需要显示的图形，如图 2-34 所示。按 Enter 键，在绘图窗口中将按所选择的图形进行适当的显示，如图 2-35 所示。

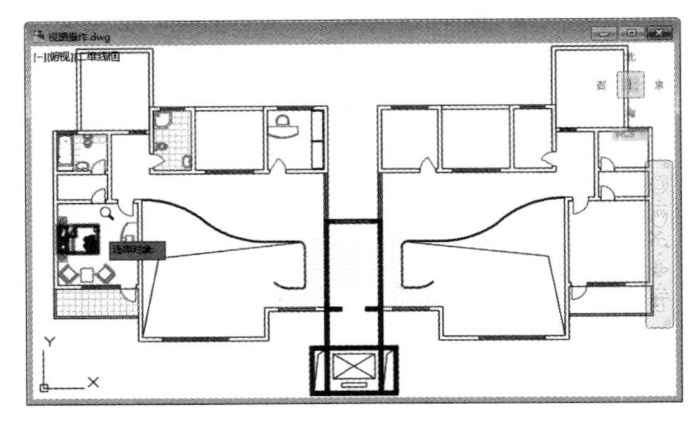

图 2-34

图 2-35

在命令提示窗口中输入命令来实现缩放对象，操作步骤如下。

命令 : _zoom // 输入缩放命令

指定窗口的角点，输入比例因子 (nX 或 nXP)，或者

[全部 (A)/ 中心 (C)/ 动态 (D)/ 范围 (E)/ 上一个 (P)/ 比例 (S)/ 窗口 (W)/ 对象 (O)] < 实时 >: O

// 选择“对象”选项

选择对象 : 指定对角点 : 找到 329 个 // 显示选择对象的数量

选择对象 : // 按 Enter 键

● 放大

单击“放大”按钮，会将当前视图放大为原来的两倍。命令提示窗口中会显示视图放大的比例数值，操作步骤如下。

命令 : _zoom // 输入缩放命令

指定窗口的角点，输入比例因子 (nX 或 nXP)，或者

[全部 (A)/ 中心 (C)/ 动态 (D)/ 范围 (E)/ 上一个 (P)/ 比例 (S)/ 窗口 (W) / 对象 (O)] < 实时 >: 2x

// 当前视图被放大至原来的两倍

● 缩小

单击“缩小”按钮，会将当前视图缩小至原来的 50%。命令提示窗口中会显示视图缩小的比例数值，操作步骤如下。

命令 : _zoom // 输入缩放命令

指定窗口的角点，输入比例因子 (nX 或 nXP)，或者

[全部 (A)/ 中心 (C)/ 动态 (D)/ 范围 (E)/ 上一个 (P)/ 比例 (S)/ 窗口 (W) / 对象 (O)] < 实时 >: .5x

// 当前视图缩小至原来的 50%

● 全部缩放

单击“全部缩放”按钮，如果图形超出当前所设置的图形界限，绘图窗口将适合全部图形对象进行显示；如果图形没有超出图形界限，绘图窗口将适合整个图形界限进行显示。

在命令提示窗口中输入命令来实现全部缩放，操作步骤如下。

命令 : _zoom // 输入缩放命令

指定窗口的角点，输入比例因子 (nX 或 nXP)，或者

[全部 (A)/ 中心 (C)/ 动态 (D)/ 范围 (E)/ 上一个 (P)/ 比例 (S)/ 窗口 (W) / 对象 (O)] < 实时 >: A

// 选择“全部”选项

● 范围缩放

单击“范围缩放”按钮，绘图窗口中将显示全部图形对象，且与图形界限无关。

（4）缩放上一个

单击“缩放上一个”按钮，将返回上一个缩放的视图效果。

在命令提示窗口中输入命令来实现缩放上一个，操作步骤如下。

命令 : _zoom // 输入缩放命令

指定窗口的角点，输入比例因子 (nX 或 nXP)，或者

[全部 (A)/ 中心 (C)/ 动态 (D)/ 范围 (E)/ 上一个 (P)/ 比例 (S)/ 窗口 (W) / 对象 (O)] < 实时 >: P

// 选择“上一个”选项

命令 : _zoom // 按 Enter 键

指定窗口的角点，输入比例因子 (nX 或 nXP)，或者

[全部 (A)/ 中心 (C)/ 动态 (D)/ 范围 (E)/ 上一个 (P)/ 比例 (S)/ 窗口 (W) / 对象 (O)] < 实时 >: P

// 选择“上一个”选项

提示

连续进行视图缩放操作后，如果需要返回上一个缩放的视图效果，可以单击“放弃”按钮来实现。

◎ 平移视图

在绘制图形的过程中使用平移视图功能，可以更便捷地观察和编辑图形。

单击“实时平移”按钮，鼠标指针会变成实时平移的图标，按住鼠标左键并拖动鼠标，可通过平移视图来调整绘图窗口的显示区域。

命令：_pan　　　　　　　　　　　　　　　　　　　　// 输入实时平移命令

按 Esc 或 Enter 键退出，或单击鼠标右键显示快捷菜单　　　// 退出平移状态

◎ 命名视图

在绘图过程中，常用到“缩放上一个”按钮，该按钮用于返回到前一个视图显示状态。如果要返回到特定的视图显示，并且需要经常切换到这个视图，就无法使用该按钮来完成了。如果绘制的是复杂的大型建筑设计图，使用缩放和平移工具来寻找想要显示的图形，会花费大量的时间。使用“命名视图”命令来命名所需要显示的图形，并在需要时根据图形的名称来恢复图形的显示，就可以轻松地解决这些问题。

选择“视图 > 命名视图”命令，弹出“视图管理器”对话框，如图 2-36 所示。在对话框中可以保存、恢复及删除已命名的视图，也可以修改已有视图的名称和查看视图的信息。

● 保存命名视图

① 在“视图管理器”对话框中单击“新建”按钮，弹出“新建视图”对话框，如图 2-37 所示。

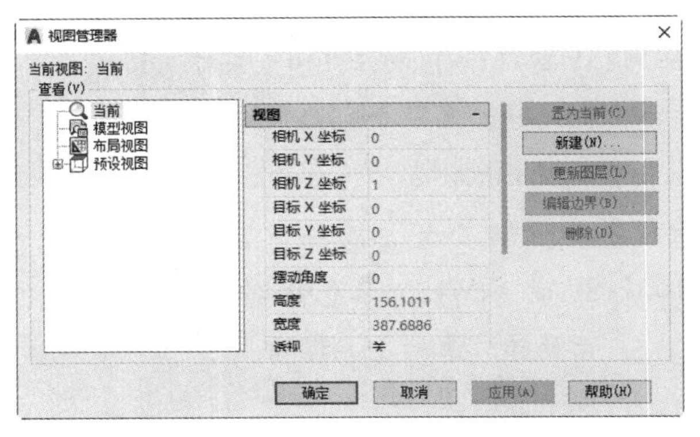

图 2-36

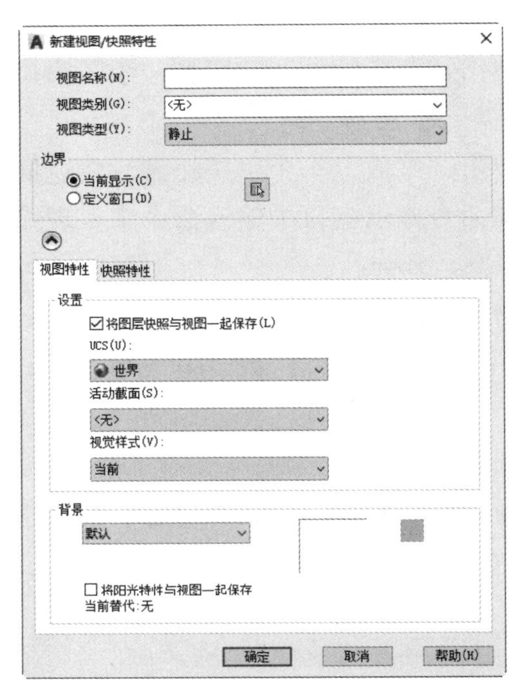

图 2-37

② 在“视图名称”文本框中输入新建视图的名称。

③ 设置视图的类别，如立视图或剖视图。用户可以从下拉列表中选择一个视图类别，也可以输入新的类别或保留此选项为空。

④ 如果只想保存当前视图的某一部分，可以选择“定义窗口”单选按钮。单击“定义视图窗口”按钮，可以在绘图窗口中选择要保存的视图区域。若选择“当前显示”单选按钮，则 AutoCAD 会自动保存当前绘图窗口中显示的视图。

⑤ 选择“将图层快照与视图一起保存”复选框，可以在视图中保存当前图层设置。还可以设置“UCS”“活动截面”“视觉样式”。

⑥ 在“背景”栏中，选择“替代默认背景”复选框，弹出“背景”对话框，在“类型”下拉列表中选择“可以改变背景颜色”选项，单击“确定”按钮，返回“新建视图”对话框。

⑦ 单击“确定”按钮，返回“视图管理器”对话框。

⑧ 单击“确定”按钮，关闭“视图管理器”对话框。

- 恢复命名视图

在绘图过程中，如果需要回到指定的某个视图，则可以将该命名视图恢复。

① 选择“视图 > 命名视图”命令，弹出“视图管理器”对话框。

② 在“视图管理器”对话框的“视图”列表中选择要恢复的视图。

③ 单击“置为当前”按钮。

④ 单击“确定”按钮，关闭“视图管理器”对话框。

- 修改命名视图的名称

① 选择“视图 > 命名视图”命令，弹出“视图管理器”对话框。

② 在“视图管理器”对话框的“视图”列表中选择要重命名的视图。

③ 在中间的“基本”栏中，选择需要重命名的视图的名称，然后输入视图的新名称，如图 2-38 所示。

④ 单击“确定”按钮，关闭“视图管理器”对话框。

- 更新视图图层

① 选择“视图 > 命名视图”命令，弹出“视图管理器”对话框。

② 在“视图管理器”对话框的“视图”列表中选择要更新图层的视图。

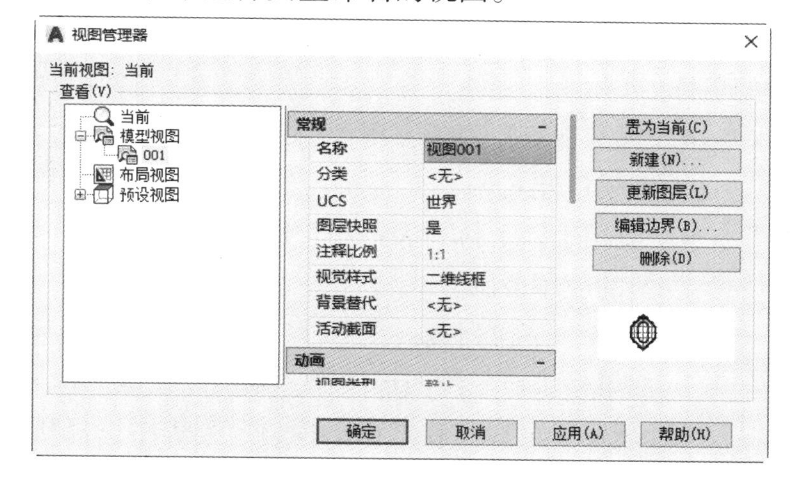

图 2-38

③ 单击“更新图层”按钮，更新与选定的命名视图一起保存的图层信息，使其与当前模型空间和布局视口中的图层可见性匹配。

④ 单击“确定”按钮，关闭“视图管理器”对话框。

- 编辑视图边界

① 选择“视图 > 命名视图”命令，弹出“视图管理器”对话框。

② 在“视图管理器”对话框的“视图”列表中选择要编辑边界的视图。

③ 单击“编辑边界”按钮，居中并缩小显示选择的命名视图，绘图区域的其他部分会

以较浅的颜色显示，以突出命名视图的边界。可以重复指定新边界的对角点，然后按 Enter 键确认。

④ 单击“确定”按钮，关闭“视图管理器”对话框。

● 删除命名视图

不再需要某个视图时，可以将其删除。

① 选择“视图 > 命名视图”命令，弹出“视图管理器”对话框。

② 在“视图管理器”对话框的“视图”列表中选择要删除的视图。

③ 单击“删除”按钮，将视图删除。

④ 单击“确定”按钮，关闭“视图管理器”对话框。

◎ 平铺视图

在模型空间中，一般都是在充满整个屏幕的单个视口中进行绘图的。如果需要同时显示一幅图的不同视图，可以利用平铺视图功能，将绘图窗口分成多个部分。这时，屏幕上会出现多个视口。

选择“视图 > 视口 > 新建视口”命令，弹出“视口”对话框，如图 2-39 所示。在“视口”对话框中，可以根据需要设置多个视口，进行平铺视图的操作。

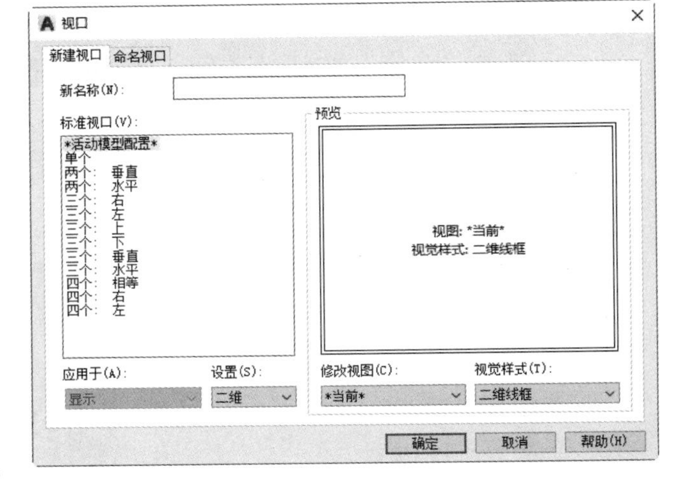

图 2-39

“视口”对话框中各选项的作用如下。

- “新名称”文本框：用于输入新建视口的名称。
- “标准视口”列表：用于选择需要的标准视口样式。
- “应用于”下拉列表：用于选择平铺视图的应用范围。
- “设置”下拉列表：在进行二维图形操作时，可以在该下拉列表中选择“二维”选项；如果是进行三维图形操作，则可以在该下拉列表中选择“三维”选项。
- “预览”窗口：在“标准视口”列表中选择所需样式后，可以通过该窗口预览平铺视口的样式。
- “修改视图”下拉列表：当在“设置”下拉列表中选择“三维”选项时，可以在该下拉列表中选择定义各平铺视口的视角。当在“设置”下拉列表中选择“二维”选项时，该下拉列表中只有“当前”一个选项，即选择的平铺样式内都将显示同一个视图。
- “视觉样式”下拉列表：有“二维线框”“隐藏”“线框”“概念”“真实”等选项可以选择。

◎ 重生成视图

使用 AutoCAD 2019 绘制的图形是非常精确的，但是为了提高显示速度，系统常常将曲线图形以简化的形式进行显示，例如使用连续的折线来表示平滑的曲线。如果要将图形恢复成用平滑的曲线显示，可以使用以下 3 种方法。

（1）重生成

使用“重生成”命令，可以在当前视口中重新生成整个图形并重新计算所有图形对象的屏幕坐标，优化显示和对象选择性能。

（2）全部重生成

“全部重生成”命令与“重生成”命令的功能基本相同，不同的是“全部重生成”命令可以在所有视口中重新生成图形并重新计算所有图形对象的屏幕坐标，优化显示和对象选择性能。

（3）设置系统的显示精度

通过对系统显示精度进行设置，可以控制圆、圆弧、椭圆和样条曲线的外观。

启用设置显示精度命令的方法如下。

- 菜单命令：选择“工具 > 选项”命令。
- 命令行：输入 VIEWRES 命令。

选择“工具 > 选项”命令，弹出“选项”对话框，单击“显示”选项卡，如图 2-40 所示。

在对话框右侧的“显示精度”选项组中，在“圆弧和圆的平滑度”前面的数值框中输入数值可以控制系统的显示精度，默认数值为 1000，有效的输入范围为 1 ~ 20000。数值越大，系统显示的精度就越高，但是显示速度就越慢。单击“确定”按钮，完成系统显示精度的设置。

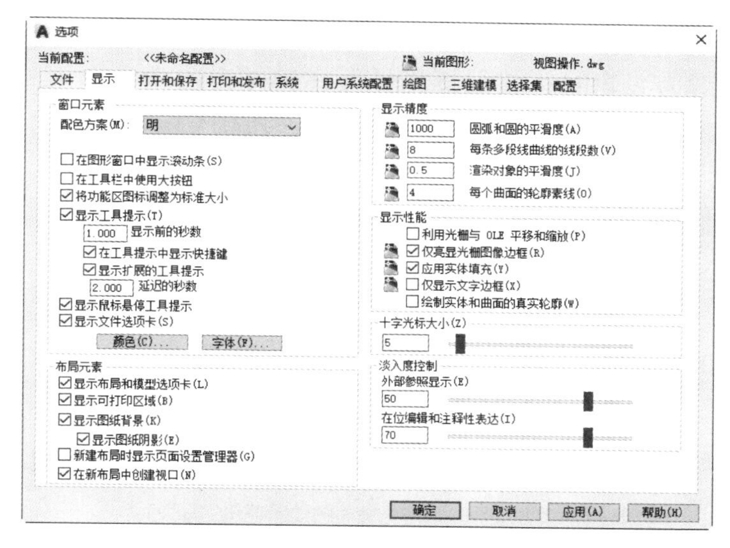

图 2-40

输入命令进行设置与在“选项”对话框中的设置结果相同。增大缩放百分比的数值，会重生成更新的图形，并使圆的外观平滑；减小缩放百分比的数值则会有相反的效果。增大缩放百分比的数值可能会增加重生成图形的时间。

在命令提示窗口中输入命令来实现快速缩放，操作步骤如下。

命令 : VIEWRES　　　　// 输入快速缩放命令

是否需要快速缩放？ [是 (Y)/ 否 (N)] < >: Y　　　　// 选择 “是” 选项

输入圆的缩放百分比 (1-20000) <1000>: 10000　　　　// 输入缩放百分比的数值

2 定义鼠标

在 AutoCAD 2019 中，鼠标的各个按键具有不同的功能，各按键的功能如下。

（1）左键

左键为拾取键，用于单击工具栏中的按钮、选择菜单命令，也可以在绘图过程中选择点和图形对象等。

（2）右键

右键默认用于显示快捷菜单，单击鼠标右键可以弹出快捷菜单。

用户可以自定义右键的功能，方法如下。

选择“工具 > 选项”命令，弹出“选项”对话框，单击“用户系统配置”选项卡，单击其中的“自定义右键单击”按钮，弹出“自定义右键单击”对话框，如图 2-41 所示，可以在对话框中自定义右键的功能。

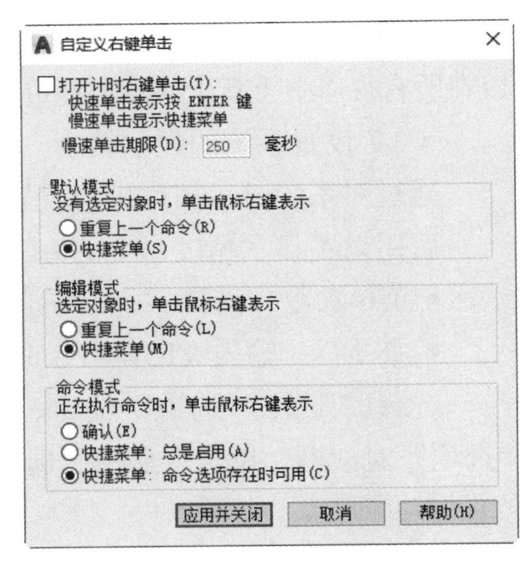

图 2-41

（3）中键

中键常用于快速浏览图形。在绘图窗口中按住中键，鼠标指针将变为形状，移动鼠标指针可快速移动图形；双击中键，绘图窗口中将显示全部图形对象。当鼠标中键为滚轮时，将鼠标指针放在绘图窗口中，向下滚动滚轮可以缩小图形，向上滚动滚轮可以放大图形。

2.2.3 任务实施

（1）启动 Auto CAD 2019，打开图形文件。选择“文件 > 打开”命令，打开云盘中的“Ch02 > 素材 > 滑动轴承座 .dwg”文件，如图 2-42 所示。

（2）调整绘图窗口的显示范围。单击“标准”工具栏中的“实时缩放”按钮，启用缩放功能，鼠标指针将变成放大镜的形状，向左、向上拖曳鼠标，可以放大视图，如图 2-43 所示。

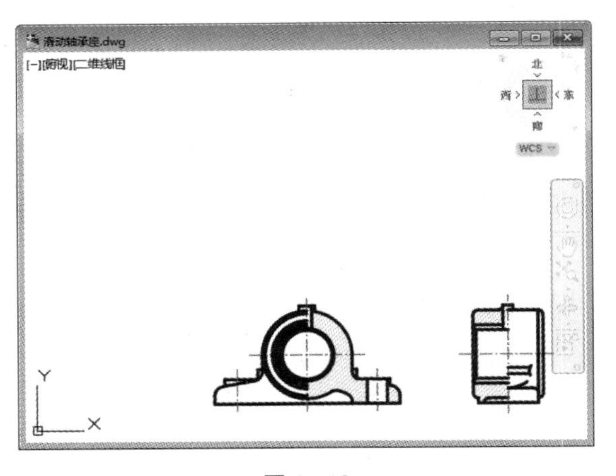

图 2-42

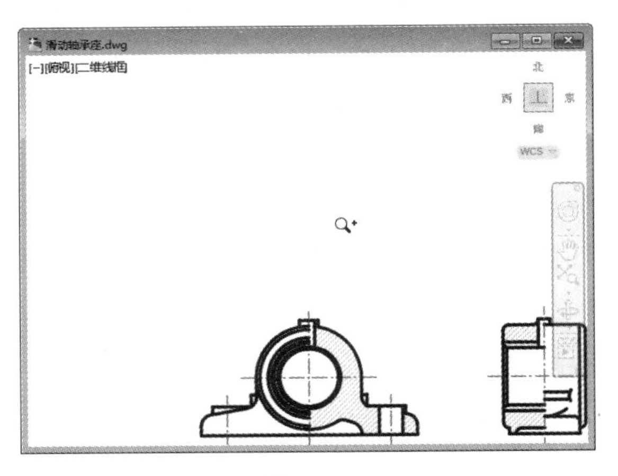

图 2-43

（3）单击“标准”工具栏中的“实时平移”按钮，鼠标指针将变成实时平移的图标，按住鼠标左键并向左拖曳鼠标，可通过平移视图来调整绘图窗口的显示区域，如图 2-44

所示。选择“视图 > 缩放 > 范围”命令，使图形能够完全显示，如图 2-45 所示。

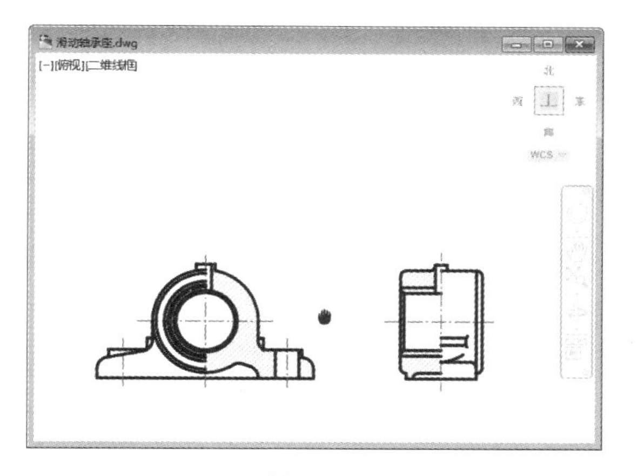

图 2-44

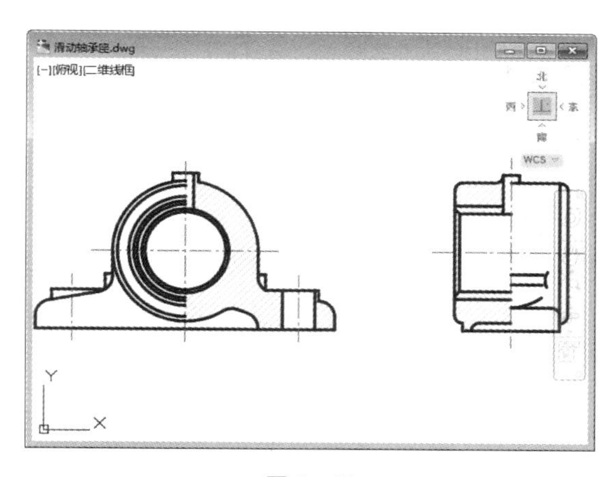

图 2-45

（4）选择“视图 > 视口 > 新建视口”命令，弹出“视口”对话框，其中各选项的设置如图 2-46 所示，单击“确定”按钮，效果如图 2-47 所示。

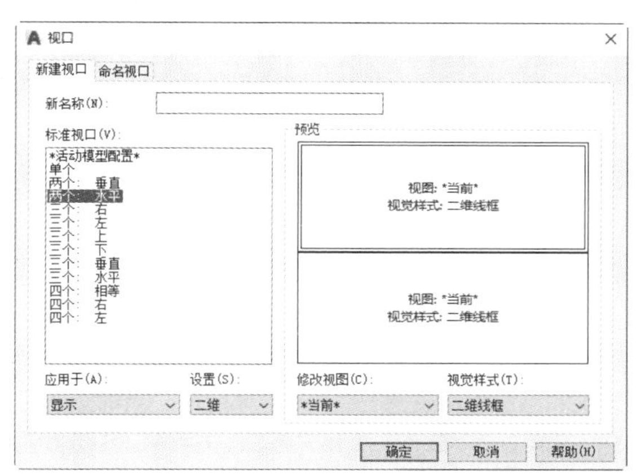

图 2-46

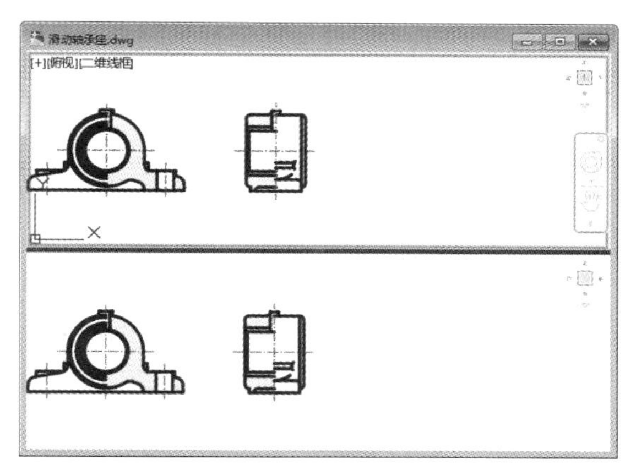

图 2-47

任务 2.3　掌握图层的基本操作

2.3.1　任务引入

本任务要求读者首先了解图层的应用与颜色控制；然后利用“图层特性管理器”对话框、“特性”对话框、“块编辑器”命令和“特性”工具栏制作清洗池。最终效果参看云盘中的“Ch02 > DWG > 清洗池 .dwg”，如图 2-48 所示。

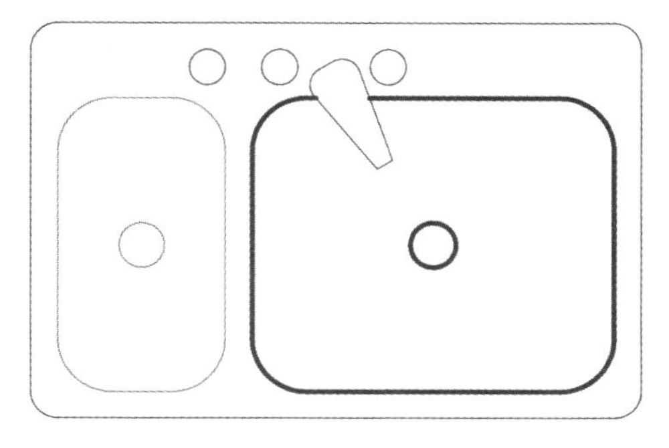
图 2-48

2.3.2 任务知识：图层的应用与颜色控制

1 单位与界限

利用 AutoCAD 2019 绘制工程图时，一般根据建筑物的实际尺寸来绘制。这就需要选择某种度量单位作为绘图标准，才能绘制出精确的工程图，并且还需要对图形设定一个类似图纸边界的限制，使绘制的图形能够按合适的比例打印成图纸。因此，在绘制工程图前需要选择绘图使用的单位并设置图形的界限，这样后续才能正常工作。

◎ 设置图形单位

可以在创建新文件时对图形文件进行单位设置，也可以在建立图形文件后，改变其默认的单位设置。

● 创建新文件时进行单位设置

选择“文件 > 新建”命令，弹出“选择样板”对话框，单击“打开”按钮右侧的▾按钮，在弹出的下拉列表中选择相应的选项，创建一个基于公制或英制单位的图形文件。

● 改变已存在图形的单位设置

在绘制图形的过程中，可以改变图形的单位设置，操作步骤如下。

① 选择“格式 > 单位”命令，弹出“图形单位”对话框，如图 2-49 所示。

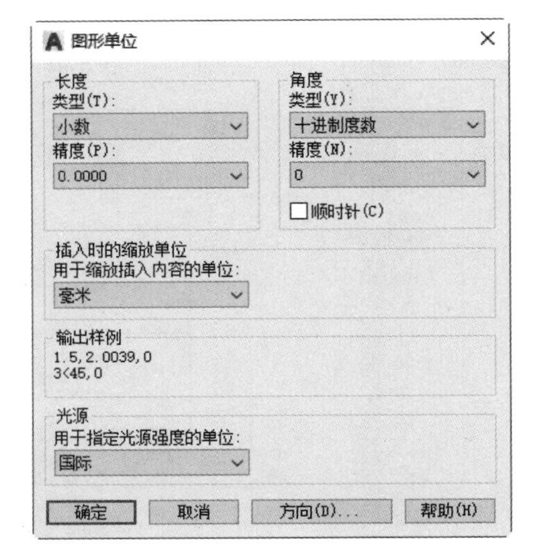

图 2-49

② 在“长度”选项组中，可以设置长度单位的类型和精度；在“角度”选项组中，可以设置角度单位的类型、精度和方向；在“插入时的缩放单位”选项组中，可以设置缩放插入内容的单位。

③ 单击“方向”按钮，弹出“方向控制”对话框，可以在其中设置基准角度，如图 2-50 所示。单击“确定”按钮，返回“图形单位”对话框。

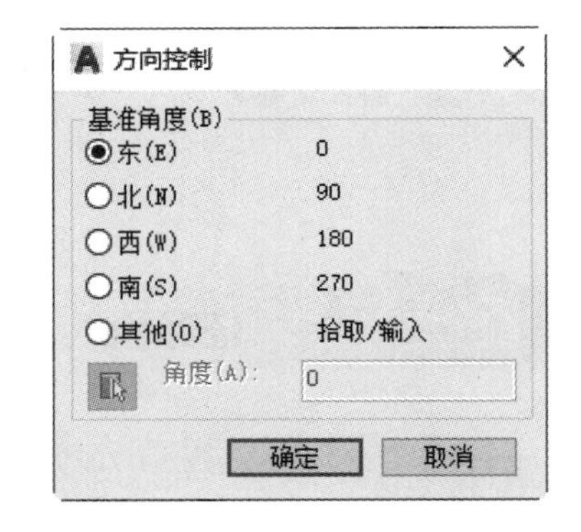

图 2-50

④ 单击“确定”按钮，确认图形的单位设置。

◎ 设置图形界限

设置图形界限就是设置图纸的大小。在绘制工程图时，通常根据建筑物的实际尺寸来绘制图形，因此需要设定图纸的界限。在 AutoCAD 2019 中，设置图形界限主要是为图形确定一个图纸的边界。

建筑图纸常用的几种比较固定的图纸规格有 A0（1189mm × 841mm）、A1（841mm × 594mm）、A2（594mm × 420mm）、A3（420mm × 297mm）和 A4（297mm × 210mm）等。

选择“格式 > 图形界限”命令，或在命令提示窗口中输入“limits”，以调用设置图形界限的命令，操作步骤如下。

```
命令 : limits                                                  // 输入图形界限命令
重新设置模型空间界限 :
指定左下角点或 [ 开 (ON)/ 关 (OFF)] <0.0000,0.0000>:          // 按 Enter 键
指定右上角点 <420.0000,297.0000>: 10000,8000                  // 输入数值
```

2 图层管理

绘制工程图时，为了方便管理和修改图形，需要将特性相似的对象绘制在同一图层上。例如，将工程图中的墙体线绘制在“墙体”图层，将所有的尺寸标注绘制在“尺寸标注”图层。

在“图层特性管理器”对话框中可以对图层进行设置和管理，如图 2-51 所示。“图层特性管理器”对话框中显示了图层的列表及其特性设置，在其中可以添加、删除和重命名图层，还可以修改图层特性或添加说明。图层过滤器用于控制在列表中显示哪些图层，并可同时对多个图层进行修改。

启用图层管理命令的方法如下。

- 工具栏：单击“图层”工具栏中的“图层特性管理器”按钮。
- 菜单命令：选择“格式 > 图层”命令。
- 命令行：输入 LAYER 命令（快捷命令：LA）。

◎ 创建图层

在绘制工程图的过程中，可以根据绘图需要来创建图层。

创建图层的操作步骤如下。

（1）选择“格式 > 图层”命令，或单击“图层”工具栏中的“图层特性管理器”按钮，弹出“图层特性管理器”对话框。

（2）单击“图层特性管理器”对话框中的“新建图层”按钮，或按 Alt+N 组合键。

（3）系统将在图层列表中添加新图层，其默认名称为“图层 1”，并且高亮显示，如图 2-52 所示。在名称栏中输入图层的名称，按 Enter 键，确定新图层的名称。

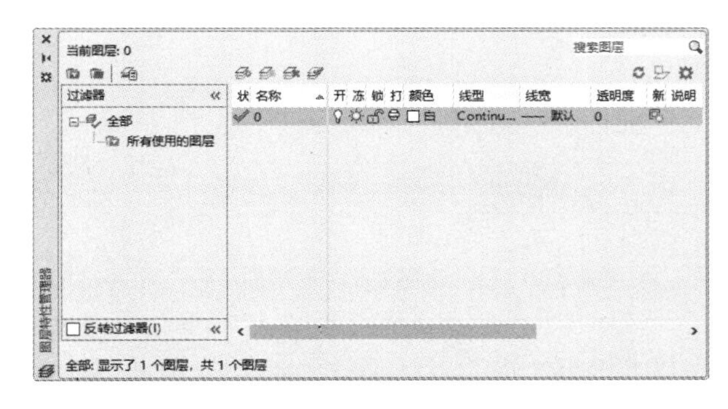

图 2-51

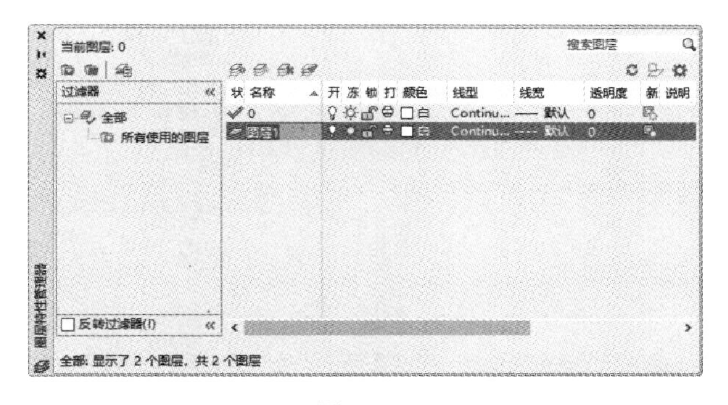

图 2-52

图层的名称最多可有 225 个字符，可以是数字、汉字、字母等。有些符号是不能使用的，例如“，”“>”“<”等。为了区别不同的图层，应该为每个图层设定不同的名称。在许多工程图中，图层的名称不使用汉字，而是采用阿拉伯数字或英文缩写的形式来表示。用户还可以用不同的颜色表示不同的元素，如表 2-1 所示。

表 2–1

图层名称	颜色	内容
2	黄色	建筑结构线
3	绿色	虚线、较为密集的线
4	湖蓝色	轮廓线
7	白色	其余各种线
DIM	绿色	尺寸标注
BH	绿色	填充
TEXT	绿色	文字、材料标注线

◎ 删除图层

在绘制图形的过程中，为了减小图形文件所占的空间，可以删除不使用的图层。

删除图层的操作步骤如下。

（1）选择“格式 > 图层”命令，或单击“图层”工具栏中的“图层特性管理器”按钮，弹出“图层特性管理器”对话框。

（2）在“图层特性管理器”对话框的图层列表中选择要删除的图层，单击“删除图层”按钮，或按 Alt+D 组合键。

提示

系统默认的图层 0 和图层 Defpoints、包含对象的图层、当前图层及依赖外部参照的图层是不能被删除的，如图 2-53 所示。

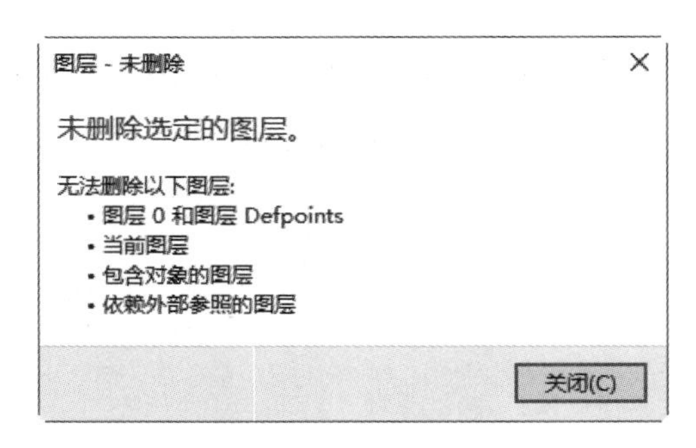

图 2–53

在“图层特性管理器”对话框的图层列表中，图层名称前的状态图标（蓝色）表示图层中包含图形对象，（灰色）表示图层中不包含图形对象。

◎ 设置图层的名称

在 AutoCAD 2019 中，图层名称默认为“图层 1”“图层 2”“图层 3”等，在绘制图形的过程中，可以重命名图层。

设置图层名称的操作步骤如下。

（1）选择“格式 > 图层”命令，或单击“图层”工具栏中的“图层特性管理器”按钮，弹出“图层特性管理器”对话框。

（2）在“图层特性管理器”对话框的图层列表中选择需要重命名的图层。

（3）单击该图层的名称或按 F2 键，使之变为文本编辑状态，输入新的名称，如图 2-54 所示，按 Enter 键，确认新设置的图层名称。

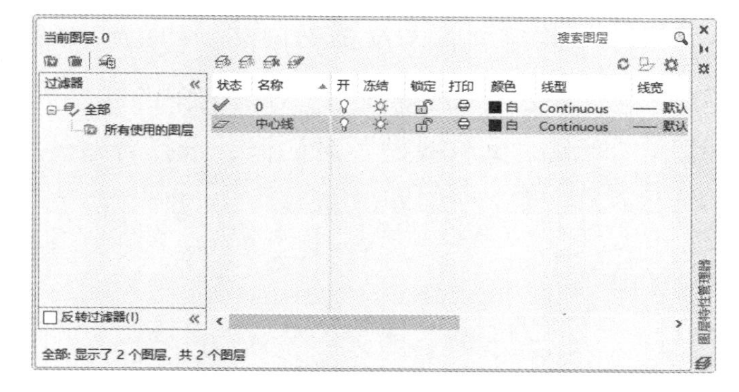

图 2-54

◎ 设置图层的颜色、线型和线宽

（1）设置图层的颜色

图层的默认颜色为“白色”。为了区别各个图层，应该为每个图层设置不同的颜色。在绘制图形时，可以通过设置图层的颜色来区分不同种类的图形对象。在打印图形时，针对某种颜色指定一种线宽，则此颜色所有的图形对象都会以同一线宽进行打印。用颜色代表线宽可以减少存储量，提高显示效率。

AutoCAD 2019 提供了 256 种颜色，通常在设置图层的颜色时，都会采用 7 种标准颜色：红色、黄色、绿色、青色、蓝色、紫色及白色。这 7 种颜色区别较大又带有名称，便于识别和调用。

设置图层颜色的操作步骤如下。

① 选择“格式 > 图层”命令，或单击“图层”工具栏中的“图层特性管理器”按钮，弹出“图层特性管理器”对话框。

② 单击图层列表中需要改变颜色的图层的“颜色”栏图标□白，弹出“选择颜色”对话框。

③ 从颜色列表中选择适合的颜色，此时“颜色”文本框将显示该颜色的名称，如图 2-55 所示。

④ 单击“确定”按钮，返回“图层特性管理器”对话框，图层列表中会显示新设置的颜色，如图 2-56 所示。

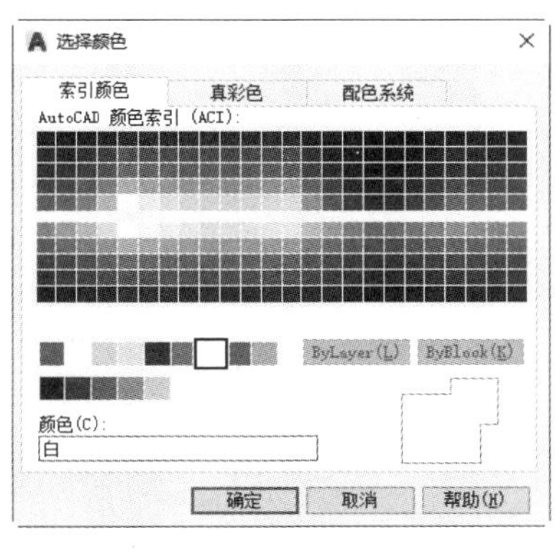

图 2-55

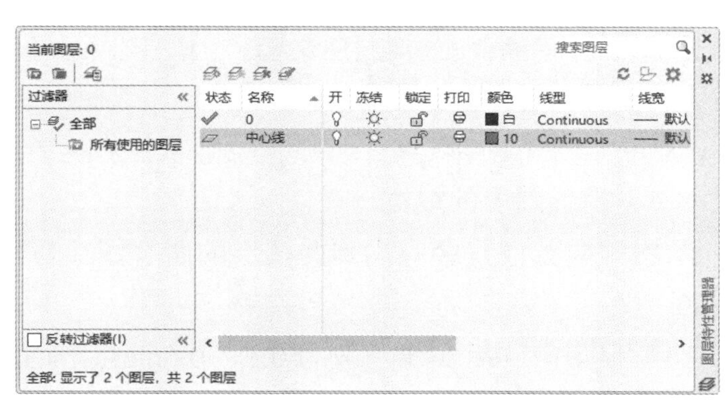

图 2-56

（2）设置图层的线型

图层的线型用来表示图层中图形线条的特性，通过设置图层的线型可以区分不同对象所代表的含义和作用，默认的线型为“Continuous”。

设置图层线型的操作步骤如下。

① 选择“格式 > 图层”命令，或单击“图层”工具栏中的“图层特性管理器”按钮，弹出“图层特性管理器”对话框。

② 在图层列表中单击图层的“线型”栏的Continuous图标，弹出“选择线型”对话框，如图 2-57 所示。“选择线型”对话框中的线型列表显示了默认的线型设置，单击“加载”按钮，弹出“加载或重载线型”对话框，选择合适的线型样式，如图 2-58 所示。

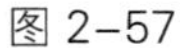
图 2-57

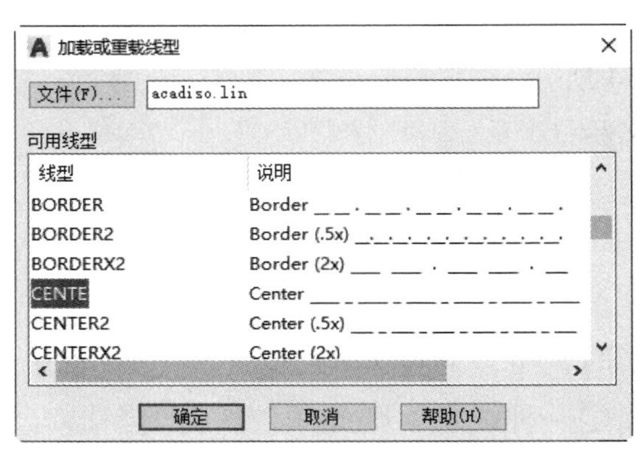

图 2-58

③ 单击“确定”按钮，返回“选择线型”对话框，所选择的线型样式显示在线型列表中，单击所加载的线型，如图 2-59 所示。

④ 单击“确定”按钮，返回“图层特性管理器”对话框。图层列表中将显示新设置的线型，如图 2-60 所示。

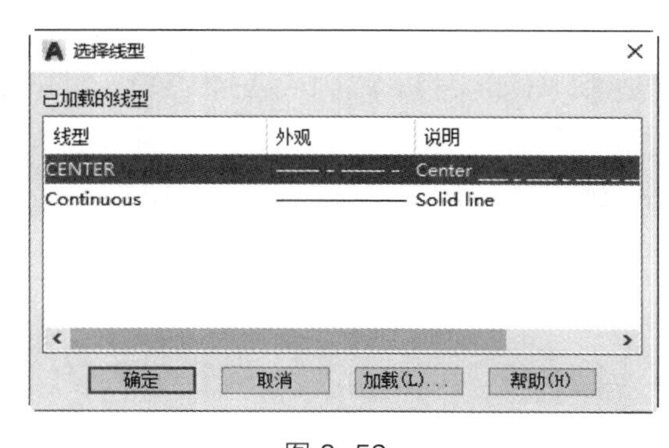

图 2-59

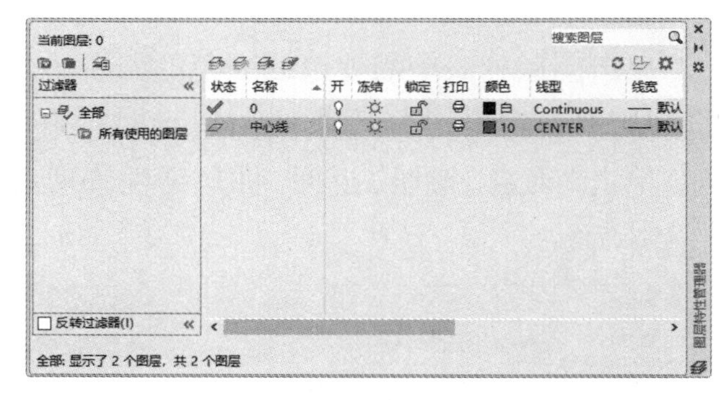

图 2-60

（3）设置图层的线宽

图层的线宽设置会应用到此图层的所有图形对象，用户可以在绘图窗口中选择显示或不显示线宽。

在工程图中，粗实线一般为 0.3 ~ 0.6mm，细实线一般为 0.13 ~ 0.25mm，具体情况可以根据图纸的大小来确定。通常在 A4 纸中，粗实线可以设置为 0.3mm，细实线可以设置为 0.13mm；在 A0 纸中，粗实线可以设置为 0.6mm，细实线可以设置为 0.25mm。

单击“图层”工具栏中的“图层特性管理器”按钮，弹出“图层特性管理器”对话框。在图层列表中单击图层“线宽”栏的 —— 默认 图标，弹出“线宽”对话框，在线宽列表中选择需要的线宽，如图 2-61 所示。单击“确定”按钮，返回“图层特性管理器”对话框，图层列表中将显示新设置的线宽，如图 2-62 所示。

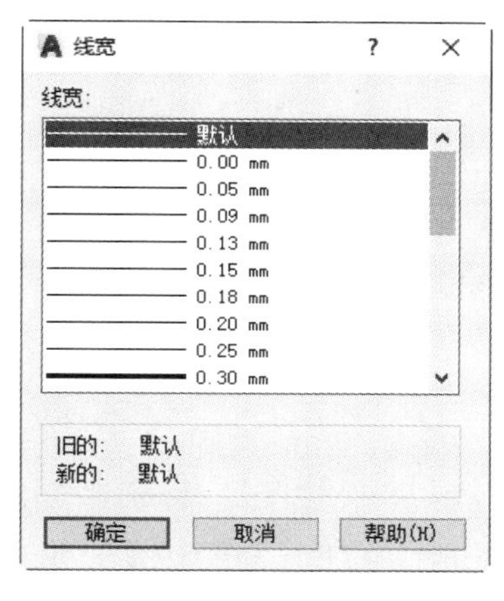

图 2-61

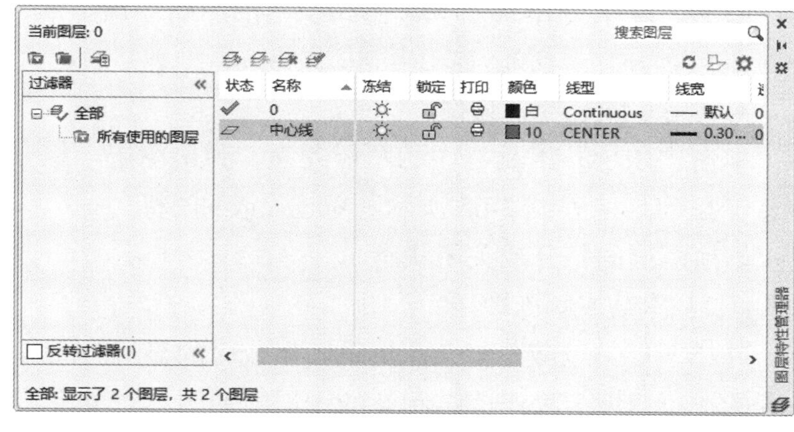

图 2-62

显示图形的线宽有以下两种方法。

一是利用“状态栏”中的“线框”按钮。单击“状态栏”中的“线框”按钮，可以切换屏幕中线宽的显示。当“线框”按钮处于灰色状态时，图形不显示线宽；当“线框”按钮处于蓝色状态时，图形显示线宽。

二是利用菜单命令。选择“格式 > 线宽”命令，弹出“线宽设置”对话框，如图 2-63 所示。用户可设置系统默认的线宽和单位。选择“显示线宽”复选框，单击“确定”按钮，绘图窗口中会显示线宽；若取消选择“显示线宽”复选框，则不显示线宽。

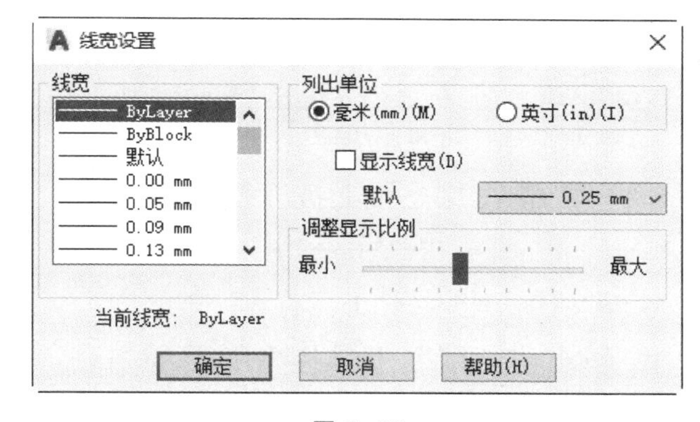

图 2-63

◎ 控制图层显示状态

如果工程图中包含大量信息，并且有多个图层，那么通过控制图层状态，编辑、绘制、观察等工作会变得更方便。图层状态主要包括打开与关闭、冻结与解冻、锁定与解锁、打印与不打印等，AutoCAD 2019 采用不同形式的图标来表示这些状态。

（1）打开或关闭图层

处于打开状态的图层是可见的；处于关闭状态的图层是不可见的，且不能被编辑或打印。当图形重新生成时，被关闭的图层将一起被生成。

打开或关闭图层有以下两种方法。

● 利用“图层特性管理器”对话框

单击“图层”工具栏中的“图层特性管理器”按钮，弹出“图层特性管理器”对话框，在对话框中选中“中心线”图层，单击“开”栏的或图标，切换图层的打开或关闭状态。当图标为（黄色）时，表示图层被打开；当图标为（蓝色）时，表示图层被关闭。如果关闭的图层是当前图层，系统将弹出“图层 – 关闭当前图层”提示框，如图 2-64 所示。

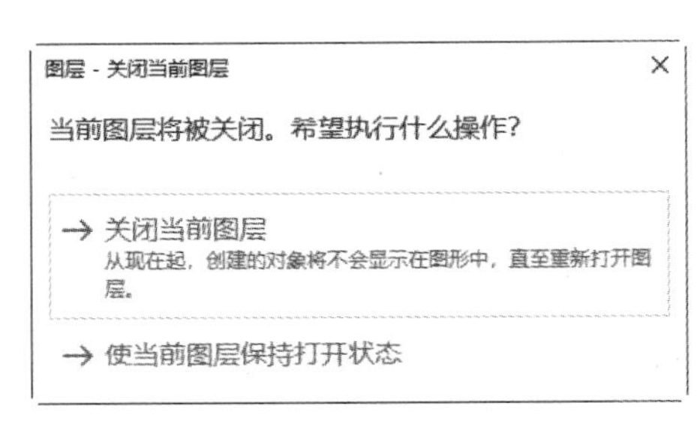

图 2–64

● 利用“图层”工具栏

单击“图层”工具栏中的图层列表，弹出图层信息下拉列表，如图 2-65 所示。单击或图标，可以切换图层的打开或关闭状态。

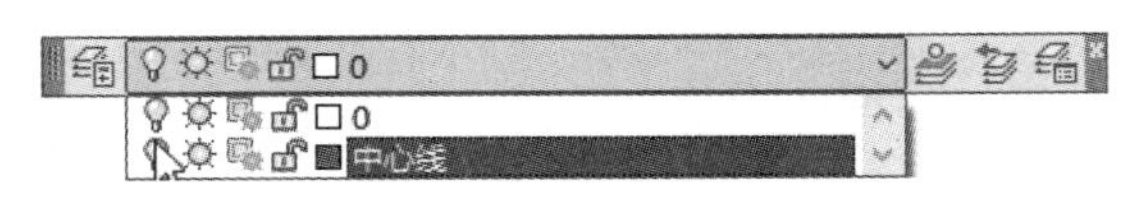

图 2–65

（2）冻结或解冻图层

冻结图层可以减少复杂图形重新生成时的显示时间，并且可以加快绘图、缩放、编辑等命令的执行速度。处于冻结状态的图层上的图形对象将不能被显示、打印或重生成。解冻图层将重新生成并显示该图层上的图形对象。

冻结或解冻图层有以下两种方法。

● 利用“图层特性管理器”对话框

单击“图层”工具栏中的“图层特性管理器”按钮，弹出“图层特性管理器”对话框，在图层列表中单击“冻结”栏的或图标，切换图层的冻结或解冻状态。当图标为时，表示图层处于解冻状态；当图标为时，表示图层处于冻结状态。

提示

当前图层是不能被冻结的。

● 利用“图层”工具栏

单击“图层”工具栏中的图层列表，弹出图层信息下拉列表，单击或图标，如图 2-66 所示，可以切换图层的冻结或解冻状态。

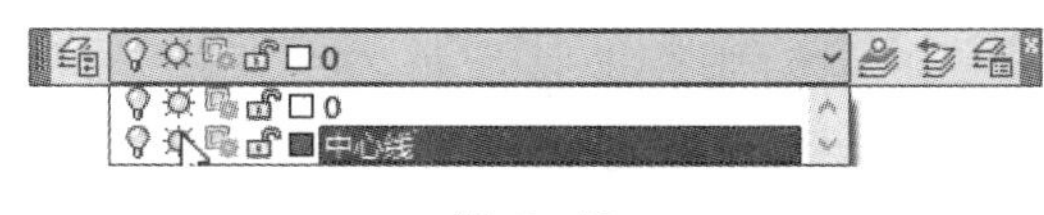

图 2–66

提示

解冻一个图层将使整个图形重新生成，而打开一个图层则只是重画这个图层上的对象，因此如果需要频繁地改变图层的可见性，应关闭图层而不应冻结图层。

（3）锁定或解锁图层

锁定的图层中的对象不能被编辑和选择。解锁图层可以将图层恢复为可编辑和选择的状态。

图层的锁定或解锁有以下两种方法。

● 利用“图层特性管理器”对话框

单击“图层”工具栏中的“图层特性管理器”按钮，弹出“图层特性管理器”对话框，在图层列表中单击“锁定”栏的或图标，可以切换图层的锁定或解锁状态。当图标为时，表示图层处于解锁状态；当图标为时，表示图层处于锁定状态。

● 利用“图层”工具栏

单击“图层”工具栏中的图层列表，弹出图层信息下拉列表，单击或图标，如图 2-67 所示，可以切换图层的锁定或解锁状态。

图 2-67

提示

被锁定的图层是可见的，用户可以查看、捕捉被锁定的图层上的对象，还可在被锁定的图层上绘制新的图形对象。

（4）打印或不打印图层

当指定一个图层处于不打印状态后，该图层上的对象仍是可见的。

单击“图层”工具栏中的“图层特性管理器”按钮，弹出“图层特性管理器”对话框，在图层列表中单击“打印”栏的或图标，可以切换图层的打印或不打印状态。

提示

图层的不打印设置只对图形中可见的图层（即图层是打开的并且是解冻的）有效。若图层被设为可打印但该图层是冻结的或关闭的，此时 AutoCAD 2019 将不打印该图层。

◎ 切换当前图层

当需要在一个图层上绘制图形时，必须先设置该图层为当前图层。系统默认的当前图层为“0”图层。

（1）设置图层为当前图层

设置图层为当前图层有以下两种方法。

● 利用“图层特性管理器”对话框

单击“图层”工具栏中的“图层特性管理器”按钮，弹出“图层特性管理器”对话框。在图层列表中选择要切换为当前图层的图层，然后双击状态栏中的图标，或单击“置为当前”按钮；或按 Alt+C 组合键，使状态栏的图标变为当前图层的图标，如图 2-68 所示。

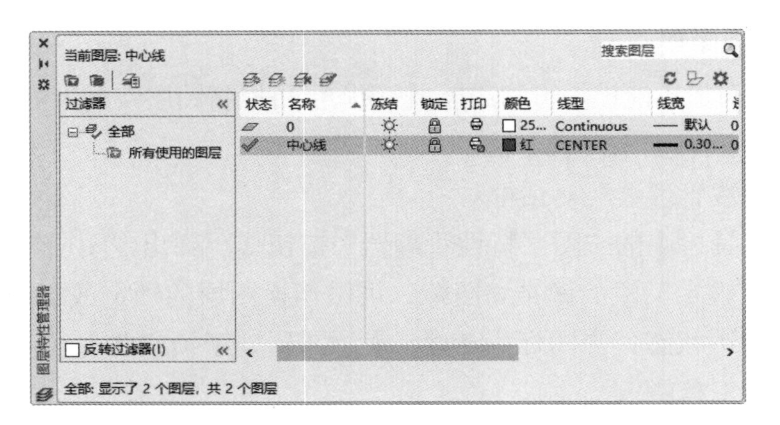

图 2-68

提示

在“图层特性管理器”对话框中，对当前图层的特性进行设置后，再建立新图层时，新图层的特性将复制当前选中图层的特性。

● 利用“图层”工具栏

在不选择任何图形对象的情况下，在“图层”工具栏的下拉列表中直接选择要设置为当前图层的图层，如图 2-69 所示。

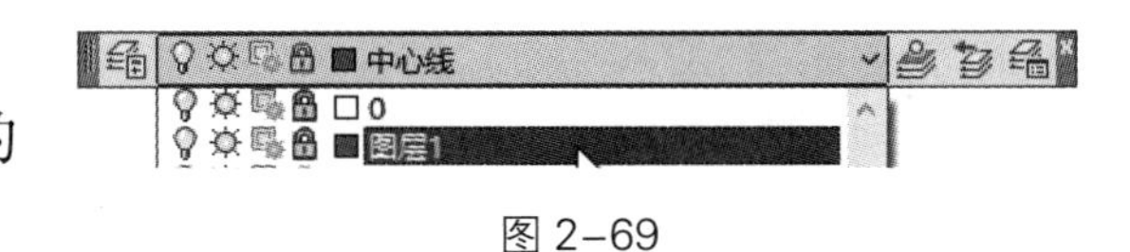

图 2-69

（2）设置对象所在图层为当前图层

在绘图窗口中选择某个图形对象，单击“图层”工具栏中的“将对象的图层置为当前”按钮，然后选择某个图形对象，即可将该图形对象所在的图层切换为当前图层。

（3）返回上一个图层

单击“图层”工具栏中的“上一个图层”按钮，系统将自动把上一次设置的当前图层切换为当前图层。

3 设置图形对象属性

在绘图过程中，需要特意指定一个图形对象的颜色、线型及线宽时，则应单独设置该图形对象的颜色、线型及线宽。

通过“特性”工具栏可以方便地设置对象的颜色、线型及线宽等特性。默认情况下，“特性”工具栏的“颜色控制”“线型控制”“线宽控制”3 个下拉列表框中都显示“ByLayer”（随层），如图 2-70 所示。“ByLayer”表示所绘制对象的颜色、线型和线宽等特性与当前图层所设定的特性完全相同。

图 2-70

提示

在不需要特意指定某一图形对象的颜色、线型及线宽的情况下，不要随意设置对象的颜色、线型和线宽，否则不利于管理和修改图层。

◎ 设置图形对象的颜色、线型和线宽

（1）设置图形对象的颜色

设置图形对象颜色的操作步骤如下。

① 在绘图窗口中选择需要改变颜色的一个或多个图形对象。

② 打开“特性”工具栏中的“颜色控制”下拉列表，如图 2-71 所示。从该下拉列表中选择需要的颜色，图形对象的颜色就会被修改。按 Esc 键，取消图形对象的选择状态。

如果需要选择其他的颜色，可以在“颜色控制”下拉列表中选择“选择颜色”选项，弹出“选择颜色”对话框，如图 2-72 所示。在该对话框中可以选择一种需要的颜色，单击“确定”按钮，新选择的颜色会出现在“颜色控制”下拉列表中。

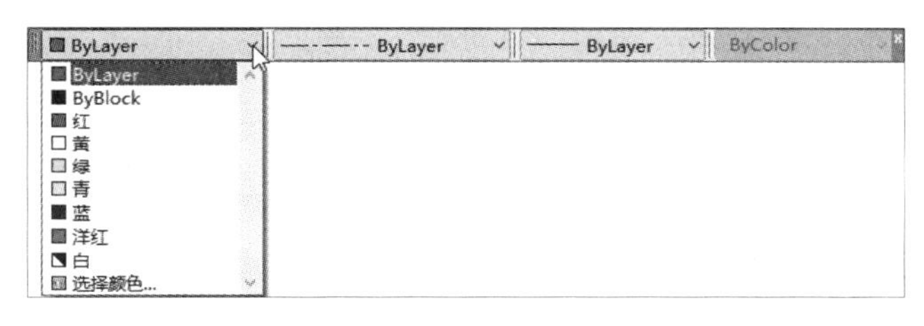

图 2-71

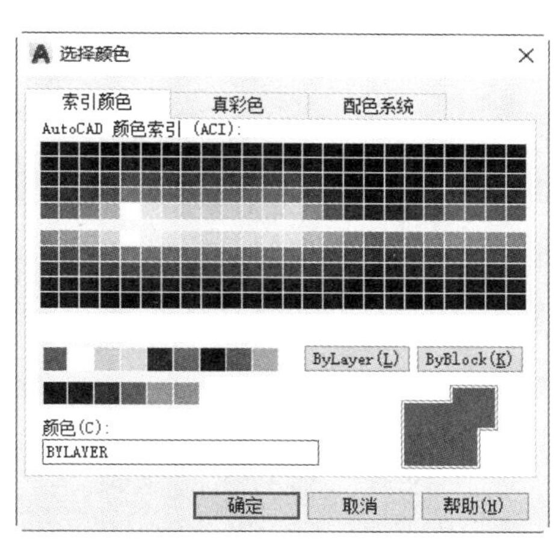

图 2-72

（2）设置图形对象的线型

设置图形对象线型的操作步骤如下。

① 在绘图窗口中选择需要改变线型的一个或多个图形对象。

② 打开“特性”工具栏中的“线型控制”下拉列表，如图 2-73 所示。从该下拉列表中选择需要的线型，图形对象的线型就会被修改。按 Esc 键，取消图形对象的选择状态。

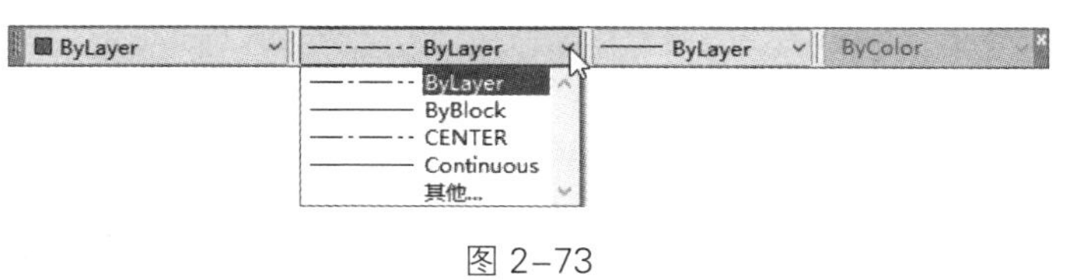

图 2-73

如果需要选择其他的线型，可在“线型控制”下拉列表中选择“其他”选项，弹出“线型管理器”对话框，如图 2-74 所示。单击该对话框中的“加载”按钮，弹出“加载或重载线型”对话框，如图 2-75 所示。

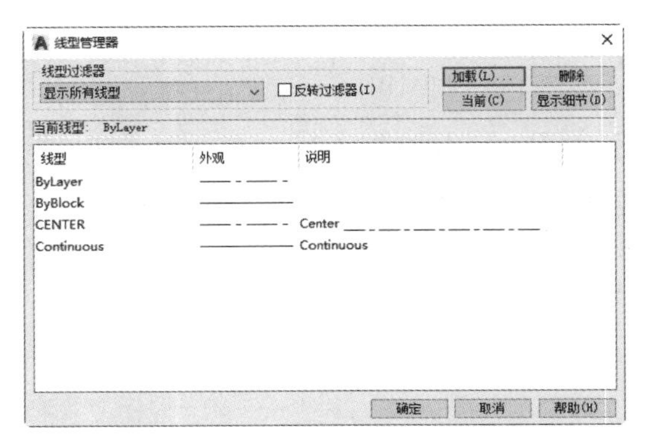

图 2–74

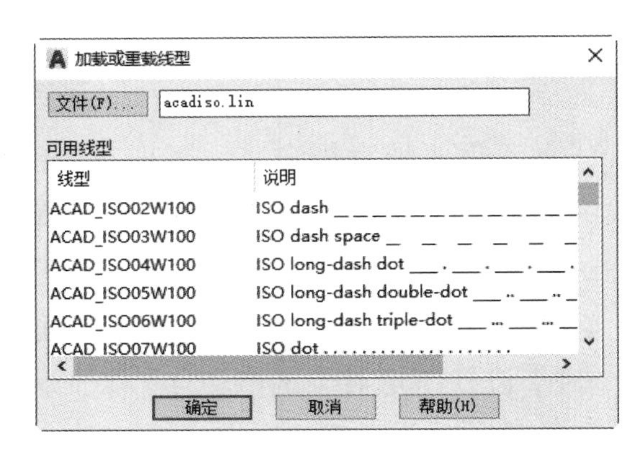

图 2–75

在“可用线型”下拉列表中可以选择一个或多个线型，如图 2-76 所示。单击“确定”按钮，返回“线型管理器”对话框，选择的线型会出现在“线型管理器”对话框的列表中，将其选中，如图 2-77 所示。单击“确定”按钮，新选择的线型会出现在“线型控制”下拉列表中。

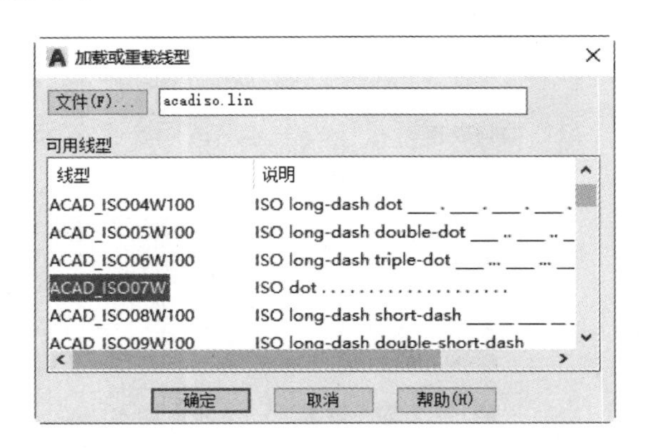

图 2–76

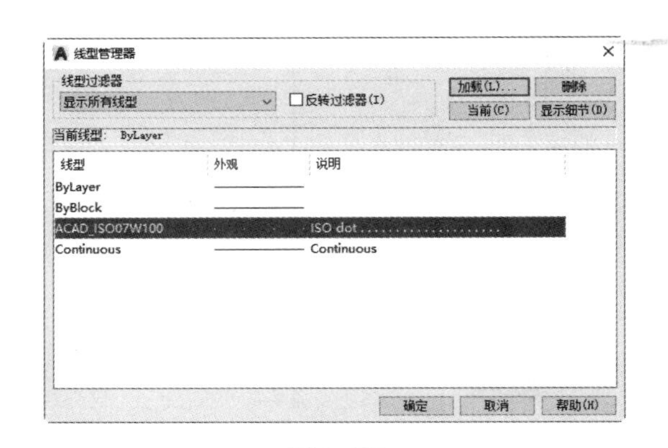

图 2–77

（3）设置图形对象的线宽

设置图形对象线宽的操作步骤如下。

① 在绘图窗口中选择需要改变线宽的一个或多个图形对象。

② 打开“特性”工具栏中的“线宽控制”下拉列表，如图 2-78 所示。从该下拉列表中选择需要的线宽，图形对象的线宽就会被修改。按 Esc 键，取消图形对象的选择状态。

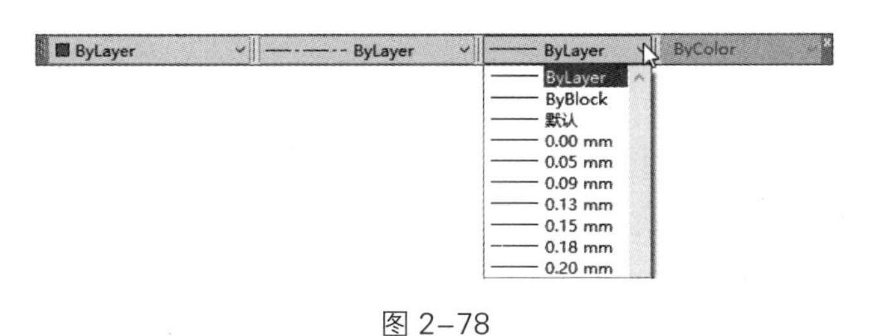

图 2–78

提示

单击状态栏中的“线宽”按钮，使其处于高亮显示状态，打开线宽显示开关，显示出新设置的图形对象的线宽；再次单击“线宽”按钮，使其处于灰色状态，关闭线宽显示开关。

◎ 修改图形对象所在的图层

在 AutoCAD 2019 中，修改图形对象所在图层的方法有以下两种。

● 利用“图层”工具栏

① 在绘图窗口中选择需要修改图层的图形对象。

② 打开“图层”工具栏的下拉列表，从中选择新的图层。

③ 按 Esc 键完成操作，此时图形对象将被放置到新的图层上。

● 利用“特性”对话框

① 在绘图窗口中，用鼠标右键单击图形对象，在弹出的快捷菜单中选择“特性”命令，打开“特性”对话框，如图 2-79 所示。

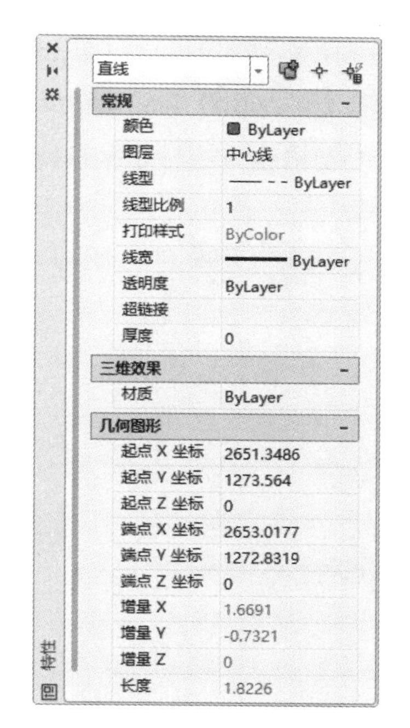

图 2-79

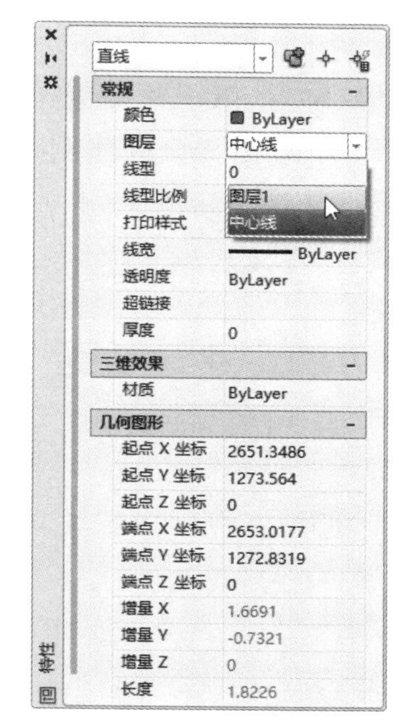

图 2-80

② 在“常规”选项组中的“图层”下拉列表中选择新的图层，如图 2-80 所示。

③ 关闭“特性”对话框，此时图形对象将被放置到新的图层上。

4 非连续线的外观

非连续线是由短横线、空格等元素重复构成的。非连续线的外观，例如短横线的长短、空格的大小等，是可以由其线型的比例因子来控制的。当绘制的点划线、虚线等非连续线看上去与连续线一样时，改变其线型的比例因子，可以调节非连续线的外观。

◎ 设置线型的全局比例因子

改变线型的全局比例因子，AutoCAD 2019 将重新生成图形，这将影响图形文件中所有非连续线的外观。

改变线型全局比例因子的方法有以下 3 种。

● 设置系统变量 LTSCALE

设置线型全局比例因子的命令为：lts（ltscale），当系统变量 LTSCALE 的值增加时，非连续线的短横线及空格加长；反之则缩短，如图 2-81 所示。

LTSCALE=1

LTSCALE=2

图 2-81

命令 : lts　　　　//输入设置线型全局比例因子的命令

LTSCALE 输入新线型比例因子 <1.0000>: 2　　　　//输入新的数值

正在重生成模型　　　　//系统重生成图形

● 利用菜单命令

① 选择“格式 > 线型”命令，弹出“线型管理器”对话框，如图 2-82 所示。

② 单击“显示细节”按钮显示细节(D)，对话框的底部会出现“详细信息”选项组，同时显示细节(D)按钮变为隐藏细节(D)按钮，如图 2-83 所示。

③ 在“全局比例因子”数值框中输入新的比例因子的值，单击“确定”按钮。

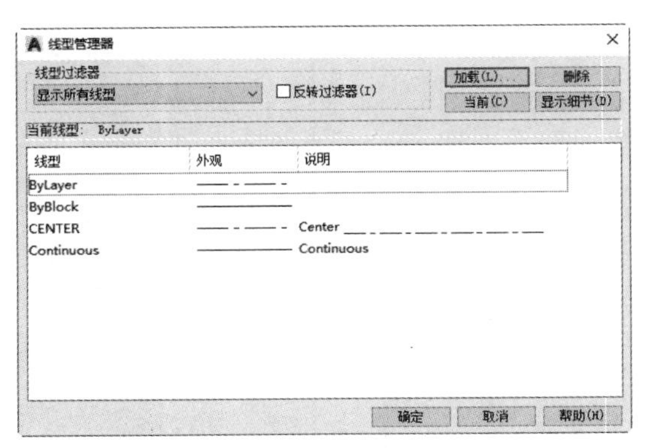

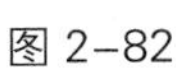
图 2-82

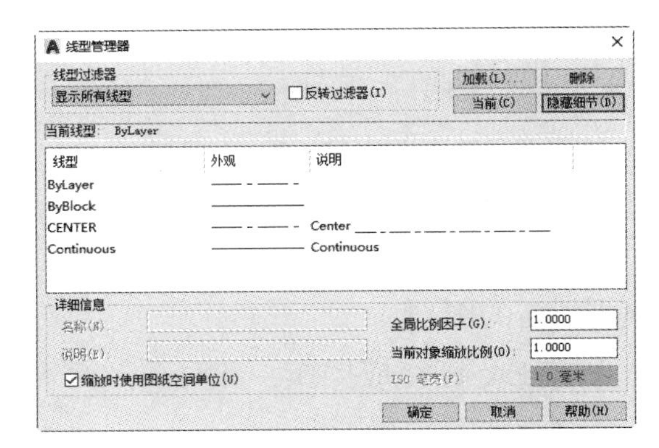

图 2-83

提示

设置线型的全局比例因子时，其值不能为 0。

● 利用“对象特性”工具栏

① 打开“特征”工具栏中的“线型控制”下拉列表，如图 2-84 所示，从中选择“其他”选项，弹出“线型管理器”对话框。

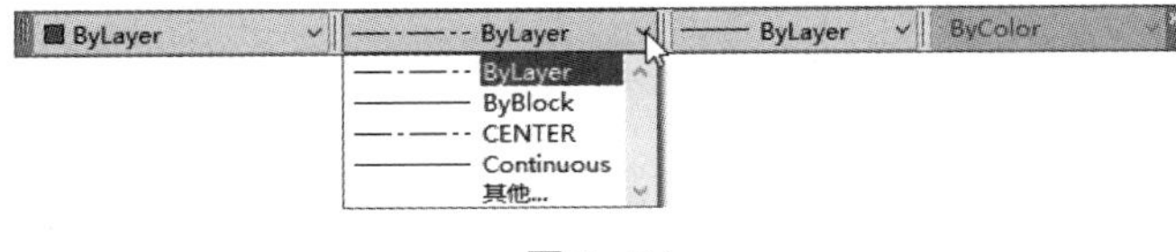

图 2-84

② 单击“显示细节”按钮显示细节(D)，对话框的底部会出现“详细信息”选项组，同时显示细节(D)按钮变为隐藏细节(D)按钮。

③ 在“全局比例因子”文本框中输入新的比例因子的值，然后单击“确定”按钮。

◎ 设置当前对象的线型比例因子

改变当前对象的线型比例因子，将改变当前选择的对象中所有非连续线的外观。

改变当前对象的线型比例因子的方法有以下两种。

● 利用“线型管理器”对话框

① 选择“格式 > 线型”命令，弹出“线型管理器”对话框。

② 单击“显示细节”按钮显示细节(D)，对话框的底部会出现“详细信息”选项组。

③ 在“当前对象缩放比例”文本框中输入新的比例因子的值，然后单击“确定”按钮。

提示

非连续线外观的显示比例＝当前对象线型比例因子 × 全局线型比例因子。例如，当前对象线型比例因子为2，全局比例因子为2，则最终显示线型时采用的比例因子为4。

● 利用“特性”对话框

① 选择“修改 > 特性”命令，弹出“对象特性管理器”对话框，如图2-85所示。

② 选择需要设置当前对象缩放比例的图形对象，“特性”对话框中会显示选择的图形对象的特性，如图2-86所示。

③ 在“常规”选项组中的“线型比例”文本框中输入新的比例，按Enter键。此时所选的图形对象的外观将发生变化。

在不选择任何图形对象的情况下设置“特性”对话框中的线型比例，将改变线型的全局比例因子，此时绘图窗口中所有非连续线的外观都将发生变化。

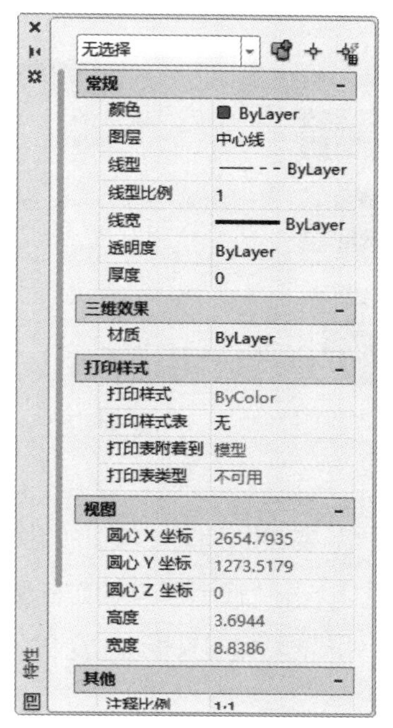

图 2-85

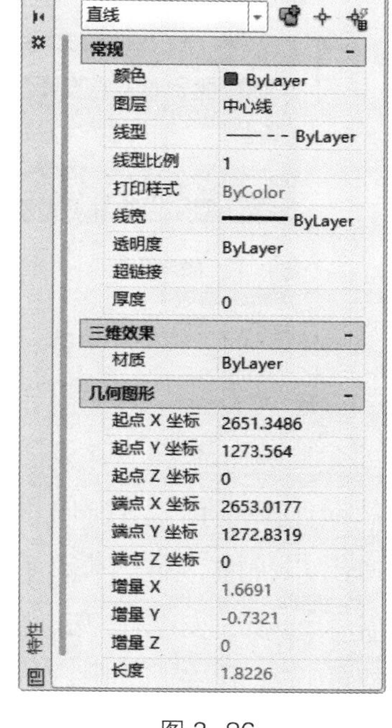

图 2-86

2.3.3 任务实施

（1）启动 Auto CAD 2019，打开图形文件。选择“文件 > 打开”命令，打开云盘中的“Ch02 > 素材 > 清洗池 .dwg”文件，如图 2-87 所示。

（2）选择“格式 > 图层”命令，弹出“图层特性管理器”对话框，单击“新建图层”按钮，在图层列表中添加新图层，并输入图层名称，如图 2-88 所示。按 Enter 键，确定新图层的名称。

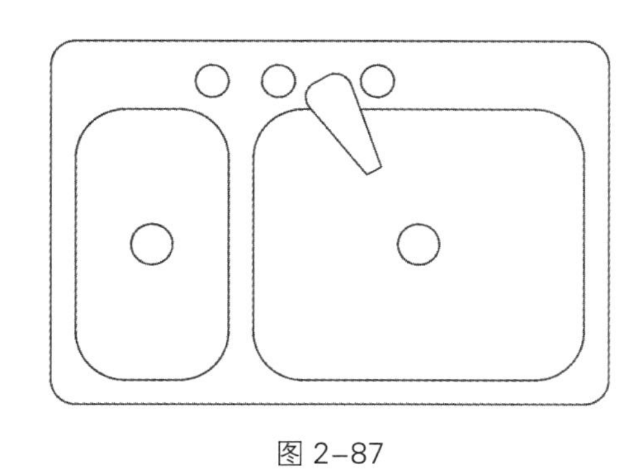

图 2-87

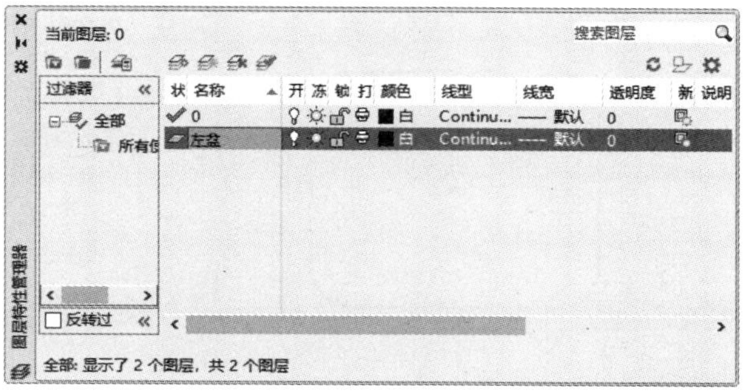

图 2-88

（3）在“图层特性管理器”对话框中，单击图层列表中的“颜色”图标■白，弹出“选择颜色”对话框，在其中选择需要的颜色，如图 2-89 所示。单击确定按钮，返回“图层特性管理器”对话框，图层列表中会显示出新设置的图标颜色，如图 2-90 所示。

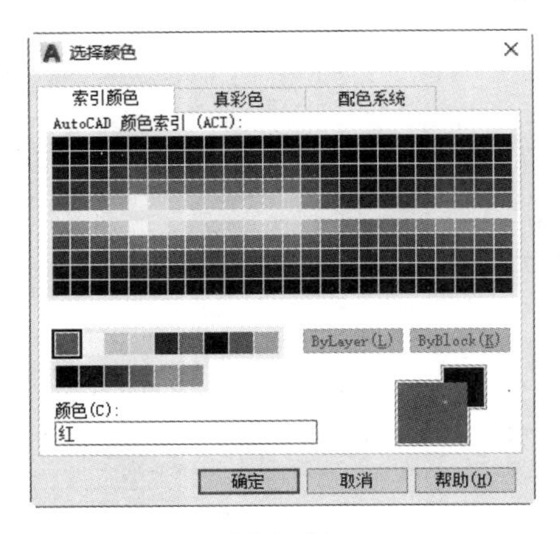

图 2–89

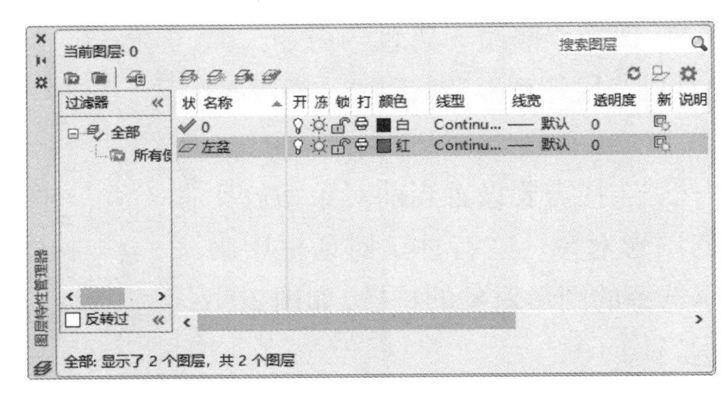

图 2–90

（4）在绘图窗口中选中需要的图形对象，如图 2-91 所示。选择“修改 > 特性”命令，弹出“特性”对话框，在其中单击“图层”选项右侧的按钮，在弹出的下拉列表中选择“左盆”选项，如图 2-92 所示。将选中的图形对象移至“左盆”图层，按 Esc 键，取消图形对象的选中状态，如图 2-93 所示。

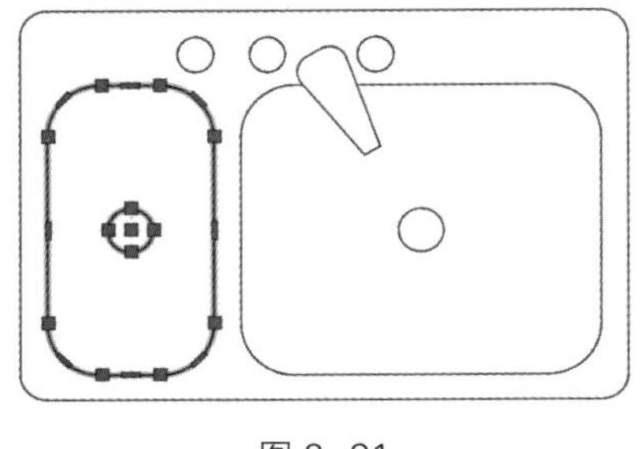

图 2–91

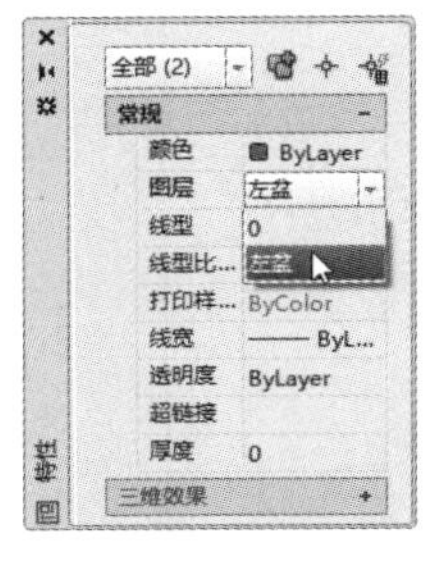

图 2–92

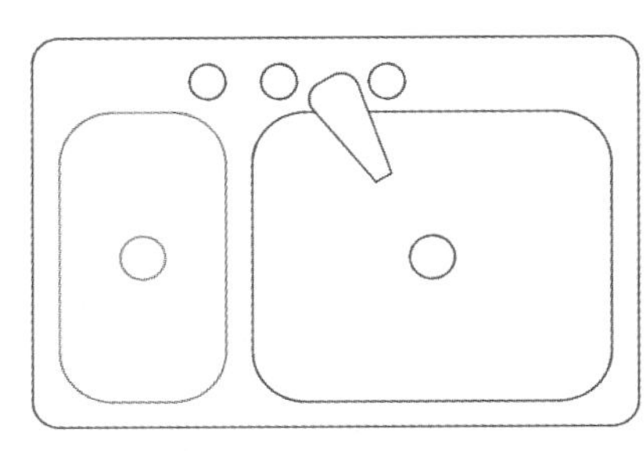

图 2–93

（5）在绘图窗口中选中需要的图形对象，如图 2-94 所示。在选中的图形对象上单击鼠标右键，在弹出的快捷菜单中选择“块编辑器”命令，如图 2-95 所示，按 Ctrl+A 组合键全选图形，如图 2-96 所示。

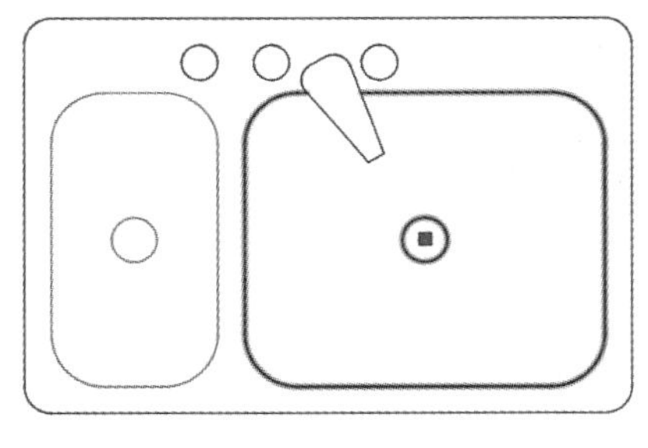

图 2–94

图 2–95

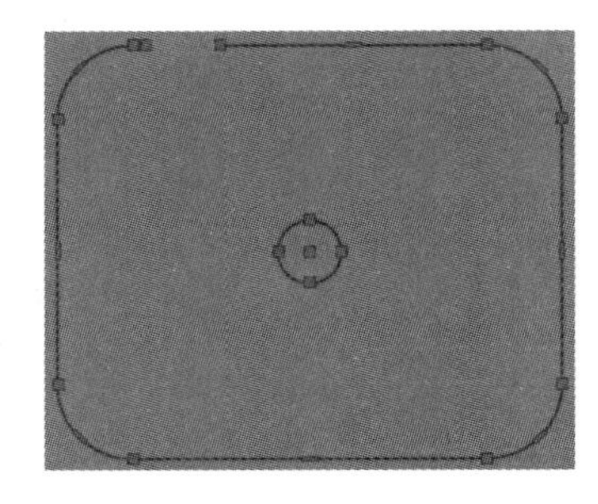

图 2–96

（6）在“特性”工具栏中的“颜色控制”下拉列表中选择需要的颜色，如图 2-97 所示，图形对象的颜色就会被修改。在“线型控制”下拉列表中选择需要的线型，如图 2-98 所示，图形对象的线型就会被修改。

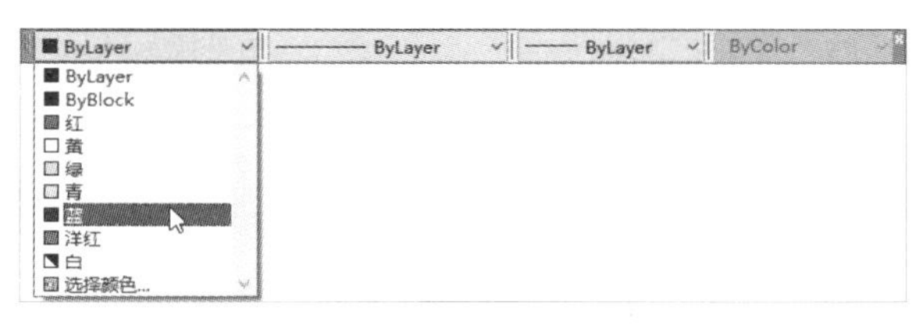

图 2–97

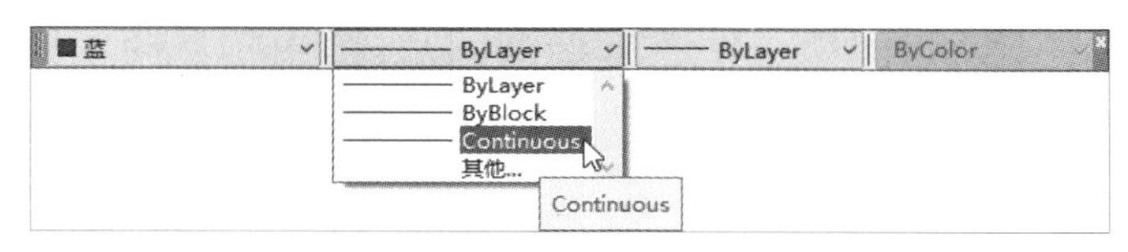

图 2–98

（7）在“线宽控制”下拉列表中选择需要的线宽，如图 2-99 所示，按 Esc 键，取消图形对象的选择状态。单击属性栏中的“关闭块编辑器”按钮，弹出图 2-100 所示的提示对话框。选择“将更改保存到 右盆”选项，图形效果如图 2-101 所示。

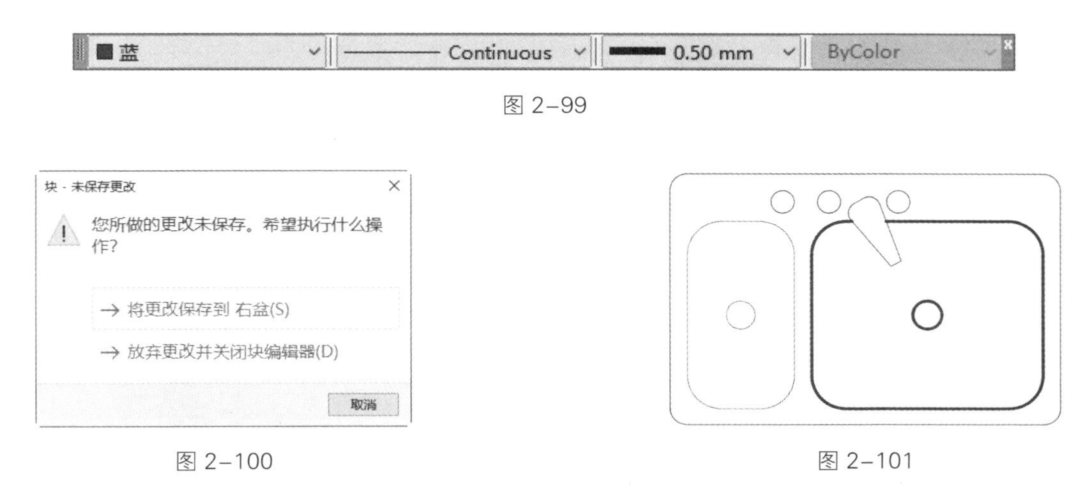

图 2–99

图 2–100

图 2–101

任务 2.4　了解信息查询与打印输出

2.4.1　任务引入

本任务要求读者首先了解在 Auto CAD 2019 中如何进行信息查询与打印输出；然后使用“面积”命令，捕捉图形对象并查询该图形对象的周长与面积。最终效果参看云盘中的“Ch02 > DWG > 方圆 .dwg”，如图 2-102 所示。

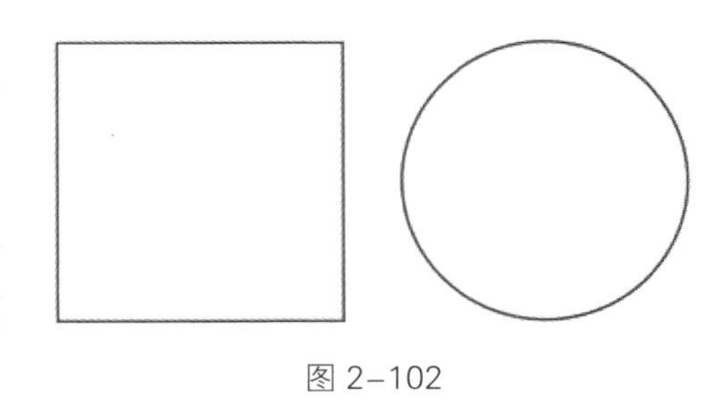

图 2–102

2.4.2　任务知识：信息查询与打印输出

1 信息查询

AutoCAD 2019 提供了查询各种图形信息的方法，例如距离、面积、质量、系统状态、图形对象信息、绘图时间和点信息的查询等。

◎ 查询距离

查询距离一般是指查询两点之间的距离，常与对象捕捉功能配合使用。此外，通过查询距离功能，还可以测量图形对象的长度、图形对象在 xy 平面内的夹角等。AutoCAD 2019 提供了“距离”命令，用于查询图形对象的距离。

启用“距离”命令的方法如下。

- 工具栏：单击“查询”工具栏中的“距离”按钮。
- 菜单命令：选择“工具 > 查询 > 距离”命令。
- 命令行：输入 DIST 命令（快捷命令：DI）。

◎ 查询面积

在 AutoCAD 2019 中，用户可以查询矩形、圆、多边形、面域等对象及指定区域的周长与面积，另外还可以进行面积的加、减运算等。AutoCAD 2019 提供了“面积”命令，用于查询图形对象的周长与面积。

启用“面积”命令的方法如下。

- 工具栏：单击“查询”工具栏中的“面积”按钮。
- 菜单命令：选择“工具 > 查询 > 面积”命令。
- 命令行：输入 AREA 命令。

◎ 查询质量

AutoCAD 2019 提供了“面域 / 质量特性”命令，用于查询面域或三维实体的质量特性。

启用“面域 / 质量特性”命令的方法如下。

- 工具栏：单击“查询”工具栏中的“面域 / 质量特性”按钮。
- 菜单命令：选择“工具 > 查询 > 面域 / 质量特性”命令。
- 命令行：输入 MASSPROP 命令。

◎ 查询系统状态

AutoCAD 2019 提供了“状态”命令，用于查询当前图形的系统状态。当前图形的系统状态包括以下几个方面。

- 统计当前图形中对象的数目。
- 显示所有图形对象、非图形对象和块定义。
- 在 DIM 提示下使用时，报告所有标注系统变量的值和说明。

启用“状态”命令的方法如下。

- 菜单命令：选择“工具 > 查询 > 状态”命令。
- 命令行：输入 STATUS 命令。

◎ 查询图形对象的信息

AutoCAD 2019 提供了“列表”命令，用于查询图形对象的信息，例如图形对象的类型、图层和相对于当前坐标系的 x、y、z 位置，以及对象是位于模型空间还是图纸空间等各项信息。

启用“列表”命令的方法如下。

- 工具栏：单击“查询”工具栏中的“列表”按钮。
- 菜单命令：选择“工具 > 查询 > 列表”命令。
- 命令行：输入 LIST 命令。

2 打印输出

◎ 文件打印

通常在图形绘制完成后，需要将其打印到图纸上。在打印图形的操作过程中，用户先要启用“打印”命令，再选择或设置相应的选项来打印图形。

启用“打印”命令的方法如下。

- 菜单命令：选择“文件 > 打印”命令。
- 命令行：输入 PLOT 命令。

选择“文件 > 打印”命令，弹出“打印 - 模型”对话框，如图 2-103 所示。用户需要从中选择打印设备、图纸尺寸、打印区域和打印比例等。单击“打印 - 模型”对话框右下角的“展开”按钮，展开右侧隐藏部分的内容，如图 2-104 所示。

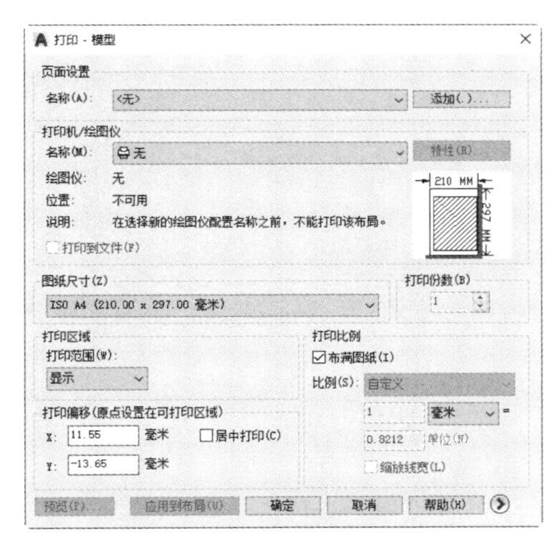

图 2-103

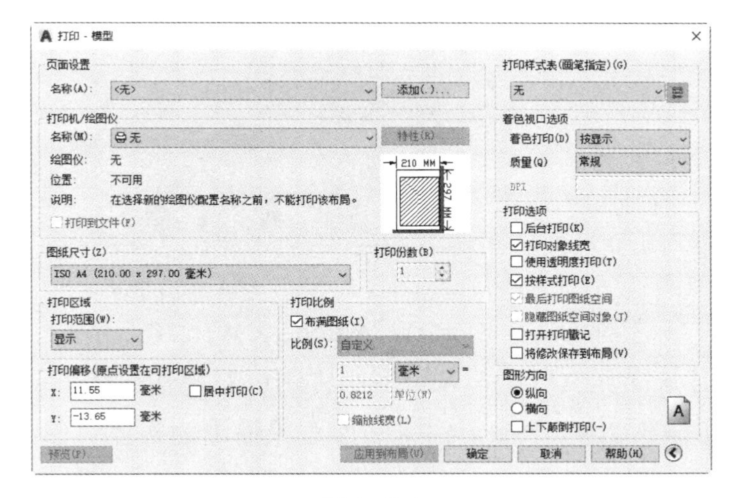

图 2-104

“打印 - 模型”对话框中部分选项的作用如下。

- “打印机 / 绘图仪”选项组用于选择打印设备。
- “图纸尺寸”选项组用于选择图纸的尺寸。
- “打印区域”选项组用于设置图形的打印范围。
- “打印偏移”选项组用于设置图纸打印的位置。在默认状态下，AutoCAD 2019 将从图纸的左下角打印图形，其打印原点的坐标是（0,0）。
- “打印比例”选项组用于选择图形的打印比例。
- “着色视口选项”选项组用于打印经过着色或渲染的三维图形。
- “图形方向”选项组用于设置图形在图纸上的打印方向。
- 预览(P)... 按钮用于显示图纸打印的预览图。

◎ 设置文件输出格式

在 AutoCAD 2019 中，利用“输出”命令可以将绘制的图形输出为 BMP 和 3DS 等格式的文件，并在其他应用程序中使用它们。

启用“输出”命令的方法如下。

- 菜单命令：选择“文件 > 输出”命令。
- 命令行：输入 EXPORT 命令（快捷命令：EXP）。

选择“文件 > 输出”命令，弹出“输出数据”对话框。指定文件的名称和保存路径，并在“文件类型”下拉列表中选择相应的输出格式，如图 2-105 所示。单击“保存”按钮，将图形输出为所选格式的文件。

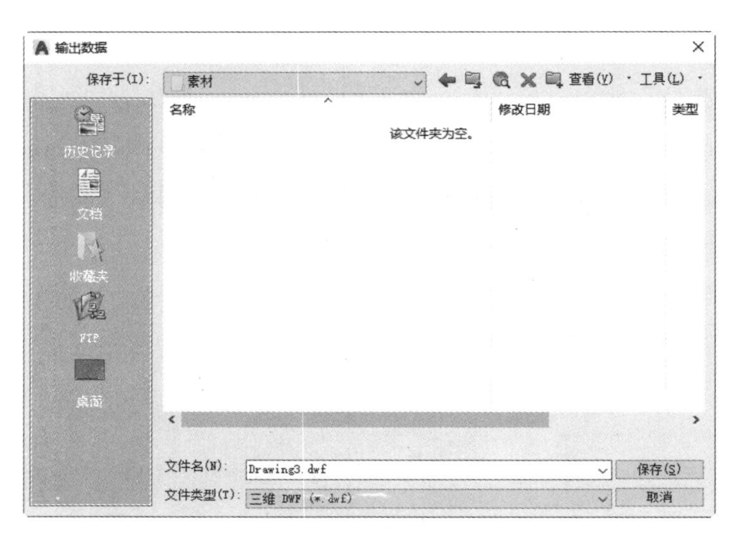

图 2-105

- 三维 DWF (*.dwf)：Autodesk Web 图形格式。
- 图元文件（*. wmf）：将图形对象输出为图元文件，扩展名为 wmf。
- ACIS（*.sat）：将图形对象输出为实体对象文件，扩展名为 sat。
- 平板印刷（*.stl）：将图形对象输出为实体对象立体画文件，扩展名为 stl。
- 封装 PS（*.eps）：将图形对象输出为 PostScrip 文件，扩展名为 eps。
- DXX 提取（*.dxx）：将图形对象输出为属性抽取文件，扩展名为 dxx。
- 位图（*.bmp）：将图形对象输出为与设备无关的位图文件，可供图像处理软件使用，扩展名为 bmp。
- 块（*.dwg）：将图形对象输出为图块，扩展名为 dwg。
- V8 DGN (*.dgn)：MicroStation DGN 文件格式。

2.4.3 任务实施

（1）启动 Auto CAD 2019，选择“工具 > 查询 > 面积”命令，启用“面积”命令，捕捉相应的图形对象，查询捕捉到的图形对象的周长与面积，如图 2-106~ 图 2-108 所示。

命令 : _area // 输入面积命令

指定第一个角点或 [对象 (O)/ 增加面积 (A)/ 减少面积 (S)] < 对象 (O)>: O

// 选择“对象”选项

选择对象 : // 选择圆

区域 = 86538.9568，周长 = 1042.8234 // 查询到圆的面积与周长

命令 : _area // 输入面积命令

指定第一个角点或 [对象 (O)/ 增加面积 (A)/ 减少面积 (S)] < 对象 (O)> : < 对象捕捉 开 >

// 打开对象捕捉开关，捕捉交点 *A*

指定下一个点或 [圆弧 (A)/ 长度 (L)/ 放弃 (U)]: // 捕捉交点 *B*

指定下一个点或 [圆弧 (A)/ 长度 (L)/ 放弃 (U)]: // 捕捉交点 *C*

指定下一个点或 [圆弧 (A)/ 长度 (L)/ 放弃 (U)/ 总计 (T)] < 总计 >: // 捕捉交点 *D*

指定下一个点或 [圆弧 (A)/ 长度 (L)/ 放弃 (U)/ 总计 (T)] < 总计 >: // 按 Enter 键

区域 = 137938.4870，周长 = 1513.1269 // 查询到矩形 *ABCD* 的面积与周长

命令 : _area // 输入面积命令

指定第一个角点或 [对象 (O)/ 增加面积 (A)/ 减少面积 (S)] < 对象 (O)>: < 对象捕捉 开 >

// 打开对象捕捉开关，捕捉交点 *A*

指定下一个点或 [圆弧 (A)/ 长度 (L)/ 放弃 (U)]: // 捕捉交点 *B*

指定下一个点或 [圆弧 (A)/ 长度 (L)/ 放弃 (U)/ 总计 (T)] < 总计 >: // 捕捉交点 *C*

指定下一个点或 [圆弧 (A)/ 长度 (L)/ 放弃 (U)/ 总计 (T)] < 总计 >: // 按 Enter 键

区域 = 68969.2435，周长 = 1301.0919 // 查询到三角形 *ABC* 的面积与周长

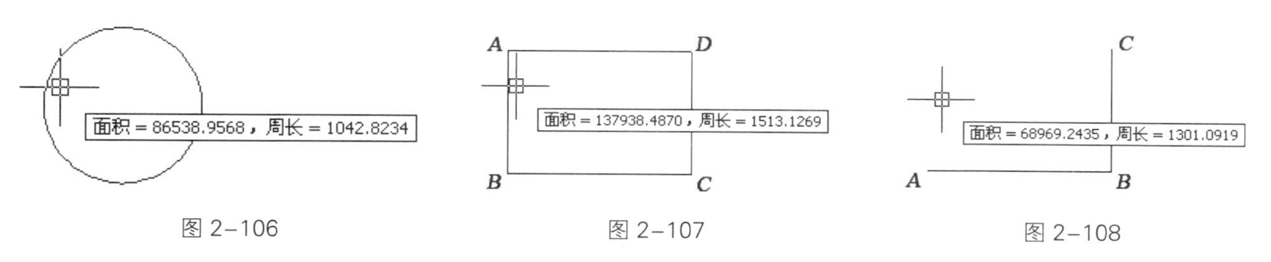

图 2–106　　图 2–107　　图 2–108

（2）如果选择的图形不封闭，则 AutoCAD 在计算图形的面积时，将假设从最后一点到第一点之间有一条直线；在计算周长时，将加上这条假设的直线的长度。例如，捕捉交点 *C* 之后，按 Enter 键，完成对三角形 *ABC* 的周长和面积的测量，其中周长包含线段 *AC* 的长度。

- 对象 (O)：通过对象方式查询选定对象的面积和周长。利用该方式可以计算圆、椭圆、样条曲线、多段线、多边形、面域和实体的面积。
- 增加面积 (A)：选择“加”选项时，系统将计算各个定义区域和对象的面积、周长，并计算所有定义区域和对象的总面积，如图 2-109 所示。

命令 : _area // 输入面积命令

指定第一个角点或 [对象 (O)/ 增加面积 (A)/ 减少面积 (S)] < 对象 (O)>: A

// 选择“加”选项

指定第一个角点或 [对象 (O)/ 减少面积 (S)]: O　　　　// 选择“对象”选项
(“加”模式) 选择对象 :　　　　// 选择矩形对象
总面积 = 163882.4719　　　　// 显示选择对象的总面积
(“加”模式) 选择对象 :　　　　// 选择圆对象
总面积 = 322204.2807　　　　// 显示选择对象的总面积
(“加”模式) 选择对象 :　　　　// 按 Enter 键
指定第一个角点或 [对象 (O)/ 减少面积 (S)]:　　　　// 按 Enter 键

- 增加减少面积 (S)：与“增加面积 (A)”模式相反，系统将从总面积中减去指定面积，如图 2-110 所示。

命令 : _area　　　　// 输入面积命令
指定第一个角点或 [对象 (O)/ 增加面积 (A)/ 减少面积 (S)] < 对象 (O)>: A
　　　　// 选择“加”选项
指定第一个角点或 [对象 (O)/ 减少面积 (S)]: O　　　　// 选择“对象”选项
(“加”模式) 选择对象 :　　　　// 选择矩形图形
总面积 = 163882.4719　　　　// 显示选择对象的总面积
(“加”模式) 选择对象 :　　　　// 按 Enter 键
指定第一个角点或 [对象 (O)/ 减少面积 (S)]: S　　　　// 选择“减”选项
指定第一个角点或 [对象 (O)/ 增加面积 (A)]: O　　　　// 选择“对象”选项
(“减”模式) 选择对象 :　　　　// 选择圆图形
总面积 = 5560.6632　　　　// 显示在矩形面积中减去圆面积后剩余的面积
(“减”模式) 选择对象 :　　　　// 按 Enter 键
指定第一个角点或 [对象 (O)/ 增加面积 (A)]:　　　　// 按 Enter 键

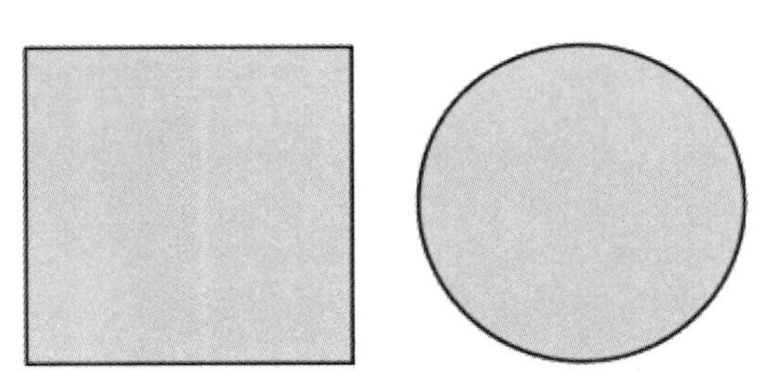

图 2-109

图 2-110

03

项目3

掌握基础绘图应用

——绘制基本图形

本项目主要介绍 AutoCAD 2019 的基本绘图操作和辅助工具，例如绘制直线、点、圆、圆弧和圆环、矩形和多边形等。通过本项目的学习，读者可以掌握绘制图形的基本命令，学习绘制简单的基本图形，培养良好的绘图习惯，为绘制工程图打下扎实的基础。

学习引导

知识目标

- 认识用于辅助绘图的工具
- 认识用于绘制基本图形的工具

能力目标

- 掌握绘图辅助工具的使用方法
- 掌握基本绘图的操作方法

素养目标

- 培养绘图的规范意识

实训项目

- 绘制表面粗糙度符号
- 绘制圆茶几
- 绘制吊钩

任务 3.1　绘制表面粗糙度符号

图 3–1

3.1.1 任务引入

本任务要求读者首先认识辅助工具，了解如何绘制直线；然后使用“直线”命令来完成表面粗糙度符号的绘制。最终效果参看云盘中的“Ch03 > DWG > 绘制表面粗糙度符号 .dwg”，如图 3-1 所示。

3.1.2 任务知识：辅助工具和直线

1 辅助工具

状态栏中集合了 AutoCAD 2019 的绘图辅助工具，包括“对象捕捉”“栅格”“正交”“极轴”“对象捕捉”“对象追踪”等工具，如图 3-2 所示。

图 3–2

◎ 捕捉模式

“捕捉模式”命令用于限制十字光标，使其按照指定的间距移动。启用“捕捉模式”命令后，可以在使用箭头或定点设备时精确地定位点的位置。

切换命令方法：单击“状态栏”中的“捕捉模式”按钮。

◎ 栅格显示

启用“栅格显示”命令后，在屏幕上显示的是点的矩阵，这些矩阵遍布图形界限的整个区域。使用“栅格显示”命令类似于在图形下放置一张坐标纸。“栅格显示”命令用于对齐对象并直观显示对象之间的距离，方便对图形进行定位和测量。

切换命令方法：单击“状态栏”中的“图形栅格”按钮。

◎ 正交模式

启用“正交模式”命令可以限制鼠标指针在水平方向或垂直方向上移动，以便精确地绘制和编辑对象。正交模式是用来辅助绘制水平线和垂直线的，它在绘制建筑图的过程中最常用。

切换命令方法：单击“状态栏”中的“正交限制光标”按钮。

◎ 极轴追踪

启用“极轴追踪”命令后，鼠标指针可以按指定角度移动。在极轴状态下，系统将沿极轴方向显示绘图的辅助线，也就是用户指定的极轴角度所定义的临时对齐路径。

切换命令方法：单击“状态栏”中的“极轴追踪”按钮。

◎ 对象捕捉

“对象捕捉”命令用于精确地指定对象的位置。AutoCAD 2019 在默认情况下使用的是自动捕捉，当鼠标指针被移到对象捕捉位置时，将显示标记和工具栏提示。自动捕捉功能提供工具栏提示，以指示哪些对象捕捉正在使用。

切换命令方法：单击“状态栏”中的“对象捕捉”按钮。

◎ 对象追踪

在利用对象追踪绘图时，必须打开对象捕捉开关。利用对象捕捉追踪，可以沿着基于对象捕捉点的对齐路径进行追踪。已捕捉的点将显示一个小加号“+”，捕捉点之后，在绘图路径上移动鼠标指针时，将显示相对于获取点的水平、垂直或极轴对齐路径。

切换命令方法：单击“状态栏”中的“对象捕捉追踪”按钮。

2 绘制直线

“直线”命令可以用于创建线段，它是工程制图中使用最为广泛的命令之一。

◎ 启用“直线”命令的方法

在绘制直线的过程中，需要先利用鼠标指定线段的端点或通过命令行输入端点的坐标值，之后 AutoCAD 2019 会自动将这些点连接起来。

启用“直线”命令的方法如下。

- 工具栏：单击“绘图”工具栏中的“直线”按钮，或“默认”选项卡中的“直线”按钮。
- 菜单命令：选择“绘图 > 直线”命令。
- 命令行：输入 LINE 命令（快捷命令：L）。

◎ 绘制直线的操作过程

启用“直线”命令绘制图形时，在绘图窗口中单击确定一个点作为线段的起点，然后移动鼠标，在适当的位置上单击确定另一个点作为线段的终点，按 Enter 键，即可绘制出一条线段。若在按 Enter 键之前在其他位置再次单击，则绘制出折线。

利用鼠标指定线段的端点来绘制直线，效果如图 3-3 所示。

命令 : _line 指定第一点 :　　// 单击“直线”按钮，单击以确定 *A* 点
指定下一点或 [放弃 (U)]:　　// 再次单击以确定 *B* 点
指定下一点或 [放弃 (U)]:　　// 再次单击以确定 *C* 点
指定下一点或 [闭合 (C)/ 放弃 (U)]:　　// 再次单击以确定 *D* 点
指定下一点或 [闭合 (C)/ 放弃 (U)]:　　// 再次单击以确定 *E* 点
指定下一点或 [闭合 (C)/ 放弃 (U)]:　　// 按 Enter 键

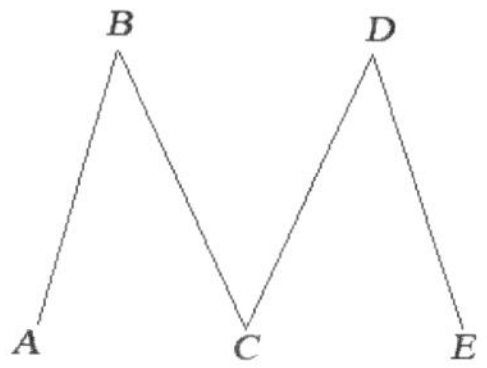

图 3-3

◎ 利用绝对坐标绘制直线

利用绝对坐标绘制直线时，可输入点的绝对直角坐标或绝对极坐标。其中，绝对坐标是相对于世界坐标系（World Coordinate System，WCS）原点的坐标。

通过输入点的绝对直角坐标来绘制线段 *AB*，效果如图 3-4 所示。

命令 : _line 指定第一点 : 0,0　　// 单击“直线”按钮，输入 *A* 点的绝对直角坐标
指定下一点或 [放弃 (U)] :40,40　　// 输入 *B* 点的绝对直角坐标

指定下一点或 [放弃 (U)] :　　　　　　　　// 按 Enter 键

通过输入点的绝对极坐标来绘制线段 *AB*，如图 3-5 所示。

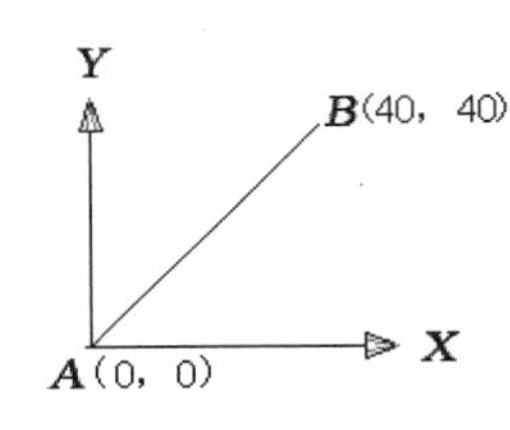

图 3-4

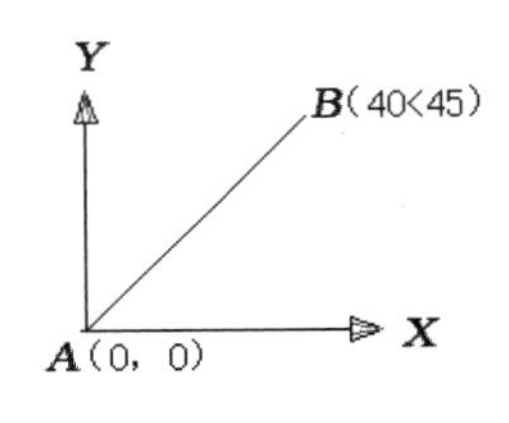

图 3-5

命令 : _line 指定第一点 : 0,0　　　　　　// 单击“直线”按钮，输入 *A* 点的绝对直角坐标

指定下一点或 [放弃 (U)] :40<45　　　　// 输入 *B* 点的绝对极坐标

指定下一点或 [放弃 (U)] :　　　　　　　　// 按 Enter 键

◎ 利用相对坐标绘制直线

利用相对坐标绘制直线时，可输入点的相对直角坐标或相对极坐标。其中，相对坐标是相对于用户最后输入点的坐标。

通过输入点的相对坐标来绘制三角形 *ABC*，效果如图 3-6 所示。

命令 : _line 指定第一点 :　　　　　　　　// 单击“直线”按钮，单击以确定 *A* 点

指定下一点或 [放弃 (U)]:@80,0　　　　// 输入 *B* 点的相对直角坐标

指定下一点或 [放弃 (U)]: @60<90　　　// 输入 *C* 点的相对极坐标

指定下一点或 [闭合 (C)/ 放弃 (U)]: C　　// 选择“闭合”选项，按 Enter 键

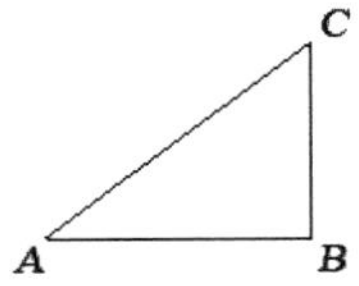

图 3-6

3.1.3 任务实施

（1）启动 Auto CAD 2019，选择“文件 > 新建”命令，弹出“选择样板”对话框，单击“打开”按钮，创建新的图形文件。

（2）单击“直线”按钮，绘制表面粗糙度符号，效果如图 3-7 所示。

命令 : _line 指定第一点 :　　　　　　　　// 单击“直线”按钮，单击以确定 *A* 点

指定下一点或 [放弃 (U)]: @10<-120　　　// 输入 *B* 点的相对极坐标

指定下一点或 [放弃 (U)]: @5<120　　　　// 输入 *C* 点的相对极坐标

指定下一点或 [闭合 (C)/ 放弃 (U)]: @5,0　// 输入 *D* 点的相对直角坐标

指定下一点或 [闭合 (C)/ 放弃 (U)]:　　　　// 按 Enter 键

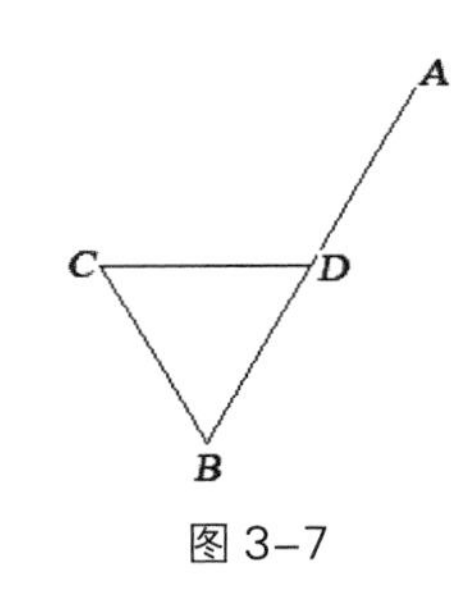

图 3-7

微课
绘制窗户

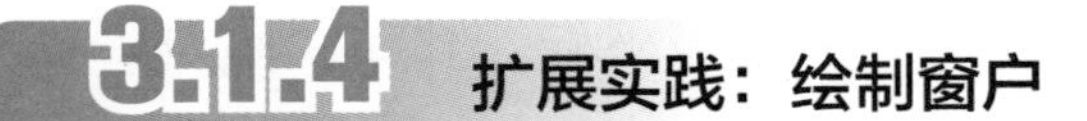

本实践需要使用“直线”工具来完成窗户的绘制。最终效果参看云盘中的“Ch03 > DWG > 绘制窗户 .dwg”，如图 3-8 所示。

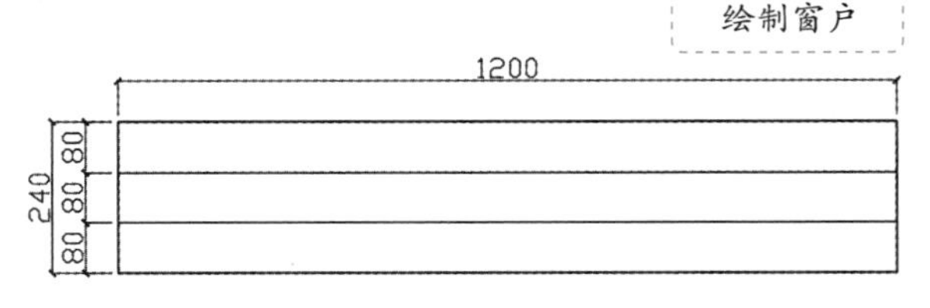

图 3-8

任务 3.2　绘制圆茶几

3.2.1 任务引入

本任务要求读者首先了解如何绘制点和圆；然后使用“圆”工具来完成圆茶几的绘制。最终效果参看云盘中的“Ch03 > DWG > 绘制圆茶几 .dwg”，如图 3-9 所示。

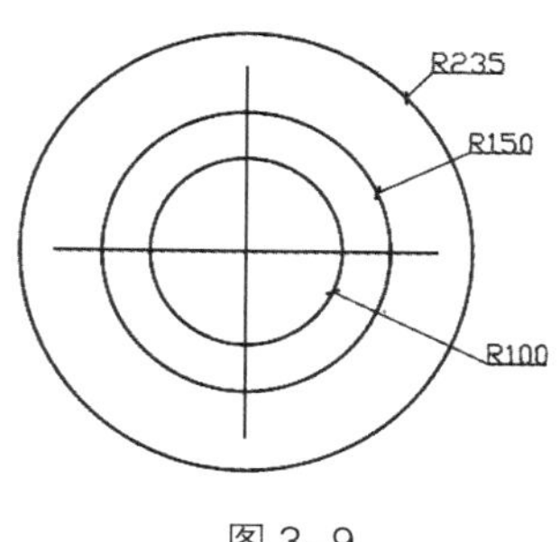

图 3-9

3.2.2 任务知识：点和圆

1 绘制点

在 AutoCAD 2019 中，可以创建单独的点作为绘图参考点。用户可以设置点的样式与大小。一般在创建点之前，为了便于观察，需要设置点的样式。

◎ 点的样式

在绘制点时，需要设置点的样式并确定点的大小。设置点样式的操作步骤如下。

（1）选择“格式 > 点样式”命令，弹出“点样式”对话框，如图 3-10 所示。

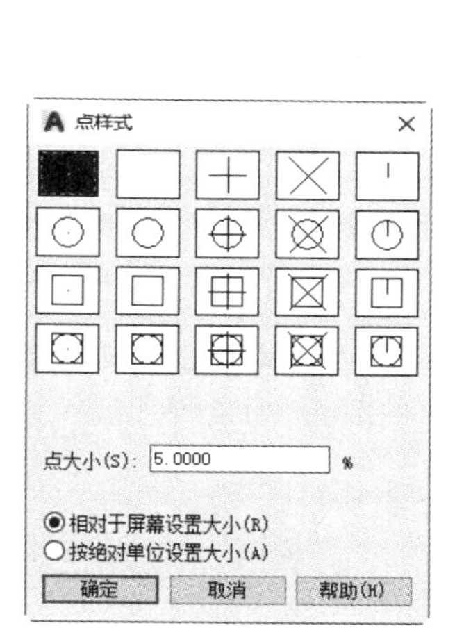

图 3-10

（2）“点样式”对话框中提供了多种点的样式，用户可以根据需要进行选择，即单击需要的点样式图标。此外，用户还可以通过在“点大小”数值框内输入数值来设置点的大小。

（3）单击“确定”按钮，点的样式设置完成。

◎ 绘制单点

利用“单点”命令可以方便地绘制一个点。

启用“单点”命令的方法如下。

- 菜单命令：选择“绘图 > 点 > 单点”命令。
- 命令行：输入 POINT 命令（快捷命令：PO）。

选择“绘图 > 点 > 单点”命令，绘制图 3-11 所示的点图形。操作步骤如下。

```
命令：_point                                 // 选择“单点”命令
当前点模式：PDMODE=35  PDSIZE=0.0000         // 显示当前点的样式
指定点：                                     // 单击以绘制点
```

图 3-11

◎ 绘制多点

当需要绘制多个点的时候，可以利用“多点”命令来实现。

启用“多点”命令的方法如下。

- 工具栏：单击“绘图”工具栏中的“多点”按钮∴。
- 菜单命令：选择“绘图 > 点 > 多点”命令。

选择“绘图 > 点 > 多点”命令，绘制图 3-12 所示的点图形。操作步骤如下。

命令 : _point　　　　　　　　　　　　// 选择“多点”命令
当前点模式 : PDMODE=35 PDSIZE=0.0000　　　　// 显示当前点的样式
指定点 : * 取消 *　　　　　　　　　　// 依次单击以绘制多个点，按 Esc 键

修改点的样式，可以绘制其他形状的点。

若将点样式设置为“相对于屏幕设置大小”选项，点的显示会随着视图的放大或缩小而发生变化，当再次绘制点时，会发现点图标的大小不同。选择“视图 > 重生成”命令，可调整点图标的显示，效果如图 3-13 所示。

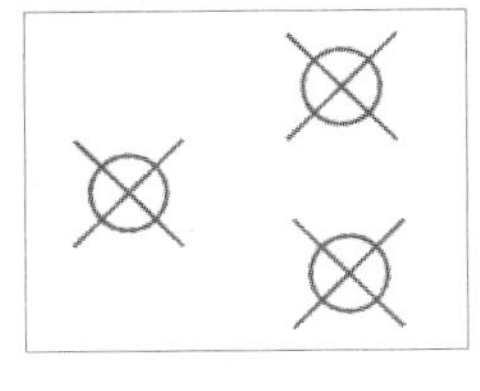

图 3–12

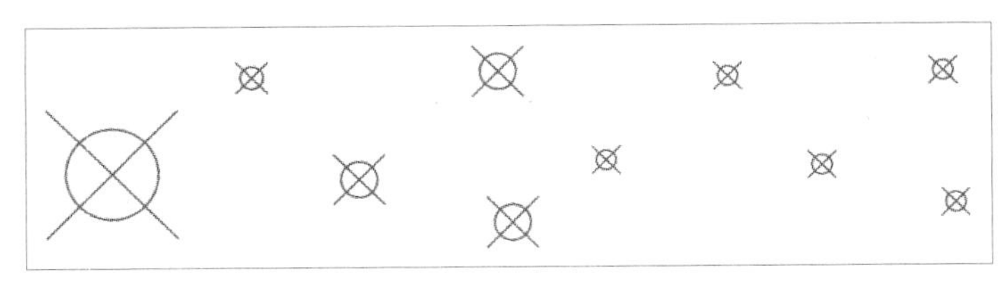

图 3–13

◎ 绘制等分点

绘制等分点有两种方法：一种是利用定距等分，另一种是利用定数等分。

（1）通过定距绘制等分点

AutoCAD 2019 允许在一个图形对象上按指定的间距绘制多个点，利用定距绘制的等分点可以作为绘图的辅助点。

启用“定距等分”命令的方法如下。

- 菜单命令：选择“绘图 > 点 > 定距等分”命令。
- 命令行：输入 MEASURE 命令（快捷命令：ME）。

选择“绘图 > 点 > 定距等分”命令，在直线上通过定距绘制等分点，效果如图 3-14 所示。操作步骤如下。

命令 : _measure　　　　　　　　// 选择“定距等分”命令
选择要定距等分的对象 :　　　　　// 选择欲进行等分的直线
指定线段长度或 [块 (B)]: 20　　　// 输入指定的间距

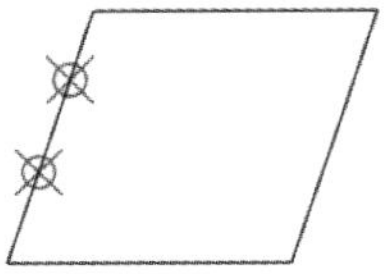

图 3–14

提示选项解释如下。

块 (B)：按照指定的长度在选定的对象上插入图块。有关图块的问题将在后文详细介绍。

通过定距绘制等分点的操作补充说明如下。

欲进行等分的对象可以是直线、圆、多段线、样条曲线等图形对象，但不能是块、尺寸标注、文本及剖面线等图形对象。

在绘制定距等分点时，距离选择的对象点较近的端点会作为起始位置。

若对象总长不能被指定的间距整除，则最后一段小于指定的间距。

利用“定距等分”命令每次只能在一个对象上绘制等分点。

（2）通过定数绘制等分点

AutoCAD 2019 还允许在一个图形对象上按指定的数目绘制多个等分点，此时需要启用“定数等分”命令。

启用“定数等分”命令的方法如下。

- 菜单命令：选择“绘图 > 点 > 定数等分”命令。
- 命令行：输入 DIVIDE 命令（快捷命令：DIV）。

选择“绘图 > 点 > 定数等分”命令，在圆上通过定数绘制等分点，效果如图 3-15 所示。操作步骤如下。

命令：_divide　　　　　　　　　　// 选择“定数等分”命令

选择要定数等分的对象：　　　　　// 选择欲进行等分的圆

输入线段数目或 [块 (B)]：5　　　// 输入等分数目

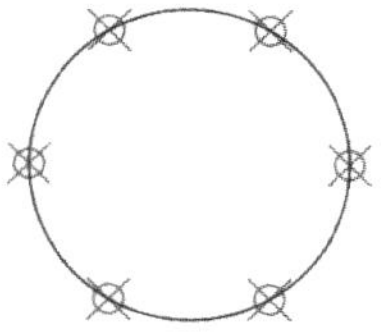

图 3-15

通过定数绘制等分点的操作补充说明如下。

- 欲进行等分的对象可以是直线、圆、多段线和样条曲线等，但不能是块、尺寸标注、文本、剖面线等。
- 利用“定数等分”命令每次只能在一个对象上绘制等分点。
- 等分的数目最大是 32767。

2 绘制圆

圆在建筑图中很常见，在 AutoCAD 2019 中可以利用“圆”命令绘制圆。绘制圆的方法有 6 种，其中默认的方法是通过确定圆心和半径来绘制圆。根据图形的特点，可采用不同的方法进行绘制。

启用绘制圆命令的方法如下。

- 工具栏：单击“绘图”工具栏中的“圆”按钮，或“默认”选项卡中的“圆”按钮。
- 菜单命令：选择“绘图 > 圆”命令。
- 命令行：输入 CIRCLE 命令（快捷命令：C）。

选择“绘图 > 圆”命令，绘制图 3-16 所示的图形。操作步骤如下。

命令 : _circle 指定圆的圆心或 [三点 (3P)/ 两点 (2P)/ 相切、相切、半径 (T)]:

　　　　　　　　　　　　　　　　// 选择“圆”命令，在绘图窗口中单击以确定圆心的位置

指定圆的半径或 [直径 (D)]: 20　　// 输入圆的半径值

提示选项解释如下。

- 三点 (3P)：通过指定的 3 个点绘制圆。

通过拾取三角形的 3 个顶点来绘制一个圆，效果如图 3-17 所示。操作步骤如下。

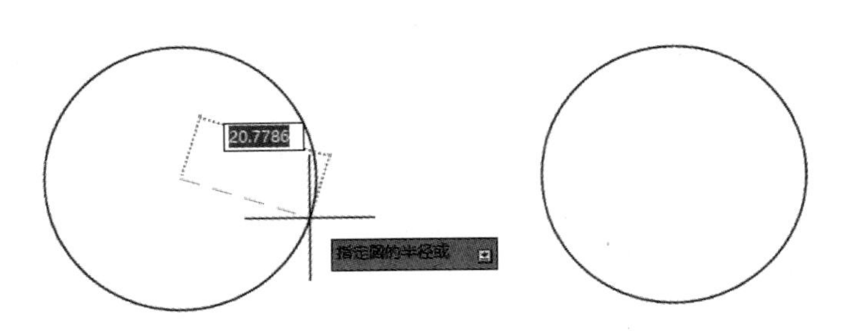

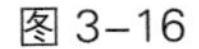

图 3–16

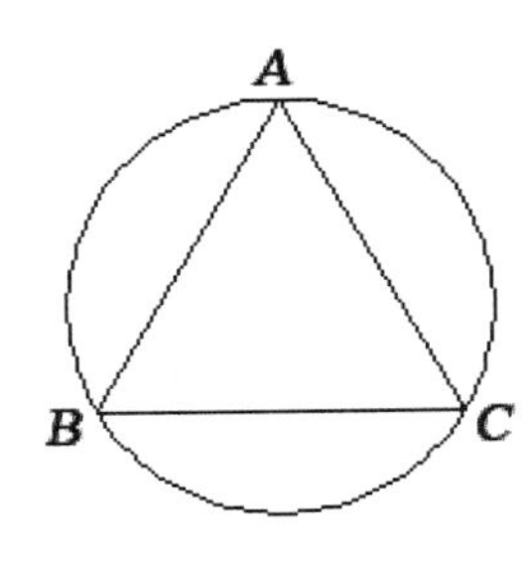

图 3–17

命令：_circle 指定圆的圆心或 [三点 (3P)/ 两点 (2P)/ 相切、相切、半径 (T)]: 3P

// 选择“圆”命令，选择“三点”选项

指定圆上的第一个点：　　// 捕捉顶点 *A*

指定圆上的第二个点：　　// 捕捉顶点 *B*

指定圆上的第三个点：　　// 捕捉顶点 *C*

- 两点 (2P)：通过指定圆直径的两个端点来绘制圆。

以线段 *AB* 为直径绘制一个圆，效果如图 3-18 所示。操作步骤如下。

命令：_circle 指定圆的圆心或 [三点 (3P)/ 两点 (2P)/ 相切、相切、半径 (T)]: 2P

// 选择“圆”命令，选择“两点”选项

指定圆直径的第一个端点 :< 对象捕捉 开 >　　// 捕捉线段 *AB* 的端点 *A*

指定圆直径的第二个端点：　　// 捕捉线段 *AB* 的端点 *B*

- 相切、相切、半径 (T)：通过选择两个与圆相切的对象，并输入半径来绘制圆。

在三角形中绘制一个与边 *AB* 与 *BC* 相切的圆，效果如图 3-19 所示。操作步骤如下。

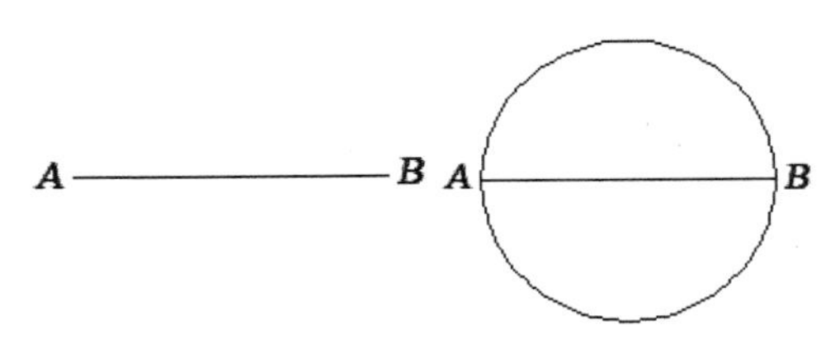

图 3–18

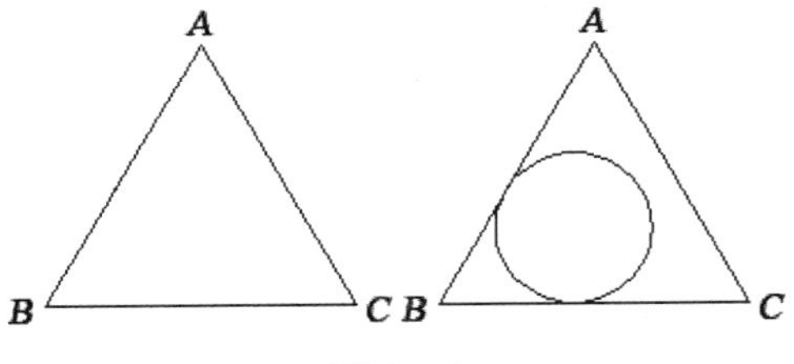

图 3–19

命令：_circle 指定圆的圆心或 [三点 (3P)/ 两点 (2P)/ 相切、相切、半径 (T)]:T

// 选择“圆”命令，选择“相切、相切、半径”选项

指定对象与圆的第一个切点：　　// 在边 *AB* 上单击

指定对象与圆的第二个切点：　　// 在边 *BC* 上单击

指定圆的半径 : 10　　// 输入半径值

- 直径 (D)：在确定圆心后，通过输入圆的直径值来确定圆。

菜单栏的“绘图 > 圆”子菜单中提供了 6 种绘制圆的方法，如图 3-20 所示。除了上面介绍的几种可以直接在命令行中进行选择，“相切、相切、相切”命令只能从菜单栏的“绘图 > 圆”子菜单中调用。

在正三角形中绘制一个与各边都相切的圆，效果如图 3-21 所示。操作步骤如下。

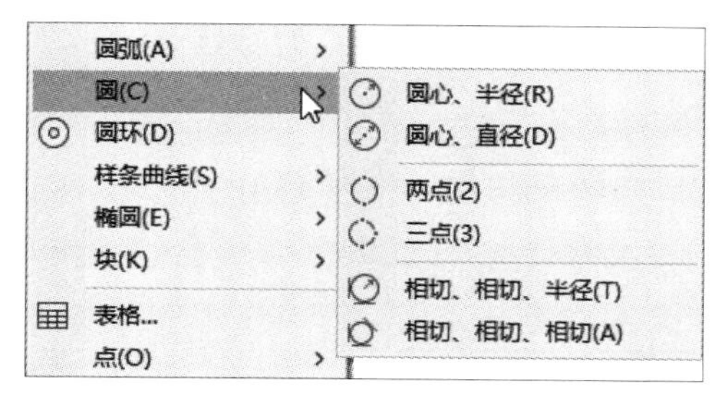

图 3-20

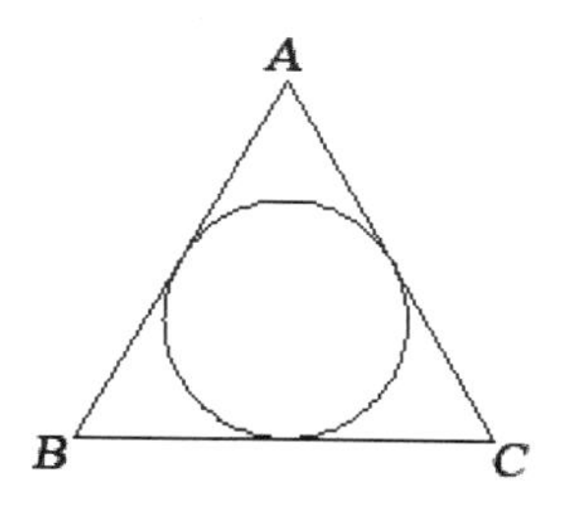

图 3-21

命令 : _circle 指定圆的圆心或 [三点 (3P)/ 两点 (2P)/ 相切、相切、半径 (T)]:3P

// 选择“相切、相切、相切”命令

指定圆上的第一个点 : _tan 到　　// 在三角形的 *AB* 边上单击

指定圆上的第二个点 : _tan 到　　// 在三角形的 *BC* 边上单击

指定圆上的第三个点 : _tan 到　　// 在三角形的 *AC* 边上单击

3.2.3 任务实施

（1）启动 Auto CAD 2019，创建图形文件。选择“文件 > 新建”命令，弹出“选择样板”对话框，单击“打开”按钮，即可创建一个新的图形文件。

（2）选择“直线”工具，打开“正交”开关，绘制圆茶几的中心线，效果如图 3-22 所示。操作步骤如下。

命令 : _line 指定第一点 :　　// 选择“直线”工具，单击以确定 *A* 点

指定下一点或 [放弃 (U)]: 400　　// 将鼠标指针放在 *A* 点右侧，输入距离值，确定 *B* 点

指定下一点或 [放弃 (U)]:　　// 按 Enter 键

命令 : _line　　// 选择“直线”工具

指定第一点 : _from 基点 : < 偏移 >: @0,200　　// 选择“捕捉自”工具，单击直线 *AB* 的中点 *O*,

// 输入偏移值，确定 *C* 点，如图 3-23 所示

指定下一点或 [放弃 (U)]: 400　　// 将鼠标指针放在 *C* 点下侧，输入距离值，确定 *D* 点

指定下一点或 [放弃 (U)]:　　// 按 Enter 键

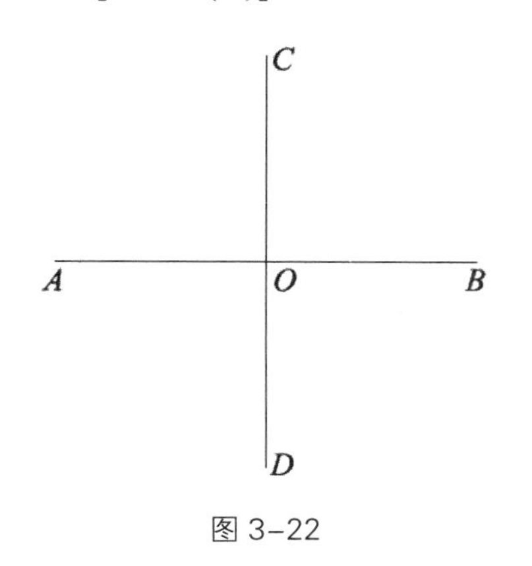

图 3-22

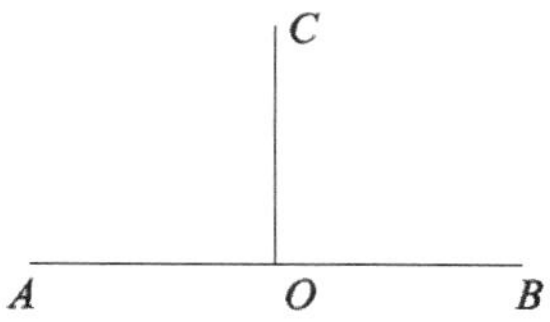

图 3-23

（3）选择“圆”工具，绘制圆茶几图形，圆的半径值依次为235 mm、150 mm、100 mm，效果如图3-24所示。圆茶几图形绘制完成。

命令：_circle 指定圆的圆心或 [三点 (3P)/ 两点 (2P)/ 相切、相切、半径 (T)]:
　　　　// 选择“圆”工具，单击 *O* 点作为圆心
指定圆的半径或 [直径 (D)]: 235　　　　// 输入半径值
命令：CIRCLE 指定圆的圆心或 [三点 (3P)/ 两点 (2P)/ 相切、相切、半径 (T)]:
　　　　// 按 Enter 键，单击 *O* 点
指定圆的半径或 [直径 (D)] <235.0000>: 150　　　　// 输入半径值，如图 3-25 所示
命令：CIRCLE 指定圆的圆心或 [三点 (3P)/ 两点 (2P)/ 相切、相切、半径 (T)]:
　　　　// 按 Enter 键，单击 *O* 点
指定圆的半径或 [直径 (D)] <150.0000>: 100　　　　// 输入半径值

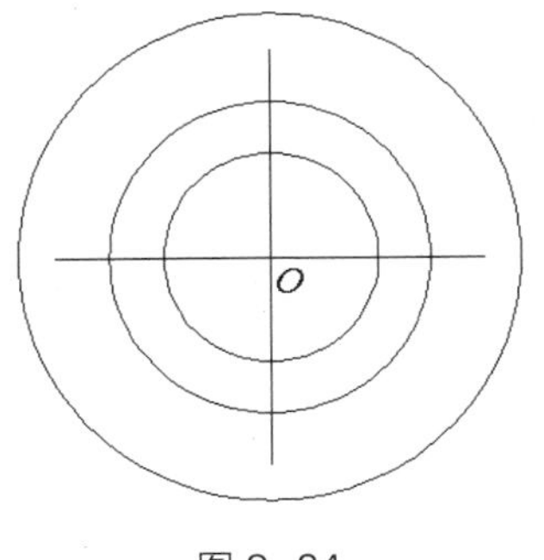

图 3-24

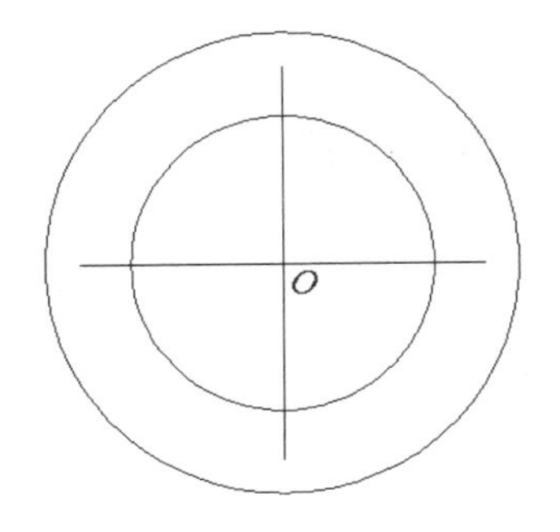

图 3-25

3.2.4 扩展实践：绘制孔板式带轮

本实践需要使用“圆”命令来完成孔板式带轮的绘制。最终效果参看云盘中的“Ch03 > DWG > 绘制孔板式带轮 .dwg”，如图 3-26 所示。

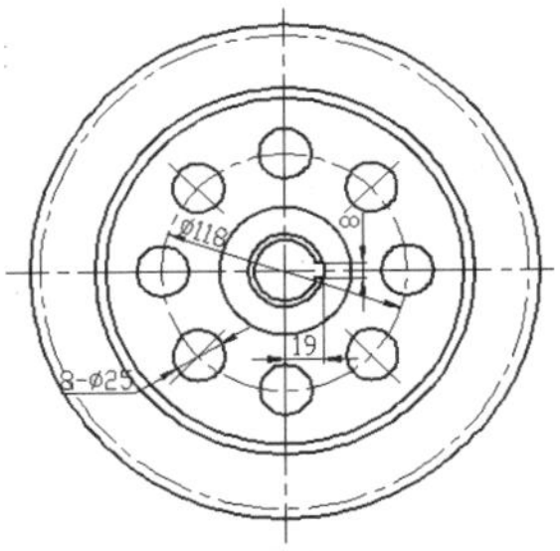

微课
绘制孔板式带轮

图 3-26

任务 3.3 绘制吊钩

3.3.1 任务引入

本任务要求读者首先了解如何绘制圆弧、圆环、矩形和正多边形；然后使用“圆弧”命令来完成吊钩的绘制。最终效果参看云盘中的“Ch03 > DWG > 绘制吊钩 .dwg”，如图 3-27 所示。

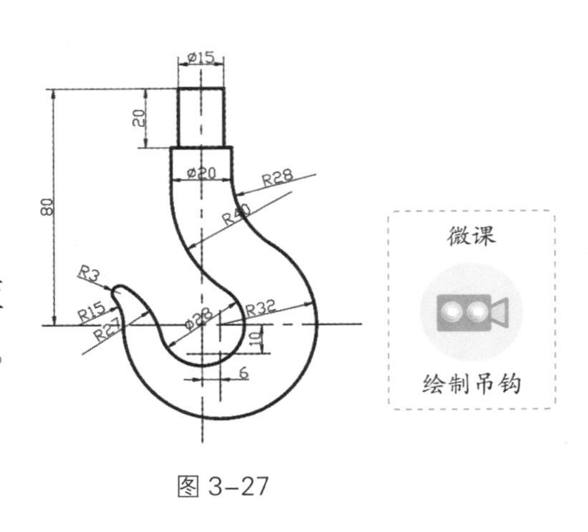

图 3-27

3.3.2 任务知识：圆弧、圆环、矩形和正多边形

1 绘制圆弧和圆环

◎ 绘制圆弧

绘制圆弧的方法有 10 种，其中默认的方法是通过确定 3 个点来绘制圆弧。圆弧可以通过设置起点、方向、中点、角度、终点、弦长等参数来进行绘制。在绘制过程中，用户可采用不同的方法。

启用绘制圆弧命令的方法如下。

- 工具栏：单击“绘图”工具栏中的“圆弧”按钮 。
- 菜单命令：选择“绘图 > 圆弧”命令。
- 命令行：输入 ARC 命令（快捷命令：A）。

菜单栏的“绘图 > 圆弧”子菜单中提供了 10 种绘制圆弧的方法，如图 3-28 所示。可以根据圆弧的特点，选择相应的命令来绘制圆弧。

圆弧的默认绘制方法为“三点”：起点、圆弧上一点、端点。

利用默认绘制方法绘制圆弧，效果如图 3-29 所示。操作步骤如下。

命令 : _arc 指定圆弧的起点或 [圆心 (C)]: // 选择“三点”命令，单击以确定圆弧起点 *A* 的位置

指定圆弧的第二个点或 [圆心 (C)/ 端点 (E)]: // 单击以确定 *B* 点的位置

指定圆弧的端点 : // 单击以确定圆弧终点 *C* 的位置，圆弧绘制完成

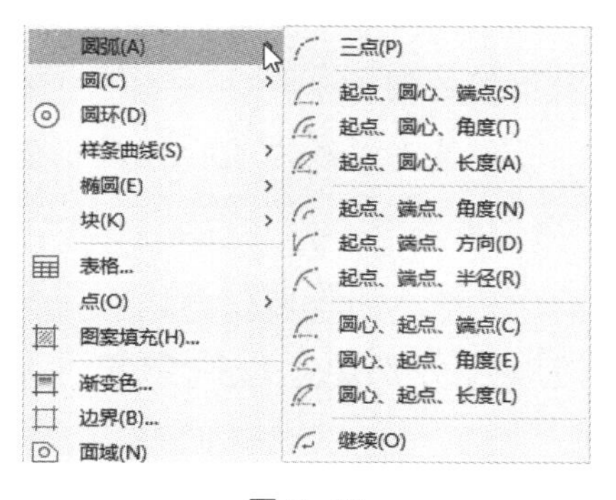

图 3-28

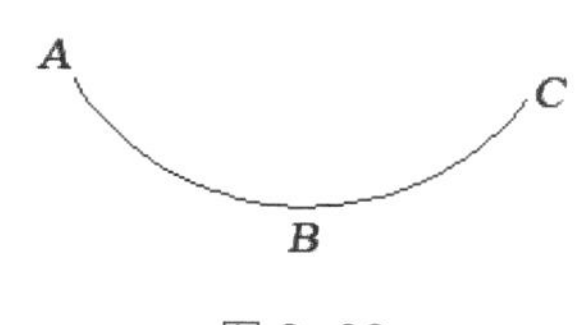

图 3-29

“圆弧”子菜单中提供的其他绘制命令的使用方法如下。

- “起点、圆心、端点”命令：以逆时针方向按顺序分别单击以确定起点、圆心和端点的位置来绘制圆弧。

利用“起点、圆心、端点”命令绘制圆弧，效果如图 3-30 所示。操作步骤如下。

命令 : _arc 指定圆弧的起点或 [圆心 (C)]: // 选择“起点、圆心、端点”命令，单击以确定起点 *A* 的位置

指定圆弧的第二个点或 [圆心 (C)/ 端点 (E)]: _c 指定圆弧的圆心 :

// 单击以确定圆心 *B* 的位置

指定圆弧的端点或 [角度 (A)/ 弦长 (L)]: // 单击以确定端点 *C* 的位置

- “起点、圆心、角度”命令：以逆时针方向按顺序分别单击以确定起点和圆心的位置，再输入角度值，从而完成圆弧的绘制。

利用“起点、圆心、角度”命令绘制圆弧，效果如图 3-31 所示。操作步骤如下。

命令 : _arc 指定圆弧的起点或 [圆心 (C)]: // 选择“起点、圆心、角度”命令，单击 // 以确定起点 *A* 的位置

指定圆弧的第二个点或 [圆心 (C)/ 端点 (E)]: _c 指定圆弧的圆心 :

// 单击以确定圆心 *B* 的位置

指定圆弧的端点或 [角度 (A)/ 弦长 (L)]: _a 指定包含角 : 90

// 输入圆弧的角度值

- “起点、圆心、长度”命令：以逆时针方向按顺序分别单击以确定起点和圆心的位置，再输入圆弧的弦长值，从而完成圆弧的绘制。

利用“起点、圆心、长度”命令绘制圆弧，效果如图 3-32 所示。操作步骤如下。

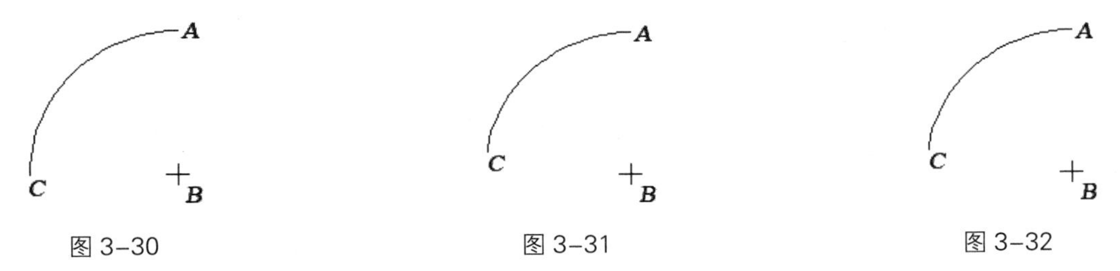

图 3-30　　图 3-31　　图 3-32

命令 : _arc 指定圆弧的起点或 [圆心 (C)]: // 选择“起点、圆心、长度”命令，单击 // 以确定起点 *A* 的位置

指定圆弧的第二个点或 [圆心 (C)/ 端点 (E)]: _c 指定圆弧的圆心 :

// 单击以确定圆心 *B* 的位置

指定圆弧的端点或 [角度 (A)/ 弦长 (L)]: _l 指定弦长 : 100

// 输入圆弧的弦长值

- “起点、端点、角度”命令：以逆时针方向按顺序分别单击以确定起点和端点的位置，再输入圆弧的角度值，从而完成圆弧的绘制。

利用“起点、端点、角度”命令绘制圆弧，效果如图 3-33 所示。操作步骤如下。

命令 : _arc 指定圆弧的起点或 [圆心 (C)]: // 选择“起点、端点、角度”命令，单击 // 以确定起点 *A* 的位置

指定圆弧的第二个点或 [圆心 (C)/ 端点 (E)]: _e

指定圆弧的端点 : @ −25,0 // 输入 *B* 点的坐标

指定圆弧的圆心或 [角度 (A)/ 方向 (D)/ 半径 (R)]: _a 指定包含角 : 150

// 输入圆弧的角度值

- “起点、端点、方向”命令：通过指定起点、端点和方向来绘制圆弧，绘制的圆弧在起点处与指定方向相切。

利用“起点、端点、方向”命令绘制圆弧，效果如图 3-34 所示。操作步骤如下。

命令 : _arc 指定圆弧的起点或 [圆心 (C)]: // 选择“起点、端点、方向”命令，单击
// 以确定起点 *A* 的位置

指定圆弧的第二个点或 [圆心 (C)/ 端点 (E)]: _e

指定圆弧的端点 : // 单击以确定端点 *B* 的位置

指定圆弧的圆心或 [角度 (A)/ 方向 (D)/ 半径 (R)]: _d 指定圆弧的起点切向 :
// 用鼠标确定圆弧的方向

- “起点、端点、半径”命令：通过指定起点、端点和半径来绘制圆弧，可以通过输入长度值，或通过顺时针（或逆时针）移动鼠标并单击以确定一段距离来指定半径。

利用“起点、端点、半径”命令绘制圆弧，效果如图 3-35 所示。操作步骤如下。

命令 : _arc 指定圆弧的起点或 [圆心 (C)]: // 选择“起点、端点、半径”命令，单击
// 以确定起点 *A* 的位置

指定圆弧的第二个点或 [圆心 (C)/ 端点 (E)]: _e

指定圆弧的端点 : // 单击以确定端点 *B* 的位置

指定圆弧的圆心或 [角度 (A)/ 方向 (D)/ 半径 (R)]: _r 指定圆弧的半径 :
// 单击点 *C* 确定圆弧的半径

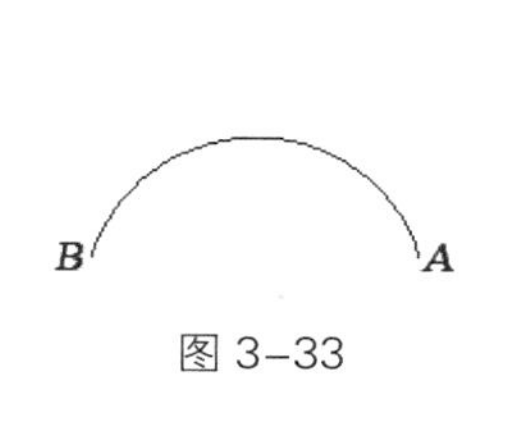

图 3-33

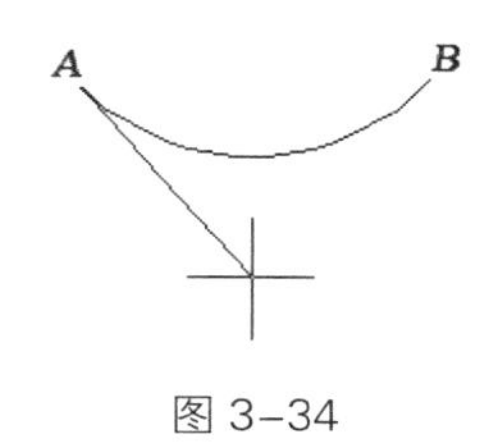

图 3-34

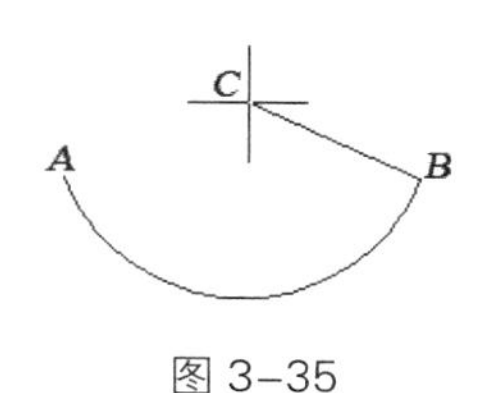

图 3-35

- “圆心、起点、端点”命令：以逆时针方向按顺序分别单击以确定圆心、起点和端点的位置来绘制圆弧。
- “圆心、起点、角度”命令：按顺序分别单击以确定圆心、起点的位置，再输入圆弧的角度值，从而完成圆弧的绘制。
- “圆心、起点、长度”命令：按顺序分别单击以确定圆心、起点以确定位置，再输入圆弧的弦长值，从而完成圆弧的绘制。

提示

若输入的角度值为正值，则按逆时针方向绘制圆弧；若为负值，则按顺时针方向绘制圆弧。若输入的弦长值和半径值为正值，则绘制 180° 范围内的圆弧；若输入的弦长值和半径值为负值，则绘制大于 180° 的圆弧。

绘制完圆弧后，启用“直线”命令，在“指定第一点”提示下，按 Enter 键，可以绘制一条与圆弧相切的直线，如图 3-36 所示。

反之，完成直线绘制之后，启用“圆弧”命令，在“指定起点”提示下，按 Enter 键，可以绘制一段与直线相切的圆弧。

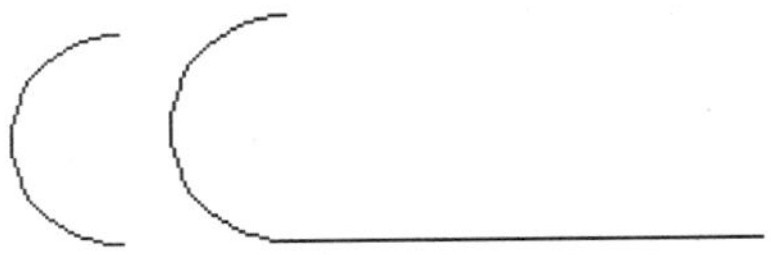

图 3-36

利用同样的方法可以连接后续绘制的圆弧，也可以利用菜单栏中的命令——“绘图 > 圆弧 > 继续”命令连接后续绘制的圆弧。两种情况下，结果对象都与前一对象相切。

操作步骤如下。

命令 : _line 指定第一点 : // 选择“直线”命令
直线长度 : 50 // 输入直线的长度值
指定下一点或 [放弃 (U)]: // 按 Enter 键

◎ 绘制圆环

在 AutoCAD 2019 中，利用“圆环”命令可以绘制圆环图形，效果如图 3-37 所示。在绘制过程中，需要指定圆环的内径、外径及中心点。

图 3-37

启用绘制圆环命令的方法如下。

- 菜单命令：选择“绘图 > 圆环”命令。
- 命令行：输入 DONUT 命令（快捷命令：DO）。

选择“绘图 > 圆环”命令，绘制图 3-37 所示的图形。操作步骤如下。

命令 : _donut // 选择“圆环”命令
指定圆环的内径 <0.5000>: 1 // 输入圆环的内径
指定圆环的外径 <1.0000>: 2 // 输入圆环的外径
指定圆环的中心点或 < 退出 >: // 在绘图窗口中单击以确定圆环的中心点
指定圆环的中心点或 < 退出 >: // 按 Enter 键

用户在指定圆环的中心点时，可以指定多个不同的中心点，从而一次创建多个具有相同直径的圆环对象，直到按 Enter 键结束操作。

当用户输入的圆环内径为 0 时，AutoCAD 2019 将绘制一个实心圆，如图 3-38 所示。用户还可以设置圆环的填充模式，选择“工具 > 选项”命令，弹出“选项”对话框，单击该对话框中的“显示”选项卡，取消选择“应用实体填充”复选框，如图 3-39 所示，然后单击“确定”按钮，关闭“选项”对话框。此后再利用“圆环”命令绘制圆环时，其形状如图 3-40 所示。

2 绘制矩形和正多边形

工程制图中会大量使用矩形和正多边形，在 AutoCAD 2019 中可以利用“矩形”和“正多边形”命令来绘制矩形和正多边形。

◎ 绘制矩形

利用“矩形”命令，通过指定矩形某条对角线上的两个端点即可绘制出矩形。此外，在绘制过程中，根据命令提示信息，还可绘制出倒角矩形和圆角矩形。

图 3-38

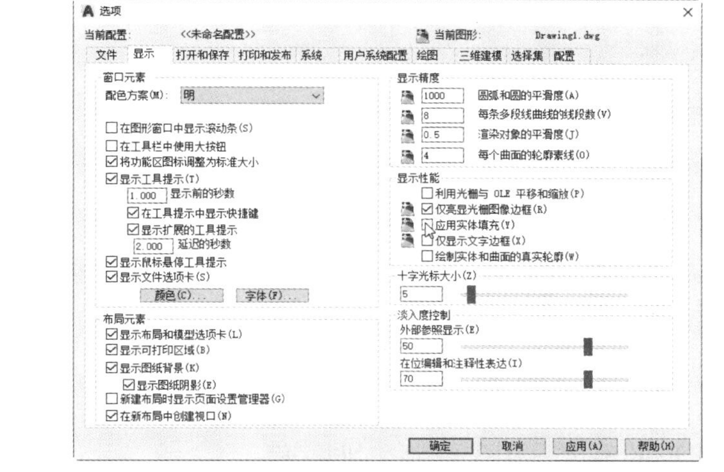

图 3-39

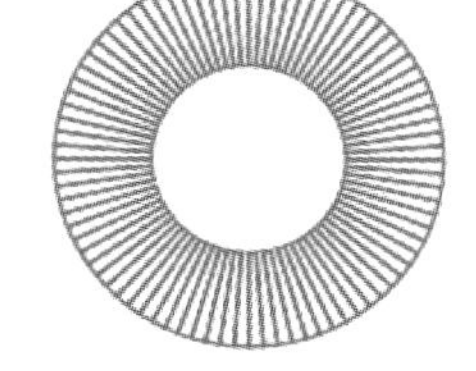

图 3-40

启用绘制矩形命令的方法如下。

- 工具栏：单击“绘图”工具栏中的“矩形”按钮▭。
- 菜单命令：选择“绘图 > 矩形”命令。
- 命令行：输入 RECTANG 命令（快捷命令：REC）。

选择“绘图 > 矩形”命令，绘制图 3-41 所示的图形。操作步骤如下。

命令： _rectang　　// 选择“矩形”命令
指定第一个角点或 [倒角 (C)/ 标高 (E)/ 圆角 (F)/ 厚度 (T)/ 宽度 (W)]:　　// 单击以确定 *A* 点的位置
指定另一个角点或 [面积 (A)/ 尺寸 (D)/ 旋转 (R)]: @150,-100　　// 输入 *B* 点的相对坐标

提示选项解释如下。

- 倒角 (C)：用于绘制倒角矩形。

绘制图 3-42 所示的倒角矩形，操作步骤如下。

命令 : _rectang　　// 选择“矩形”命令
指定第一个角点或 [倒角 (C)/ 标高 (E)/ 圆角 (F)/ 厚度 (T)/ 宽度 (W)]: C　// 选择“倒角”选项
指定矩形的第一个倒角距离 <0.0000>: 20　　// 输入第一个倒角的距离值
指定矩形的第二个倒角距离 <20.0000>: 20　　// 输入第二个倒角的距离值
指定第一个角点或 [倒角 (C)/ 标高 (E)/ 圆角 (F)/ 厚度 (T)/ 宽度 (W)]:　// 单击以确定 *A* 点的位置
指定另一个角点或 [面积 (A)/ 尺寸 (D)/ 旋转 (R)]:　　// 单击以确定 *B* 点的位置

设置矩形的倒角时，如将第一个倒角距离与第二个倒角距离设置为不同的数值，将会沿同一方向进行倒角，效果如图 3-43 所示。

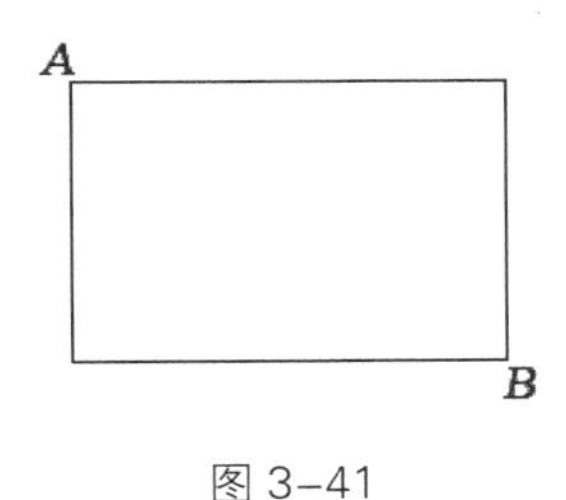

图 3-41

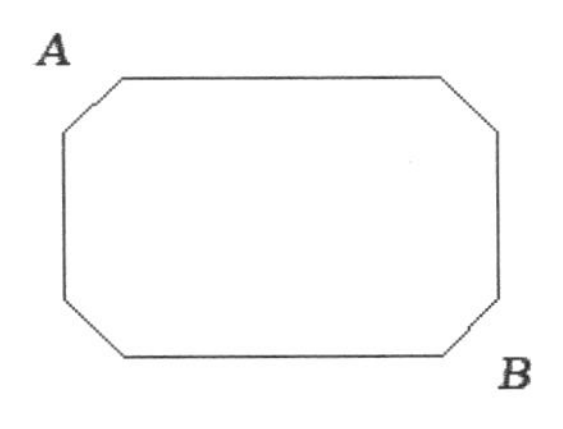

图 3-42

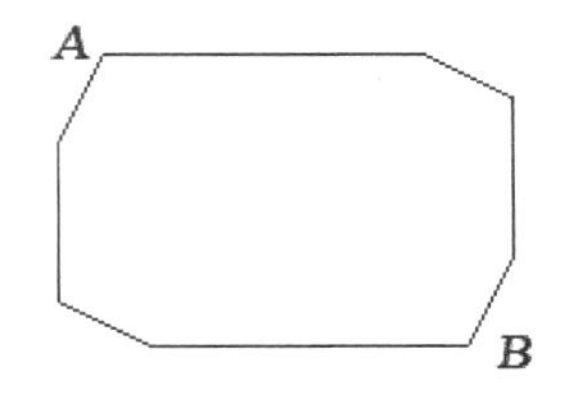

图 3-43

● 标高 (E)：用于确定矩形所在的平面高度，默认情况下，标高为 0，即矩形位于 *xy* 平面内。

● 圆角 (F)：用于绘制圆角矩形。

绘制图 3-44 所示的圆角矩形。操作步骤如下。

命令 : _rectang //选择“矩形”命令

指定第一个角点或 [倒角 (C)/ 标高 (E)/ 圆角 (F)/ 厚度 (T)/ 宽度 (W)]: F //选择“圆角”选项

指定矩形的圆角半径 <0.0000>: 20 //输入圆角的半径值

指定第一个角点或 [倒角 (C)/ 标高 (E)/ 圆角 (F)/ 厚度 (T)/ 宽度 (W)]: //单击以确定 *A* 点的位置

指定另一个角点或 [面积 (A)/ 尺寸 (D)/ 旋转 (R)]: //单击以确定 *B* 点的位置

● 厚度 (T)：设置矩形的厚度，用于绘制三维图形。

● 宽度 (W)：用于设置矩形的边的宽度。

绘制图 3-45 所示的边有宽度的矩形。操作步骤如下。

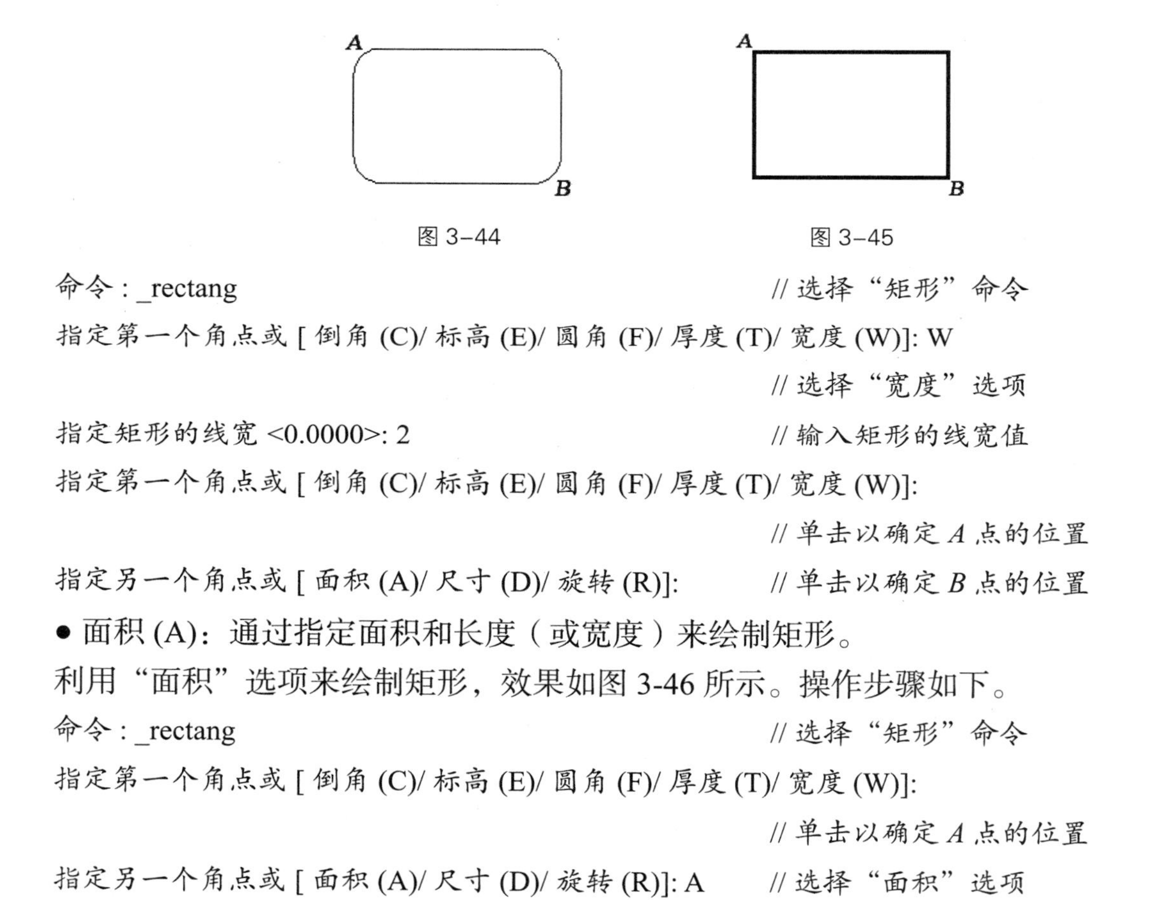

图 3-44　　图 3-45

命令 : _rectang //选择“矩形”命令

指定第一个角点或 [倒角 (C)/ 标高 (E)/ 圆角 (F)/ 厚度 (T)/ 宽度 (W)]: W
//选择“宽度”选项

指定矩形的线宽 <0.0000>: 2 //输入矩形的线宽值

指定第一个角点或 [倒角 (C)/ 标高 (E)/ 圆角 (F)/ 厚度 (T)/ 宽度 (W)]:
//单击以确定 *A* 点的位置

指定另一个角点或 [面积 (A)/ 尺寸 (D)/ 旋转 (R)]: //单击以确定 *B* 点的位置

● 面积 (A)：通过指定面积和长度（或宽度）来绘制矩形。

利用“面积”选项来绘制矩形，效果如图 3-46 所示。操作步骤如下。

命令 : _rectang //选择“矩形”命令

指定第一个角点或 [倒角 (C)/ 标高 (E)/ 圆角 (F)/ 厚度 (T)/ 宽度 (W)]:
//单击以确定 *A* 点的位置

指定另一个角点或 [面积 (A)/ 尺寸 (D)/ 旋转 (R)]: A //选择“面积”选项

输入以当前单位计算的矩形面积 : 4000 //输入面积值

计算矩形标注时依据 [长度 (L)/ 宽度 (W)] < 长度 >: L //选择“长度”选项

输入矩形长度 : 80 //输入长度值

命令 : _rectang //选择“矩形”命令

指定第一个角点或 [倒角 (C)/ 标高 (E)/ 圆角 (F)/ 厚度 (T)/ 宽度 (W)]:

// 在绘图窗口中单击以确定 *C* 点

指定另一个角点或 [面积 (A)/ 尺寸 (D)/ 旋转 (R)]: A　　// 选择“面积”选项

输入以当前单位计算的矩形面积 : 4000　　// 输入面积值

计算矩形标注时依据 [长度 (L)/ 宽度 (W)] < 长度 >: W　　// 选择“宽度”选项

输入矩形宽度 <50.0000>: 80　　// 输入宽度值

- 尺寸 (D)：通过指定长度、宽度和角点位置来绘制矩形。

利用“尺寸”选项来绘制矩形，效果如图 3-47 所示。操作步骤如下。

命令 : _rectang　　// 选择“矩形”命令

指定第一个角点或 [倒角 (C)/ 标高 (E)/ 圆角 (F)/ 厚度 (T)/ 宽度 (W)]:

// 单击以确定 *A* 点的位置

指定另一个角点或 [面积 (A)/ 尺寸 (D)/ 旋转 (R)]: D　// 选择“尺寸”选项

指定矩形的长度 <10.0000>: 150　　// 输入长度值

指定矩形的宽度 <10.0000>: 100　　// 输入宽度值

指定另一个角点或 [面积 (A)/ 尺寸 (D)/ 旋转 (R)]:　　// 在 *A* 点的右下侧单击以确定 *B* 点的位置

- 旋转 (R)：通过指定旋转角度来绘制矩形。

利用“旋转”选项来绘制矩形，效果如图 3-48 所示。操作步骤如下。

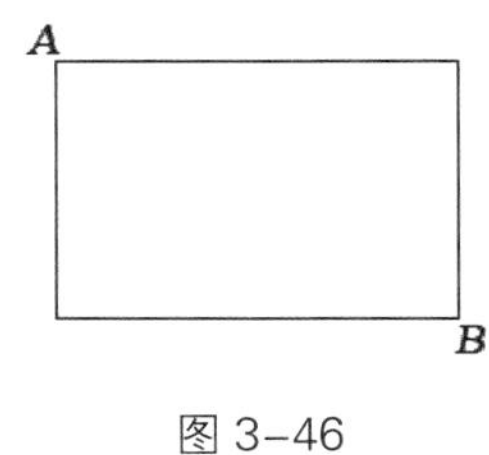

图 3-46

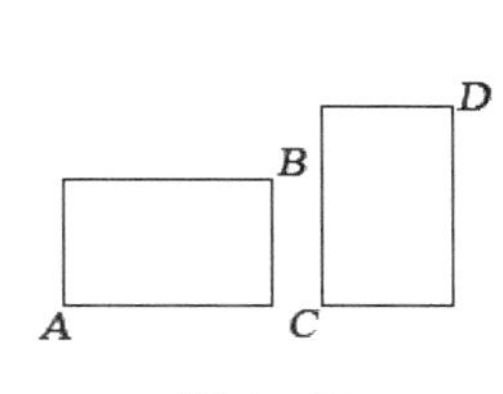

图 3-47

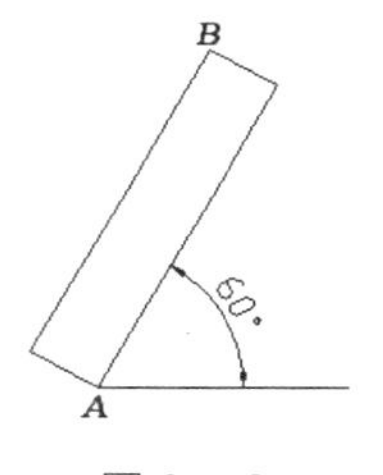

图 3-48

命令 : _rectang　　// 选择“矩形”命令

指定第一个角点或 [倒角 (C)/ 标高 (E)/ 圆角 (F)/ 厚度 (T)/ 宽度 (W)]:

// 单击以确定 *A* 点的位置

指定另一个角点或 [面积 (A)/ 尺寸 (D)/ 旋转 (R)]: R　// 选择“旋转”选项

指定旋转角度或 [拾取点 (P)] <0>: 60　　// 输入旋转角度值

指定另一个角点或 [面积 (A)/ 尺寸 (D)/ 旋转 (R)]:　　// 单击以确定 *B* 点的位置

◎ 绘制正多边形

在 AutoCAD 2019 中，正多边形是具有等长边的封闭图形，其边数为 3 ~ 1024。可以通过与假想圆内接或外切的方法来绘制正多边形，也可以通过指定正多边形某边的端点来绘制。

启用绘制正多边形命令的方法如下。

- 工具栏：单击“绘图”工具栏中的“正多边形”按钮⌂。
- 菜单命令：选择“绘图 > 正多边形”命令。
- 命令行：输入 POLYGON 命令（快捷命令：POL）。

选择“绘图 > 正多边形”命令，绘制图 3-49 所示的图形。操作步骤如下。

命令： _polygon 输入侧面数 <4>: 6　　// 选择“正多边形”命令，输入边的数目值
指定正多边形的中心点或 [边 (E)]:　　// 单击以确定中心点 *A* 的位置
输入选项 [内接于圆 (I)/ 外切于圆 (C)] <I>:　　// 按 Enter 键
指定圆的半径 : 300　　// 输入圆的半径值

提示选项解释如下。

- 边 (E)：通过指定边长的方式来绘制正多边形。

输入正多边形的边数后，再指定某条边的两个端点即可绘制出正多边形，效果如图 3-50 所示。操作步骤如下。

命令 : _polygon 输入侧面数 <4>:　6　　// 选择“正多边形”命令
指定正多边形的中心点或 [边 (E)]: E　　// 选择“边”选项
指定边的第一个端点 :　　// 单击以确定 *A* 点的位置
指定边的第二个端点 : @300,0　　// 输入 *B* 点的相对坐标值

- 内接于圆 (I)：根据内接圆生成正多边形，效果如图 3-51 所示。
- 外切于圆 (C)：根据外切圆生成正多边形，效果如图 3-52 所示。

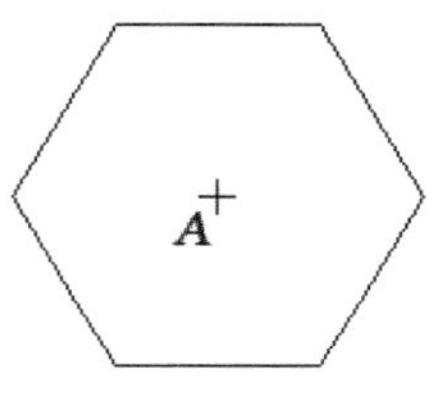

图 3-49

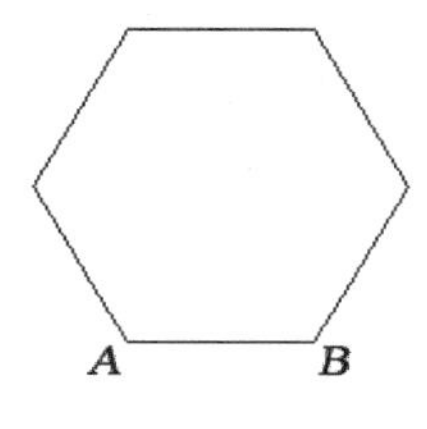

图 3-50

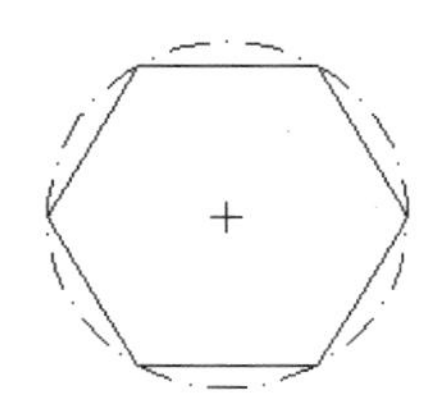
图 3-51

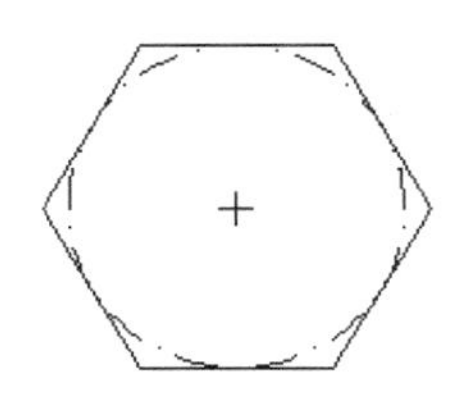
图 3-52

3.3.3 任务实施

（1）启动 AutoCAD 2019，选择“文件 > 打开”命令，打开云盘中的“Ch03 > 素材 > 吊钩 .dwg”文件，如图 3-53 所示。

（2）单击“圆弧”按钮，绘制轮廓线，效果如图 3-54 所示。

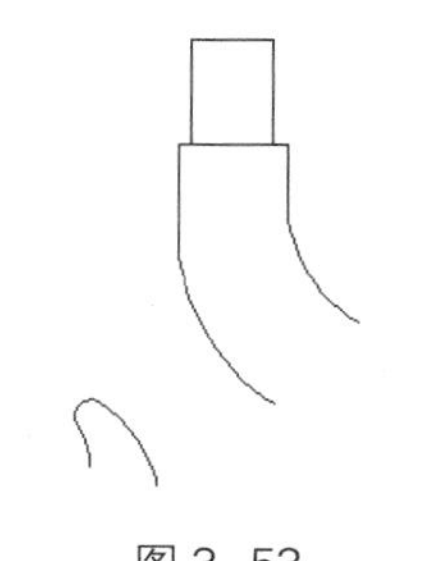
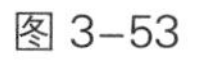
图 3-53

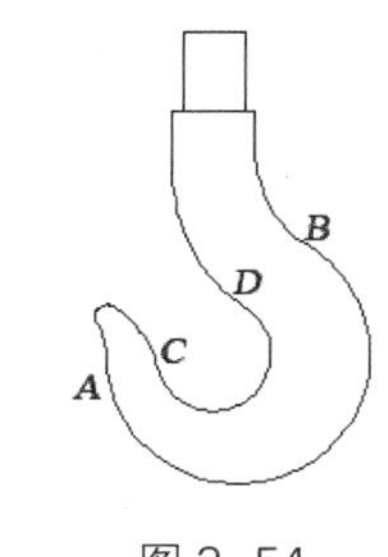

图 3-54

命令 : _arc 指定圆弧的起点或 [圆心 (C)]:　　// 单击“圆弧”按钮，选择 *A* 点作为圆弧的起点
指定圆弧的第二个点或 [圆心 (C)/ 端点 (E)]: e　　// 选择“端点”选项
指定圆弧的端点 :　　// 选择 *B* 点作为圆弧的端点
指定圆弧的圆心或 [角度 (A)/ 方向 (D)/ 半径 (R)]: r　　// 选择“半径”选项
指定圆弧的半径 : -32　　// 输入半径值
命令 : _arc 指定圆弧的起点或 [圆心 (C)]:　　// 单击“圆弧”按钮，选择 *C* 点作为

// 圆弧的起点
指定圆弧的第二个点或 [圆心 (C)/ 端点 (E)]: e // 选择“端点”选项
指定圆弧的端点 : // 选择 *D* 点作为圆弧的端点
指定圆弧的圆心或 [角度 (A)/ 方向 (D)/ 半径 (R)]: r // 选择“半径”选项
指定圆弧的半径 : -14 // 输入半径值

3.3.4 扩展实践：绘制床头柜

本实践需要使用“矩形”工具、“圆弧”工具和“直线”工具来完成床头柜的绘制。最终效果参看云盘中的“Ch03 > DWG > 绘制床头柜 .dwg”，如图 3-55 所示。

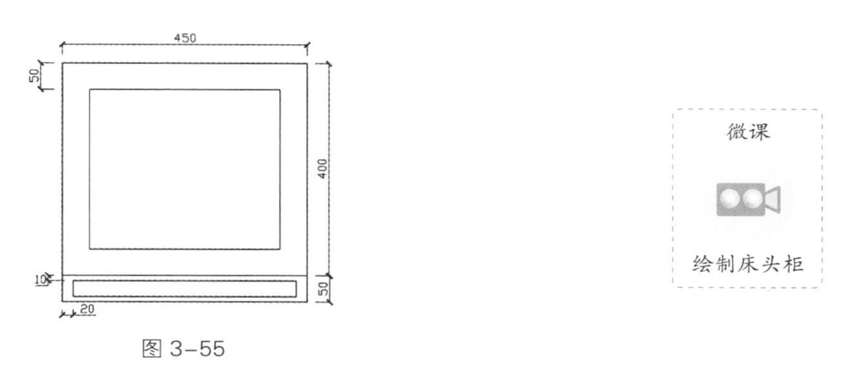

图 3-55

任务 3.4 项目演练：绘制床头灯

使用“矩形”按钮、“直线”按钮、“圆”按钮和“修剪”按钮完成床头灯的绘制。最终效果参看云盘中的“Ch03 > DWG > 绘制床头灯 .dwg”，如图 3-56 所示。

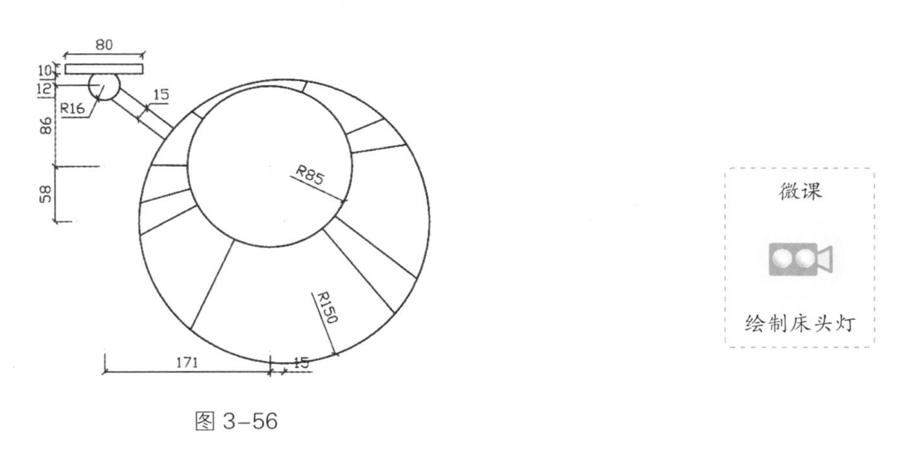

图 3-56

04

项目4

掌握高级绘图应用

——绘制复杂图形

本项目主要介绍复杂图形，如椭圆、多线、多段线、样条曲线、剖面线、面域和边界等的绘制方法。通过本项目的学习，读者可以掌握复杂图形的绘制方法，为绘制完整工程图做好准备。

学习引导

知识目标

- 了解绘制复杂图形的工具
- 了解“图案填充”命令
- 了解“面域”命令和“边界”命令

能力目标

- 掌握椭圆、椭圆弧的绘制方法
- 掌握多线和多段线的绘制方法
- 掌握样条曲线和剖面线的绘制方法
- 掌握面域和边界的创建和编辑方法

素养目标

- 培养严谨、细致的工作作风

实训项目

- 绘制手柄
- 绘制前台桌子

任务 4.1　绘制手柄

4.1.1 任务引入

本任务要求读者首先了解如何绘制椭圆与样条曲线；然后使用“椭圆弧” “圆弧”命令来完成手柄的绘制。最终效果参看云盘中的“Ch04 > DWG > 绘制手柄 .dwg，如图 4-1 所示。

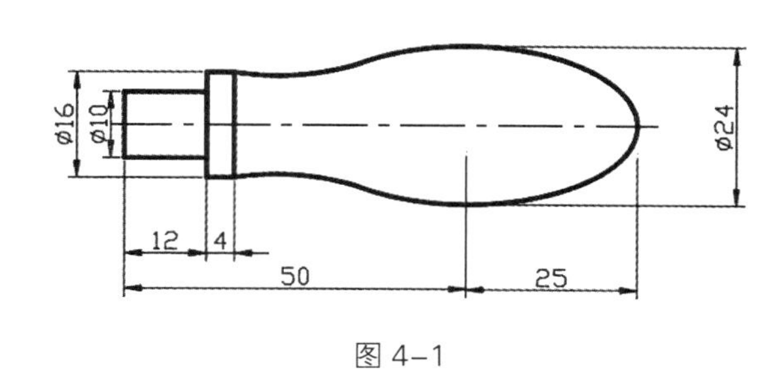

图 4–1

4.1.2 任务知识：椭圆与样条曲线

1 绘制椭圆和椭圆弧

在工程制图中，椭圆和椭圆弧也是比较常见的。在 AutoCAD 2019 中，可以利用“轴、端点”和“圆弧”命令来绘制椭圆和椭圆弧。

◎ 绘制椭圆

椭圆的大小由定义其长度和宽度的两条轴决定。其中较长的轴称为长轴，较短的轴称为短轴。在绘制椭圆时，长轴、短轴的次序与定义轴线的次序无关。绘制椭圆的默认方法是指定椭圆第一条轴的两个端点及另一条半轴的长度。

启用绘制椭圆命令的方法如下。

- 工具栏：单击“绘图”工具栏中的“椭圆”按钮。
- 菜单命令：选择“绘图 > 椭圆 > 轴、端点”命令。
- 命令行：输入 ELLIPSE 命令（快捷命令：EL）。

选择“绘图 > 椭圆 > 轴、端点”命令，绘制图 4-2 所示的图形。操作步骤如下。

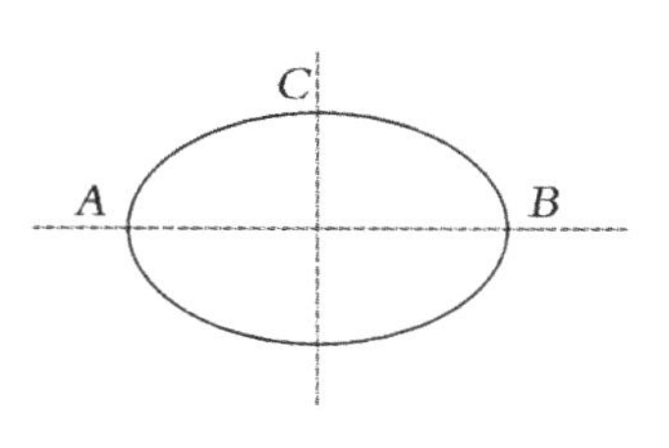

图 4–2

命令 : _ellipse　　// 选择“轴、端点”命令

指定椭圆的轴端点或 [圆弧 (A)/ 中心点 (C)]:　　// 单击以确定轴线端点 *A*

指定轴的另一个端点 :　　// 单击以确定轴线端点 *B*

指定另一条半轴长度或 [旋转 (R)]:　　// 在 *C* 点处单击以确定另一条半轴的长度

◎ 绘制椭圆弧

椭圆弧的绘制方法与椭圆相似，先要确定其长轴和短轴，再确定椭圆弧的起始角和终止角。

启用绘制椭圆弧命令的方法如下。

- 工具栏：单击“绘图”工具栏中的“椭圆弧”按钮。
- 菜单命令：选择“绘图 > 椭圆 > 圆弧”命令。

选择“绘图 > 椭圆 > 圆弧”命令，绘制图 4-3 所示的图形。操作步骤如下。

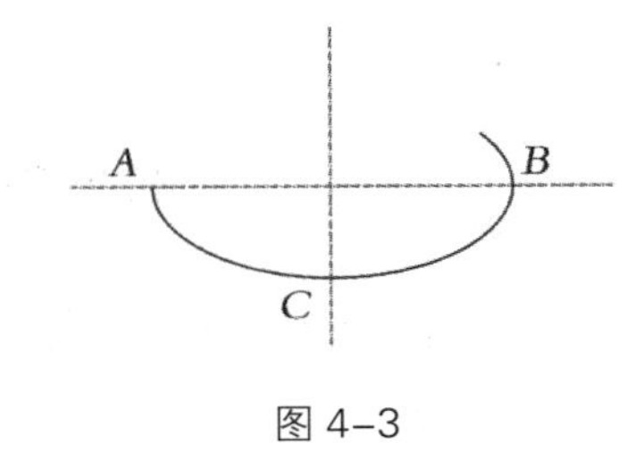

图 4–3

```
命令 : _ellipse
指定椭圆的轴端点或 [ 圆弧 (A)/ 中心点 (C)]: _a          // 选择“圆弧”命令
指定椭圆弧的轴端点或 [ 中心点 (C)]:                      // 单击以确定长轴的端点 A
指定轴的另一个端点 :                                     // 单击以确定长轴的另一个端点 B
指定另一条半轴长度或 [ 旋转 (R)]:                        // 单击以确定短轴半轴的端点 C
指定起始角度或 [ 参数 (P)]: 0                            // 输入起始角度值
指定终止角度或 [ 参数 (P)/ 夹角 (I)]: 200                // 输入终止角度值
```

提示

椭圆的起始角与椭圆长、短轴的定义顺序有关。当定义的第一条轴为长轴时，椭圆的起始角在第一个端点位置；当定义的第一条轴为短轴时，椭圆的起始角在第一个端点处逆时针旋转 90° 的位置。

利用“圆弧”命令来绘制一条椭圆弧，效果如图 4-4 所示。操作步骤如下。

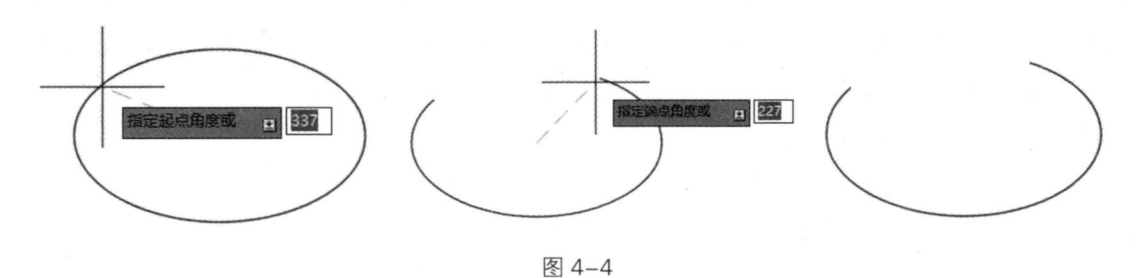

图 4–4

```
命令 :_ellipse
指定椭圆的轴端点或 [ 圆弧 (A)/ 中心点 (C)]: A           // 选择“圆弧”选项
指定椭圆弧的轴端点或 [ 中心点 (C)]:                      // 单击以确定椭圆的轴端点
指定轴的另一个端点 :                                     // 单击以确定椭圆的另一条轴的端点
指定另一条半轴长度或 [ 旋转 (R)]:                        // 单击以确定椭圆的另一条半轴的端点
指定起始角度或 [ 参数 (P)]:                              // 单击确定起始角度
指定终止角度或 [ 参数 (P)/ 夹角 (I)]:                    // 单击确定终止角度
```

2 绘制多线

在工程制图中，多线一般用来绘制墙体等具有多条相互平行的直线的图形对象。

◎ 绘制多线

多线是指多条相互平行的直线。在绘制过程中，用户可以编辑和调整平行直线之间的距离、线条的数量、线条的颜色和线型等属性。

启用绘制多线命令的方法如下。

- 菜单命令：选择“绘图 > 多线”命令。
- 命令行：输入 MLINE 命令（快捷命令：ML）。

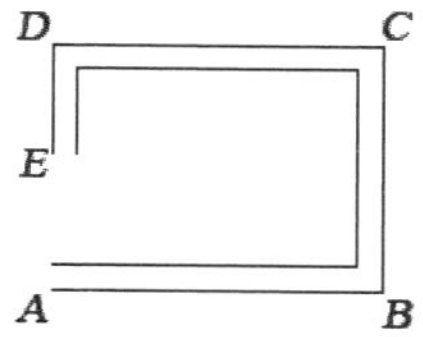

图 4-5

选择“绘图 > 多线”命令，绘制图 4-5 所示的图形。操作步骤如下。

```
命令 : _mline                                     // 选择“多线”命令
当前设置 : 对正 = 无，比例 = 20.00，样式 = STANDARD
指定起点或 [ 对正 (J)/ 比例 (S)/ 样式 (ST)]:       // 单击以确定 A 点的位置
指定下一点 :                                       // 单击以确定 B 点的位置
指定下一点或 [ 放弃 (U)]:                          // 单击以确定 C 点的位置
指定下一点或 [ 闭合 (C)/ 放弃 (U)]:                // 单击以确定 D 点的位置
指定下一点或 [ 闭合 (C)/ 放弃 (U)]:                // 单击以确定 E 点的位置
指定下一点或 [ 闭合 (C)/ 放弃 (U)]:                // 按 Enter 键
```

◎ 设置多线样式

多线的样式决定多线中线条的数量、线条的颜色和线型及平行直线间的距离等。用户还能指定多线封口的形式为弧形或直线形。根据需要可以设置多种不同的多线样式。

启用设置多线样式命令的方法如下。

- 菜单命令：选择“格式 > 多线样式”命令。
- 命令行：输入 MLSTYLE 命令。

选择“格式 > 多线样式”命令，弹出“多线样式”对话框，如图 4-6 所示，通过该对话框可设置多线的样式。

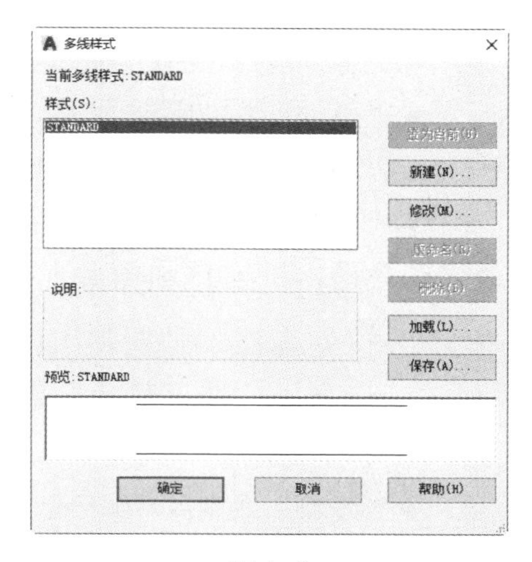

图 4-6

“多线样式”对话框中部分选项的作用如下。

- “样式”列表框：用于显示所有已定义的多线样式。
- “说明”文本框：用于显示对当前多线样式的说明。
- “新建”按钮  新建(N)...：用于新建多线样式。单击该按钮，会弹出“创建新的多线样式”对话框，如图 4-7 所示，输入新样式名，单击“继续”按钮，弹出“新建多线样式”对话框，如图 4-8 所示，在其中进行设置即可新建多线样式。
- “加载”按钮  加载(L)...：用于加载已定义的多线样式。

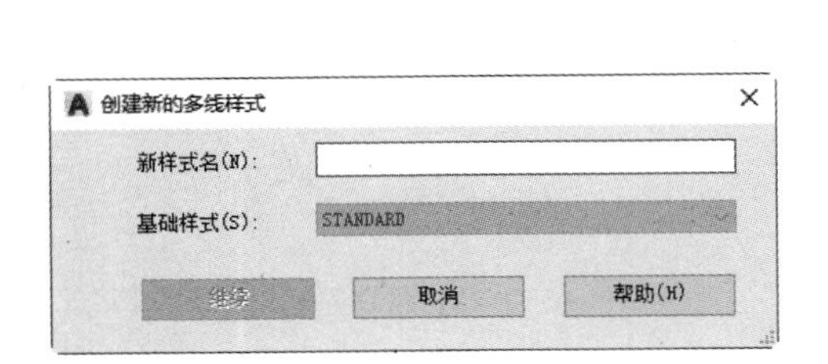

图 4-7

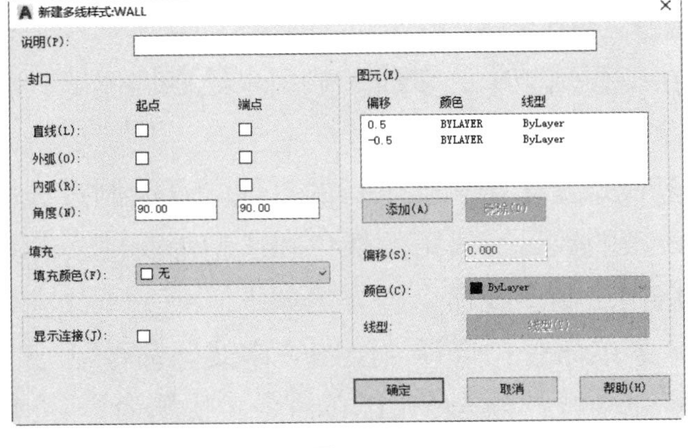

图 4-8

“新建多线样式”对话框中各选项的作用如下。

- “说明”文本框：用于对所定义的多线样式进行说明，其中的文本不能超过256个字符。
- “封口”选项组：该选项组中的“直线”“外弧”“内弧”“角度”复选框分别用于将多线的封口设置为直线、外弧、内弧和角度形状，如图4-9所示。

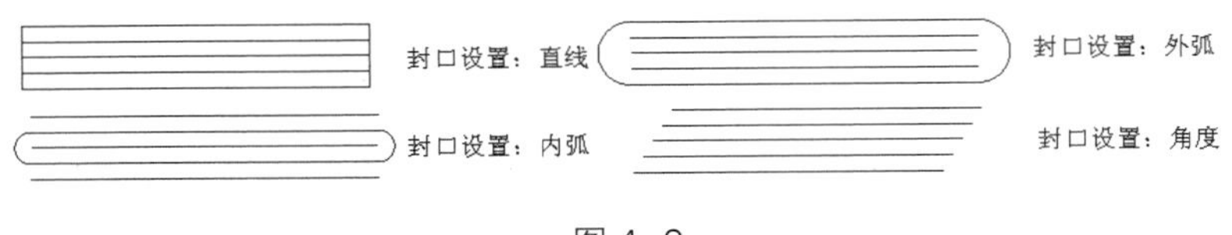

图 4-9

- “填充”选项组：用于设置填充颜色，如图4-10所示。
- “显示连接”复选框：用于设置是否在多线的拐角处显示连接线。若选择该复选框，则多线如图4-11所示；否则将不显示连接线，如图4-12所示。

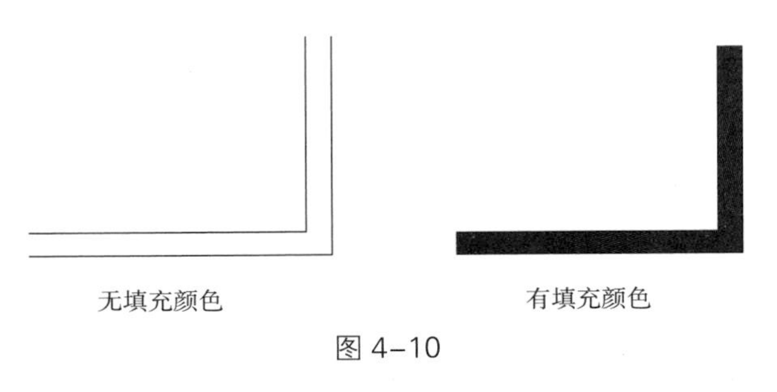

图 4-10

- 元素列表：用于显示多线中线条的偏移、颜色和线型。
- “添加”按钮 添加(A)：用于添加一条新线，其偏移量可在“偏移”数值框中输入。
- “删除”按钮 删除(D)：用于删除在元素列表中选定的直线元素。
- “偏移”数值框：为多线样式中的每个元素指定偏移值。
- “颜色”下拉列表框：用于设置元素列表中选定的直线元素的颜色。单击“颜色”下拉列表框，可在弹出的下拉列表中选定直线的颜色。如果选择“选择颜色”选项，将弹出“选择颜色”对话框，如图4-13所示。通过“选择颜色”对话框可以选择更多的颜色。
- “线型”按钮：用于设置元素列表中选定的直线元素的线型。

单击“线型”按钮，会弹出“选择线型”对话框，用户可以在“已加载的线型”列表中选择一种线型设置，如图4-14所示。

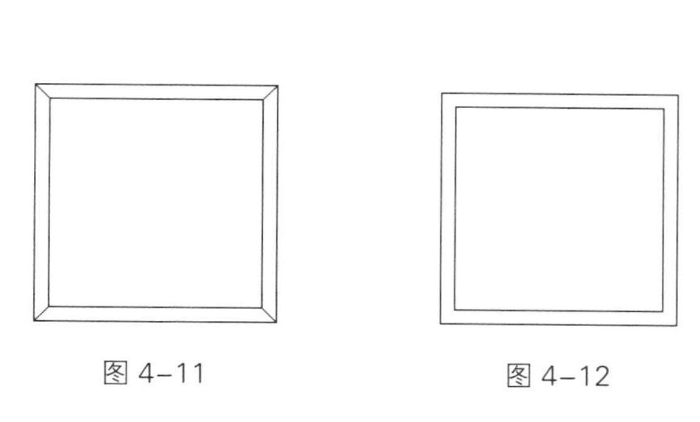

图 4–11　　　　图 4–12

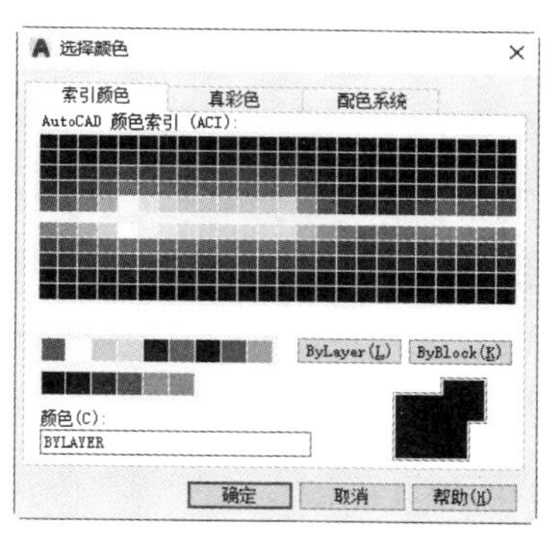

图 4–13

单击“加载”按钮 加载(L)... ，可在弹出的“加载或重载线型”对话框中选择需要的线型，如图 4-15 所示。单击“确定”按钮，会将选中的线型加载到“选择线型”对话框中。在“已加载的线型”列表中选择需要的线型，然后单击“确定”按钮，所选择的直线元素的线型就会被修改。

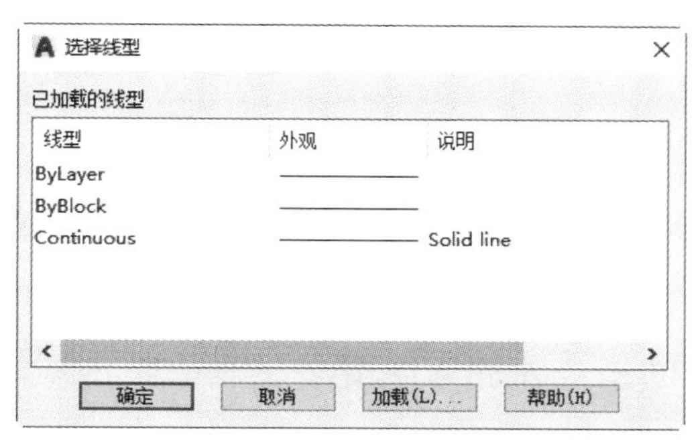

图 4–14

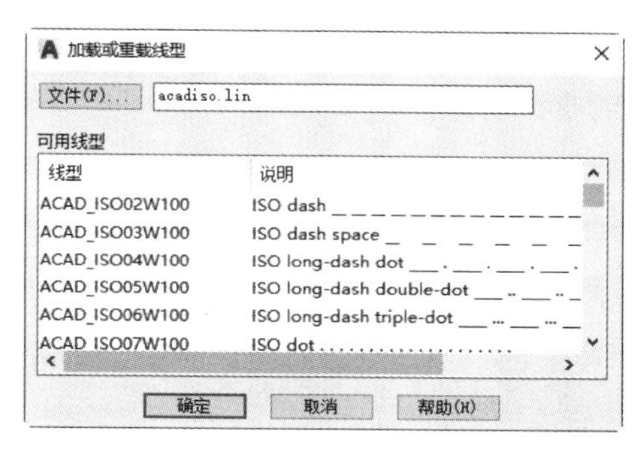

图 4–15

◎ 编辑多线

绘制完成的多线一般需要经过编辑才能满足绘图需要，可以对已经绘制的多线进行编辑，修改其形状。

启用编辑多线命令的方法如下。

- 菜单命令：选择“修改 > 对象 > 多线”命令。
- 命令行：输入 MLEDIT 命令。

选择“修改 > 对象 > 多线”命令，弹出“多线编辑工具”对话框，从中可以选择相应的工具来编辑多线，如图 4-16 所示。

图 4–16

提示

直接双击多线图形也可弹出“多线编辑工具”对话框。

“多线编辑工具”对话框以 4 列显示样例图像：第 1 列用于控制十字交叉的多线，第 2 列用于控制 T 形相交的多线，第 3 列用于控制角点结合和顶点，第 4 列用于控制多线中的打断和结合。

“多线编辑工具”对话框中各工具的作用如下。

- “十字闭合”工具：用于在两条多线之间创建闭合的十字交点，如图 4-17 所示。

操作步骤如下。

命令：_mledit　　//选择“修改 > 对象 > 多线”命令，弹出“多线编辑工具”对话框，

　　//选择“十字闭合”工具

选择第一条多线：　　//在图 4-17（a）的 *A* 点处单击多线

选择第二条多线：　　//在图 4-17（a）的 *B* 点处单击多线

选择第一条多线或 [放弃 (U)]：//按 Enter 键

- “十字打开”工具：用于打断第 1 条多线的所有元素，打断第 2 条多线的外部元素，并在两条多线之间创建打开的十字交点，如图 4-18 所示。

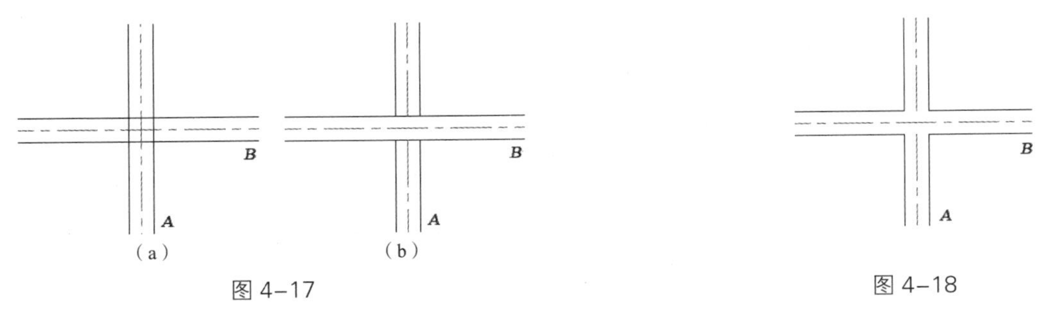

图 4-17　　图 4-18

- “十字合并”工具：用于在两条多线之间创建合并的十字交点。其中，多线的选择次序并不重要，如图 4-19 所示。
- “T 形闭合”工具：用于将第 1 条多线修剪或延伸到与第 2 条多线的交点处，在两条多线之间创建闭合的 T 形交点。利用该工具对多线进行编辑，效果如图 4-20 所示。
- “T 形打开”工具：用于将多线修剪或延伸到与另一条多线的交点处，在两条多线之间创建打开的 T 形交点，如图 4-21 所示。

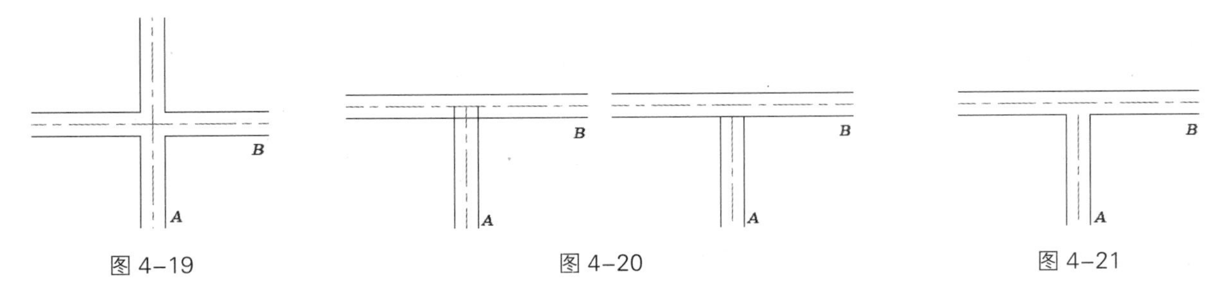

图 4-19　　图 4-20　　图 4-21

- “T 形合并”工具：用于将多线修剪或延伸到与另一条多线的交点处，在两条多线之间创建合并的 T 形交点，如图 4-22 所示。
- “角点结合”工具：用于将多线修剪或延伸到它们的交点处，在多线之间创建角点结合。利用该工具对多线进行编辑，效果如图 4-23 所示。

图 4–22 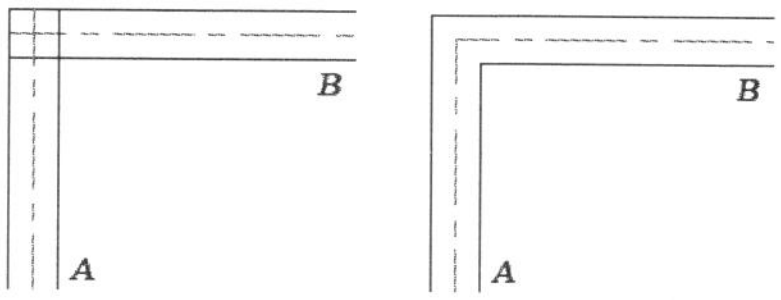　　　　　　　　　　图 4–23

- “添加顶点”工具：用于在多线上添加一个顶点。利用该工具在 *A* 点处添加顶点，效果如图 4-24 所示。
- “删除顶点”工具：用于从多线上删除一个顶点。利用该工具将 *A* 点处的顶点删除，效果如图 4-25 所示。
- “单个剪切”工具：用于剪切多线上选定的元素。利用该工具将 *AB* 段线条删除，效果如图 4-26 所示。

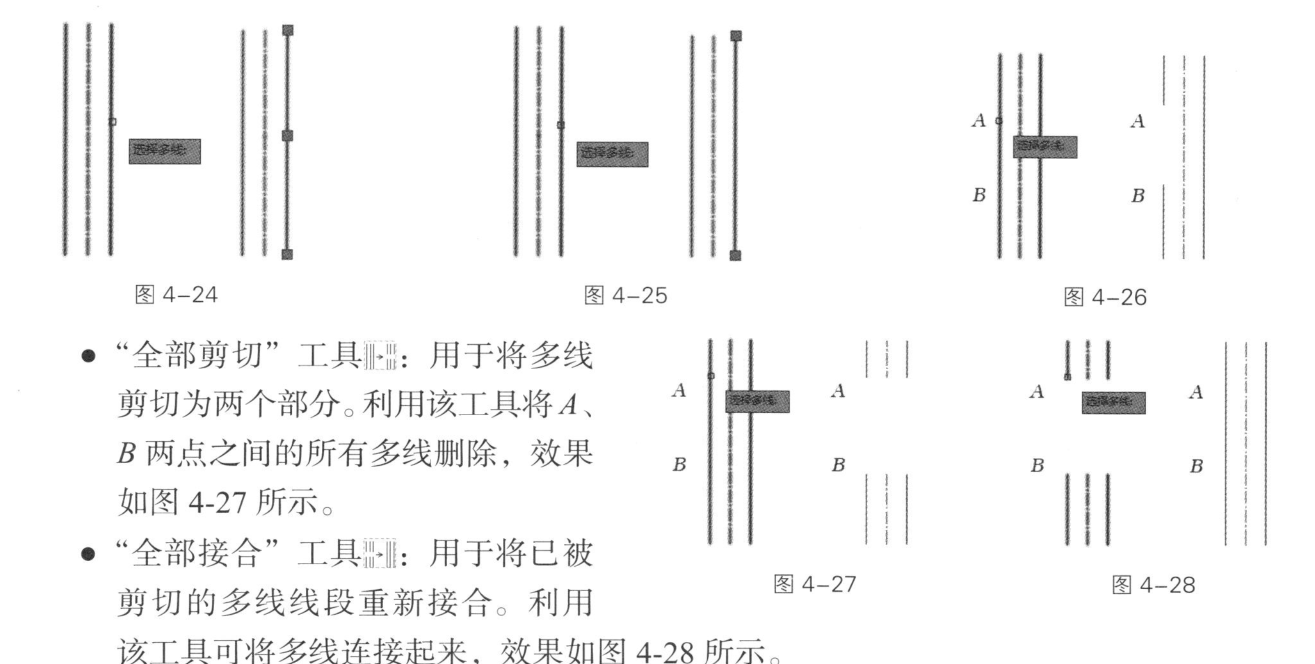

图 4–24　　　　图 4–25　　　　图 4–26

- “全部剪切”工具：用于将多线剪切为两个部分。利用该工具将 *A*、*B* 两点之间的所有多线删除，效果如图 4-27 所示。
- “全部接合”工具：用于将已被剪切的多线线段重新接合。利用该工具可将多线连接起来，效果如图 4-28 所示。

图 4–27　　　　图 4–28

3 绘制多段线

多段线是由线段和圆弧构成的连续线条，是一个独立的图形对象。在绘制过程中，可以设置不同的线宽，这样便可绘制锥形线。

启用绘制多段线命令的方法如下。

- 工具栏：单击“绘图”工具栏中的“多段线”按钮。
- 菜单命令：选择“绘图 > 多段线”命令。
- 命令行：输入 PLINE 命令（快捷命令：PL）。

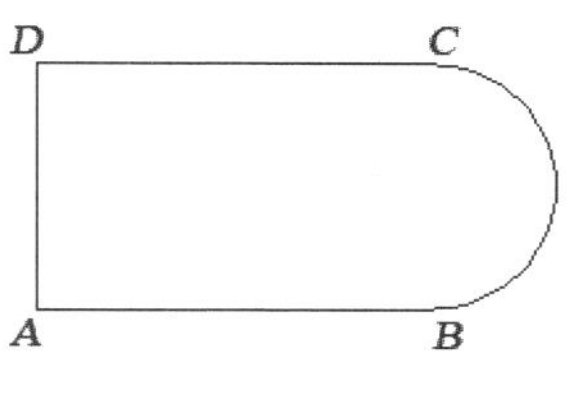

图 4–29

选择“绘图 > 多段线”命令，绘制图 4-29 所示的图形。操作步骤如下。

命令：_pline　　　　　　　　　　// 选择“多段线”命令

指定起点：　　　　　　　　　　　　　　　　　　　// 单击以确定 *A* 点的位置

当前线宽为 0.0000

指定下一个点或 [圆弧 (A)/ 半宽 (H)/ 长度 (L)/ 放弃 (U)/ 宽度 (W)]: @1000,0

// 输入 *B* 点的相对坐标

指定下一点或 [圆弧 (A)/ 闭合 (C)/ 半宽 (H)/ 长度 (L)/ 放弃 (U)/ 宽度 (W)]: a

// 选择"圆弧"选项

指定圆弧的端点或

[角度 (A)/ 圆心 (CE)/ 闭合 (CL)/ 方向 (D)/ 半宽 (H)/ 直线 (L)/ 半径 (R)/ 第二个点 (S)/ 放弃 (U)/ 宽度 (W)]: r

// 选择"半径"选项

指定圆弧的半径 : 320　　　　　　　　　　　　　　// 输入半径值

指定圆弧的端点或 [角度 (A)]: a　　　　　　　　　// 选择"角度"选项

指定包含角 : 180　　　　　　　　　　　　　　　　// 输入包含角

指定圆弧的弦方向 <0>: 90　　　　　　　　　　　// 输入圆弧弦方向的角度值

指定圆弧的端点或

[角度 (A)/ 圆心 (CE)/ 闭合 (CL)/ 方向 (D)/ 半宽 (H)/ 直线 (L)/ 半径 (R)/ 第二个点 (S)/ 放弃 (U)/ 宽度 (W)]: l

// 选择"直线"选项

指定下一点或 [圆弧 (A)/ 闭合 (C)/ 半宽 (H)/ 长度 (L)/ 放弃 (U)/ 宽度 (W)]: @-1000,0

// 输入 D 点的相对坐标

指定下一点或 [圆弧 (A)/ 闭合 (C)/ 半宽 (H)/ 长度 (L)/ 放弃 (U)/ 宽度 (W)]: c

// 选择"闭合"选项

4 绘制样条曲线

样条曲线是由多条线段光滑过渡组成的，其形状是由数据点、拟合点及控制点来控制的。其中，数据点是在绘制样条曲线时由用户确定的；拟合点及控制点由系统自动产生，用来编辑样条曲线。下面对样条曲线的绘制和编辑方法进行详细的介绍。

启用绘制样条曲线命令的方法如下。

- 工具栏：单击"绘图"工具栏中的"样条曲线"按钮。
- 菜单命令：选择"绘图 > 样条曲线"命令。
- 命令行：输入 SPLINE 命令（快捷命令：SPL）。

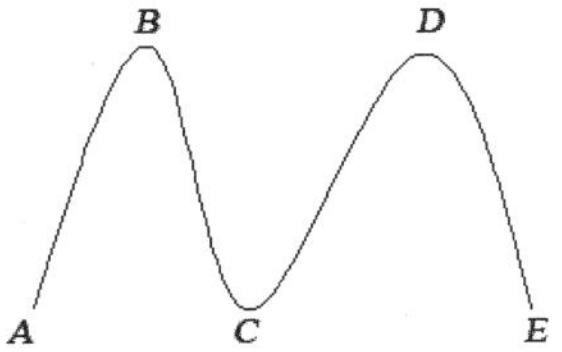

图 4-30

选择"绘图 > 样条曲线"命令，绘制图 4-30 所示的图形，操作步骤如下。

命令 : _spline　　　　　　　　　　　　　　　　// 选择"样条曲线"命令

指定第一个点或 [方式 (M)/ 节点 (K)/ 对象 (O)]:　　// 单击以确定 *A* 点的位置

输入下一个点或 [起点切向 (T)/ 公差 (L)]:　　　　// 单击以确定 *B* 点的位置

输入下一点或 [端点相切 (T)/ 公差 (L)/ 放弃 (U)]:　// 单击以确定 *C* 点的位置

输入下一点或 [端点相切 (T)/ 公差 (L)/ 放弃 (U)/ 闭合 (C)]： // 单击以确定 *D* 点的位置
输入下一点或 [端点相切 (T)/ 公差 (L)/ 放弃 (U)/ 闭合 (C)]： // 单击以确定 *E* 点的位置
输入下一点或 [端点相切 (T)/ 公差 (L)/ 放弃 (U)/ 闭合 (C)]： // 按 Enter 键

提示选项解释如下。

- 对象 (O)：用于将二维或三维的二次或三次样条拟合多段线转换成等价的样条曲线，并删除多段线。
- 闭合 (C)：用于绘制封闭的样条曲线。
- 公差 (L)：用于设置拟合公差。拟合公差是样条曲线与输入点之间所允许偏移的最大距离。当给定拟合公差时，绘制的样条曲线不是都通过输入点。如果拟合公差为 0，样条曲线通过拟合点；如果拟合公差大于 0，样条曲线则在指定的公差范围内通过拟合点，如图 4-31 所示。

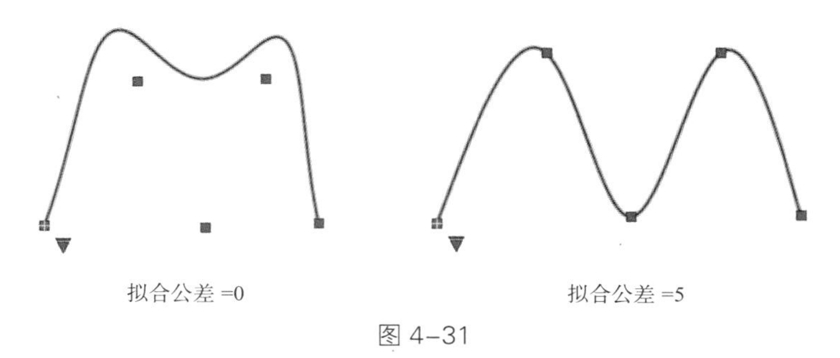

图 4–31

- “起点切向 (T)”与“端点相切 (T)”：用于定义样条曲线的第一点和最后一点的切向，如图 4-32 所示。如果按 Enter 键，AutoCAD 将使用默认切向。

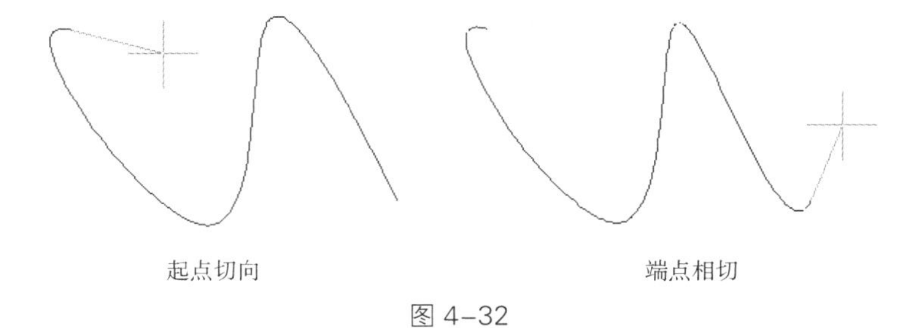

图 4–32

4.1.3 任务实施

（1）启动 AutoCAD 2019，选择“文件 > 打开”命令，打开云盘中的“Ch04 > 素材 > 手柄 .dwg”文件，如图 4-33 所示。

（2）绘制椭圆弧。选择“椭圆弧”工具，绘制手柄的顶部，效果如图 4-34 所示。

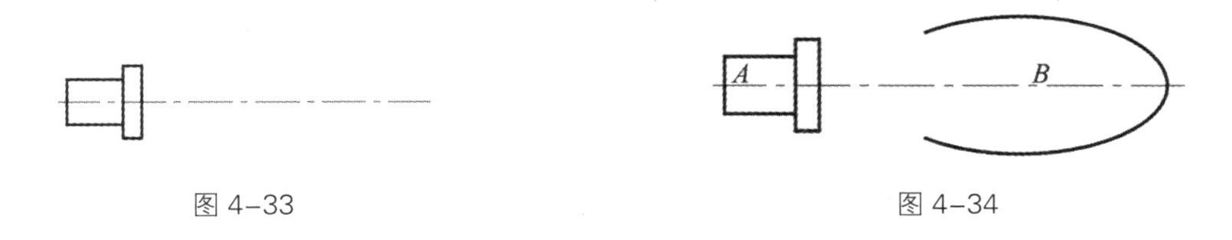

图 4–33　　图 4–34

命令 : _ellipse // 选择“椭圆弧”工具
指定椭圆的轴端点或 [圆弧 (A)/ 中心点 (C)]: _a
指定椭圆弧的轴端点或 [中心点 (C)]: c // 选择“中心点”选项，按 Enter 键
指定椭圆弧的中心点 : _from 基点 : < 偏移 >: @50,0 // 选择“捕捉自”工具，捕捉交点 *A*，// 输入椭圆弧中心点 *B* 到交点 *A* 的相对位移
指定轴的端点 : @25,0 // 输入长半轴端点的坐标
指定另一条半轴长度或 [旋转 (R)]: 12 // 输入短半轴的长度
指定起点角度或 [参数 (P)]: -150 // 输入起点角度
指定端点角度或 [参数 (P)/ 夹角 (I)]: 150 // 输入端点角度

（3）绘制圆弧。选择“圆弧”工具，绘制过渡圆弧，图形效果如图 4-35 所示。

命令 : _arc 指定圆弧的起点或 [圆心 (C)]: // 选择“圆弧”工具，并捕捉交点 *A*
指定圆弧的第二个点或 [圆心 (C)/ 端点 (E)]:e // 选择“端点”选项
指定圆弧的端点 : // 捕捉椭圆弧的端点 *B*
指定圆弧的圆心点或 [角度 (A)/ 方向 (D)/ 半径 (R)]: r // 选择“半径”选项
指定圆弧的半径 : 40 // 输入圆弧的半径，如图 4-36 所示
命令 : _arc 指定圆弧的起点或 [圆心 (C)]: // 按 Enter 键，重复使用“圆弧”工具，并捕 // 捉端点 *A*
指定圆弧的第二个点或 [圆心 (C)/ 端点 (E)]:e // 选择“端点”选项
指定圆弧的端点 : // 捕捉交点 *B*
指定圆弧的圆心点或 [角度 (A)/ 方向 (D)/ 半径 (R)]:r // 选择“半径”选项
指定圆弧的半径 : 40 // 输入圆弧的半径

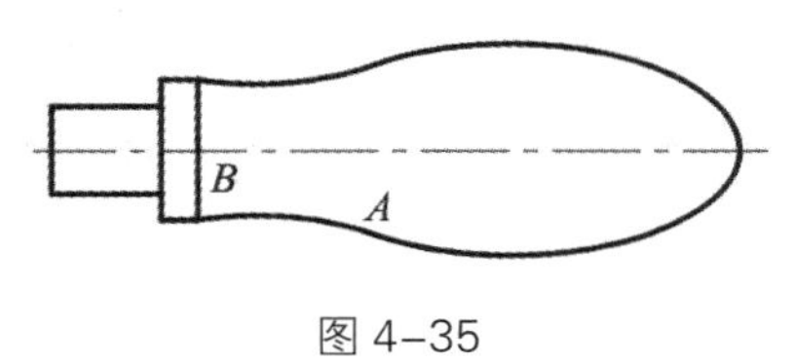

图 4-35

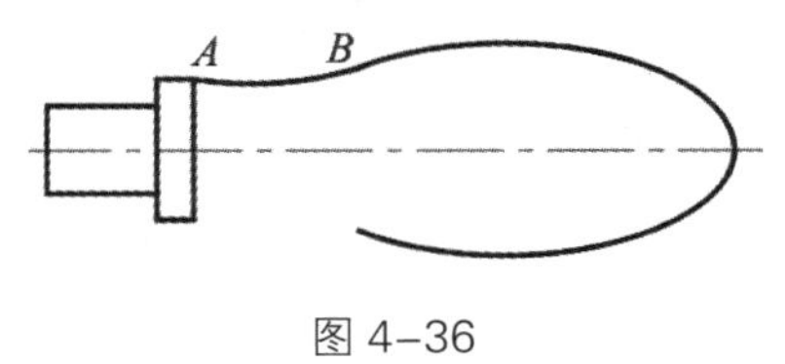

图 4-36

4.1.4 扩展实践：绘制餐具柜

本实践需要使用“多线”命令来完成餐具柜的绘制。最终效果参看云盘中的“Ch04 > DWG > 绘制餐具柜 .dwg”，如图 4-37 所示。

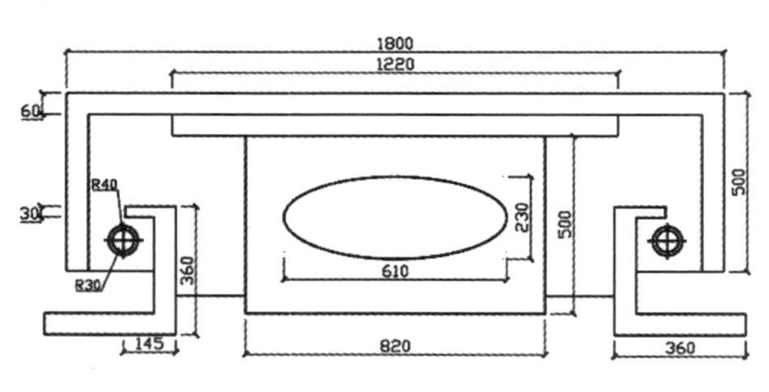

图 4-37

任务 4.2　绘制前台桌子

4.2.1　任务引入

本任务要求读者首先了解如何绘制剖面线和面域；然后使用“图案填充”命令来完成前台桌子的绘制。最终效果参看云盘中的“Ch04 > DWG > 绘制前台桌子.dwg”，如图 4-38 所示。

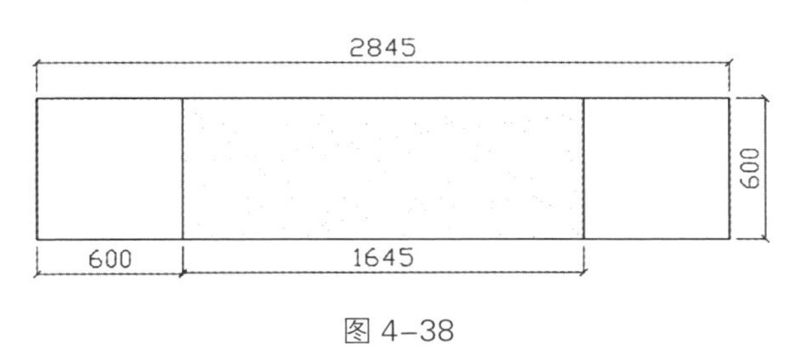

图 4–38

4.2.2　任务知识：剖面线和面域

1 绘制剖面线

为了提高用户的绘图工作效率，AutoCAD 2019 提供了图案填充功能来绘制剖面线。

图案填充是利用某种图案充满图形中的指定封闭区域。AutoCAD 提供了多种标准的填充图案，用户还可根据需要自定义图案。在填充过程中，用户可以通过填充工具来控制图案的疏密、剖面线条及倾角角度。AutoCAD 2019 提供了“图案填充”命令来创建图案填充，绘制剖面线。

启用绘制剖面线命令的方法如下。

- 工具栏：单击“绘图”工具栏中的“图案填充”按钮。
- 菜单命令：选择“绘图 > 图案填充”命令。
- 命令行：输入 BHATCH 命令（快捷命令：BH）。

选择“绘图图案填充”命令，弹出“图案填充创建”选项卡，单击“选项”选项组中的按钮，弹出“图案填充和渐变色”对话框，如图 4-39 所示。通过该对话框或“图案填充创建”选项卡可以定义图案填充和渐变填充对象的边界、图案类型、图案特性和其他特性。

图 4–39

◎ 选择填充区域

在“图案填充和渐变色”对话框中，右侧排列的按钮和选项用于选择图案填充的区域。这些按钮与选项的位置是固定的，无论选择哪个选项卡都不影响它们的作用。“图案填充和渐变色”对话框中主要选项的作用如下。

- “边界”选项组：列出选择图案填充区域的方式。
  - ▲“添加：拾取点”按钮：用于根据图中现有的对象自动确定填充区域的边界。该方式要求这些对象必须构成一个闭合区域。“图案填充和渐变色”对话框将暂时关闭，系统会提示用户拾取一个点。

单击“添加：拾取点”按钮，关闭“图案填充和渐变色”对话框，在闭合区域内单击，确定图案填充的边界，如图 4-40 所示。

在确定图案填充的边界后，可以在绘图区域内单击鼠标右键，弹出的快捷菜单如图 4-41 所示。选择“确认”命令，图案填充的效果如图 4-42 所示。操作步骤如下。

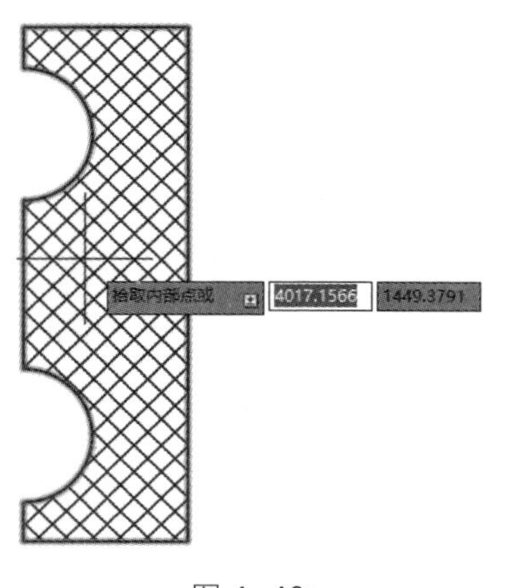

图 4-40

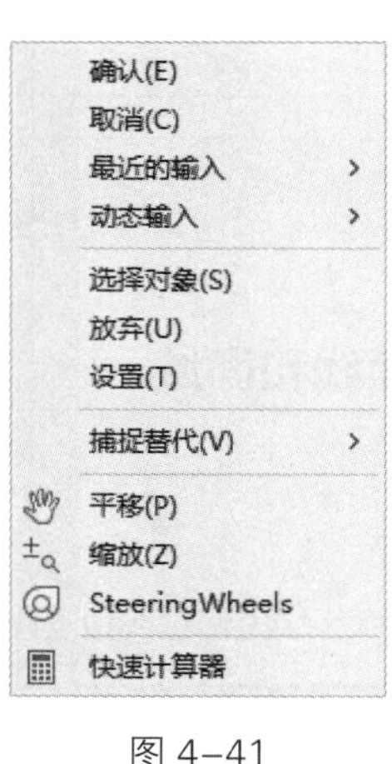

图 4-41

图 4-42

命令：_bhatch　　// 单击“图案填充”按钮，在弹出的“图案填充创建”
// 选项卡中单击“选项”选项组中的按钮，弹出“图案填
// 充和渐变色”对话框，单击“添加：拾取点”按钮

拾取内部点或 [选择对象 (S)/ 放弃 (U)/ 设置 (T)]: // 在图形内部单击

正在分析内部孤岛 ...

拾取内部点或 [选择对象 (S)/ 放弃 (U)/ 设置 (T)]:　　// 按 Enter 键，图案填充的效果如图 4-42 所示

- ▲“添加：选择对象”按钮：用于选择图案填充的边界对象。该方式需要逐一选择图案填充的边界对象，选中的边界对象将变为蓝色，效果如图 4-43 所示。AutoCAD 2019 将不会自动检测内部对象，效果如图 4-44 所示。操作步骤如下。

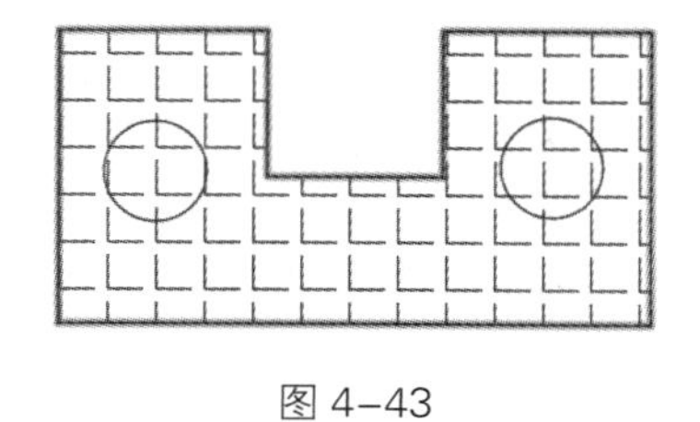

图 4-43

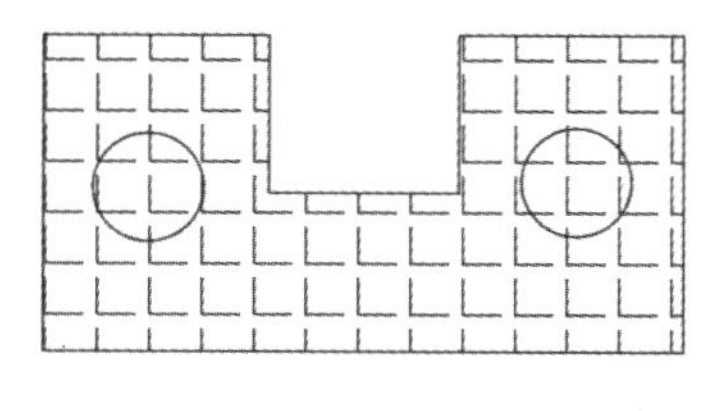

图 4-44

命令：_bhatch　　　　　　　　// 单击“图案填充”按钮，在弹出的“图案填充创建”
// 选项卡中单击“选项”选项组中的按钮，弹出“图案填
// 充和渐变色”对话框，单击“添加：选择对象”按钮
选择对象或 [拾取内部点 (K)/ 放弃 (U)/ 设置 (T)]: 找到 1 个　// 依次选择图形边界线段
选择对象或 [拾取内部点 (K)/ 放弃 (U)/ 设置 (T)]: 找到 1 个，总计 2 个
选择对象或 [拾取内部点 (K)/ 放弃 (U)/ 设置 (T)]: 找到 1 个，总计 3 个
选择对象或 [拾取内部点 (K)/ 放弃 (U)/ 设置 (T)]:　　　// 单击鼠标右键接受图案填充

▲“删除边界”按钮：用于从边界定义中删除以前添加的任何对象。删除边界后的图案填充效果如图 4-45 所示。操作步骤如下。

命令：_bhatch　　　　　　　　// 单击“图案填充”按钮，在弹出的“图案填充创建”
// 选项卡中单击“选项”选项组中的按钮，弹出“图案填
// 充和渐变色”对话框，单击“删除边界”按钮
拾取内部点或 [选择对象 (S)/ 放弃 (U)/ 设置 (T)]:
选择要删除的边界：　　　　// 单击以选中圆，如图 4-46 所示
选择要删除的边界或 [放弃 (U)]:　// 按 Enter 键，效果如图 4-47 所示

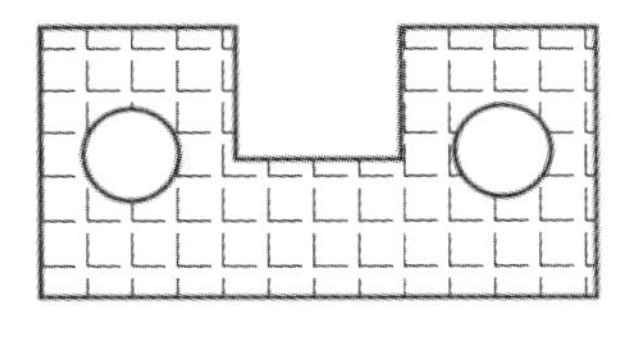
图 4-45

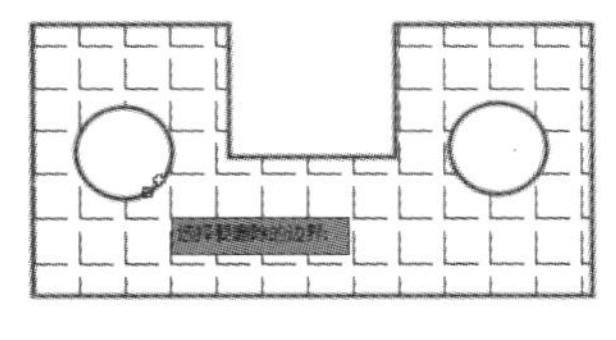

图 4-46

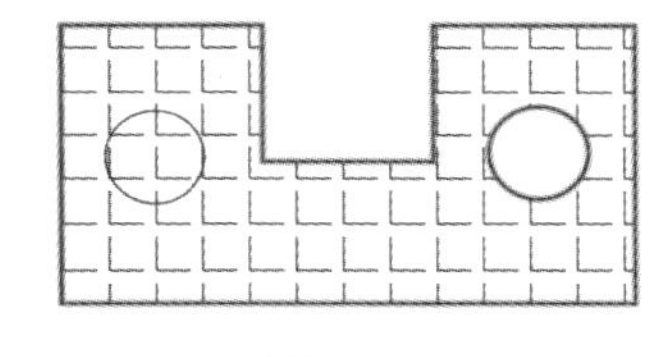
图 4-47

不删除边界的图案填充效果如图 4-48 所示。

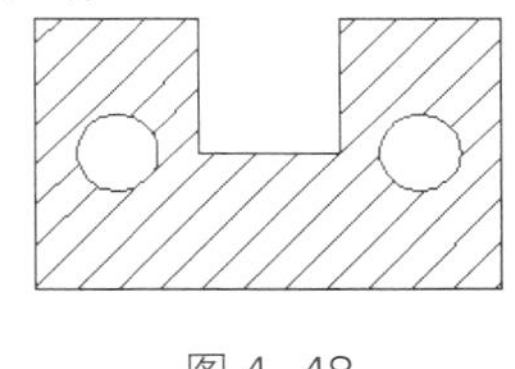
图 4-48

▲“重新创建边界”按钮：围绕选定的图案填充或填充对象创建多段线或面域，并使其与图案填充对象相关联（可选）。如果未定义图案填充，则此按钮不可用。

▲“查看选择集”按钮：单击“查看选择集”按钮，AutoCAD 2019 将显示当前选择的填充边界。如果未定义边界，则此按钮不可用。

● 在“选项”选项组：控制几个常用的图案填充或填充选项。

▲“注释性”复选框：使用注释性图案填充可以通过符号形式表示材质（如沙子、混凝土、钢铁、泥土等）。可以创建单独的注释性填充对象和注释性图案填充。

▲“关联”复选框：用于创建关联图案填充。关联图案填充是指图案与边界相链接，当用户修改其边界时，填充图案将自动更新。

▲“创建独立的图案填充”复选框：用于控制当指定了几个独立的闭合边界时，是创建单个图案填充对象，还是创建多个图案填充对象。

▲“绘图次序”下拉列表：用于指定图案填充的绘图顺序。图案填充可以放在所有其他对象之后、所有其他对象之前、图案填充边界之后或图案填充边界之前。

- “继承特性”按钮：用于将指定图案的填充特性填充到指定的边界。单击“继承特性”按钮，并选择某个已绘制的图案，AutoCAD 2019 可将该图案的特性填充到当前填充区域中。

◎ 设置图案样式

在“图案填充和渐变色”对话框的“图案填充”选项卡中，“类型和图案”选项组用于设置图案填充的样式。“图案”下拉列表用于选择图案的样式，如图 4-49 所示。所选择的样式将显示在“样例”显示框中。

单击“图案”下拉列表右侧的按钮或单击“样例”显示框，会弹出“填充图案选项板”对话框，如图 4-50 所示，其中列出了所有预定义图案的预览图像。

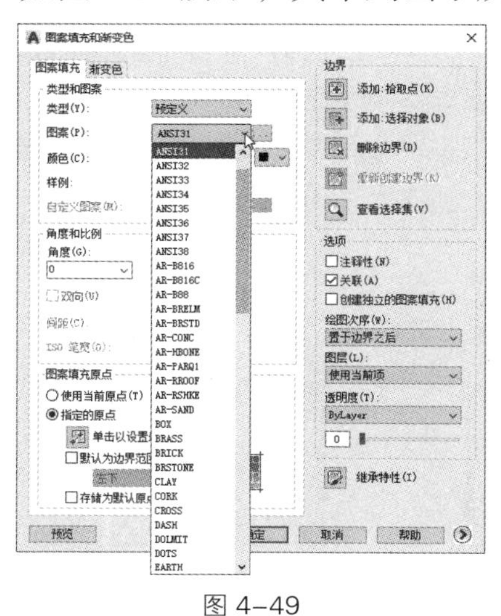

图 4-49

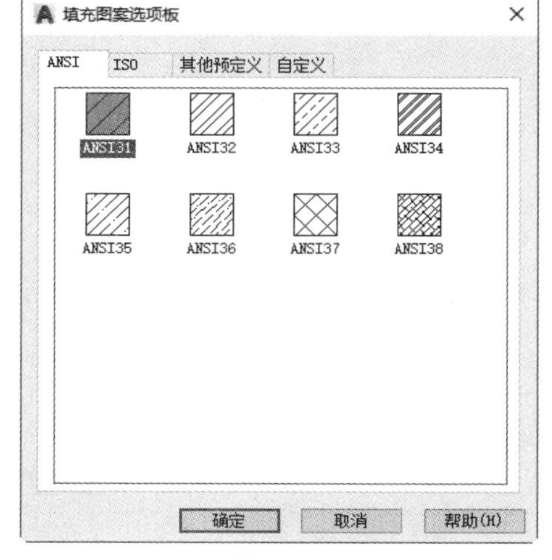

图 4-50

“填充图案选项板”对话框中各选项卡的作用如下。

- “ANSI”选项卡：用于显示 AutoCAD 2019 附带的所有 ANSI 标准图案。
- “ISO”选项卡：用于显示 AutoCAD 2019 附带的所有 ISO 标准图案，如图 4-51 所示。
- “其他预定义”选项卡：用于显示所有其他样式的图案，如图 4-52 所示。
- “自定义”选项卡：用于显示所有已添加的自定义图案。

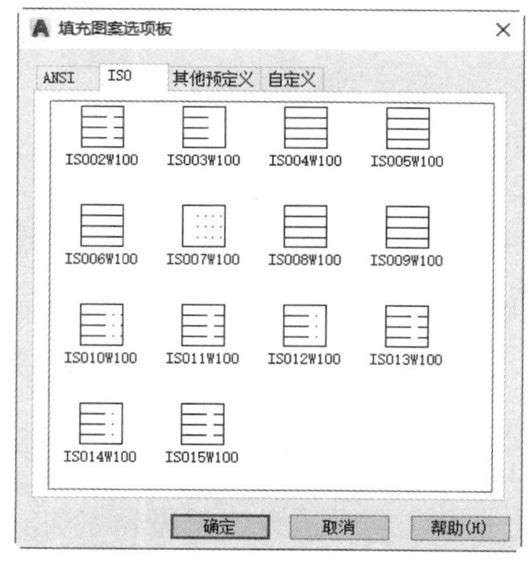

图 4-51

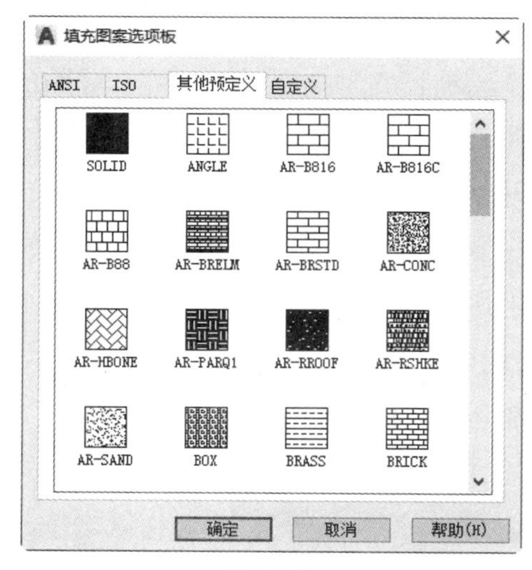

图 4-52

◎ 设置图案的角度和比例

在“图案填充和渐变色”对话框的“图案填充”选项卡中，“角度和比例”选项组可以用于设置图案填充的角度和比例。“角度”下拉列表用于选择预定义填充图案的角度，用户也可在该下拉列表框中输入其他角度值。设置角度的填充效果如图 4-53 所示。

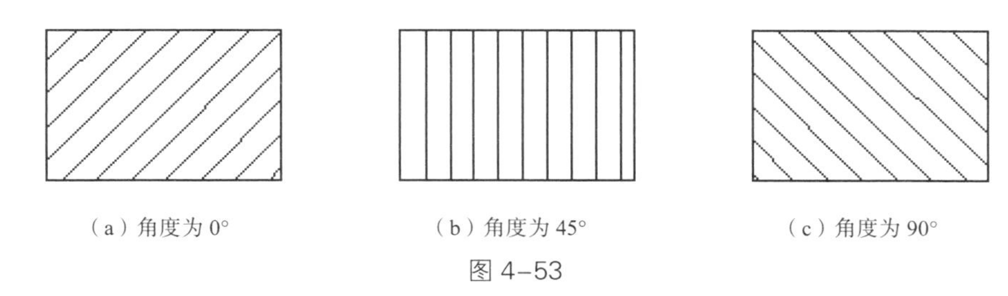

（a）角度为 0°　（b）角度为 45°　（c）角度为 90°

图 4-53

“比例”下拉列表用于指定缩放预定义或自定义图案的比例，用户也可在该下拉列表框中输入其他缩放比例值。不同缩放比例的填充效果如图 4-54 所示。

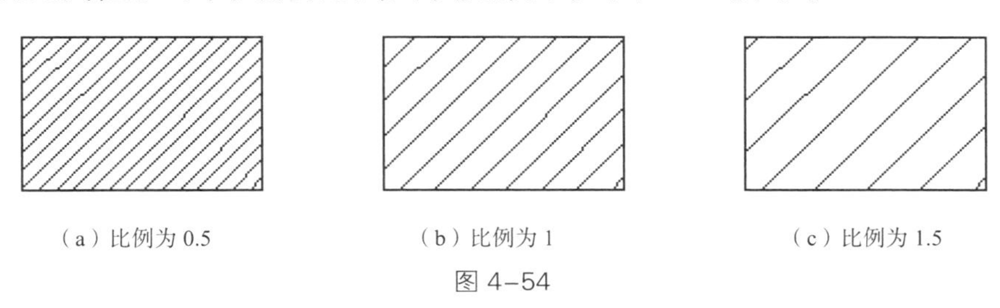

（a）比例为 0.5　（b）比例为 1　（c）比例为 1.5

图 4-54

◎ 设置图案填充原点

在“图案填充和渐变色”对话框的“图案填充”选项卡中，“图案填充原点”选项组用于控制图案填充生成的起始位置，如图 4-55 所示。某些图案填充（例如砖块图案）需要与图案填充边界上的一点对齐。在默认情况下，所有图案填充原点都对应于当前的用户坐标系（User Coordinate System，UCS）原点。

- “使用当前原点”单选按钮：使用存储在系统变量中的设置。在默认情况下，原点设置为（0,0）。
- “指定的原点”单选按钮：用于指定新的图案填充原点。
- “单击以设置新原点”按钮：用于直接指定新的图案填充原点。
- “默认为边界范围”复选框：基于图案填充的矩形范围计算出新原点。可以选择该范围的 4 个角点及其中心，如图 4-55 和图 4-56 所示。
- “存储为默认原点”复选框：将新图案填充原点的值存储在系统变量中。

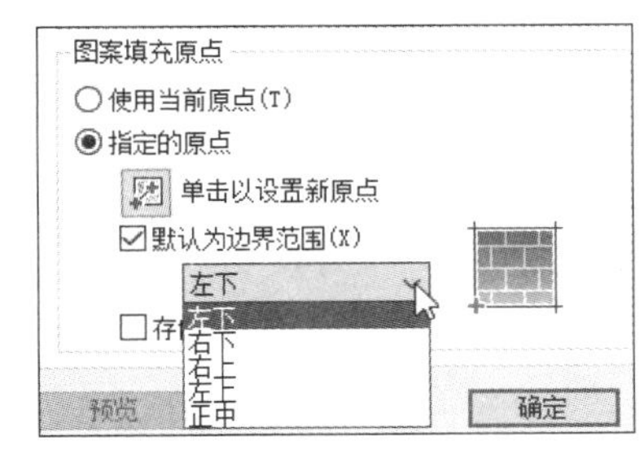

图 4-55

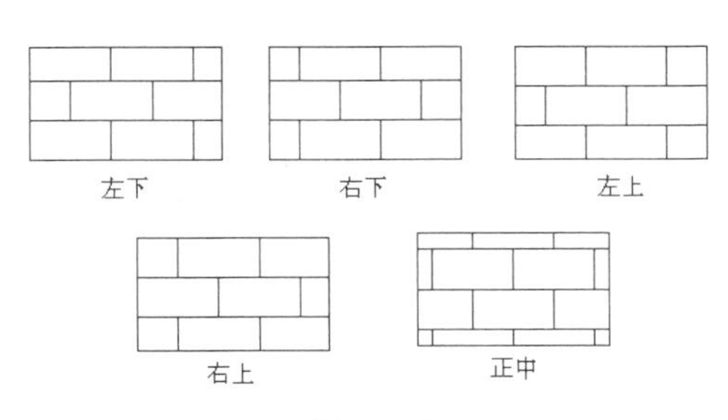

图 4-56

◎ 控制孤岛

在“图案填充和渐变色”对话框中单击“更多选项”按钮⊙，展开的其他选项用于控制孤岛的样式，此时对话框如图 4-57 所示。其中主要选项的作用如下。

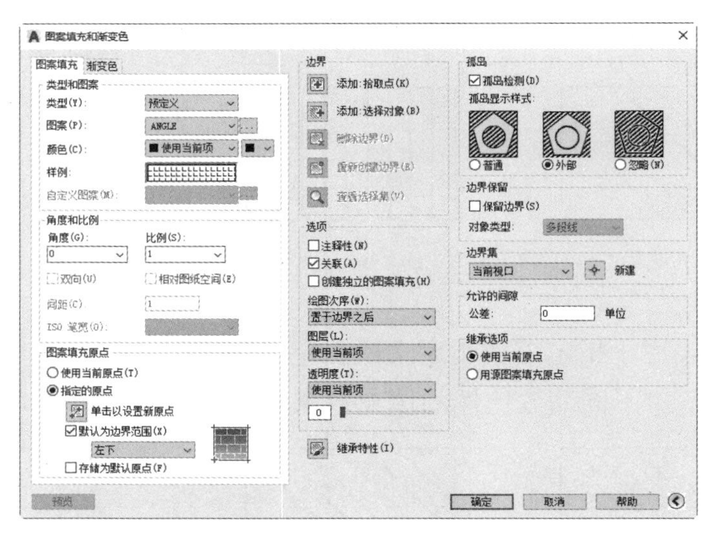

图 4-57

- “孤岛”选项组：用于设置孤岛检测及显示样式。
  - ▲“孤岛检测”复选框：用于控制是否检测内部闭合边界。
  - ▲“普通”单选按钮：从外部边界向内填充。如果 AutoCAD 2019 遇到一个内部孤岛，它将停止进行图案填充，直到遇到该孤岛内的另一个孤岛。其填充效果如图 4-58 所示。
  - ▲“外部”单选按钮：从外部边界向内填充。如果 AutoCAD 2019 遇到内部孤岛，它将停止进行图案填充。若选择此单选按钮，则只对结构的最外层进行图案填充，而结构内部保留空白。其填充效果如图 4-59 所示。
  - ▲“忽略”单选按钮：忽略所有的内部对象，填充图案时将通过这些对象。其填充效果如图 4-60 所示。

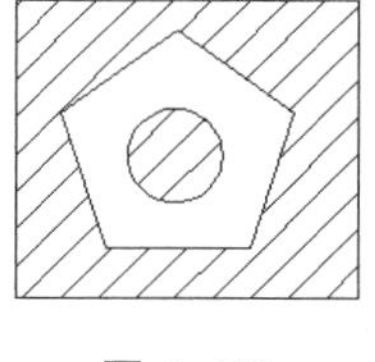

图 4-58

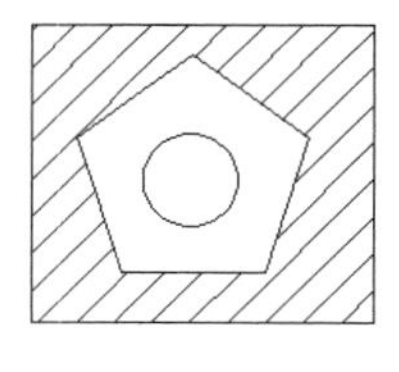

图 4-59

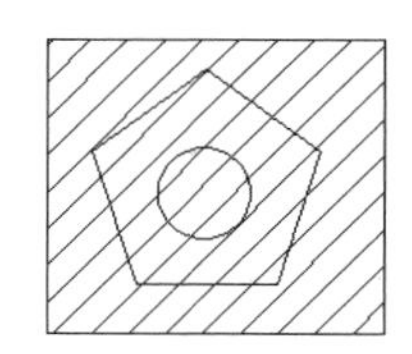

图 4-60

- “边界保留”选项组：用于指定是否将边界保留为对象，并确定应用于这些对象的对象类型。
  - ▲“保留边界”复选框：根据临时图案填充边界创建边界对象，并将它们添加到图形中。
  - ▲“对象类型”下拉列表：用于控制新边界对象的类型。结果边界对象可以是面域或多段线对象。仅当选择“保留边界”复选框时，此下拉列表才可用。

- “边界集”选项组：用于定义当从指定点定义边界时要分析的对象集。当使用“选择对象”定义边界时，选定的边界集无效。
  - ▲“新建”按钮 ：用于提示用户选择用来定义边界集的对象。
- “允许的间隙”选项组：用于设置将对象用作图案填充边界时可以忽略的最大间隙。默认值为 0，此值表示指定对象必须是封闭区域而没有间隙。
  - ▲“公差”数值框：按图形单位输入一个值（0 ~ 5000），以设置将对象用作图案填充边界时可以忽略的最大间隙。任何小于或等于指定值的间隙都将被忽略，并将边界视为封闭。
- “继承选项”选项组：使用“继承特性”创建图案填充时，这些选项将用于控制图案填充原点的位置。
  - ▲“使用当前原点”单选按钮：使用当前的图案填充原点。
  - ▲“用源图案填充原点”单选按钮：使用源图案填充的图案填充原点。

◎ 设置渐变色填充

在“图案填充和渐变色”对话框的“渐变色”选项卡中可以将填充图案设置为渐变色，此时对话框如图 4-61 所示。其中主要选项的作用如下。

- “颜色”选项组：用于设置渐变色的颜色。
  - ▲“单色”单选按钮：用于指定使用从较深色调到较浅色调平滑过渡的单色填充。单击 按钮，会弹出“选择颜色”对话框，从中可以选择系统提供的索引颜色、真彩色或配色系统中的颜色，如图 4-62 所示。

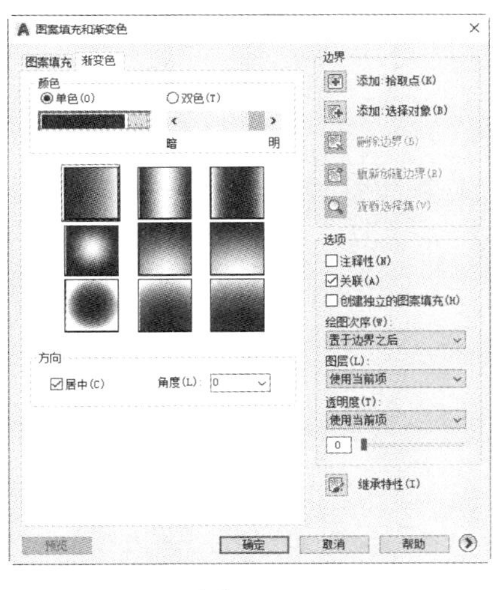

图 4-61

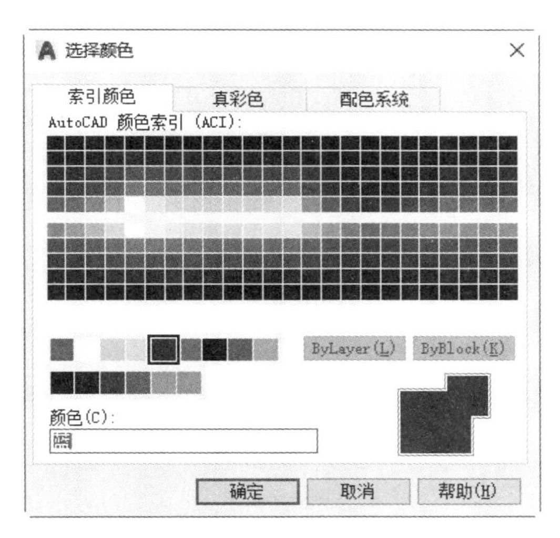

图 4-62

  - ▲“渐深—渐浅”滑块：用于指定渐变色为选定颜色与白色的混合，或为选定颜色与黑色的混合，用于渐变填充。
  - ▲“双色”单选按钮：用于指定在两种颜色之间平滑过渡的双色渐变填充。AutoCAD 2019 会提供“颜色 1”和“颜色 2”的颜色样例，如图 4-63 所示。

渐变图案区域列出了 9 种固定的渐变图案的图标，单击图标即可选择线状、球状和抛物面状等图案填充方式。

- “方向”选项组：用于指定渐变色的角度及其是否对称。
  - ▲ “居中”复选框：用于指定对称的渐变配置。如果没有选择此复选框，渐变填充将朝左上方变化，创建光源在对象左边的图案。
  - ▲ “角度”下拉列表框：用于指定渐变填充的角度，相对当前 UCS 指定角度。此角度与指定给图案填充的角度互不影响。

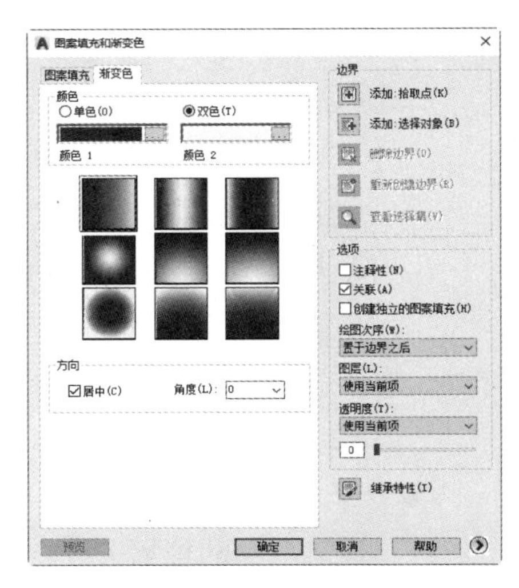

图 4-63

提示

在 AutoCAD 2019 中，可以选择“绘图 > 渐变色”命令或单击“绘图”工具栏中的“渐变色”按钮，启用“渐变色”命令。

◎ 编辑图案填充

如果对图案填充不满意，可随时进行修改。可以使用编辑工具对图案填充进行编辑，也可以使用 AutoCAD 2019 提供的对图案填充进行修改的工具进行编辑。

启用编辑图案填充命令的方法如下。

- 菜单命令：选择“修改 > 对象 > 图案填充”命令。
- 命令行：输入 HATCHDDIT 命令。

选择“修改 > 对象 > 图案填充”命令，启用“编辑图案填充”命令。选择需要编辑的图案填充对象，弹出“图案填充编辑”对话框，如图 4-64 所示。对话框中有许多选项都以灰色显示，表示不可选择或不可编辑。修改完成后，单击“预览”按钮进行预览；单击“确定”按钮，确定对图案填充的编辑。

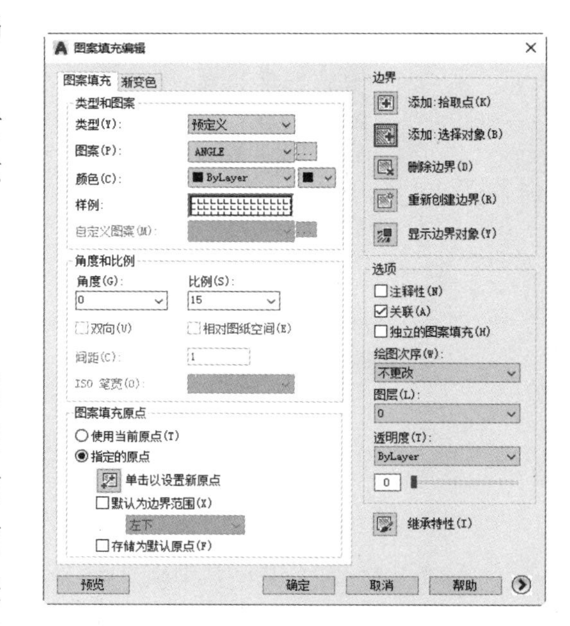

图 4-64

2 创建面域

面域是用闭合的图形或环创建的二维区域，该闭合的图形或环可以由多段线、直线、圆弧、圆、椭圆弧、椭圆或样条曲线等对象构成。面域的外观与平面图形的外观相同，但面域是一个独立的对象，具有面积、周长、形心等几何特征。面域与面域之间可以进行并、差、交等布尔运算，因此常常采用面域来创建边界较为复杂的图形。

◎ 创建面域

在 AutoCAD 2019 中，不能直接绘制面域，而是需要利用现有的封闭对象，或者由多个对象组成的封闭区域和系统提供的“面域”命令来创建面域。

启用创建面域命令的方法如下。

- 工具栏：单击“绘图”工具栏中的“面域”按钮。
- 菜单命令：选择“绘图 > 面域”命令。
- 命令行：输入 REGION 命令（快捷命令：REG）。

选择“绘图 > 面域”命令，启用“面域”命令。选择一个或多个封闭对象，或者组成封闭区域的多个对象，然后按 Enter 键，即可创建面域，效果如图 4-65 所示。操作步骤如下。

```
命令：_region                                    // 选择“面域”命令
选择对象：指定对角点：找到 1 个                   // 利用框选方式选择图形边界
选择对象：                                        // 按 Enter 键
已创建 1 个面域
```

在创建面域之前，图形显示如图 4-66 所示；在创建面域之后，图形显示如图 4-67 所示。

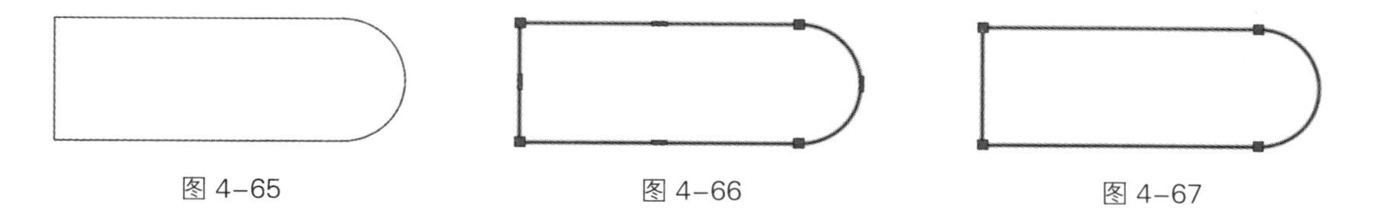

图 4-65　　图 4-66　　图 4-67

提示

在默认情况下，AutoCAD 2019 在创建面域后会将源对象删除，如果想保留源对象，则需要将 DELOBJ 系统变量设置为 0。

◎ 编辑面域

通过编辑面域可创建边界较为复杂的图形。在 AutoCAD 2019 中，可对面域进行 3 种布尔运算，即并运算、差运算和交运算，其效果如图 4-68 所示。

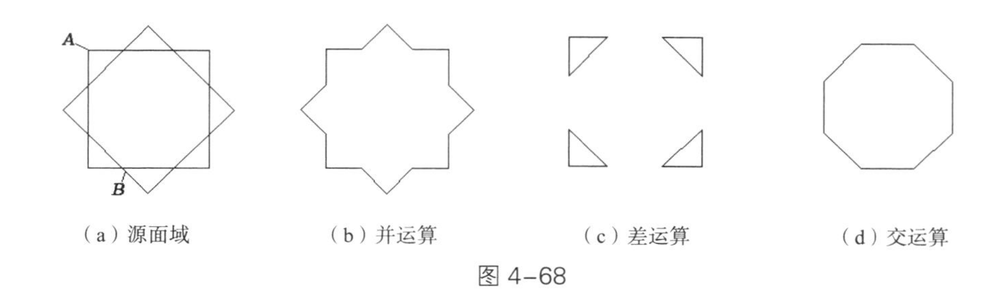

（a）源面域　（b）并运算　（c）差运算　（d）交运算

图 4-68

（1）并运算

并运算是将所有选中的面域合并为一个面域。利用“并集”命令即可进行并运算。

启用“并集”命令的方法如下。

- 工具栏：单击“实体编辑”工具栏中的“并集”按钮。
- 菜单命令：选择“修改 > 实体编辑 > 并集”命令。
- 命令行：输入 UNION 命令。

选择“修改 > 实体编辑 > 并集”命令，然后选择相应的面域，按 Enter 键对所有选中的面域进行并运算，完成后会生成一个新的面域。操作步骤如下。

命令 : _region　　　　// 选择“面域”命令
选择对象 : 找到 1 个　　　　// 单击以选择矩形 *A*，如图 4-69 所示
选择对象 : 找到 1 个，总计 2 个　　　　// 单击以选择矩形 *B*，如图 4-69 所示
选择对象 :　　　　// 按 Enter 键
已创建 2 个面域　　　　// 创建了两个面域
命令 : _union　　　　// 选择“并集”命令
选择对象 : 找到 1 个　　　　// 单击以选择矩形 *A*，如图 4-69 所示
选择对象 : 找到 1 个，总计 2 个　　　　// 单击以选择矩形 *B*，如图 4-69 所示
选择对象 :　　　　// 按 Enter 键，新面域如图 4-70 所示

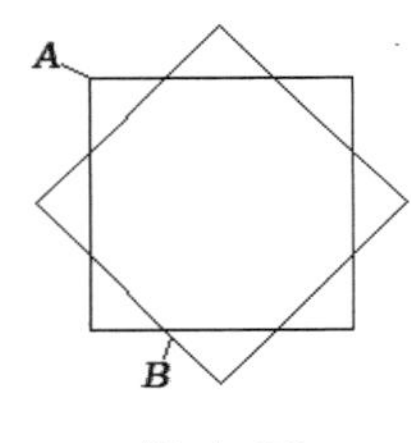

图 4–69

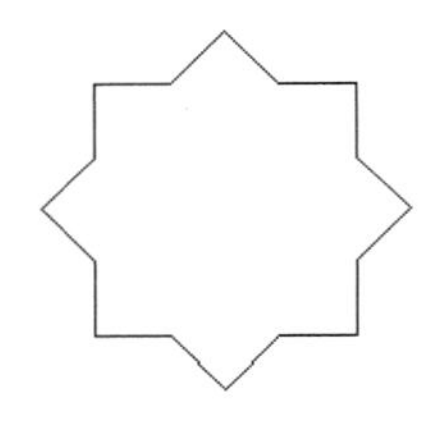
图 4–70

提示

若选取的面域未相交，AutoCAD 也可将其合并为一个新的面域。

（2）差运算

差运算是从一个面域中减去一个或多个面域，从而生成一个新的面域。利用“差集”命令即可进行差运算。

启用“差集”命令的方法如下。

- 工具栏：单击“实体编辑”工具栏中的“差集”按钮。
- 菜单命令：选择“修改 > 实体编辑 > 差集”命令。
- 命令行：输入 SUBTRACT 命令。

选择“修改 > 实体编辑 > 差集”命令，然后选择第一个面域，按 Enter 键，接着依次选择

其他要减去的面域，按 Enter 键即可进行差运算，完成后会生成一个新的面域。操作步骤如下。

命令：_region　　// 选择“面域”命令
选择对象：指定对角点：找到 2 个　　// 利用框选方式选择两个矩形，如图 4-71 所示
选择对象：　　// 按 Enter 键
已创建 2 个面域　　// 创建了两个面域
命令：_subtract 选择要从中减去的实体或面域 ...　　// 选择“差集”命令
选择对象：找到 1 个　　// 单击以选择矩形 *A*，如图 4-71 所示
选择对象：　　// 按 Enter 键
选择要减去的实体或面域 ...
选择对象：找到 1 个　　// 单击以选择矩形 *B*，如图 4-71 所示
选择对象：　　// 按 Enter 键，新面域如图 4-72 所示

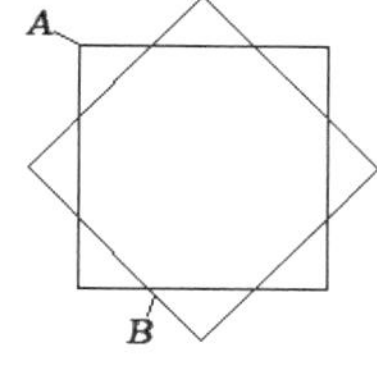

图 4-71

图 4-72

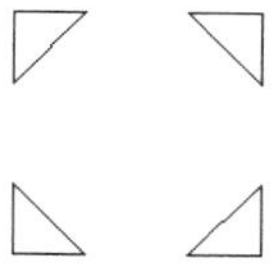

提示

若选取的面域并未相交，AutoCAD 2019 将删除被减去的面域。

（3）交运算

交运算是利用选中的面域的公共部分创建新面域，利用“交集”命令即可进行交运算。

启用“交集”命令的方法如下。

- 工具栏：单击“实体编辑”工具栏中的“交集”按钮。
- 菜单命令：选择“修改 > 实体编辑 > 交集”命令。
- 命令行：输入 INTERSECT 命令。

选择“修改 > 实体编辑 > 交集”命令，然后依次选择相应的面域，按 Enter 键可对所有选中的面域进行交运算，完成后得到公共部分的面域。

命令：_region　　// 选择“面域”命令
选择对象：找到 1 个，总计 2 个　　// 利用框选方式选择两个矩形，如图 4-73 所示
选择对象：　　// 按 Enter 键
已创建 2 个面域　　// 创建了两个面域
命令：_intersect　　// 选择“交集”命令

选择对象：指定对角点：找到 2 个　　　　// 利用框选方式选择两个矩形，如图 4-73 所示
选择对象：　　　　// 按 Enter 键，新面域如图 4-74 所示

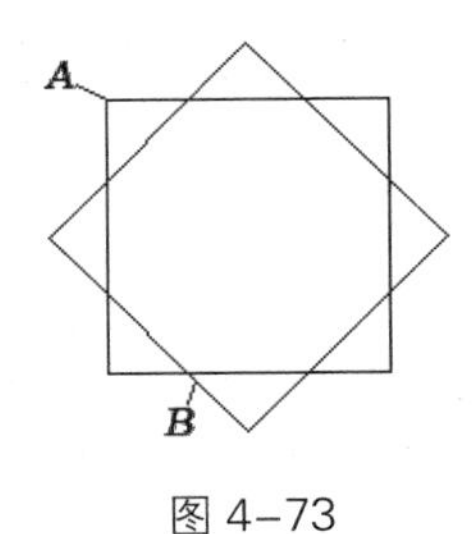

图 4-73

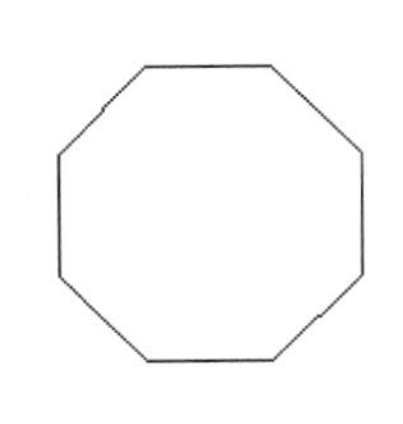
图 4-74

提示

若选取的面域未相交，AutoCAD 2019 将删除所有选中的面域。

3 创建边界

边界是一条封闭的多段线，可以由多段线、直线、圆弧、圆、椭圆弧、椭圆或样条曲线等对象构成。利用 AutoCAD 2019 提供的“边界”命令可以从任意封闭的区域中创建一个边界。此外，还可以利用“边界”命令创建面域。

启用“边界”命令的方法如下。

- 菜单命令：选择“绘图 > 边界”命令。
- 命令行：输入 BOUNDARY 命令。

选择“绘图 > 边界”命令，弹出“边界创建”对话框，如图 4-75 所示。单击“拾取点”按钮，然后在绘图窗口中单击以确定一点，系统会自动对该点所在区域进行分析，若该区域是封闭的，则自动根据该区域的边界线生成一个多段线作为边界。操作步骤如下。

命令：_boundary　　　　// 选择“边界”命令，弹出“边界创建”对话框，单击“拾
　　　　// 取点”按钮
选择内部点：正在选择所有对象 ...　　　　// 单击图 4-76 所示区域中的 A 点
正在分析内部孤岛 ...
选择内部点：
BOUNDARY 已创建 1 个多段线　　　　// 创建了一个多段线作为边界

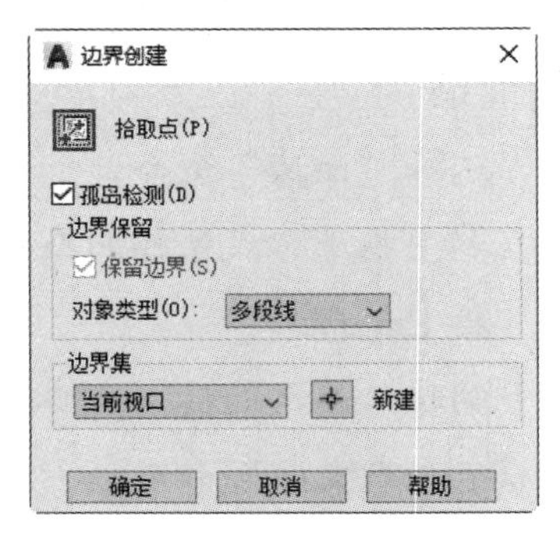

图 4-75

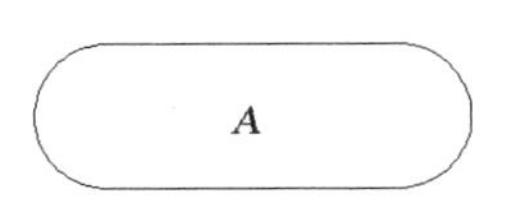

图 4-76

在创建边界之前，图形显示如图 4-77 所示，可见图形中各线条是相互独立的；在创建边界之后，图形显示如图 4-78 所示，可见其边界为一个多段线。

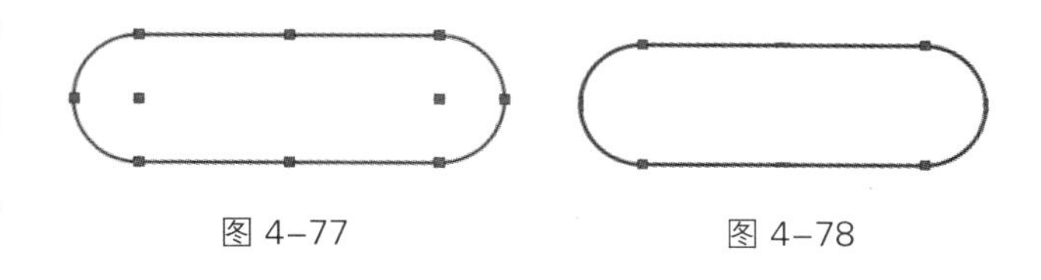
图 4-77　　图 4-78

“边界创建”对话框中部分选项的作用如下。

- “拾取点”按钮：用于根据围绕指定点构成封闭区域的现有对象来确定边界。
- “孤岛检测”复选框：用于控制“边界创建”命令是否检测内部闭合边界，该边界称为孤岛。
- “边界保留”选项组：“对象类型”的默认值为“多段线”选项，用于创建一个多段线作为区域的边界，选择“面域”选项后，可以利用“边界”命令创建面域。
- “边界集”选项组：单击“新建”按钮，可以选择新的边界集。

提示

边界与面域的外观相同，但两者是有区别的，面域是一个二维区域，具有面积、周长、形心等几何特征；边界只是一个多段线。

4.2.3 任务实施

（1）启动 AutoCAD 2019，打开图形文件。选择“文件 > 打开”命令，打开云盘中的“Ch04 > 素材 > 前台桌子 .dwg”文件，如图 4-79 所示。

图 4-79

（2）选择图案。选择“图案填充”工具，弹出“图案填充创建”选项卡，在“图案填充创建”选项卡中单击“图案”选项组中的按钮，在弹出的列表中选择“AR-SAND”选项，如图 4-80 所示。

（3）设置角度和比例。在“特性”选项组的“填充图案比例”文本框中输入“5”，在“角度”文本框中输入“0”，如图 4-81 所示。

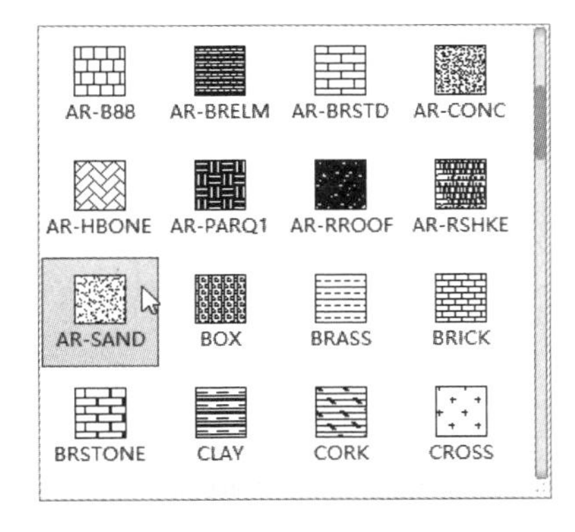

图 4-80

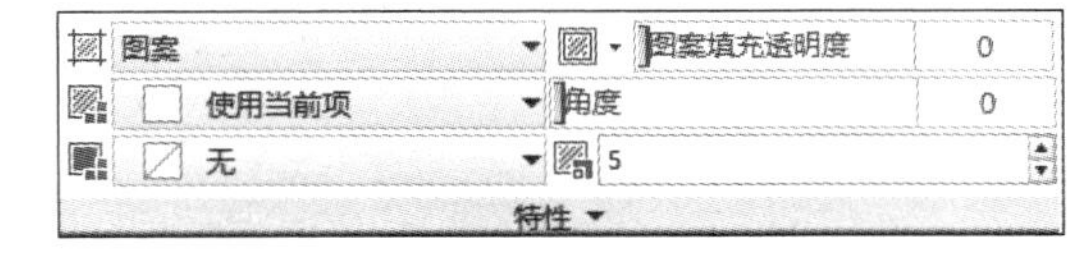

图 4-81

（4）填充图案。单击“边界”选项组中的“拾取点”按钮，如图 4-82 所示。在绘图窗口中拾取要填充的区域，如图 4-83 所示。完成后按 Enter 键结束。前台桌子图形绘制完成。

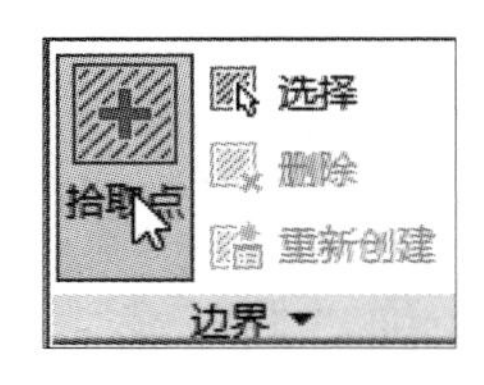

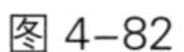
图 4-82

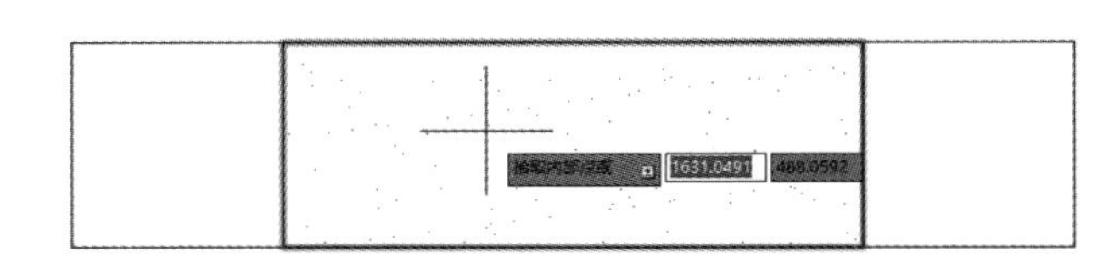
图 4-83

4.2.4 扩展实践：绘制开口垫圈

本实践需要使用“图案填充”命令来完成开口垫圈的绘制。最终效果参看云盘中的“Ch04 > DWG > 绘制开口垫圈 .dwg”，如图 4-84 所示。

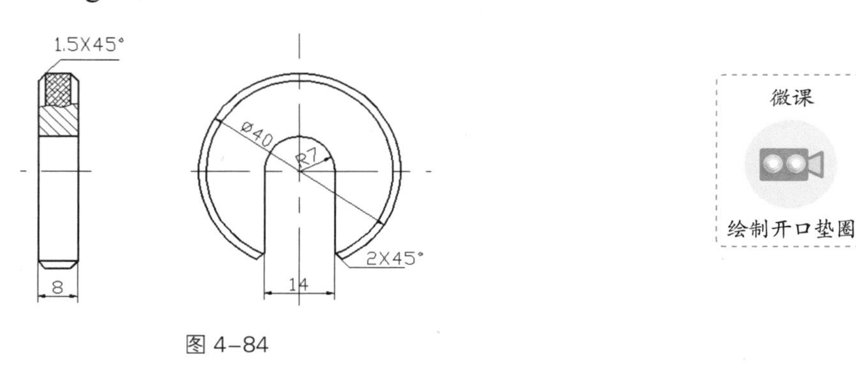

图 4-84

任务 4.3 项目演练：绘制大理石拼花

使用“矩形”按钮、“修剪”按钮、“圆”按钮、“直线”按钮和“图案填充”按钮完成大理石拼花的绘制。最终效果参看云盘中的“Ch04 > DWG > 绘制大理石拼花 .dwg”，如图 4-85 所示。

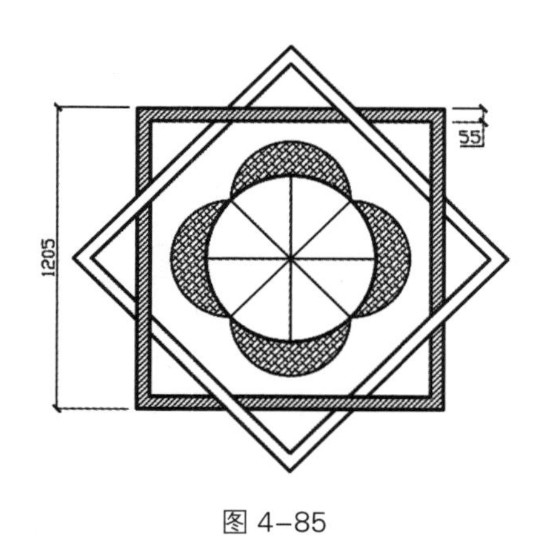

图 4-85

05

项目5

掌握图形编辑方法

——编辑图形操作

本项目主要介绍如何对图形进行选择和编辑，例如复制图形对象、调整图形对象的位置、调整图形对象的大小或形状、编辑对象操作、倒角操作等。通过本项目的学习，读者可以掌握如何在基本图形上进行编辑，以获取所需的图形，从而能够完成一些复杂工程图的绘制。

学习引导

知识目标

- 了解如何选择、复制与位移对象
- 了解如何调整与编辑对象
- 了解“倒角”和“圆角”命令

能力目标

- 掌握对象的选择、复制与位移的操作方法
- 掌握对象的调整与编辑的操作方法
- 掌握倒角和圆角的修改方法

素养目标

- 培养开拓性思维
- 培养空间想象能力

实训项目

- 绘制泵盖
- 绘制双人沙发
- 绘制圆螺母

任务 5.1 绘制泵盖

5.1.1 任务引入

本任务要求读者首先了解如何选择、复制与位移对象；然后使用“复制”按钮和“镜像”按钮来完成泵盖的绘制。最终效果参看云盘中的“Ch05 > DWG > 绘制泵盖 .dwg”，如图 5-1 所示。

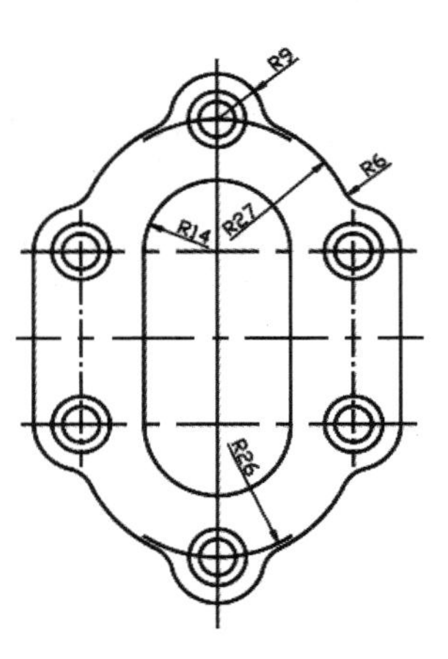

图 5-1

5.1.2 任务知识：选择、复制与位移对象

1 选择图形对象

AutoCAD 2019 中有多种选择对象的方式，对于不同的图形、不同位置的对象可使用不同的选择方式。

◎ 选择对象的方法

AutoCAD 2019 提供了多种选择对象的方法，在通常情况下，可以通过鼠标逐个点选被编辑的对象，也可以利用矩形窗口、交叉矩形窗口选取对象，同时还可以利用多边形窗口、交叉多边形窗口和选择栏等方法选取对象。下面详细介绍几种选择图形对象的方法。

（1）点选

利用鼠标单击操作选择单个对象的方法叫作点选，又叫作单选。点选是最简单、最常用的选择对象的方法。

● 利用光标直接选择

利用十字光标单击选择图形对象，被选中的对象高亮显示且带有夹点，如图 5-2 所示。如果需要连续选择多个图形对象，可以继续单击需要选择的图形对象。

● 利用拾取框选择

当选择某个工具，如选择“旋转”工具时，十字光标会变成一个小方框，这个小方框叫作拾取框。在命令行出现“选择对象：”字样时，用拾取框单击所要选择的对象，被选中的对象会高亮显示，效果如图 5-3 所示。如果需要连续选择多个图形元素，可以继续单击需要选择的图形对象。

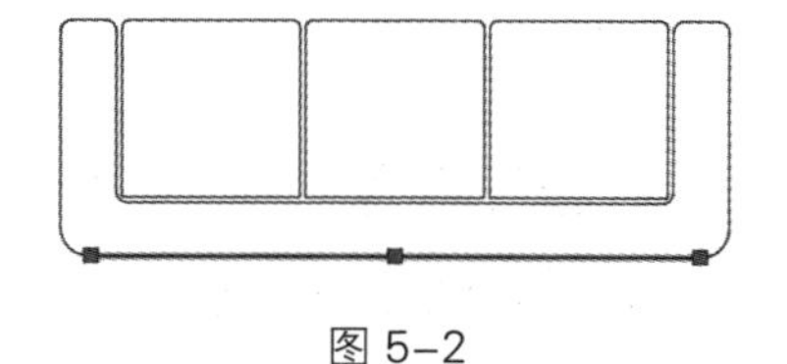
图 5-2

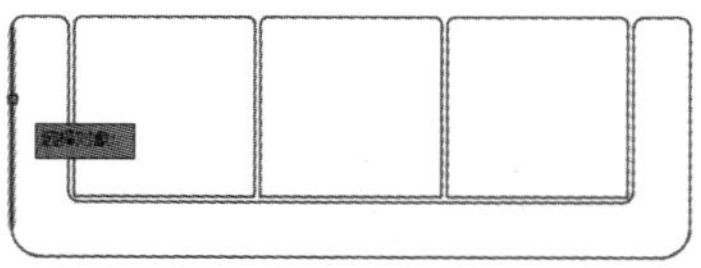

图 5-3

（2）利用矩形窗口选择对象

在需要选择的多个图形对象的左上角或左下角单击，并向右下角或右上角移动鼠标指针，系统将显示一个背景为淡蓝色的矩形框，当矩形框将需要选择的对象包围后单击，包围在矩形窗口中的所有对象都会被选中，效果如图 5-4 所示，被选中的对象高亮显示且带有夹点。

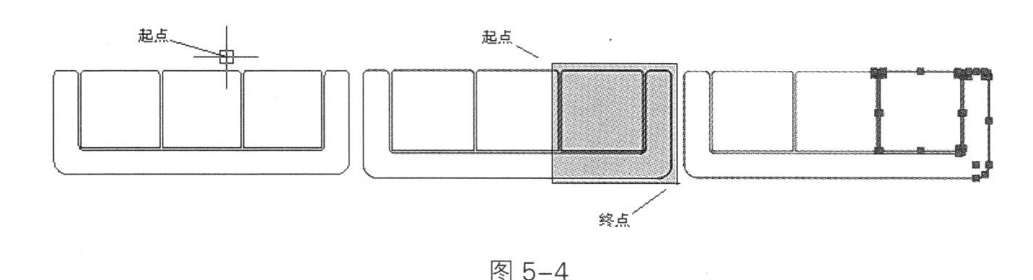

图 5–4

（3）利用交叉矩形窗口选择对象

在需要选择的对象的右上角或右下角单击，并向左下角或左上角移动鼠标指针，系统将显示一个背景为绿色的矩形虚线框，当虚线框将需要选择的对象包围后单击，被虚线框包围和与虚线框相交的所有对象均会被选中，效果如图 5-5 所示，被选中的对象以带有夹点的虚线显示。

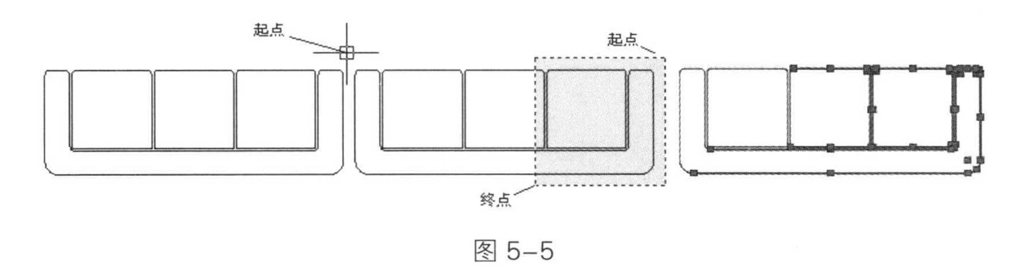

图 5–5

提示

利用矩形窗口选择对象时，与矩形框边线相交的对象不会被选中；而利用交叉矩形窗口选择对象时，与矩形虚线框边线相交的对象会被选中。

（4）利用多边形窗口选择对象

当 AutoCAD 2019 提示“选择对象：”时，在命令提示窗口中输入“wp”并按 Enter 键，这时可以通过绘制一个封闭的多边形来选择对象，凡是被包围在多边形内的对象都将被选中。

下面通过选择“复制”命令来讲解这种方法。

命令 : _copy　　　　//选择“复制”命令
选择对象 : wp　　　　//输入“wp”，按 Enter 键
第一圈围点 :　　　　//在 *A* 点处单击
指定直线的端点或 [放弃 (U)]:　　　　//在 *B* 点处单击
指定直线的端点或 [放弃 (U)]:　　　　//在 *C* 点处单击

指定直线的端点或 [放弃 (U)]: //在 *D* 点处单击
指定直线的端点或 [放弃 (U)]: //在 *E* 点处单击
指定直线的端点或 [放弃 (U)]: //将鼠标指针移至 *F* 点处并单击，按 Enter 键
找到 1 个
选择对象 : //按 Enter 键，效果如图 5-6 所示

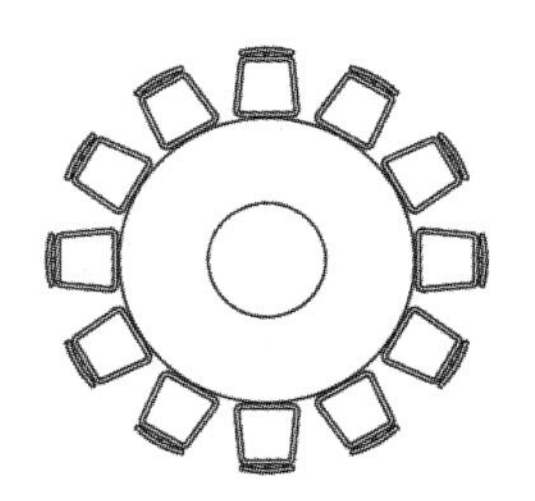
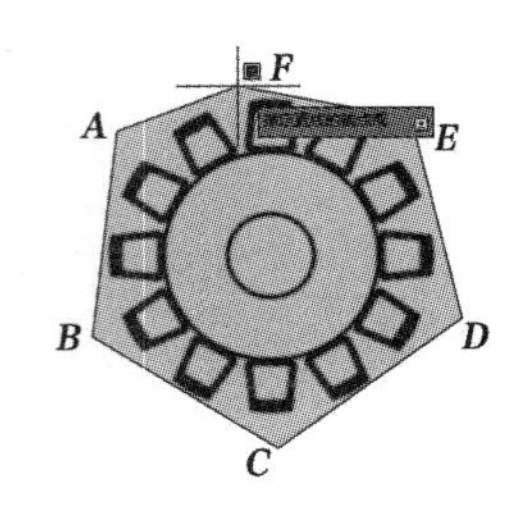

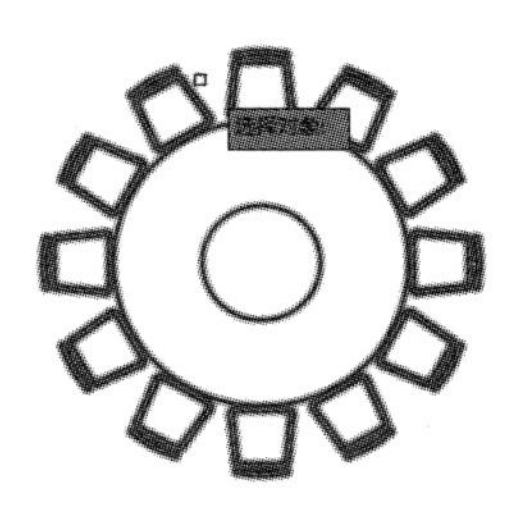

图 5–6

（5）利用交叉多边形窗口选择对象

当 AutoCAD 2019 提示“选择对象：”时，在命令提示窗口中输入“cp”并按 Enter 键，这时可以通过绘制一个封闭的多边形来选择对象，凡是被包围在多边形内，以及与多边形相交的对象都将被选中。

（6）利用折线选择对象

当 AutoCAD 2019 提示“选择对象：”时，在命令提示窗口中输入“f”并按 Enter 键，这时可以连续单击以绘制一条折线，绘制完折线后按 Enter 键，此时所有与折线相交的图形对象都将被选中。

（7）选择最后创建的对象

当 AutoCAD 2019 提示“选择对象：”时，在命令提示窗口中输入“l”并按 Enter 键，这时会选中最后创建的对象。

◎ 快速选择对象

利用快速选择功能，可以快速地将指定类型的对象或具有指定属性值的对象选中。

启用快速选择对象命令的方法如下。

- 菜单命令：选择“工具 > 快速选择”命令。
- 命令行：输入 QSELECT 命令。

选择“工具 > 快速选择”命令，弹出“快速选择”对话框，如图 5-7 所示。通过该对话框可以快速选择对象。

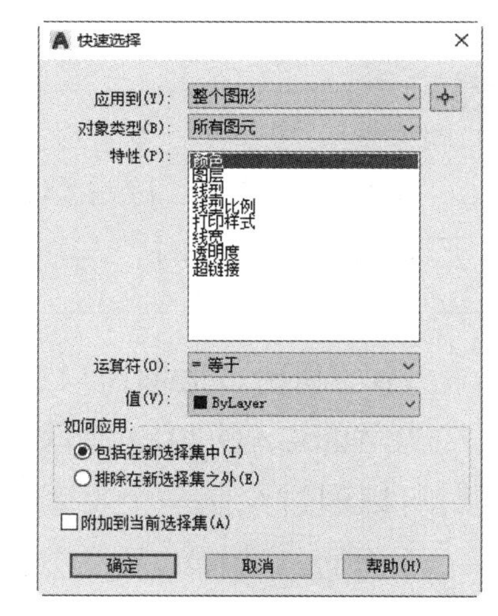

图 5–7

提示

在绘图窗口内单击鼠标右键，弹出快捷菜单，在其中选择“快速选择”命令，也可以打开“快速选择”对话框。

2 复制与位移对象

在绘制图形的过程中，有时需要对所绘制的图形对象执行移动、旋转和对齐等操作。下面分别介绍这些操作。

◎ 复制对象

在绘图过程中，经常会遇到重复绘制相同图形对象的情况，这时用户可以使用“复制”命令将图形对象复制到图中相应的位置。

启用“复制”命令的方法如下。

- 工具栏：单击“修改”工具栏中的“复制”按钮。
- 菜单命令：选择“修改 > 复制”命令。
- 命令行：输入 COPY 命令（快捷命令：CO）。

选择“修改 > 复制”命令，绘制图 5-8 所示的图形。操作步骤如下。

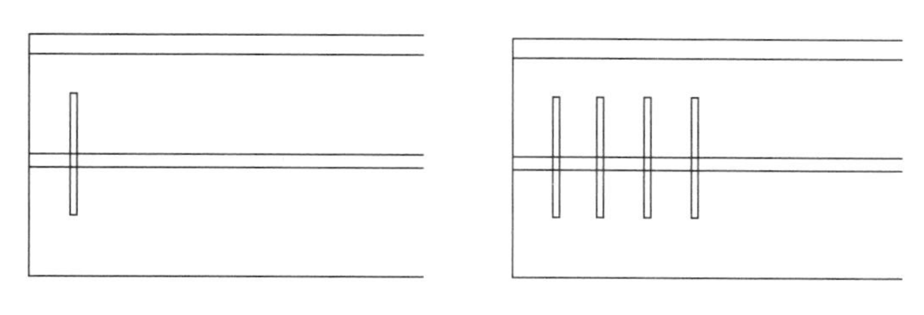

图 5-8

命令 : _copy　　　　// 选择“复制”命令
选择对象 : 找到 1 个　　　　// 单击以选择矩形
选择对象 :　　　　// 按 Enter 键
指定基点或 [位移 (D)] < 位移 >: 指定第二个点或 < 使用第一个点作为位移 >:
　　　　// 单击以捕捉矩形与直线的交点作为基点
指定第二个点或 [退出 (E)/ 放弃 (U)] < 退出 >:　　　　// 单击以确定图形复制的第二个点
指定第二个点或 [退出 (E)/ 放弃 (U)] < 退出 >:　　　　// 按 Enter 键

提示

在进行复制操作的时候，当提示指定第二个点时，可以通过单击来确定，也可以通过输入坐标来确定。

◎ 镜像对象

在绘制图形的过程中经常会遇到绘制对称图形的情况，这时可以利用“镜像”命令来完成。启用“镜像”命令后，可以任意定义两点（这两点所在的直线作为对称轴）来镜像对象，然后可以选择删除或保留原来的对象。

启用“镜像”命令的方法如下。

- 工具栏：单击“修改”工具栏中的“镜像”按钮。
- 菜单命令：选择“修改 > 镜像”命令。
- 命令行：输入 MIRROR 命令（快捷命令：MI）。

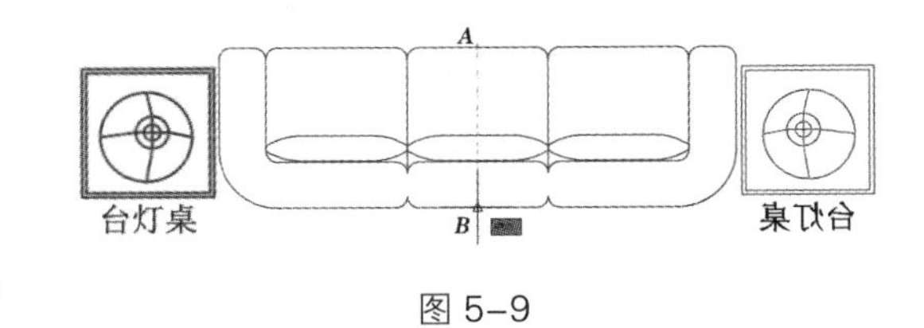

图 5-9

选择“修改 > 镜像”命令，绘制图 5-9 所示的图形。操作步骤如下。

```
命令：_mirror                                   // 选择“镜像”命令
选择对象：指定对角点：找到 2 个                  // 选择台灯桌图形对象
选择对象：                                      // 按 Enter 键
指定镜像线的第一点：< 对象捕捉 开 >              // 打开“对象捕捉”开关，捕捉沙发的中点 A
指定镜像线的第二点：                             // 捕捉沙发的中点 B
是否删除源对象？ [ 是 (Y)/ 否 (N)] <N>:          // 按 Enter 键
```

提示选项解释如下。

- 是 (Y)：在进行图形镜像时，删除源对象，如图 5-10 所示。
- 否 (N)：在进行图形镜像时，不删除源对象。

对文字进行镜像操作时，会出现前后颠倒的现象。如果不需要文字前后颠倒，用户需将系统变量 mirrtext 的值设置为“0”。操作步骤如下。

```
命令：_mirrtext                                 // 输入命令“mirrtext”
输入 MIRRTEXT 的新值 <1>: 0                      // 输入新变量值，效果如图 5-11 所示
```

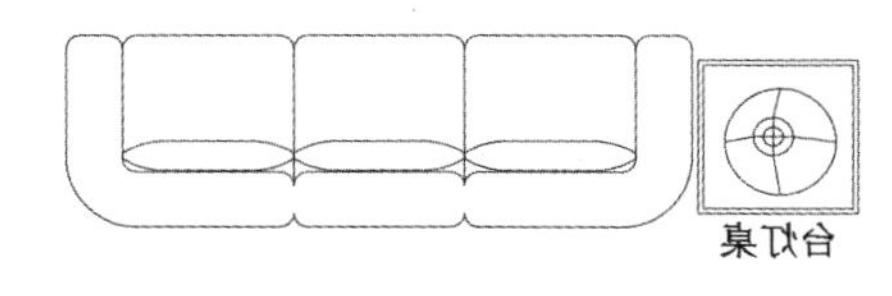

图 5-10

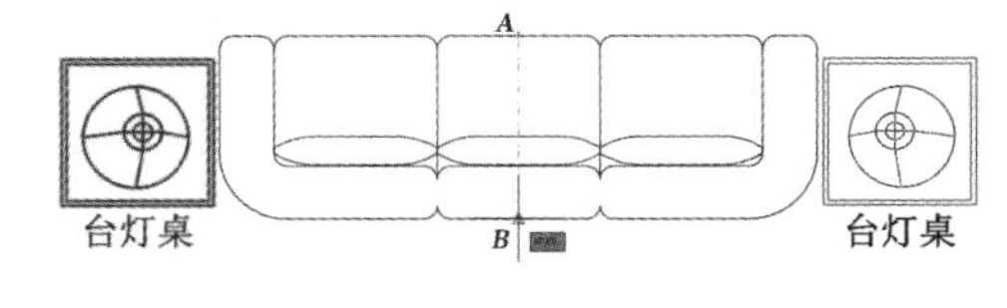

图 5-11

◎ 偏移对象

利用“偏移”命令可以绘制一个与源图形相似的新图形。在 AutoCAD 2019 中，可以进行偏移操作的对象有直线、圆弧、圆、二维多段线、椭圆、椭圆弧、构造线、射线和样条曲线等。

启用“偏移”命令的方法如下。

- 工具栏：单击“修改”工具栏中的“偏移”按钮。
- 菜单命令：选择“修改 > 偏移”命令。
- 命令行：输入 OFFSET 命令（快捷命令：O）。

选择“修改 > 偏移”命令，绘制图 5-12 所示的图形。操作步骤如下。

```
命令：_offset                                   // 选择“偏移”命令
当前设置：删除源 = 否  图层 = 源  OFFSETGAPTYPE=0
指定偏移距离或 [ 通过 (T)/ 删除 (E)/ 图层 (L)] < 通过 >: 80      // 输入偏移距离值
```

选择要偏移的对象，或 [退出 (E)/ 放弃 (U)] < 退出 >: // 单击以选择图 5-12 所示的上侧水平直线

指定要偏移的那一侧上的点，或 [退出 (E)/ 多个 (M)/ 放弃 (U)] < 退出 >: m // 选择“多个”选项

指定要偏移的那一侧上的点，或 [退出 (E)/ 放弃 (U)] < 下一个对象 >: // 单击偏移对象下方

指定要偏移的那一侧上的点，或 [退出 (E)/ 放弃 (U)] < 下一个对象 >: // 单击偏移对象下方

指定要偏移的那一侧上的点，或 [退出 (E)/ 放弃 (U)] < 下一个对象 >: // 按 Enter 键

选择要偏移的对象，或 [退出 (E)/ 放弃 (U)] < 退出 >: // 按 Enter 键

也可以通过点来确定偏移距离，绘制图 5-13 所示的图形。操作步骤如下。

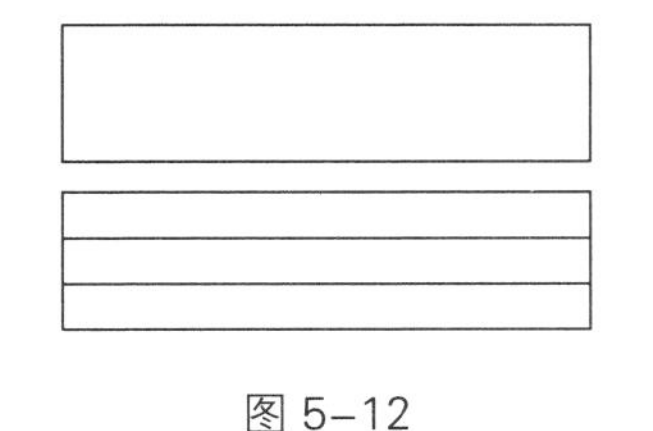

图 5–12

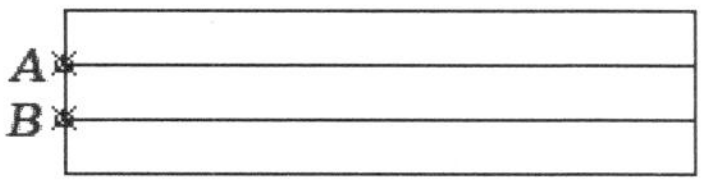

图 5–13

命令 : _offset // 选择“偏移”命令

当前设置 : 删除源 = 否 图层 = 源 OFFSETGAPTYPE=0

指定偏移距离或 [通过 (T)/ 删除 (E)/ 图层 (L)] < 通过 >: t // 选择“通过”选项

选择要偏移的对象，或 [退出 (E)/ 放弃 (U)] < 退出 >: // 单击以选择图 5-14 所示的上侧水平直线

指定通过点或 [退出 (E)/ 多个 (M)/ 放弃 (U)] < 退出 >: // 单击以捕捉 *A* 点

选择要偏移的对象，或 [退出 (E)/ 放弃 (U)] < 退出 >: // 单击以选择偏移后的水平直线

指定通过点或 [退出 (E)/ 多个 (M)/ 放弃 (U)] < 退出 >: // 单击以捕捉 *B* 点

选择要偏移的对象，或 [退出 (E)/ 放弃 (U)] < 退出 >: // 按 Enter 键

图 5–14

◎ 阵列对象

利用“阵列”命令可以绘制由多个相同图形对象形成的阵列，阵列工具栏如图 5-15 所示。对于矩形阵列，需要指定行和列的数目、行或列之间的距离，以及阵列的旋转角度，效果如图 5-16 所示；对于路径阵列，需要指定阵列曲线、复制对象的数目及方向，效果如图 5-17 所示；对于环形阵列，需要指定复制对象的数目及对象是否旋转，效果如图 5-18 所示。

图 5–15

启用命令的方法如下。

- 菜单命令：“修改 > 阵列”。
- 命令行：ARRAY（快捷命令：AR）。

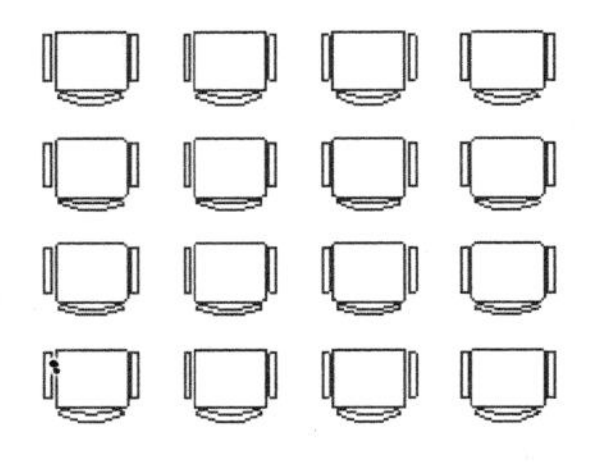
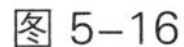
图 5-16

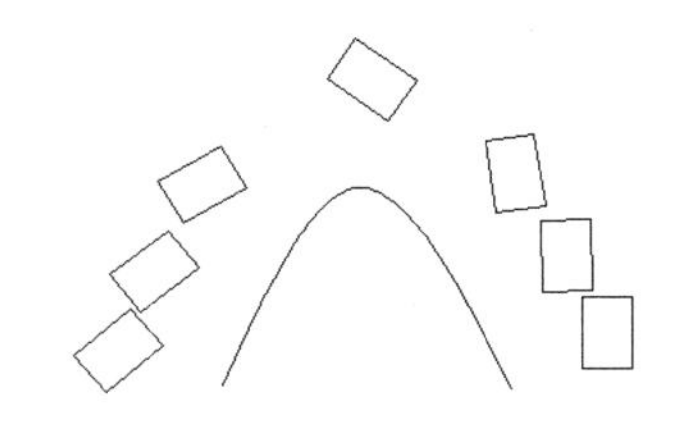
图 5-17

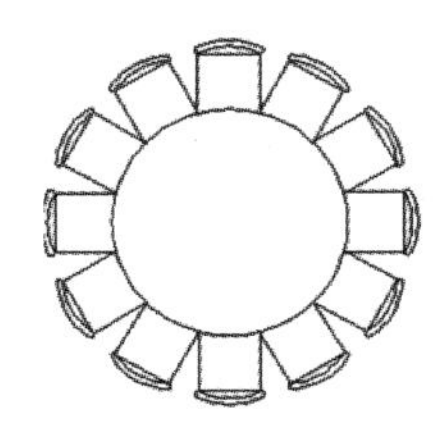
图 5-18

◎ 移动对象

利用“移动”命令可平移所选的图形对象，但不改变该图形对象的方向和大小。若想将图形对象精确地移动到指定位置，可以使用捕捉、坐标及对象捕捉等辅助功能。

启用“移动”命令的方法如下。

- 工具栏：单击“修改”工具栏中的“移动”按钮。
- 菜单命令：选择“修改 > 移动”命令。
- 命令行：输入 MOVE 命令（快捷命令：M）。

选择“修改 > 移动”命令，将床头柜移动到墙角位置，效果如图 5-19 所示。操作步骤如下。

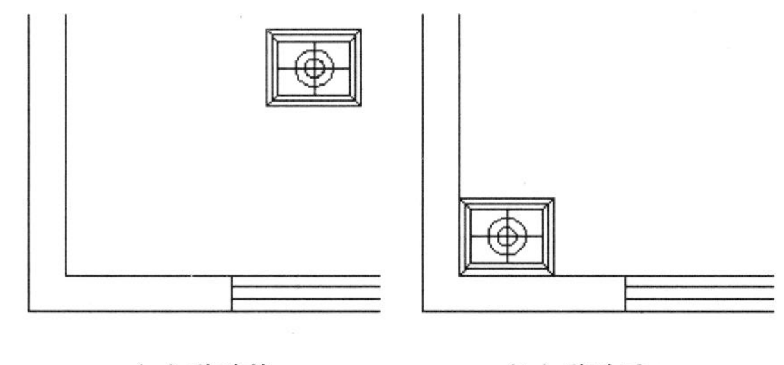
（a）移动前 （b）移动后

图 5-19

```
命令：_move                                   // 选择“移动”命令
选择对象：找到 13 个                          // 用矩形框框选床头柜
选择对象：                                    // 按 Enter 键
指定基点或 [ 位移 (D)] < 位移 >: < 对象捕捉 开 >  // 打开“对象捕捉”开关，捕捉床头柜的
                                              // 左下角点
指定第二个点或 < 使用第一个点作为位移 >:       // 捕捉墙角的交点
```

◎ 旋转对象

利用“旋转”命令可以将图形对象绕着某一基点旋转，从而改变图形对象的方向。可以通过指定基点并输入旋转角度来转动图形对象；也可以以某个方位作为参照，然后选择一个新对象或输入一个新角度值来指明要旋转到的位置。

启用“旋转”命令的方法如下。

- 工具栏：单击“修改”工具栏中的“旋转”按钮
- 菜单命令：选择“修改 > 旋转”命令。
- 命令行：输入 ROTATE 命令（快捷命令：RO）。

选择“修改 > 旋转”将图形顺时针旋转 45°，效果如图 5-20 所示。操作步骤如下。

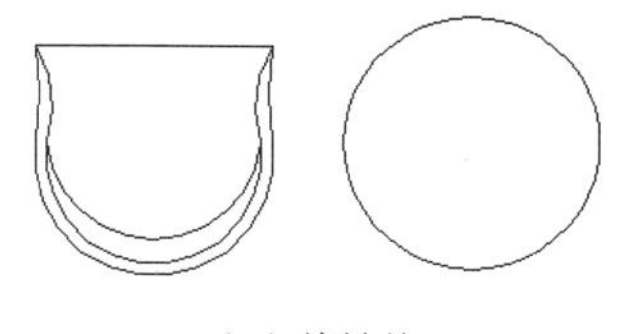
（a）旋转前

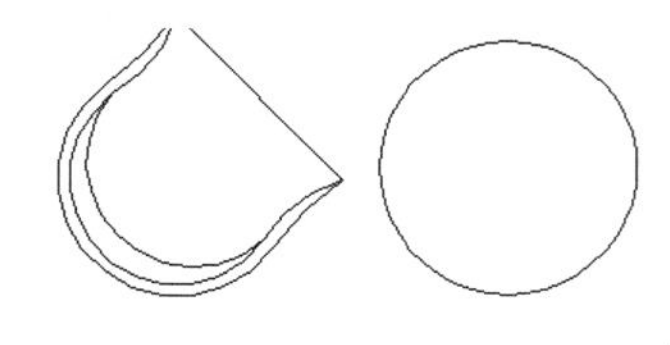
（b）旋转后

图 5-20

命令 : _rotate　　　　　　　　　　　　　　　　　// 选择“旋转”命令

UCS 当前的正角方向 : ANGDIR= 逆时针 ANGBASE=0

选择对象 : 找到 1 个　　　　　　　　　　　　　　// 单击以选择休闲椅

选择对象 :　　　　　　　　　　　　　　　　　　　// 按 Enter 键

指定基点 : < 对象捕捉 开 >< 对象捕捉追踪 开 >　　// 打开“对象捕捉”和“对象追踪”开关，

　　　　　　　　　　　　　　　　　　　　　　　// 捕捉休闲椅的中点

指定旋转角度，或 [复制 (C)/ 参照 (R)] <0>: −45　　// 输入旋转角度值

提示选项解释如下。

- 指定旋转角度：指定旋转基点并且输入绝对旋转角度来旋转对象。输入的旋转角度为正，则选定对象逆时针旋转；反之，选定对象顺时针旋转。
- 复制 (C)：旋转并复制指定对象，如图 5-21 所示。
- 参照 (R)：指定某个方向作为参照的起始角，然后选择一个新对象以指定源对象要旋转到的位置；也可以输入新角度值来确定要旋转到的位置，如图 5-22 所示，选择 *A*、*B* 两点作为参照来旋转门图形。

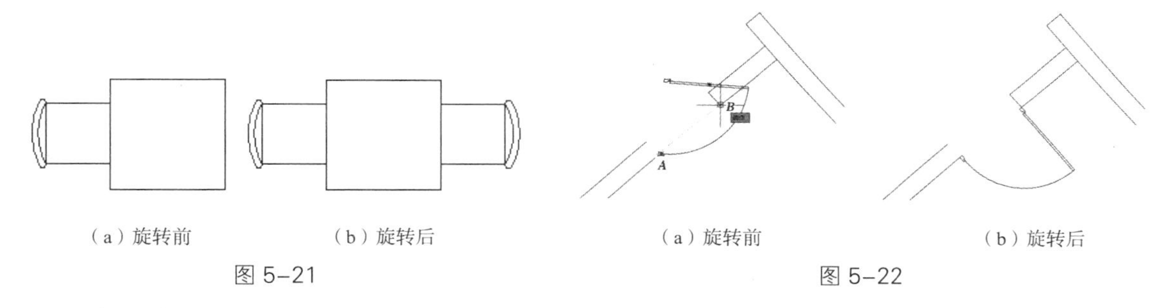

（a）旋转前　（b）旋转后

图 5-21

（a）旋转前　（b）旋转后

图 5-22

◎ 对齐对象

利用“对齐”命令，可以将对象移动、旋转或按比例缩放，使之与指定的对象对齐。

启用“对齐”命令的方法如下。

- 菜单命令：选择“修改 > 三维操作 > 对齐”命令。
- 命令行：输入 ALIGN 命令。

选择“修改 > 三维操作 > 对齐”命令，将门与墙体图形对齐，效果如图 5-23 所示，操作步骤如下。

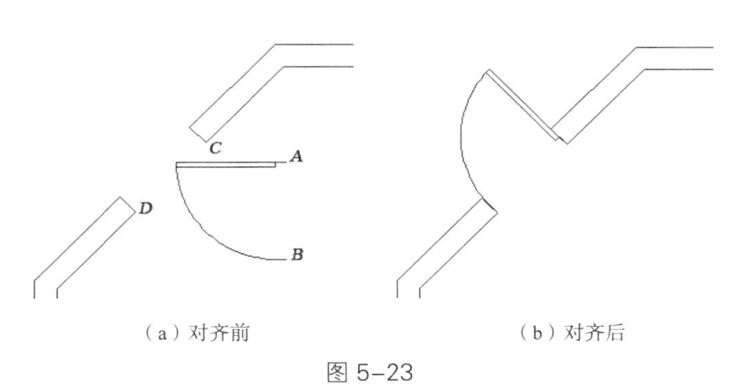

（a）对齐前　（b）对齐后

图 5-23

命令：_align // 选择“对齐”命令

选择对象：找到 1 个 // 用矩形框框选门图形

选择对象： // 按 Enter 键

指定第一个源点：< 对象捕捉 开 > // 捕捉第一个源点 *A*

指定第一个目标点： // 捕捉第一个目标点 *C*

指定第二个源点： // 捕捉第二个源点 *B*

指定第二个目标点： // 捕捉第二个目标点 *D*

指定第三个源点或 < 继续 >: // 按 Enter 键

是否基于对齐点缩放对象？ [是 (Y)/ 否 (N)] < 否 >: // 按 Enter 键

5.1.3 任务实施

（1）启动 AutoCAD 2019，打开文件。打开云盘中的“Ch05 > 素材 > 泵盖 .dwg”文件，如图 5-24 所示。

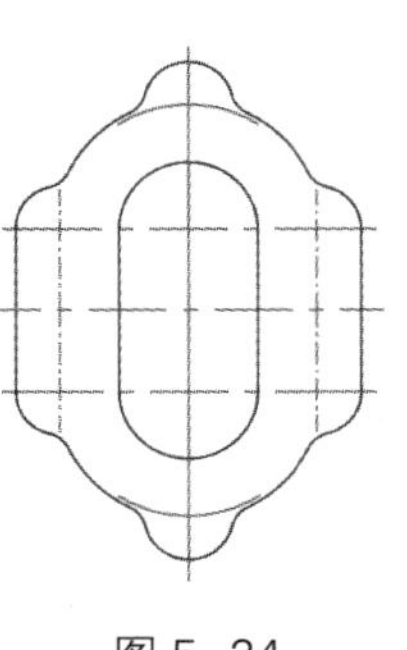

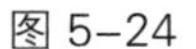
图 5-24

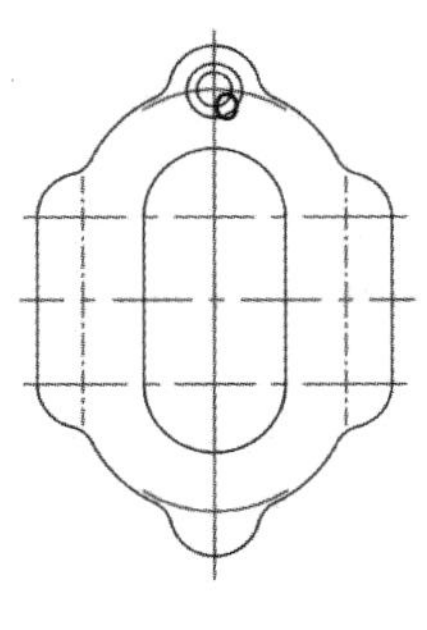

图 5-25

（2）绘制圆形。打开“对象捕捉”和“对象追踪”开关，选择“圆”工具并绘制圆形，图形效果如图 5-25 所示。

命令：_circle 指定圆的圆心或 [三点 (3P)/ 两点 (2P)/ 相切、相切、半径 (T)]:

// 选择“圆”工具，指定圆的中心点 *O*

指定圆的半径或 [直径 (D)] <0.0000>: 3.5 // 输入圆半径，按 Enter 键

命令：_circle 指定圆的圆心或 [三点 (3P)/ 两点 (2P)/ 相切、相切、半径 (T)]:

// 选择圆的中心点 *E*

指定圆的半径或 [直径 (D)] <3.5.0000>: 5.5 // 输入圆半径，按 Enter 键

（3）复制圆形。单击“复制”按钮，复制出两个圆形，效果如图 5-26 所示。单击“镜像”按钮，选取 *A*、*B* 两点为镜像点，镜像上方的圆形，效果如图 5-27 所示；选取 *C*、*D* 两点为镜像点，镜像右侧的圆形，效果如图 5-28 所示。

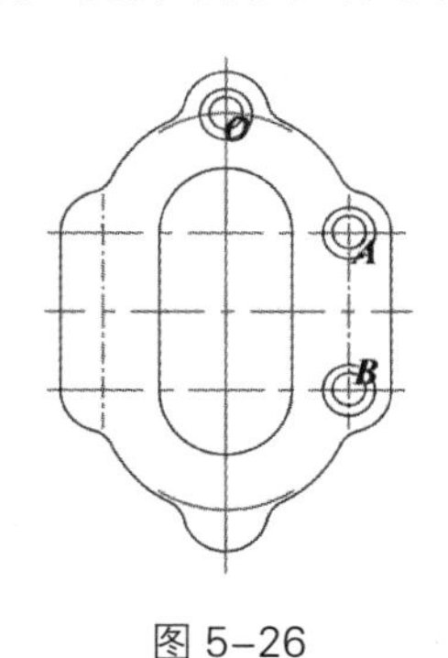

图 5-26

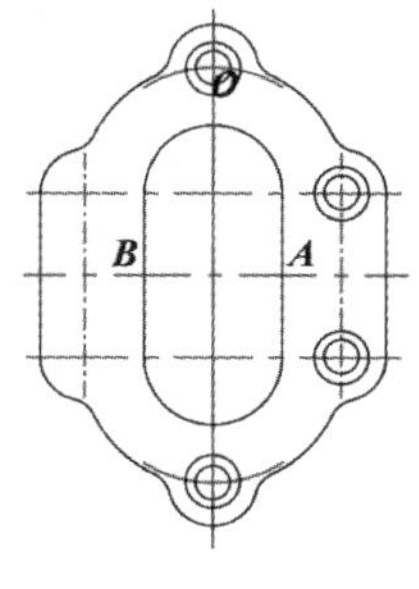

图 5-27

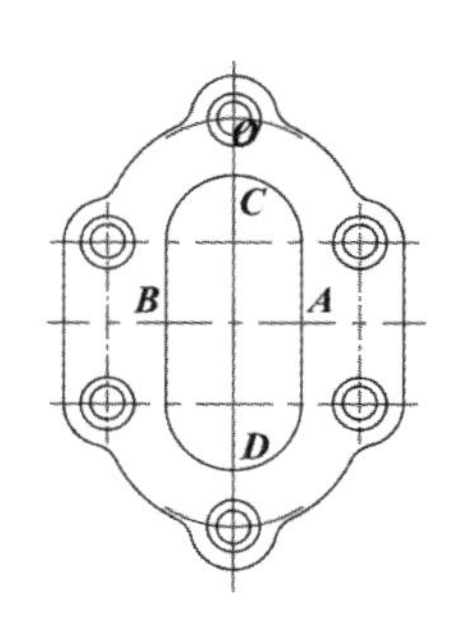

图 5-28

命令：_copy // 单击“复制”按钮

```
选择对象：找到 1 个                                          // 选择第 1 个圆
选择对象：找到 1 个，总计 2 个                                // 选择第 2 个圆
选择对象：                                                  // 按 Enter 键
当前设置：复制模式 = 多个
指定基点或 [ 位移 (D)/ 模式 (O)] < 位移 >:                     // 单击圆心 O 点
指定第二个点或 [ 阵列 (A)] < 使用第一个点作为位移 >:            // 单击 A 点复制
指定第二个点或 [ 阵列 (A)/ 退出 (E)/ 放弃 (U)] < 退出 >:        // 单击 B 点复制
指定第二个点或 [ 阵列 (A)/ 退出 (E)/ 放弃 (U)] < 退出 >:        // 按 Enter 键
命令：_mirror                                               // 单击“镜像”按钮
选择对象：找到 1 个                                          // 选择第 1 个圆
选择对象：找到 1 个，总计 2 个                                // 选择第 2 个圆
选择对象：                                                  // 按 Enter 键
指定镜像线的第一点：指定镜像线的第二点：                        // 选取 A、B 两点为镜像点
要删除源对象吗？ [ 是 (Y)/ 否 (N)] <N>: N                     // 选择“否”选项
命令：_mirror                                               // 按 Enter 键
选择对象：指定对角点：找到 4 个                                // 对角选择右侧的圆
选择对象：                                                  // 按 Enter 键
指定镜像线的第一点：指定镜像线的第二点：                        // 选取 C、D 两点为镜像点
要删除源对象吗？ [ 是 (Y)/ 否 (N)] <N>: N                     // 选择“否”选项
```

5.1.4 扩展实践：绘制复印机

本实践需要使用“阵列”命令来完成复印机的绘制。最终效果参看云盘中的“Ch05 > DWG > 绘制复印机 .dwg”，如图 5-29 所示。

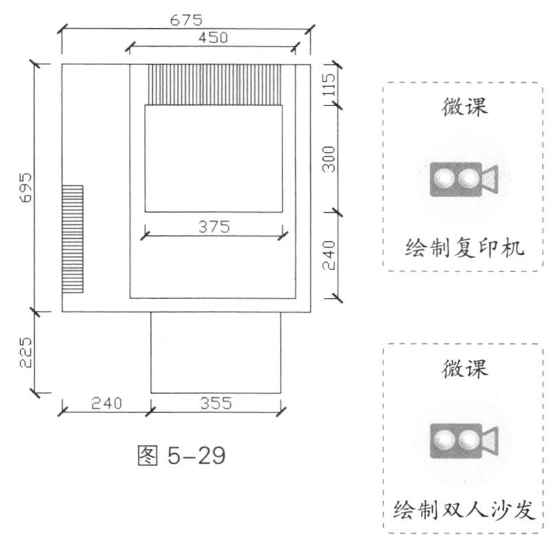

图 5-29

微课
绘制复印机

任务 5.2　绘制双人沙发

微课
绘制双人沙发

5.2.1 任务引入

本任务要求读者首先了解如何调整与编辑对象；然后使用“拉伸”“移动”“复制”命令来完成双人沙发的绘制。最终效果参看云盘中的“Ch05 > DWG > 绘制双人沙发 .dwg”，如图 5-30 所示。

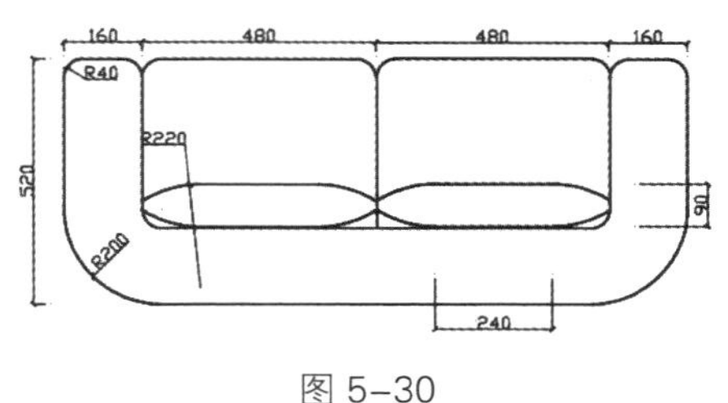

图 5-30

5.2.2 任务知识：调整与编辑对象

1 调整对象的形状

AutoCAD 2019 提供了多种命令来调整图形对象的大小或形状。下面介绍调整图形对象大小或形状的方法。

◎ 拉长对象

利用“拉长”命令可以延伸或缩短非闭合直线、圆弧、非闭合多段线、椭圆弧和非闭合样条曲线等图形对象的长度，也可以改变圆弧的角度。

启用“拉长”命令的方法如下。

- 菜单命令：选择“修改 > 拉长”命令。
- 命令行：输入 LENGTHEN 命令（快捷命令：LEN）。

选择“修改 > 拉长”命令，拉长线段 *AC*、*BD*，效果如图 5-31 所示。操作步骤如下。

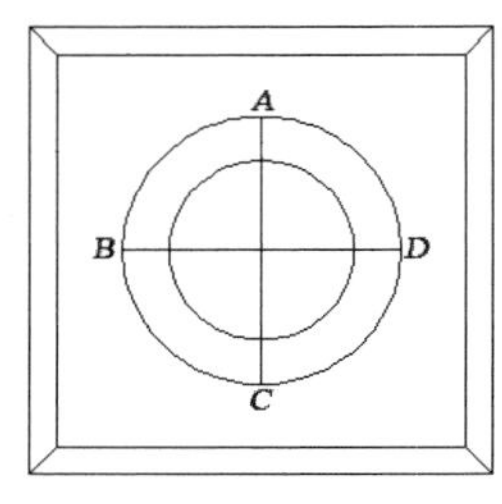

（a）拉长前

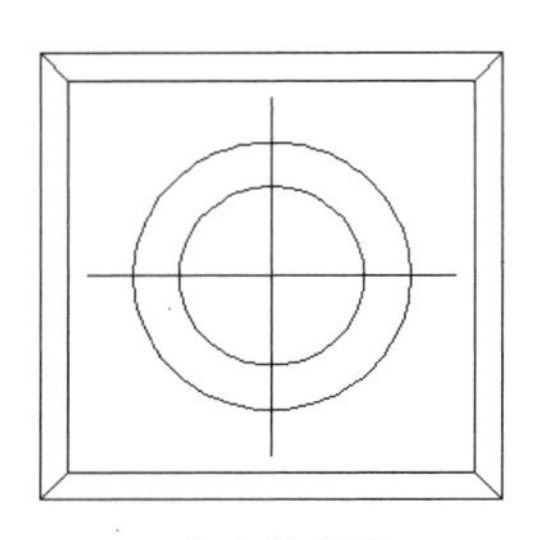
（b）拉长后

图 5-31

命令 : _lengthen　　// 选择“拉长”命令

选择要测量的对象或 [增量 (DE)/ 百分数 (P)/ 总计 (T)/ 动态 (DY)] < 增量 (DE)>:DE

　　// 选择“增量”选项

输入长度增量或 [角度 (A)] <0.0000>: 5　　// 输入长度增量值

选择要修改的对象或 [放弃 (U)]:　　// 在 *A* 点附近单击线段 *AC*

选择要修改的对象或 [放弃 (U)]:　　// 在 *B* 点附近单击线段 *BD*

选择要修改的对象或 [放弃 (U)]:　　// 在 *C* 点附近单击线段 *AC*

选择要修改的对象或 [放弃 (U)]:　　// 在 *D* 点附近单击线段 *BD*

选择要修改的对象或 [放弃 (U)]:　　// 按 Enter 键

提示选项解释如下。

- 对象：系统的默认项，用于查看所选对象的长度。
- 增量 (DE)：以指定的增量修改对象的长度，该增量是从距离选择点最近的端点处开始测量。此外，还可用于修改圆弧的角度。若输入的增量为正值，则拉长对象；反之，则缩短对象。
- 百分数 (P)：通过指定对象总长度的百分数改变对象的长度。

- 总计 (T)：通过输入新的总长度来设置选定对象的长度，也可以按照指定的总角度设置选定圆弧的包含角。
- 动态 (DY)：通过动态拖动模式改变对象的长度。

◎ 拉伸对象

利用“拉伸”命令可以在一个方向上按指定的尺寸拉伸、缩短和移动对象。该命令是通过改变端点的位置来拉伸或缩短图形对象的，编辑过程中除被拉伸、缩短的对象外，其他图形对象间的几何关系将保持不变。

可进行拉伸的对象有圆弧、椭圆弧、直线、多段线线段、二维实体、射线、宽线和样条曲线等。

启用“拉伸”命令的方法如下。

- 工具栏：单击“修改”工具栏中的“拉伸”按钮。
- 菜单命令：选择“修改 > 拉伸”命令。
- 命令行：输入 STRETCH 命令（快捷命令：S）。

选择“修改 > 拉伸”命令，将沙发图形拉伸，效果如图 5-32 所示。操作步骤如下。

```
命令：_stretch                                    // 选择“拉伸”命令
以交叉矩形窗口或交叉多边形窗口选择要拉伸的对象 ...
选择对象：指定对角点：找到 9 个                       // 用交叉框框选要拉伸的对象，如图 5-33 所示
选择对象：
指定基点或 [ 位移 (D)] < 位移 >:                     // 单击以确定 A 点的位置
指定第二个点或 < 使用第一个点作为位移 >: 1000          // 输入 B 点的距离值
```

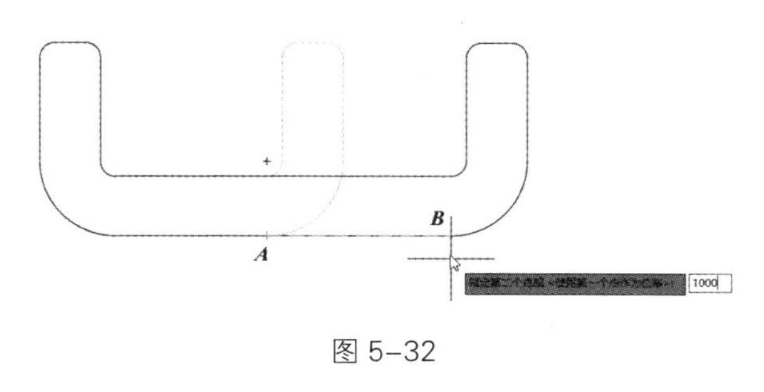

图 5-32

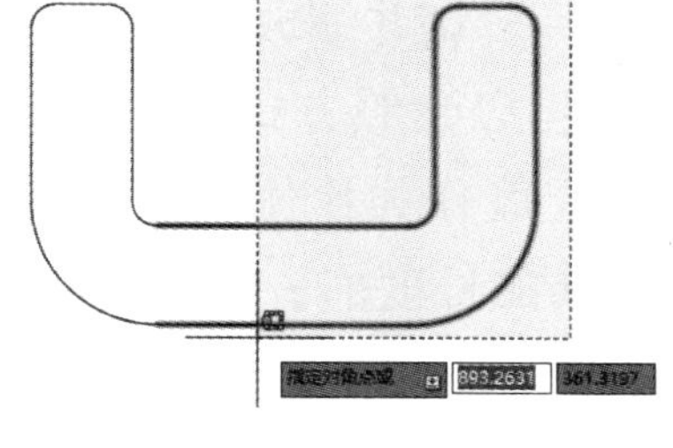

图 5-33

在选取图形对象时，若整个图形对象均在交叉矩形窗口内，则执行的结果是对齐移动；若图形对象一端在交叉矩形窗口内，另一端在外，则有以下拉伸规则。

- 直线、区域填充：窗口外端点不动，窗口内端点移动。
- 圆弧：窗口外端点不动，窗口内端点移动，并且在圆弧的改变过程中，圆弧的弦高保持不变，由此来调整圆心位置。
- 多段线：与直线或圆弧相似，但多段线的两端宽度、切线方向及曲线拟合信息都不变。
- 圆、矩形、块、文本和属性定义：如果其定义点位于选取窗口内，对象移动；否则不移动。其中圆的定义点为圆心，块的定义点为插入点，文本的定义点为字符串的基线左端点。

◎ 缩放对象

“缩放”命令用于将对象按指定的比例因子相对于基点放大或缩小，这是一个非常有用的命令，熟练使用该命令可以节省绘图时间。

启用“缩放”命令的方法如下。

- 工具栏：单击“修改”工具栏中的“缩放”按钮。
- 菜单命令：选择“修改 > 缩放”命令。
- 命令行：输入 SCALE 命令（快捷命令：SC）。

选择“修改 > 缩放”命令，将图形对象缩小，效果如图 5-34 所示。操作步骤如下。

```
命令：_scale                                      // 选择“缩放”命令
选择对象：找到 1 个                                // 单击以选择正六边形
选择对象：                                        // 按 Enter 键
指定基点：<对象捕捉 开>                            // 打开“对象捕捉”开关，捕捉圆心
指定比例因子或 [复制 (C)/ 参照 (R)] <1.0000>: 0.5   // 输入缩放比例因子
```

提示

当输入的比例因子大于 1 时，将放大图形对象；小于 1 时，则缩小图形对象。比例因子必须为大于 0 的数值。

提示选项解释如下。

- 指定比例因子：通过指定旋转基点并且输入比例因子来缩放对象。
- 复制 (C)：复制并缩放指定对象，如图 5-35 所示。
- 参照 (R)：以参照方式缩放图形。当用户输入参考长度和新长度后，系统会把新长度和参考长度作为比例因子对图形进行缩放，如图 5-36 所示，以 *AB* 边长作为参照，并输入新的长度值。

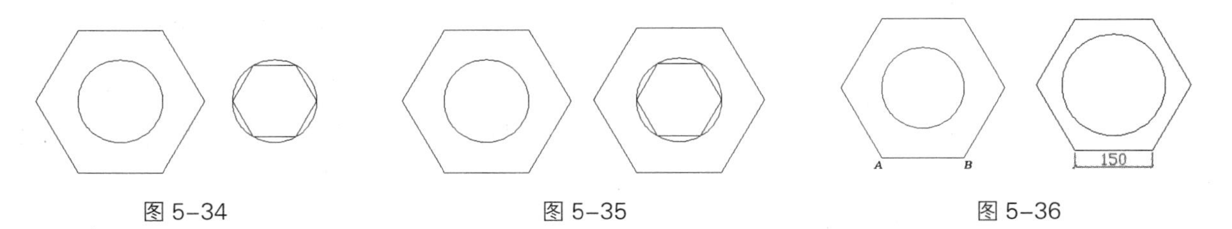

图 5-34　　图 5-35　　图 5-36

2 编辑对象操作

在 AutoCAD 2019 中绘制复杂的工程图时，一般是先绘制出图形的基本形状，再使用编辑工具对图形对象进行编辑，如修剪、延伸、打断、合并、分解及删除一些线段等。

◎ 修剪对象

“修剪”工具是比较常用的编辑工具。在绘制图形对象时，一般是先粗略绘制一些图形对象，然后利用“修剪”工具将多余的线段修剪掉。

启用“修剪”命令的方法如下。

- 工具栏：单击“修改”工具栏中的“修剪”按钮。
- 菜单命令：选择“修改 > 修剪”命令。
- 命令行：输入 TRIM 命令（快捷命令：TR）。

选择“修改 > 修剪”命令，修剪图形对象，如图 5-37 所示。操作步骤如下。

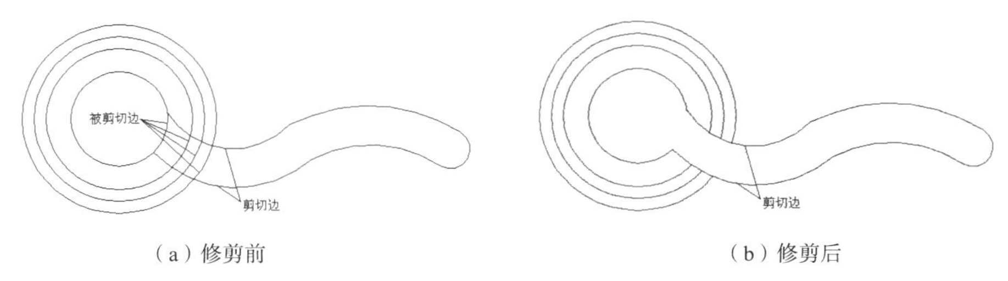

（a）修剪前　　（b）修剪后

图 5-37

命令 : _trim　　// 选择“修剪”命令
选择剪切边 ...
选择对象或 < 全部选择 >: 指定对角点 : 找到 2 个　　// 用交叉框框选圆弧作为剪切边
选择对象 :　　// 按 Enter 键
选择要修剪的对象，或按住 Shift 键选择要延伸的对象，或
[栏选 (F)/ 窗交 (C)/ 投影 (P)/ 边 (E)/ 删除 (R)/ 放弃 (U)]:　　// 依次选择要修剪的线条
选择要修剪的对象，或按住 Shift 键选择要延伸的对象，或
[栏选 (F)/ 窗交 (C)/ 投影 (P)/ 边 (E)/ 删除 (R)/ 放弃 (U)]:
选择要修剪的对象，或按住 Shift 键选择要延伸的对象，或
[栏选 (F)/ 窗交 (C)/ 投影 (P)/ 边 (E)/ 删除 (R)/ 放弃 (U)]:
选择要修剪的对象，或按住 Shift 键选择要延伸的对象，或
[栏选 (F)/ 窗交 (C)/ 投影 (P)/ 边 (E)/ 删除 (R)/ 放弃 (U)]:
选择要修剪的对象，或按住 Shift 键选择要延伸的对象，或
[栏选 (F)/ 窗交 (C)/ 投影 (P)/ 边 (E)/ 删除 (R)/ 放弃 (U)]:　　// 按 Enter 键

提示选项解释如下。

- 栏选 (F)：使用“修剪”工具修剪与线段 *AB*、*CD* 相交的多条线段，如图 5-38 所示。操作步骤如下。

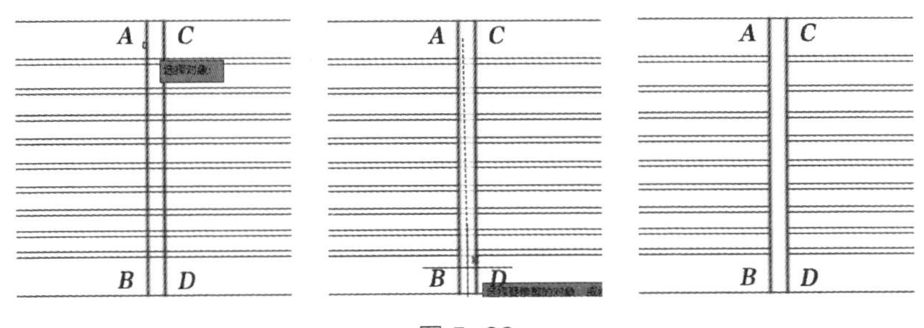

图 5-38

命令：_trim　// 选择“修剪”命令
选择剪切边...
选择对象或 < 全部选择 >: 指定对角点：找到 1 个，总计 2 个　// 用交叉框框选线段 *AB*、*CD* 作 // 为剪切边
选择对象：　// 按 Enter 键
选择要修剪的对象，或按住 Shift 键选择要延伸的对象，或
[栏选 (F)/ 窗交 (C)/ 投影 (P)/ 边 (E)/ 删除 (R)/ 放弃 (U)]: F　// 选择“栏选”选项
指定第一栏选点：　// 在线段 *AB*、*CD* 中间多条线段 // 的上端单击
指定下一个栏选点或 [放弃 (U)]:　// 在下端单击，使栏选穿过需要 // 修剪的线段
指定下一个栏选点或 [放弃 (U)]:　// 按 Enter 键
选择要修剪的对象，或按住 Shift 键选择要延伸的对象，或
[栏选 (F)/ 窗交 (C)/ 投影 (P)/ 边 (E)/ 删除 (R)/ 放弃 (U)]:　// 按 Enter 键

- 窗交 (C)：使用“修剪”工具修剪与圆相交的多条线段，如图 5-39 所示。操作步骤如下。

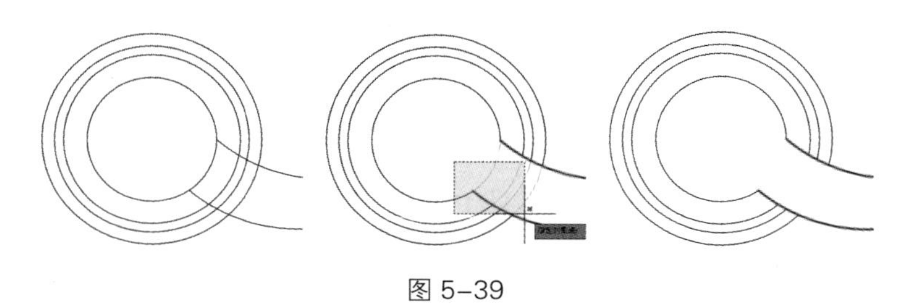

图 5-39

命令：_trim　// 选择“修剪”命令
选择剪切边...
选择对象或：找到 1 个，总计 2 个　// 选择两段圆弧作为剪切边
选择对象：　// 按 Enter 键
选择要修剪的对象，或按住 Shift 键选择要延伸的对象，或
[栏选 (F)/ 窗交 (C)/ 投影 (P)/ 边 (E)/ 删除 (R)/ 放弃 (U)]: C　// 选择“窗交”选项
指定第一个角点：指定对角点：　// 单击以确定窗交矩形的第一点和对角点
选择要修剪的对象，或按住 Shift 键选择要延伸的对象，或
[栏选 (F)/ 窗交 (C)/ 投影 (P)/ 边 (E)/ 删除 (R)/ 放弃 (U)]:　// 按 Enter 键

提示

某些要修剪的对象的交叉选择不确定。启用“修剪”命令后将沿着交叉矩形窗口从第一个点以顺时针方向选择遇到的第一个对象。

- 投影 (P)：指定修剪对象时 AutoCAD 2019 使用的投影模式。输入 “P” ，按 Enter 键，AutoCAD 2019 提示如下。

输入投影选项 [无 (N)/UCS(U)/ 视图 (V)] <UCS>:

提示选项解释如下。

- 无 (N)：输入“N” ，按 Enter 键，表示按三维方式修剪，该选项只对在空间相交的对象有效。
- UCS(U)：输入“U” ，按 Enter 键，表示在当前 UCS 的 *xy* 平面上修剪，也可以在 *xy* 平面上按投影关系修剪在三维空间中不相交的对象。
- 视图 (V)：输入“V” ，按 Enter 键，表示在当前视图平面上修剪。
- 边 (E)：用来确定修剪方式。输入“E” ，按 Enter 键，AutoCAD 2019 提示如下。

输入隐含边延伸模式 [延伸 (E)/ 不延伸 (N)] < 延伸 >:

提示选项解释如下。

- 延伸 (E)：输入“E” ，按 Enter 键，则系统按照延伸方式修剪。如果剪切边界与被剪切边不相交，AutoCAD 2019 会假设将剪切边界延长，然后再进行修剪。
- 不延伸 (N)：输入“N” ，按 Enter 键，则系统按照剪切边界与被剪切边的实际相交情况修剪。如果被剪边与剪切边不相交，则不进行剪切。
- 放弃 (U)：输入“U” ，按 Enter 键，撤销上一次的操作。

利用“修剪”工具编辑图形对象时，按住 Shift 键进行选择，系统将执行“延伸”命令，将选择的对象延伸到剪切边界，效果如图 5-40 所示。

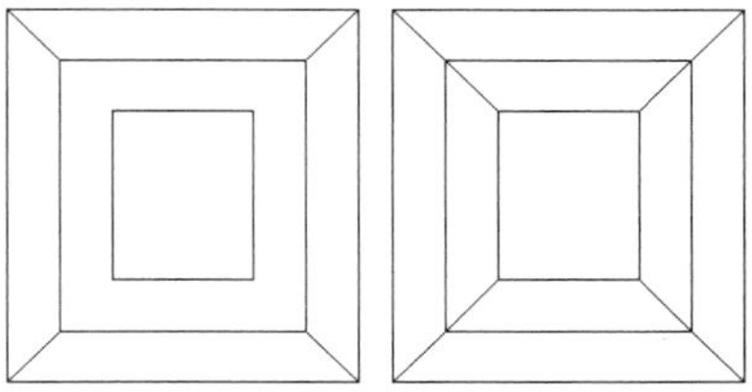

（a）延伸前　（b）延伸后

图 5-40

◎ 延伸对象

利用“延伸”命令可以将线段、曲线等对象延伸到一个边界对象，使其与边界对象相交。有时边界对象可能是隐含边界，这时对象延伸后并不与边界对象直接相交，而是与边界对象的隐含部分相交。

启用“延伸”命令的方法如下。

- 工具栏：单击“修改”工具栏中的“延伸”按钮。
- 菜单命令：选择“修改 > 延伸”命令。
- 命令行：输入 EXTEND 命令（快捷命令：EX）。

选择“修改 > 延伸”命令，将线段 *A* 延伸到线段 *B*，如图 5-41 所示，操作步骤如下。

```
命令 : _extend                                      // 选择“延伸”命令
选择边界的边 ...
选择对象或 < 全部选择 >: 找到 1 个                   // 单击以选择线段 B 作为延伸边
选择对象 :                                          // 按 Enter 键
选择要延伸的对象，或按住 Shift 键选择要修剪的对象，或
[ 栏选 (F)/ 窗交 (C)/ 投影 (P)/ 边 (E)/ 放弃 (U)]:    // 单击线段 A
```

选择要延伸的对象，或按住 Shift 键选择要修剪的对象，或

[栏选 (F)/ 窗交 (C)/ 投影 (P)/ 边 (E)/ 放弃 (U)]:　　　　　// 按 Enter 键

若线段 *A* 延伸后并不与线段 *B* 直接相交，而是与线段 *B* 的延长线相交，效果如图 5-42 所示，则操作步骤如下。

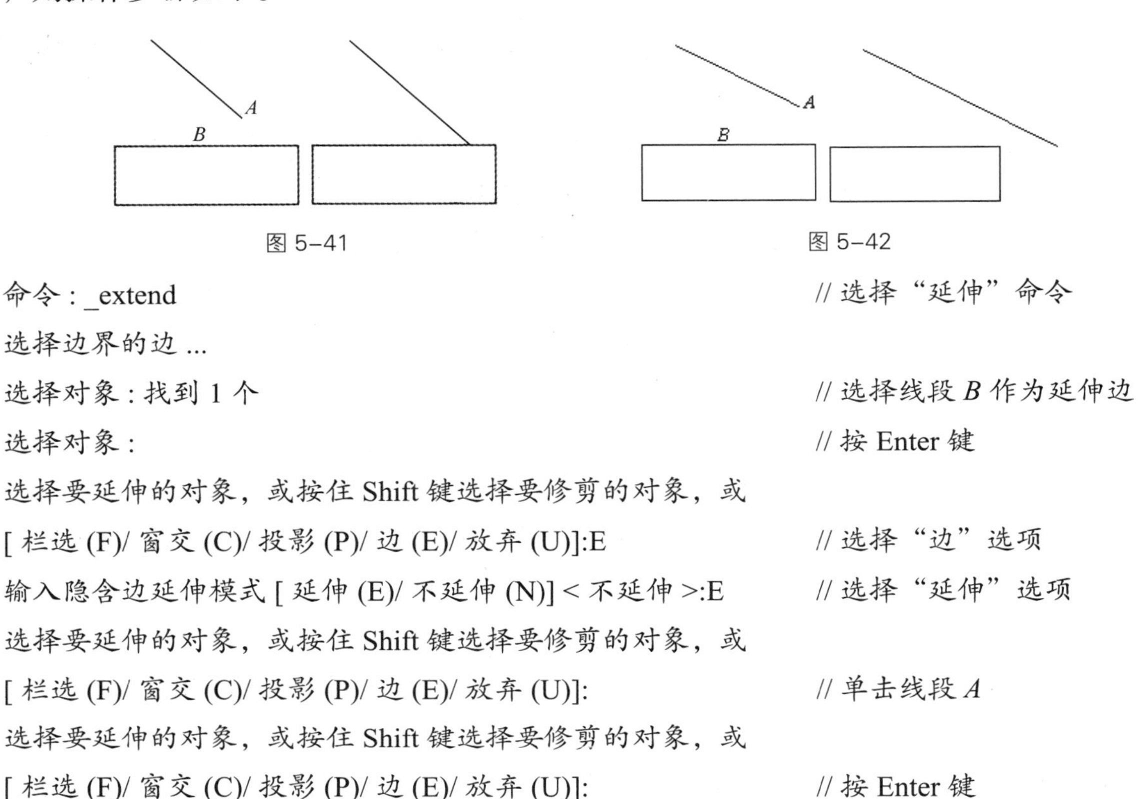

图 5-41　　　　图 5-42

命令 : _extend　　　　// 选择“延伸”命令

选择边界的边 ...

选择对象 : 找到 1 个　　　　// 选择线段 *B* 作为延伸边

选择对象 :　　　　// 按 Enter 键

选择要延伸的对象，或按住 Shift 键选择要修剪的对象，或

[栏选 (F)/ 窗交 (C)/ 投影 (P)/ 边 (E)/ 放弃 (U)]:E　　　　// 选择“边”选项

输入隐含边延伸模式 [延伸 (E)/ 不延伸 (N)] < 不延伸 >:E　　　　// 选择“延伸”选项

选择要延伸的对象，或按住 Shift 键选择要修剪的对象，或

[栏选 (F)/ 窗交 (C)/ 投影 (P)/ 边 (E)/ 放弃 (U)]:　　　　// 单击线段 *A*

选择要延伸的对象，或按住 Shift 键选择要修剪的对象，或

[栏选 (F)/ 窗交 (C)/ 投影 (P)/ 边 (E)/ 放弃 (U)]:　　　　// 按 Enter 键

提示

在使用“延伸”工具编辑图形对象时，按住 Shift 键选择对象后，系统将执行“修剪”命令，将选择的对象修剪掉。

◎ 打断对象

AutoCAD 2019 提供了两种用于打断对象的命令：“打断”命令和“打断于点”命令。可以进行打断操作的对象有直线、圆、圆弧、多段线、椭圆和样条曲线等。

（1）“打断”命令

“打断”命令可将对象打断，并删除所选对象的一部分，从而将其分为两个部分。

启用“打断”命令的方法如下。

- 工具栏：单击“修改”工具栏中的“打断”按钮。
- 菜单命令：选择“修改 > 打断”命令。
- 命令行：输入 BREAK 命令（快捷命令：BR）。

选择“修改 > 打断”命令，将矩形上的直线打断，效果如图 5-43 所示。操作步骤如下。

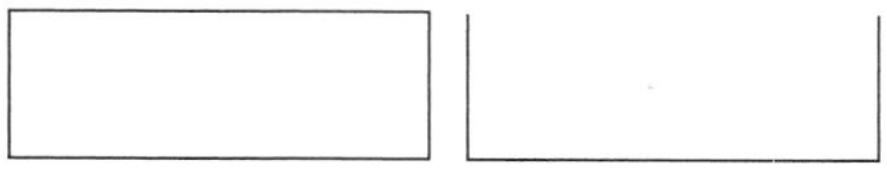

（a）打断前　　（b）打断后

图 5-43

命令 : _break 选择对象 :

// 选择“打断”命令，在矩形上单击以选择端点位置

指定第二个打断点 或 [第一点 (F)]:　　// 在另一个端点上单击

提示选项解释如下。

- 指定第二个打断点：在图形对象上选取第二点后，系统会将第一个打断点与第二个打断点间的部分删除。
- 第一点 (F)：默认情况下，在选择对象时确定的点即为第一个打断点；若需要另外选择一点作为第一个打断点，则可以选择该选项，单击以确定第一个打断点。

（2）“打断于点”命令

“打断于点”命令用于打断所选的对象，使之成为两个对象。

单击“修改”工具栏中的“打断于点”按钮，启用“打断于点”命令，将多段线打断，效果如图 5-44 所示。操作步骤如下。

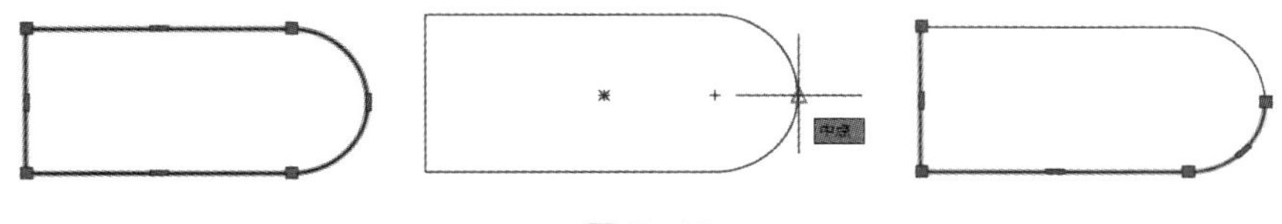

图 5-44

命令 : _break 选择对象 :　　// 选择“打断于点”命令，单击以选择多段线

指定第二个打断点 或 [第一点 (F)]: _f

指定第一个打断点 :< 对象捕捉 开 >　　// 在圆弧中点处单击以确定打断点

指定第二个打断点 : @

命令 :　　// 在多段线的上端单击，可发现多段线被分为两个部分

◎ 合并对象

利用“合并”命令可以将直线、多段线、圆弧、椭圆弧和样条曲线等独立的线段合并为一个对象。

启用“合并”命令的方法如下。

- 工具栏：单击“修改”工具栏中的“合并”按钮。
- 菜单命令：选择“修改 > 合并”命令。
- 命令行：输入 JOIN 命令（快捷命令：J）。

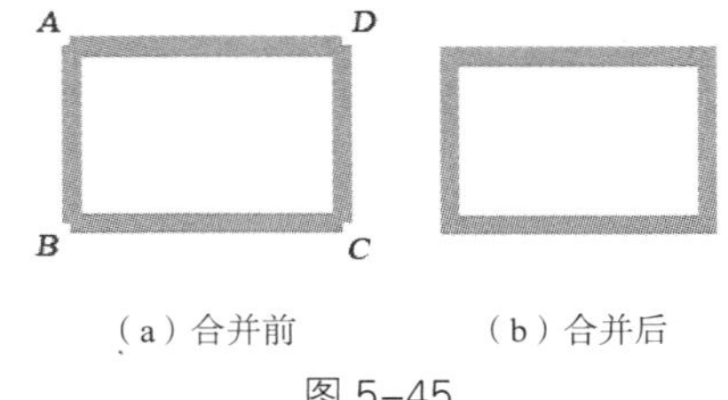

（a）合并前　　（b）合并后

图 5-45

选择“修改 > 合并”命令，将多段线合并，效果如图 5-45 所示。操作步骤如下。

命令 : _join:　　// 选择“合并”命令

选择源对象或要一次合并的多个对象 : 找到 1 个　　// 单击以选择多段线 AB

选择要合并的对象 : 找到 1 个，总计 2 个　　// 单击以选择多段线 BC

选择要合并的对象：找到 1 个，总计 3 个　　　　// 单击以选择多段线 *CD*
选择要合并的对象：找到 1 个，总计 4 个　　　　// 单击以选择多段线 *AD*
选择要合并到源的对象：　　　　// 按 Enter 键

提示

合并两条或多条圆弧或椭圆弧时，将从源对象开始按逆时针方向合并圆弧或椭圆弧。

◎ 分解对象

利用“分解”命令可以把复杂的图形对象或用户定义的块分解成简单的基本图形对象，以使编辑工具能够做进一步操作。

启用“分解”命令的方法如下。

- 工具栏：单击“修改”工具栏中的“分解”按钮。
- 菜单命令：选择“修改 > 分解”命令。
- 命令行：输入 EXPLODE 命令（快捷命令：X）。

选择“修改 > 分解”命令，分解图形对象。操作步骤如下。

命令：_explode　　　　// 选择“分解”命令
选择对象：　　　　// 单击以选择正六边形
选择对象：　　　　// 按 Enter 键

正六边形在分解前是一个独立的图形对象，在分解后是由 6 条线段组成的，效果如图 5-46 所示。

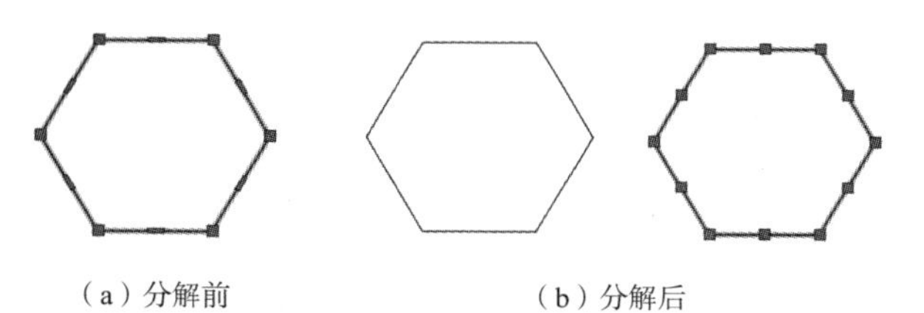

（a）分解前　（b）分解后

图 5-46

◎ 删除对象

利用“删除”命令可以删除多余的图形对象。

启用“删除”命令的方法如下。

- 工具栏：单击“修改”工具栏中的“删除”按钮。
- 菜单命令：选择“修改 > 删除”命令。
- 命令行：输入 ERASE 命令（快捷命令：DEL）。

选择“修改 > 删除”命令，删除图形对象。操作步骤如下。

命令：_erase　　　　// 选择“删除”命令
选择对象：找到 1 个　　　　// 单击以选择欲删除的图形对象

选择对象: // 按 Enter 键

也可以先选择欲删除的图形对象，然后单击“删除”按钮或按 Delete 键。

3 利用夹点编辑对象

夹点是一些实心的小方框。使用定点设备指定对象时，对象的关键点上将出现夹点。拖动这些夹点可以快速拉伸、移动、复制、旋转、缩放或镜像对象。

◎ 利用夹点拉伸对象

利用夹点拉伸对象与利用“拉伸”工具拉伸对象相似。在操作过程中，选中的夹点即为对象的拉伸点。

当选中的夹点是线条的端点时，将选中的夹点移动到新位置即可拉伸对象，效果如图 5-47 所示。操作步骤如下。

命令: // 单击以选择直线 *AB*

命令: // 单击以选择夹点 *B*

** 拉伸 ** // 进入拉伸模式

指定拉伸点或 [基点 (B)/ 复制 (C)/ 放弃 (U)/ 退出 (X)]: // 将夹点 *B* 拉伸到直线 *CD* 的中点

利用夹点编辑对象时，选中夹点后，系统默认的操作为拉伸，连续按 Enter 键就可以在拉伸、移动、复制、旋转、缩放和镜像之间切换。此外，也可以在选中夹点后单击鼠标右键，弹出的快捷菜单如图 5-48 所示，通过此快捷菜单也可选择执行某种编辑操作。

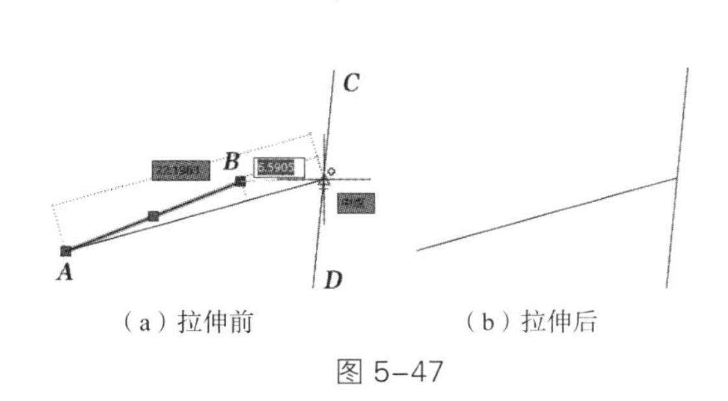

（a）拉伸前　（b）拉伸后

图 5-47

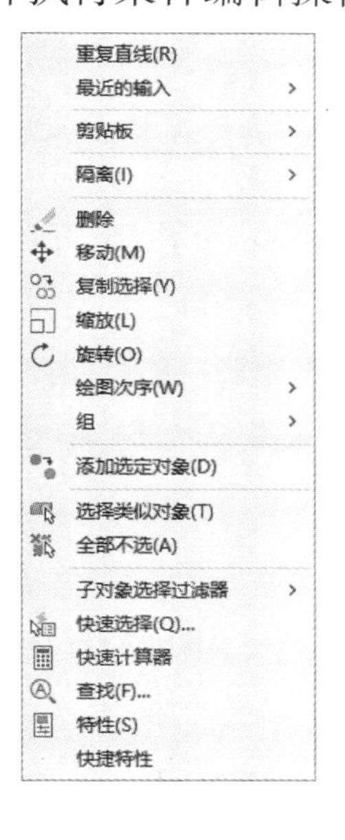

图 5-48

提示

打开正交状态后就可以利用夹点拉伸方式方便地改变水平或竖直线段的长度。移动文字、块参照、直线中点、圆心和点对象上的夹点将移动对象而不是拉伸它。

◎ 利用夹点移动或复制对象

利用夹点移动、复制对象与使用“移动”工具和“复制”工具移动、复制对象相似。在操作过程中，选中的夹点即为对象的移动点，也可以指定其他点作为移动点。

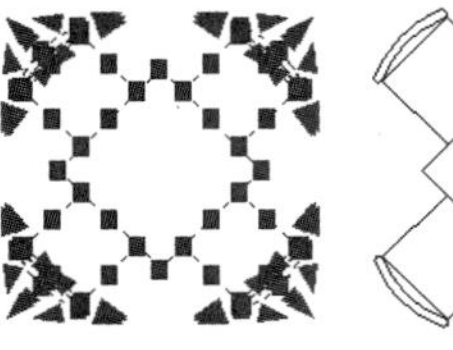
（a）原图

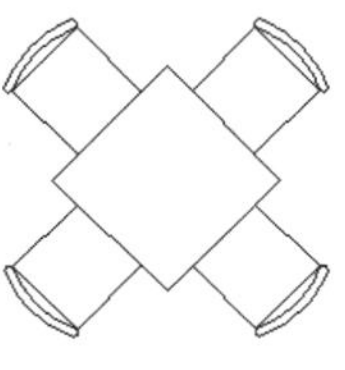
（b）移动的对象

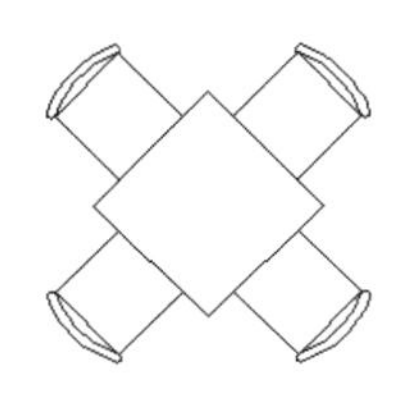
（c）复制的对象

图 5-49

利用夹点移动、复制对象，效果如图 5-49 所示。操作步骤如下。

```
命令：指定对角点或 [ 栏选 (F)/ 圈围 (WP)/ 圈交 (CP)]:        // 用矩形框框选桌椅图形
命令：                                                        // 单击以选择任意一个夹点
** 拉伸 **
指定拉伸点或 [ 基点 (B)/ 复制 (C)/ 放弃 (U)/ 退出 (X)]:       // 单击鼠标右键，在弹出的快捷菜单中
                                                              // 选择“移动”命令
** 移动 **
指定移动点或 [ 基点 (B)/ 复制 (C)/ 放弃 (U)/ 退出 (X)]: C     // 选择“复制”选项
** 移动 ( 多个 ) **
指定移动点或 [ 基点 (B)/ 复制 (C)/ 放弃 (U)/ 退出 (X)]:       // 单击以确定复制的位置
** 移动 ( 多个 ) **
指定移动点或 [ 基点 (B)/ 复制 (C)/ 放弃 (U)/ 退出 (X)]:X      // 选择“退出”选项
命令：* 取消 *                                                // 按 Esc 键
```

◎ 利用夹点旋转对象

利用夹点旋转对象与利用“旋转”工具旋转对象相似。在操作过程中，选中的夹点即为对象的旋转中心，也可以指定其他点作为旋转中心。

利用夹点旋转对象，效果如图 5-50 所示。操作步骤如下。

```
命令：指定对角点或 [ 栏选 (F)/ 圈围 (WP)/ 圈交 (CP)]:                     // 用交叉框框选椅子图形
命令：                                                                     // 单击任意夹点
** 拉伸 **
指定拉伸点或 [ 基点 (B)/ 复制 (C)/ 放弃 (U)/ 退出 (X)]:                    // 单击鼠标右键，在弹出的快
                                                                           // 捷菜单中选择“旋转”命令
** 旋转 **
指定旋转角度或 [ 基点 (B)/ 复制 (C)/ 放弃 (U)/ 参照 (R)/ 退出 (X)]: B      // 选择“基点”选项
指定基点：                                                                 // 捕捉桌子的圆心位置
** 旋转 **
指定旋转角度或 [ 基点 (B)/ 复制 (C)/ 放弃 (U)/ 参照 (R)/ 退出 (X)]: 90     // 输入旋转角度
命令：* 取消 *                                                             // 按 Esc 键
```

◎ 利用夹点镜像对象

利用夹点镜像对象与使用“镜像”工具镜像对象相似。在操作过程中，选中的夹点是用于确定镜像线的第一个点，在选取第二个点后，即可形成一条镜像线。

利用夹点镜像对象，效果如图 5-51 所示。操作步骤如下。

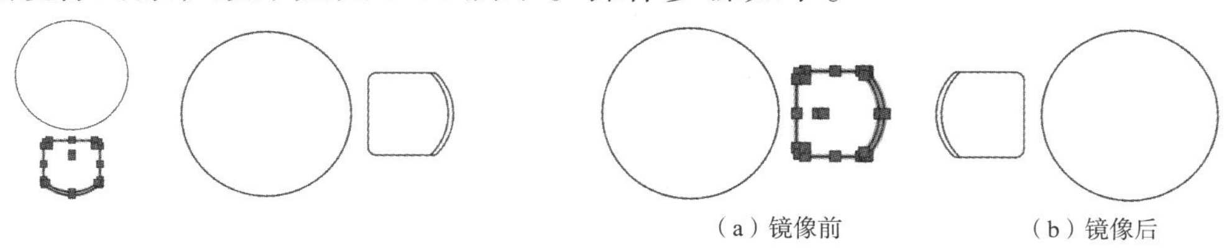

（a）镜像前　（b）镜像后

图 5-50　图 5-51

命令：指定对角点或 [栏选 (F)/ 圈围 (WP)/ 圈交 (CP)]:　// 用交叉框框选椅子图形
命令：　// 单击任意一个夹点
** 拉伸 **
指定拉伸点或 [基点 (B)/ 复制 (C)/ 放弃 (U)/ 退出 (X)]:　// 单击鼠标右键，在弹出的快捷菜单
　// 中选择“镜像”命令
** 镜像 **
指定第二点或 [基点 (B)/ 复制 (C)/ 放弃 (U)/ 退出 (X)]: B　// 选择“基点”选项
指定基点：　// 单击桌子上侧水平直线段的中点
** 镜像 **
指定第二点或 [基点 (B)/ 复制 (C)/ 放弃 (U)/ 退出 (X)]:　// 单击桌子下侧水平直线段的中点
命令：* 取消 *　// 按 Esc 键

◎ 利用夹点缩放对象

利用夹点缩放对象与使用“缩放”工具缩放对象相似。在操作过程中，选中的夹点是缩放对象的基点。

利用夹点缩放对象，效果如图 5-52 所示。操作步骤如下。

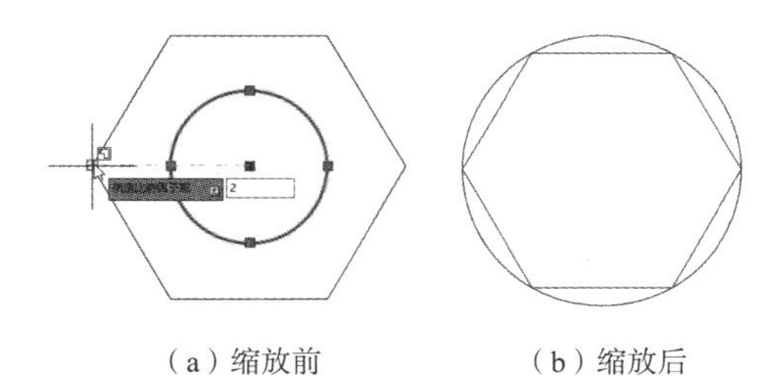

（a）缩放前　（b）缩放后

图 5-52

命令：　// 单击以选择圆
命令：　// 单击以选择圆心处的夹点
** 拉伸 **
指定拉伸点或 [基点 (B)/ 复制 (C)/ 放弃 (U)/ 退出 (X)]:　// 单击鼠标右键，在弹出的快
　// 捷菜单中选择“缩放”命令
** 比例缩放 **
指定比例因子或 [基点 (B)/ 复制 (C)/ 放弃 (U)/ 参照 (R)/ 退出 (X)]: 2　// 输入比例因子
命令：* 取消 *　// 按 Esc 键

4 对象属性

对象属性是指 AutoCAD 赋予图形对象的颜色、线型、图层、高度和文字样式等属性。

例如直线包含图层、线型和颜色等，而文本则具有图层、颜色、字体和字高等。编辑图形对象的属性一般可利用“特性”命令，启用该命令后，会弹出“特性”选项板，通过此选项板可以编辑图形对象的各项属性。

编辑图形对象属性的另一种方法是利用“特性匹配”命令，该命令可以使被编辑对象的属性与指定对象的某些属性完全相同。

◎ 修改对象属性

“特性”选项板会列出选定对象或对象集的属性的当前设置。用户可以修改任何可以通过指定新值进行修改的属性。

启用“特性”命令的方法如下。

- 工具栏：单击“标准”工具栏中的“特性”按钮。
- 菜单命令：选择“工具 > 选项板 > 特性”或“修改 > 特性”命令。
- 命令行：输入 PROPERTIES 命令（快捷命令：CH/MO）。

下面通过简单的例子说明修改图形对象属性的操作过程。在该例子中需要将中心线的线型按比例放大，效果如图 5-53 所示。

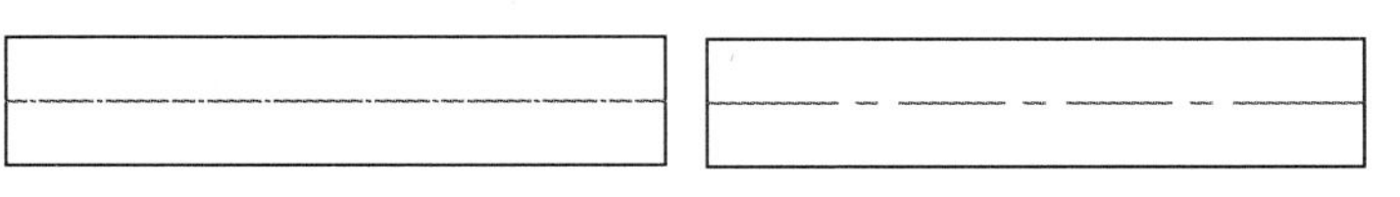

图 5-53

① 选择要进行属性编辑的中心线。

② 单击“标准”工具栏中的“特性”按钮，弹出“特性”选项板，如图 5-54 所示。

图 5-54

根据所选对象的不同，“特性”选项板中显示的属性项也不同，但有一些属性项几乎是所有对象都拥有的，如颜色、图层和线型等。

当在绘图区选择单个对象时，“特性”选项板显示的是该对象的属性；若选择的是多个对象，“特性”选项板显示的是这些对象的共同属性。

③ 在绘图窗口中选择中心线，然后在“常规”选项组中的“线型比例”选项右侧的数值框中设置线型比例因子为“5”，并按 Enter 键，绘图窗口中的中心线会立即更新。

◎ 匹配对象特性

利用“特性匹配”命令可将源对象的属性（如颜色、图层和线型等）传递给目标对象。

启用“特性匹配”命令的方法如下。

- 工具栏：单击“标准”工具栏中的“特性匹配”按钮。
- 菜单命令：选择“修改 > 特性匹配”命令。
- 命令行：输入 MATCHPROP 命令（快捷命令：MA）。

选择“修改 > 特性匹配”命令，编辑图 5-55 所示的图形。操作步骤如下。

命令 :'_matchprop　　　　　　　　　　　　　// 选择“特性匹配”命令

选择源对象 :　　　　　　　　　　　　　　　// 选择中心线图形，如图 5-55 所示

当前活动设置：颜色　图层　线型　线型比例　线宽　透明度　厚度　打印样式　标注　文字　图案填充

多段线　视口　表格　材质　多重引线　中心对象

选择目标对象或 [设置 (S)]:　　　　　　　// 选择直线图形，如图 5-55 所示

选择目标对象或 [设置 (S)]:　　　　　　　// 按 Enter 键

选择源对象后，鼠标指针将变成类似“刷子”的形状，此时可用其选取接受属性匹配的目标对象。

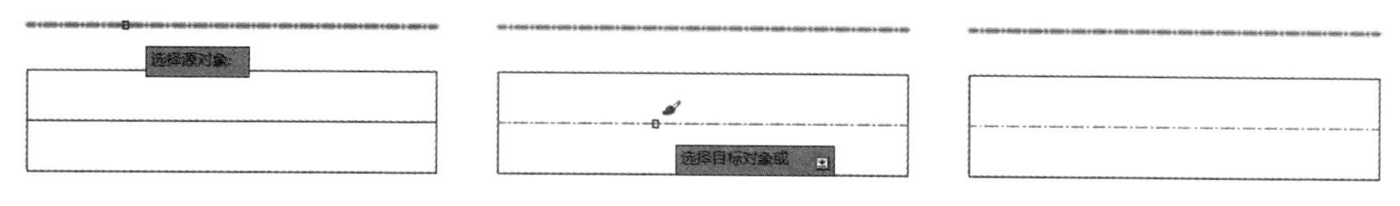

图 5-55

若仅想使目标对象的部分属性与源对象相同，可在命令行出现“选择目标对象或 [设置 (S)]:”时输入“S”（即选择“设置”选项）。按 Enter 键，弹出“特性设置”对话框，如图 5-56 所示，从中设置相应的选项即可将源对象的部分属性传递给目标对象。

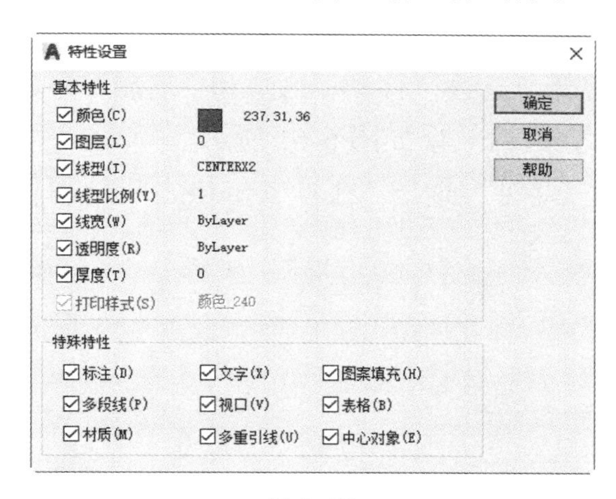

图 5-56

5.2.3 任务实施

（1）启动 AutoCAD 2019，打开图形文件。选择“文件 > 打开”命令，打开云盘中的“Ch05 > 素材 > 沙发 .dwg”文件，如图 5-57 所示。

（2）移动坐垫图形。选择“移动”命令，将沙发坐垫移动到沙发靠背外侧，效果如图 5-58 所示。

（3）拉伸沙发图形。选择“拉伸”命令，打开“正交”开关拉伸沙发靠背，如图 5-59 所示。操作步骤如下。

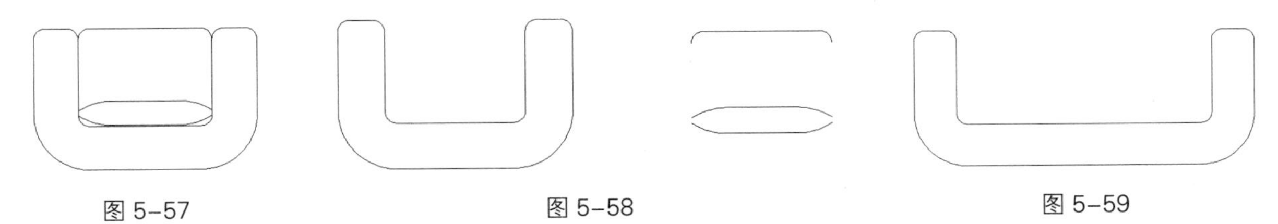

图 5-57　　图 5-58　　图 5-59

命令：_stretch　　// 选择“拉伸”命令

以交叉矩形窗口或交叉多边形窗口选择要拉伸的对象 ...

选择对象：指定对角点：找到 9 个　　// 用交叉框框选靠背，如图 5-60 所示

选择对象：　　// 按 Enter 键

指定基点或 [位移 (D)] < 位移 >:　　// 单击沙发图形中的一点

指定第二个点或 < 使用第一个点作为位移 >: 480　　// 将鼠标指针向右移动，输入第一个点的距离值

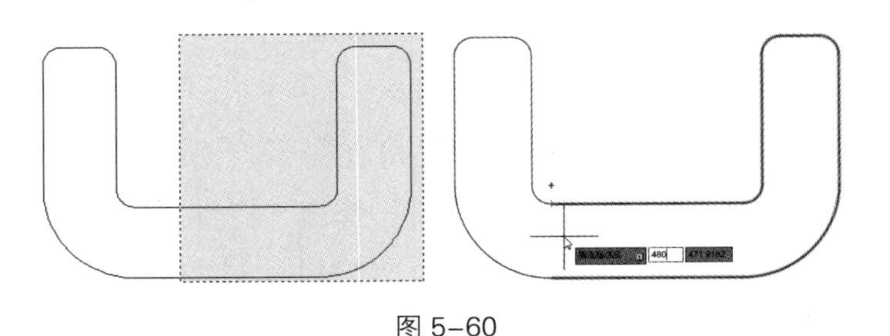

图 5-60

（4）移动并复制坐垫图形。选择“移动”命令和“复制”命令，将沙发坐垫移回原位置，并复制另外一个沙发坐垫，完成后效果如图 5-61 所示。

（5）绘制直线。选择“直线”命令，在沙发坐垫之间绘制直线，效果如图 5-62 所示。双人沙发绘制完成。

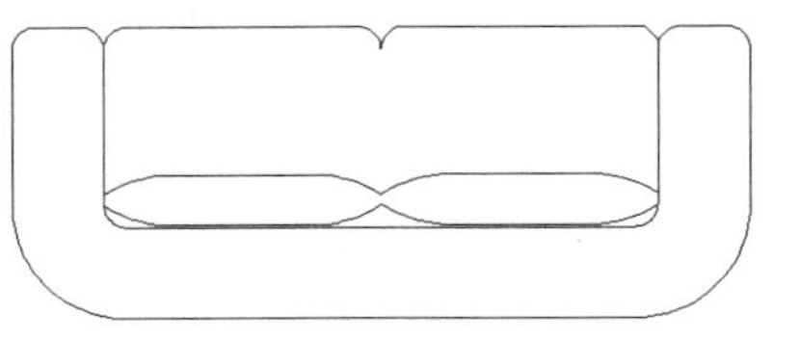

图 5-61

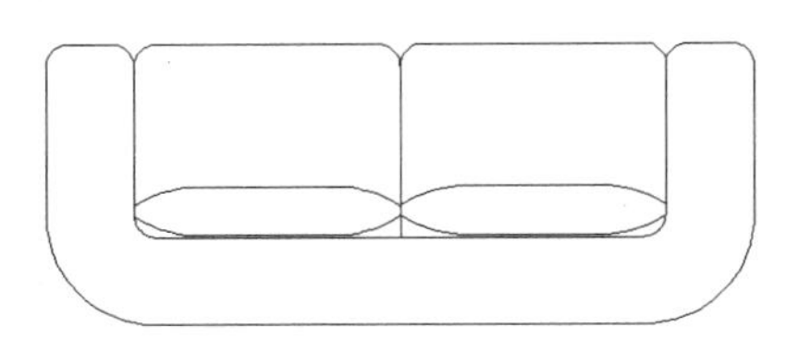

图 5-62

5.2.4 扩展实践：绘制棘轮

本任务需要使用“直线”按钮、“圆”按钮、“环形阵列”按钮、“偏移”按钮、“修剪”按钮、“删除”按钮来完成棘轮的绘制。最终效果参看云盘中的“Ch05 > DWG > 绘制棘轮 .dwg”，如图 5-63 所示。

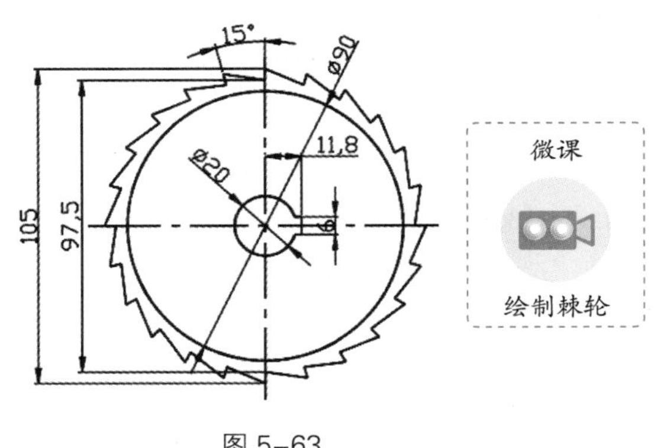

图 5-63

任务 5.3 绘制圆螺母

5.3.1 任务引入

本任务要求读者首先了解如何进行倒角和倒圆角操作；然后使用“倒角”按钮来完成圆螺母的绘制。最终效果参看云盘中的“Ch05 > DWG > 绘制圆螺母 .dwg”，如图 5-64 所示。

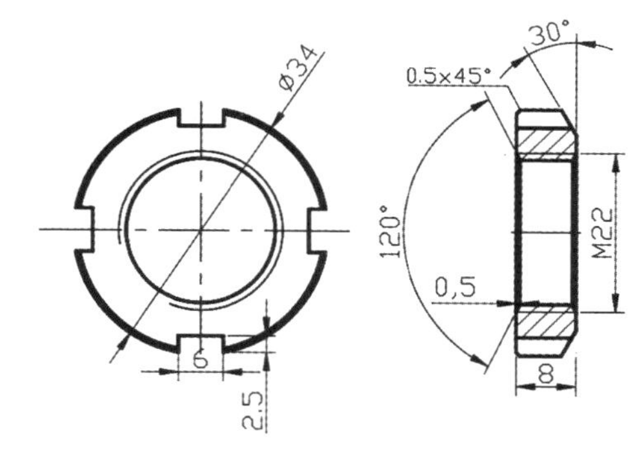

图 5-64

5.3.2 任务知识：倒角和圆角

1 倒角

在 AutoCAD 2019 中，利用“倒角”命令可以进行倒棱角操作。

启用“倒角”命令的方法如下。

- 工具栏：单击“修改”工具栏中的“倒角”按钮。
- 菜单命令：选择“修改 > 倒角”命令。
- 命令行：输入 CHAMFER 命令（快捷命令：CHA）。

选择“修改 > 倒角”命令，在线段 *AB* 与 *AD* 之间绘制倒角，效果如图 5-65 所示。操作步骤如下。

命令 : _chamfer　　　　// 选择“倒角”命令

(“修剪”模式) 当前倒角距离 1 = 0.0000，距离 2 = 0.0000

选择第一条直线或 [放弃 (U)/ 多段线 (P)/ 距离 (D)/ 角度 (A)/ 修剪 (T)/ 方式 (E)/ 多个 (M)]: D

// 选择“距离”选项

指定第一个倒角距离 <0.0000>: 2　　　　// 输入第一条边的倒角距离值

指定第二个倒角距离 <2.0000>:　　　　// 按 Enter 键

选择第一条直线或 [放弃 (U)/ 多段线 (P)/ 距离 (D)/ 角度 (A)/ 修剪 (T)/ 方式 (E)/ 多个 (M)]:

// 单击线段 *AB*

选择第二条直线，或按住 Shift 键选择直线以应用角点或 [距离 (D)/ 角度 (A)/ 方法 (M)]:

// 单击线段 *AD*

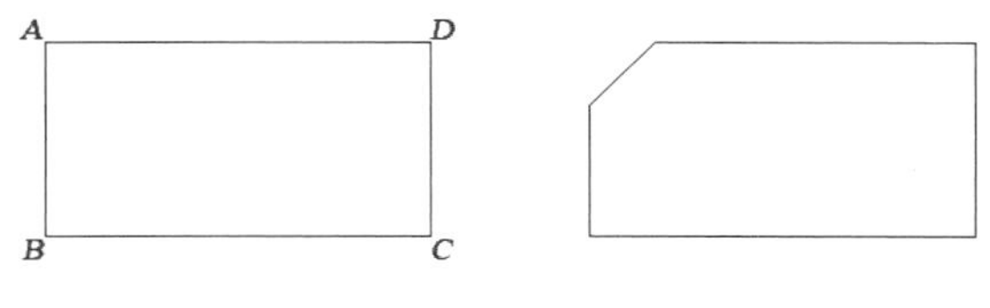

图 5-65

提示选项解释如下。

- 放弃 (U)：用于撤销上一个操作。
- 多段线 (P)：用于对多段线每个顶点处的相交直线段进行倒角，倒角将成为多段线中的新线段；如果多段线中包含的线段小于倒角距离，则不对这些线段进行倒角。
- 距离 (D)：用于设置倒角至选定边端点的距离。如果将两个距离都设置为零，AutoCAD 将延伸或修剪相应的两条线段，使二者相交于一点。
- 角度 (A)：通过设置第一条线段的倒角距离及第二条线段的角度来进行倒角。
- 修剪 (T)：用于控制倒角操作是否修剪对象。
- 方式 (E)：用于控制倒角的方式，即选择通过设置倒角的两个距离或者通过设置一个距离和角度的方式来创建倒角。
- 多个 (M)：用于对多个对象进行倒角操作，此时 AutoCAD 2019 将重复显示提示命令，可以按 Enter 键结束。

（1）根据两个倒角距离绘制倒角

根据两个倒角距离可以绘制一个距离不等的倒角，效果如图 5-66 所示。操作步骤如下。

```
命令：_chamfer                                    // 选择“倒角”命令
（“修剪”模式）当前倒角距离 1 = 2.0000，距离 2 = 2.0000
选择第一条直线或 [放弃 (U)/ 多段线 (P)/ 距离 (D)/ 角度 (A)/ 修剪 (T)/ 方式 (E)/ 多个 (M)]: D
                                                  // 选择“距离”选项
指定第一个倒角距离 <0.0000>: 2                    // 输入第一条边的倒角距离值
指定第二个倒角距离 <2.0000>: 4                    // 输入第二条边的倒角距离值
选择第一条直线或 [放弃 (U)/ 多段线 (P)/ 距离 (D)/ 角度 (A)/ 修剪 (T)/ 方式 (E)/ 多个 (M)]:
                                                  // 单击以选择左侧垂直线段
选择第二条直线，或按住 Shift 键选择直线以应用角点或 [距离 (D)/ 角度 (A)/ 方法 (M)]:
                                                  // 单击以选择上方水平线段
```

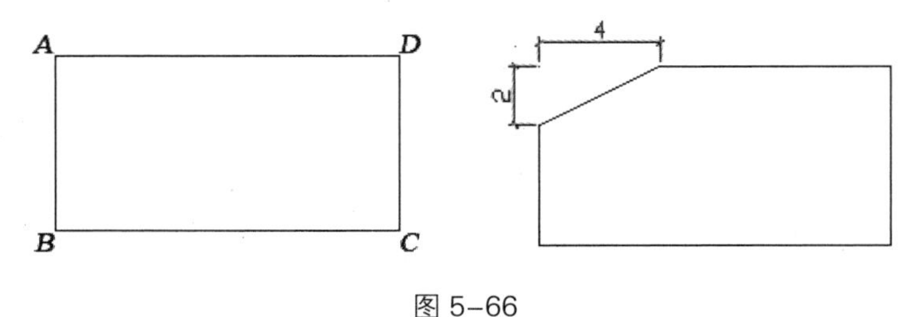

图 5-66

（2）根据倒角距离和角度绘制倒角

根据倒角的特点，有时需要通过设置第一条直线的倒角距离及其倒角角度来绘制倒角，效果如图 5-67 所示。操作步骤如下。

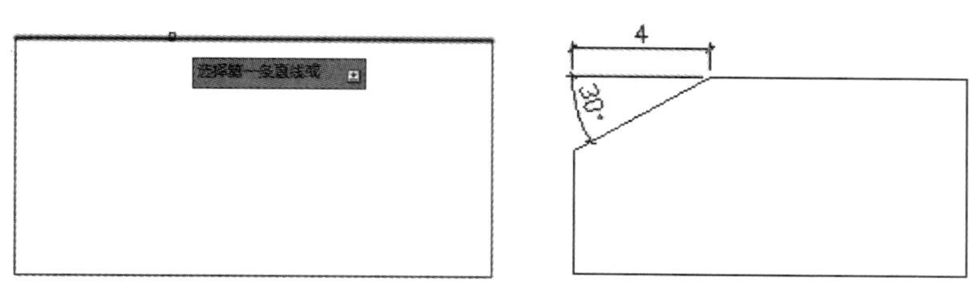

图 5-67

命令 : _chamfer　　　　　　　　　　　　　　// 选择“倒角”命令
(“修剪”模式) 当前倒角距离 1 = 2.0000，距离 2 = 4.0000
选择第一条直线或 [多段线 (P)/ 距离 (D)/ 角度 (A)/ 修剪 (T)/ 方式 (M)/ 多个 (U)]: A
　　　　　　　　　　　　　　　　　　　　　// 选择“角度”选项
指定第一条直线的倒角长度 <0.0000>: 4　　　　// 输入第一条直线的倒角距离
指定第一条直线的倒角角度 <0>: 30　　　　　　// 输入倒角角度
选择第一条直线或 [放弃 (U)/ 多段线 (P)/ 距离 (D)/ 角度 (A)/ 修剪 (T)/ 方式 (E)/ 多个 (M)]:
　　　　　　　　　　　　　　　　　　　　　// 单击以选择上侧的水平线段，如图 5-67 所示
选择第二条直线，或按住 Shift 键选择直线以应用角点或 [距离 (D)/ 角度 (A)/ 方法 (M)]:
　　　　　　　　　　　　　　　　　　　　　// 单击以选择左侧与之相交的垂线段

2 圆角

通过倒圆角可以方便、快速地在两个图形对象之间绘制光滑的过渡圆弧线。在 AutoCAD 2019 中利用“圆角”命令即可进行倒圆角操作。

启用“圆角”命令的方法如下。

- 工具栏：单击“修改”工具栏中的“圆角”按钮。
- 菜单命令：选择“修改 > 圆角”命令。
- 命令行：输入 FILLET 命令（快捷命令：F）。

选择“修改 > 圆角”命令，在线段 *AB* 与线段 *BC* 之间绘制圆角，效果如图 5-68 所示。操作步骤如下。

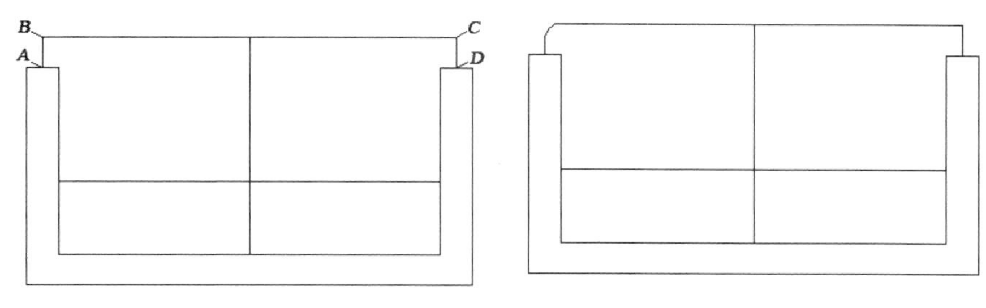

图 5-68

命令 : _fillet　　　　　　　　　　　　　　　　　　　　　// 选择“圆角”命令
当前设置 : 模式 = 修剪，半径 = 0.0000
选择第一个对象或 [放弃 (U)/ 多段线 (P)/ 半径 (R)/ 修剪 (T)/ 多个 (U)]: R　// 选择“半径”选项

指定圆角半径 <0.0000>: 50 // 输入圆角半径值
选择第一个对象或 [放弃 (U)/ 多段线 (P)/ 半径 (R)/ 修剪 (T)/ 多个 (M)]: // 选择线段 *AB*
选择第二个对象，或按住 Shift 键选择对象以应用角点或 [半径 (R)]: // 选择线段 *BC*

提示选项解释如下。

- 多段线 (P)：用于在多段线的每个顶点处进行倒圆角操作。可以将整个多段线倒圆角，与倒角效果相同，效果如图 5-69 所示；如果多段线线段的距离小于圆角的半径，将不被倒圆角。

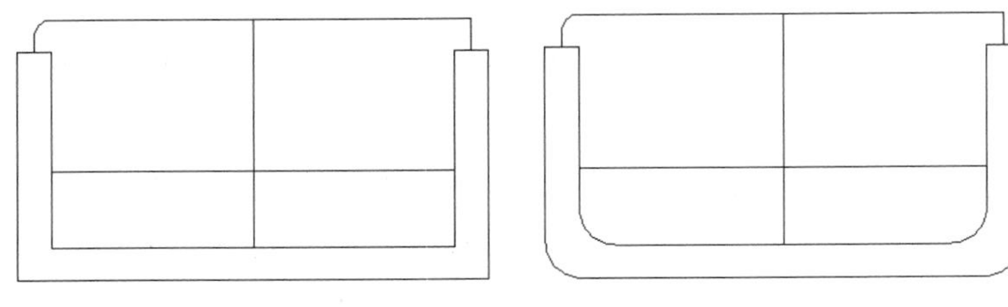

图 5-69

命令 : _fillet // 选择"圆角"命令
当前设置 : 模式 = 修剪，半径 = 50.0000
选择第一个对象或 [放弃 (U)/ 多段线 (P)/ 半径 (R)/ 修剪 (T)/ 多个 (M)]: R
// 选择"半径"选项
指定圆角半径 <50.0000>: 110 // 输入圆角半径值
选择第一个对象或 [放弃 (U)/ 多段线 (P)/ 半径 (R)/ 修剪 (T)/ 多个 (M)]: P
// 选择"多段线"选项
选择二维多段线或 [半径 (R)]: // 选择多段线
4 条直线已被圆角
4 条太短 // 显示被倒圆角的线段的数量

- 半径 (R)：用于设置圆角的半径。
- 修剪 (T)：用于控制倒圆角操作是否修剪对象。设置修剪对象时，圆角如图 5-70 中的 *A* 处所示；设置不修剪对象时，圆角如图 5-70 中的 *B* 处所示。操作步骤如下。

提示

按住 Shift 键并选择两条直线段，可以快速创建零距离倒角或零半径圆角。

命令 : _fillet // 选择"圆角"命令
当前设置 : 模式 = 修剪，半径 = 110.0000
选择第一个对象或 [放弃 (U)/ 多段线 (P)/ 半径 (R)/ 修剪 (T)/ 多个 (M)]: R
// 选择"半径"选项

指定圆角半径 <110.0000>: 50　　　　　　　　　　　　// 输入半径值

选择第一个对象或 [放弃 (U)/ 多段线 (P)/ 半径 (R)/ 修剪 (T)/ 多个 (M)]: T

　　　　　　　　　　　　　　　　　　　　　　// 选择“修剪”选项

输入修剪模式选项 [修剪 (T)/ 不修剪 (N)] < 修剪 >: N　// 选择“不修剪”选项

选择第一个对象或 [放弃 (U)/ 多段线 (P)/ 半径 (R)/ 修剪 (T)/ 多个 (M)]:

　　　　　　　　　　　　　　　　　　　　　　// 单击上侧水平直线

选择第二个对象，或按住 Shift 键选择对象以应用角点或 [半径 (R)]:

　　　　　　　　　　　　　　　　　　　　　　// 单击与之相交的垂直直线

- 多个 (M)：用于对多个对象进行倒圆角操作，此时 AutoCAD 2019 将重复显示提示命令，可以按 Enter 键结束。

还可以在两条平行线之间绘制圆角，如图 5-71（a）所示。选择“圆角”命令之后依次选择这两条平行线，效果如图 5-71（b）所示。

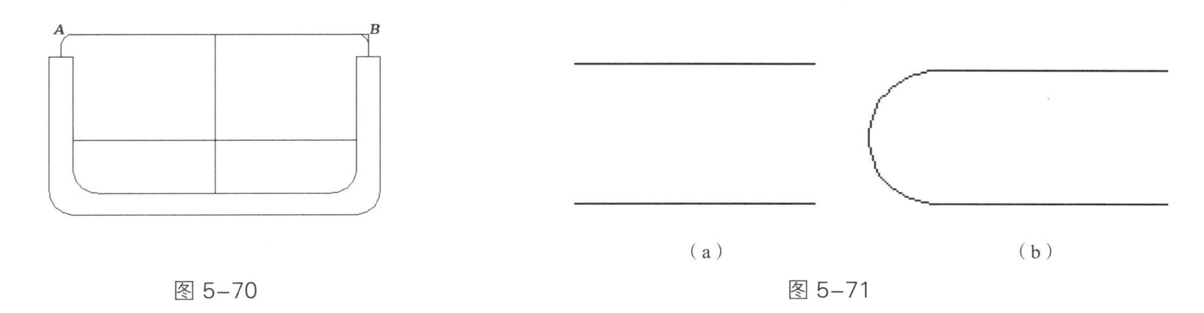

图 5-70　　　　图 5-71

提示

对平行线进行倒圆角时，圆角的半径取决于平行线之间的距离，而与所设置的圆角半径无关。

5.3.3 任务实施

（1）启动 AutoCAD 2019，打开云盘中的“Ch05 > 素材 > 圆螺母 .dwg”文件，如图 5-72 所示。

（2）倒角图形。单击“倒角”按钮，在 *A* 点处进行倒角，效果如图 5-73 所示。用相同的方法在 *B* 点处进行倒角，如图 5-74 所示。

命令 : _chamfer　　　　　　　　　　　　　　// 单击“倒角”按钮

(“修剪”模式) 当前倒角距离 1 = 0.0000，距离 2 = 0.0000

选择第一条直线或 [放弃 (U)/ 多段线 (P)/ 距离 (D)/ 角度 (A)/ 修剪 (T)/ 方式 (E)/ 多个 (M)]: A

　　　　　　　　　　　　　　　　　　　　　　// 选择“角度”选项

指定第一条直线的倒角长度 <0.0000>: 0.5　　　　　　// 输入倒角长度

指定第一条直线的倒角角度 <0>: 45　　　　　　// 输入倒角角度

选择第一条直线或 [放弃 (U)/ 多段线 (P)/ 距离 (D)/ 角度 (A)/ 修剪 (T)/ 方式 (E)/ 多个 (M):

　　　　　　// 选择线段 *AC*

选择第二条直线 :　　　　　　// 选择线段 *AB*

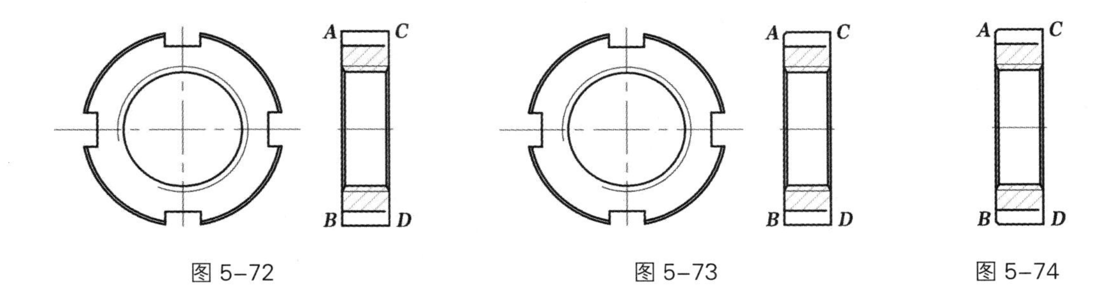

图 5–72　　图 5–73　　图 5–74

（3）倒角图形。单击“倒角”按钮，在 *C* 点处进行倒角，效果如图 5-75 所示。用相同的方法在 *D* 点处进行倒角，效果如图 5-76 所示。

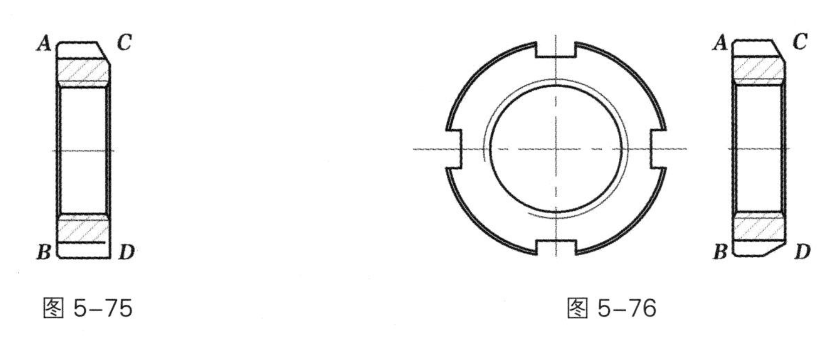

图 5–75　　图 5–76

命令 : _chamfer　　　　　　// 单击“倒角”按钮

（“修剪”模式）当前倒角长度 = 0.5000，角度 = 45

选择第一条直线或 [放弃 (U)/ 多段线 (P)/ 距离 (D)/ 角度 (A)/ 修剪 (T)/ 方式 (E)/ 多个 (M)]: A

　　　　　　// 选择“角度”选项

指定第一条直线的倒角长度 <0.5000>:2　　　　　　// 输入倒角长度

指定第一条直线的倒角角度 <45>:60　　　　　　// 输入倒角角度

选择第一条直线或 [放弃 (U)/ 多段线 (P)/ 距离 (D)/ 角度 (A)/ 修剪 (T)/ 方式 (E)/ 多个 (M)]:

　　　　　　// 选择线段 *AC*

选择第二条直线 :　　　　　　// 选择线段 *CD*

5.3.4 扩展实践：绘制电脑桌

本实践需要使用“直线”命令和“圆角”命令来完成电脑桌的绘制。最终效果参看云盘中的“Ch05 > DWG > 绘制电脑桌 .dwg”，如图 5-77 所示。

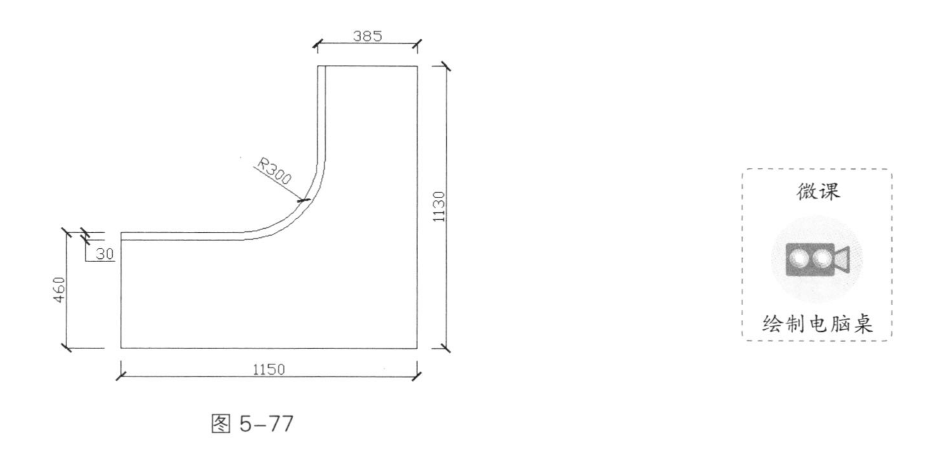

图 5-77

任务 5.4　项目演练：绘制浴巾架

使用“直线”工具、“矩形”工具、“偏移”工具和“圆角”工具完成浴巾架的绘制。最终效果参看云盘中的“Ch05 > DWG > 绘制浴巾架 .dwg”，如图 5-78 所示。

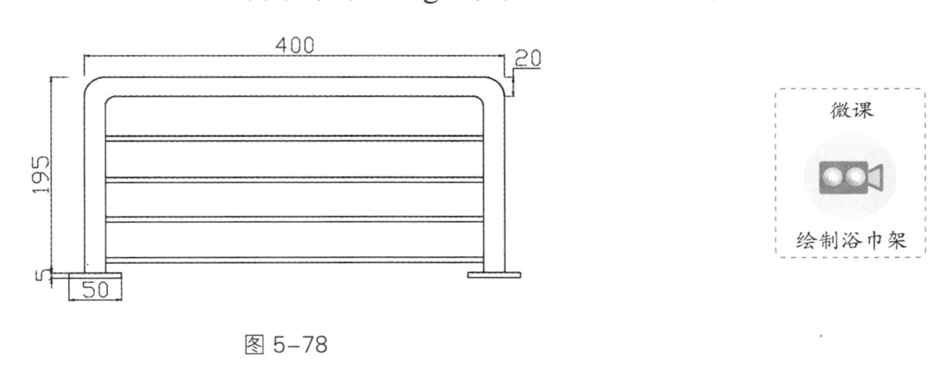

图 5-78

06

项目6

掌握文字与表格应用
——文字与表格

本项目介绍 AutoCAD 2019 的文字与表格功能。运用文字和表格功能可以为工程图添加技术要求、标题栏信息和明细表等注释信息，使图纸更加准确、清楚。通过本项目的学习，读者可以掌握在 AutoCAD 2019 中书写文字与应用表格的方法，从而使绘制的工程图符合行业规范。

学习引导

知识目标

- 了解单行与多行文字
- 了解表格的应用

能力目标

- 掌握单行和多行文字的创建方法及属性设置方法
- 掌握表格的创建方法和编辑技巧

素养目标

- 培养绘图的规范意识
- 培养严谨的工作作风

实训项目

- 填写技术要求
- 填写灯具明细表

任务 6.1 填写技术要求

6.1.1 任务引入

本任务要求读者首先了解如何创建文字；然后使用“多行文字”按钮来完成技术要求的填写。最终效果参看云盘中的“Ch06 >DWG > 填写技术要求 .dwg”，如图 6-1 所示。

技术要求

制造和验收技术条件应符合GB12237-1989的规定

图 6-1

6.1.2 任务知识：创建文字

1 文字样式

在书写文字之前需要对文字的样式进行设置，以使其符合行业要求。

◎ 创建文字样式

AutoCAD 2019 中的文字拥有字体、高度、效果、倾斜角度、对齐方式和位置等属性，用户可以通过设置文字样式来控制文字的这些属性。默认情况下，书写文字时使用的文字样式是 “Standard” 。用户可以根据需要创建新的文字样式，并将其设置为当前文字样式，这样在书写文字时就可以使用新创建的文字样式。AutoCAD 2019 提供了“文字样式”命令来创建文字样式。

启用“文字样式”命令的方法如下。

- 工具栏：单击“样式”工具栏中的“文字样式”按钮A。
- 菜单命令：选择“格式 > 文字样式”命令。
- 命令行：输入 STYLE 命令。

启用“文字样式”命令，弹出“文字样式”对话框，从中可以创建或调用已有的文字样式。在创建新的文字样式时，需要输入文字样式的名称，并进行相应的设置。

创建一个名称为“机械制图”的文字样式的操作步骤如下。

（1）选择“格式 > 文字样式”命令，弹出“文字样式”对话框，如图 6-2 所示。

（2）单击“新建”按钮，弹出“新建文字样式”对话框，在“样式名”文本框中输入新样式的名称“机械制图”，如图 6-3 所示。此处最多可输入 255 个字符，包括字母、数字及特殊字符，如美元符号“$”、下画线“_”和连字符“-”等。

（3）单击“确定”按钮，返回“文字样式”对话框，新样式的名称会出现在“样式”列表框中。设置新样式的属性，如文字的字体、高度和效果等，完成后单击“应用”按钮，将其设置为当前文字样式。

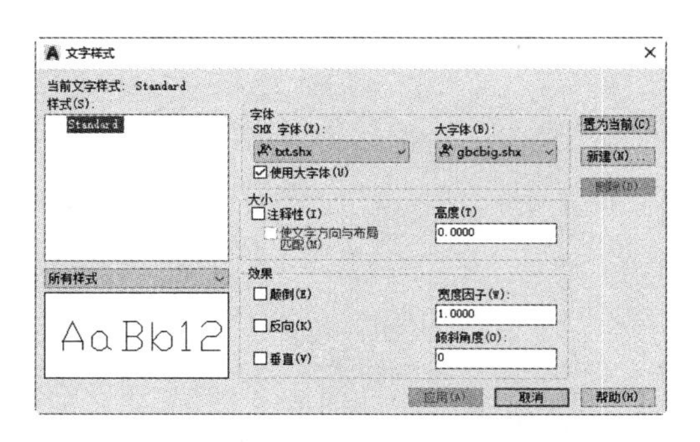

图 6-2

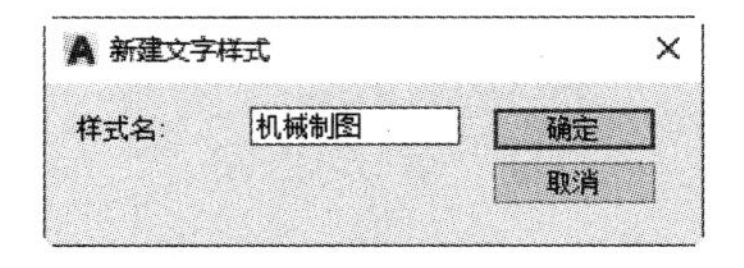

图 6-3

“文字样式”对话框中各选项的作用如下。

- “字体”选项组用于设置字体。
  - ▲ “SHX 字体”下拉列表：用于选择字体，如图 6-4 所示。若书写的中文显示为乱码或“？”符号，如图 6-5 所示，是因为选择的字体不对，该字体无法显示中文。取消选择“使用大字体”复选框，选择合适的字体，如“仿宋 _GB2312”，若不取消选择“使用大字体”复选框，则无法选用中文字体样式。设置好的“文字样式”对话框效果如图 6-6 所示，单击“置为当前”按钮，即可使用自定义的文字样式。

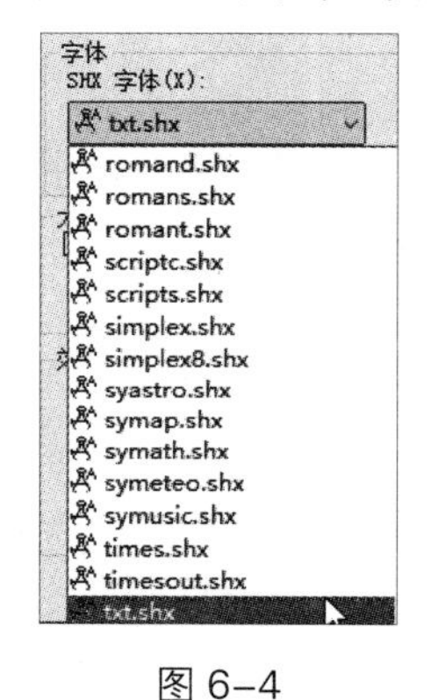

图 6-4

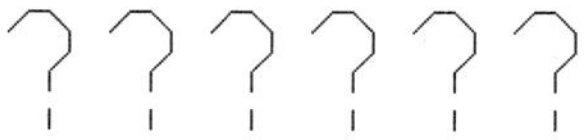

图 6-5

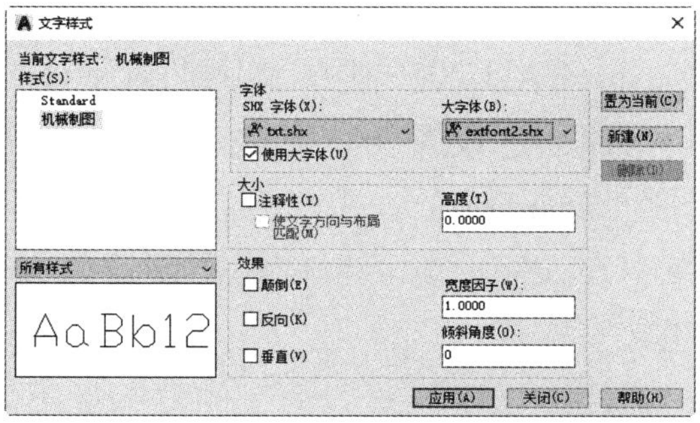

图 6-6

- “大小”选项组用于设置字体的高度。
  - ▲ “高度”数值框：用于设置字体的高度。
  - ▲ “注释性”复选框：使样式为注释性的。选择该复选框则激活“使文字方向与布局匹配”复选框。
  - ▲ “使文字方向与布局匹配”复选框：指定图纸空间视口中的文字方向与布局方向匹配。
- “效果”选项组用于控制文字的效果。
  - ▲ “颠倒”复选框：用于将文字上下颠倒显示，如图 6-7 所示。该复选框仅作用于单行文字。
  - ▲ “反向”复选框：用于将文字左右反向显示，如图 6-8 所示。该复选框仅作用于单行文字。

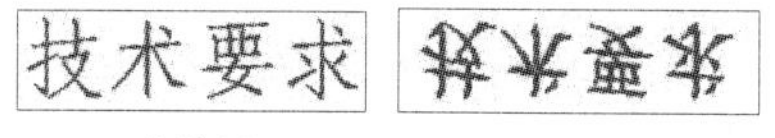

正常效果　　颠倒效果

图 6-7

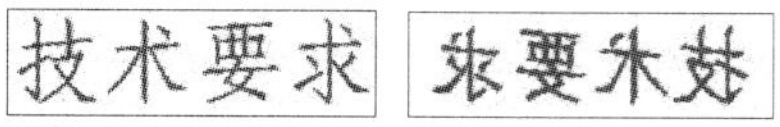

正常效果　　反向效果

图 6-8

▲“垂直”复选框：用于将文字垂直排列显示，如图 6-9 所示。

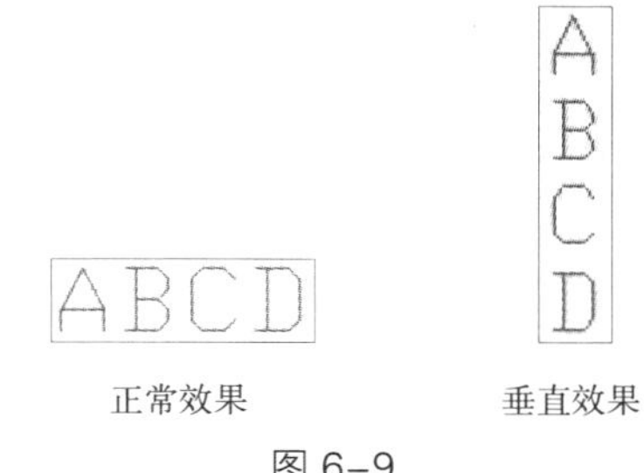

图 6–9

▲“宽度因子”数值框：用于设置字符宽度，输入小于 1 的值将压缩文字，输入大于 1 的值将扩大文字，如图 6-10 所示。

▲“倾斜角度”数值框：用于设置文字的倾斜角，可以输入 −85 ~ 85 的值，如图 6-11 所示。

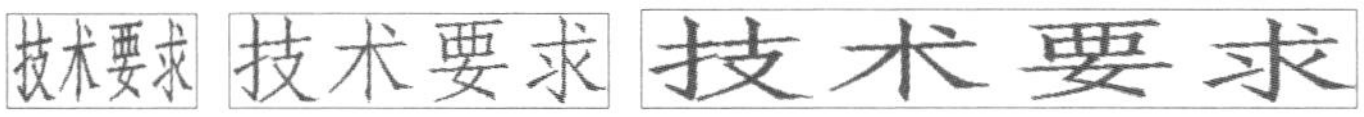

技术要求 技术要求 技术要求 技术要求 技术要求 技术要求

宽度为 0.5　宽度为 1　宽度为 2　角度为 0°　角度为 30°　角度为 −30°

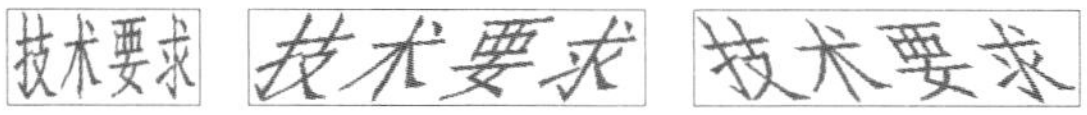

图 6–10　图 6–11

◎ 修改文字样式

在绘图过程中，可以随时修改文字样式。完成修改后，绘图窗口中的文字将自动使用更新后的样式。

（1）单击“样式”工具栏中的“文字样式”按钮 ，或选择“格式 > 文字样式”命令，弹出“文字样式”对话框。

（2）在“文字样式”对话框的“样式”列表框中选择需要修改的文字样式，然后修改相关属性。

（3）完成修改后，单击“应用”按钮，使修改生效。此时绘图窗口中的文字的样式自动改变，单击“关闭”按钮，完成修改文字样式的操作。

◎ 重命名文字样式

创建文字样式后，可以按照需要重命名文字样式。操作步骤如下。

（1）单击“样式”工具栏中的“文字样式”按钮 ，或选择“格式 > 文字样式”命令，弹出“文字样式”对话框。

（2）在“文字样式”对话框的“样式”列表框中选择需要重命名的文字样式。

（3）在需要重命名的文字样式上单击鼠标右键，在弹出的快捷菜单中选择“重命名”命令，如图 6-12 所示，输入新名称。

（4）单击“应用”按钮，使修改生效。

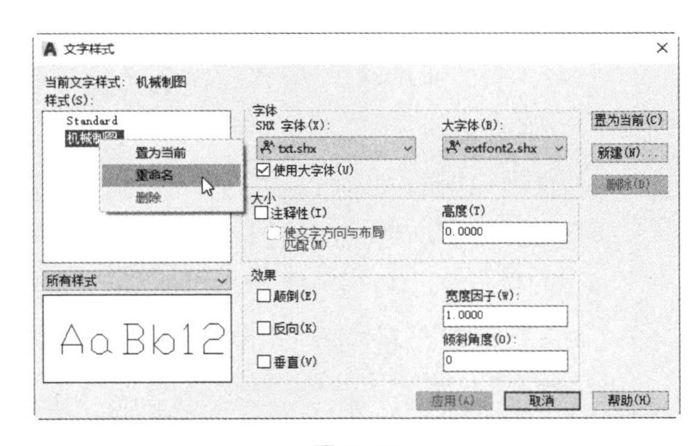

图 6–12

单击“关闭”按钮，完成重命名文字样式的操作。

◎ 选择文字样式

在绘图过程中，需要根据书写文字的要求选择文字样式。选择文字样式并将其设置为当前文字样式的方法有以下两种。

（1）使用“文字样式”对话框

打开“文字样式”对话框，在“样式”列表框中选择需要的文字样式，然后单击“关闭”按钮，关闭对话框，完成文字样式的选择操作。

（2）使用“样式”工具栏

在“样式”工具栏中的“文字样式控制”下拉列表中选择需要的文字样式，如图 6-13 所示。

图 6-13

❷ 单行文字

单行文字是指 AutoCAD 2019 会将输入的每行文字作为一个对象来处理，它主要用于一些不需要多种字体的简短输入。因此，通常会采用单行文字来创建工程图的标题栏信息和标签，这样比较简单、方便、快捷。

◎ 创建单行文字

启用“单行文字”命令的方法如下。

- 工具栏：单击“默认”选项卡“注释”选项组中的“单行文字”按钮 A。
- 菜单命令：选择“绘图 > 文字 > 单行文字”命令。
- 命令行：输入 TEXT（DTEXT）命令。

输入文字“单行文字”，效果如图 6-14 所示。

图 6-14

```
命令：_dtext                                   // 选择“绘图 > 文字 > 单行文字”命令
当前文字样式：Standard  当前文字高度：2.5000  注释性：否  对正：左
指定文字的起点或 [ 对正 (J)/ 样式 (S)]:          // 单击以确认文字的插入点
指定高度 <2.5000>:                             // 按 Enter 键
指定文字的旋转角度 <0>:                         // 按 Enter 键，输入文字“单行文字”，
                                               // 按 Ctrl+Enter 组合键
```

提示选项解释如下。

- 指定文字的起点：用于指定文字对象的起点。
- 对正 (J)：用于设置文字的对齐方式。在命令行中输入字母“J”，按 Enter 键，命令行会出现多种文字对齐方式，可以从中选取合适的一种。后文将详细讲解文字的对齐方式。
- 样式 (S)：用于选择文字的样式。在命令行中输入字母“S”，按 Enter 键，命令行

会出现“输入样式名或 [?] < 样式 2>:”，此时输入所要使用的样式名称即可。输入符号“?”，将列出所有的文字样式。

◎ 设置对齐方式

在创建单行文字的过程中，当命令行出现“指定文字的起点 [对正（J）/ 样式（S）]：”时，输入字母“J”（即选择“对正”选项），按 Enter 键即可指定文字的对齐方式，此时命令行会出现如下信息。

输入选项

[左 (L)/ 居中 (C)/ 右 (R)/ 对齐 (A)/ 中间 (M)/ 布满 (F)/ 左上 (TL)/ 中上 (TC)/ 右上 (TR)/ 左中 (ML)/ 正中 (MC)/ 右中 (MR)/ 左下 (BL)/ 中下 (BC)/ 右下 (BR)]

提示选项解释如下。

- 左 (L)：在由用户给出的点指定的基线上左对正文字。
- 居中 (C)：从基线的水平中心对齐文字。此基线是由用户指定的点确定的，如图 6-15 所示。

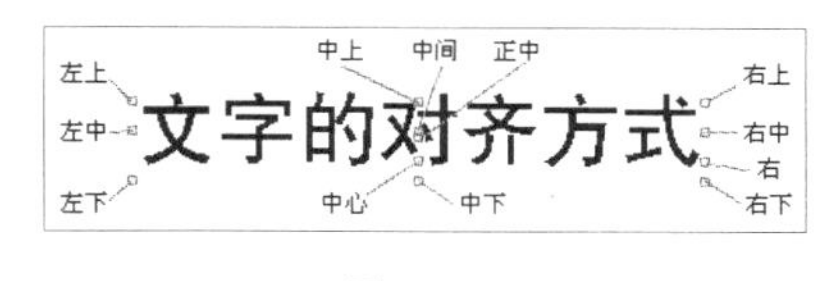

图 6-15

- 右 (R)：在由用户给出的点指定的基线上右对正文字。
- 对齐 (A)：通过指定文字的起始点和结束点来设置文字的高度和方向，文字将均匀地排列于基线起始点与结束点之间，文字的大小将根据其高度按比例调整。文字越长，其宽度越窄。
- 中间 (M)：文字在基线的水平中点和指定高度的垂直中点上对齐，中间对齐的文字不保持在基线上，如图 6-15 所示。
- 布满 (F)：文字将根据起始点与结束点定义的方向和一个高度值布满一个区域。文字越长，其宽度越窄，但高度保持不变。该方式只适用于水平方向的文字。
- 左上 (TL)：在指定为文字顶点的点上左对正文字。

以下各项只适用于水平方向的文字。

- 中上 (TC)：以指定为文字顶点的点上居中对正文字。
- 右上 (TR)：以指定为文字顶点的点上右对正文字。
- 左中 (ML)：在指定为文字中间点的点上左对正文字。
- 正中 (MC)：在文字的中央水平和垂直居中对正文字。
- 右中 (MR)：以指定为文字中间点的点右对正文字。
- 左下 (BL)：以指定为基线的点左对正文字。
- 中下 (BC)：以指定为基线的点居中对正文字。
- 右下 (BR)：以指定为基线的点右对正文字。

部分基点的位置如图 6-15 所示。

◎ 输入特殊字符

创建单行文字时，可以在文字中输入特殊字符，如圆直径标准符号“ϕ”、百分号“%”、正负公差符号“±”、文字的上画线和下画线等，但是这些特殊符号不能从键盘直接输入，而是需要输入其专用的代码。每个代码均由“%%”与一个字符组成，如%%C、%%D、%%P等。表6-1所示为特殊字符的代码。

表6-1

代码	对应字符	输入方法	显示效果
%%o	上画线	%%o90	$\overline{90}$
%%u	下画线	%%u90	$\underline{90}$
%%d	度数符号“°”	90%%d	90°
%%p	正负公差符号“±”	%%p90	±90
%%c	圆直径标注符号“ϕ”	%%c90	∅90
%%%	百分号“%”	90%%%	90%

◎ 编辑单行文字

用户可以对单行文字的内容、字体、字体样式和对齐方式等进行编辑，也可以使用删除、复制和旋转等编辑工具对其进行编辑。

（1）修改单行文字的内容

启用修改单行文字命令的方法如下。

- 菜单命令：选择“修改 > 对象 > 文字 > 编辑”命令。
- 双击要修改的单行文字。

双击要修改的单行文字，然后在弹出的“文字输入”对话框中修改文字内容，如图6-16所示，完成后按Enter键。

（2）缩放文字

选择“修改 > 对象 > 文字 > 比例”命令，调整文字大小，效果如图6-17所示。

图6-16

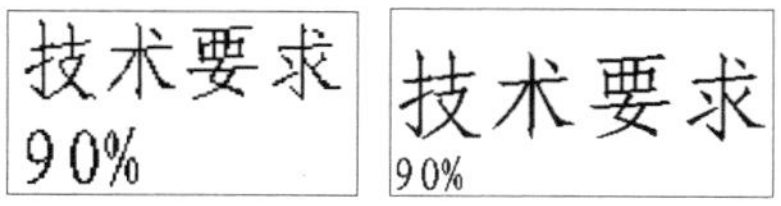

图6-17

命令：_scaletext　　//选择“修改 > 对象 > 文字 > 比例”命令

选择对象：找到1个　　//选择文字“技术要求”

选择对象：　　//按Enter键

输入缩放的基点选项

[现有(E)/左(L)/居中(C)/中间(M)/右对齐(R)/左上(TL)/中上(TC)/右上(TR)/左中(ML)/正中(MC)/右中(MR)/左下(BL)/中下(BC)/右下(BR)] <现有>: bl　　//选择“左下”选项

指定新模型高度或[图纸高度(P)/匹配对象(M)/比例因子(S)] <2.5>: 5　　//输入新的高度

（3）修改文字的对齐方式

选择“修改 > 对象 > 文字 > 对正”命令，修改文字的对齐方式，效果如图 6-18 所示。

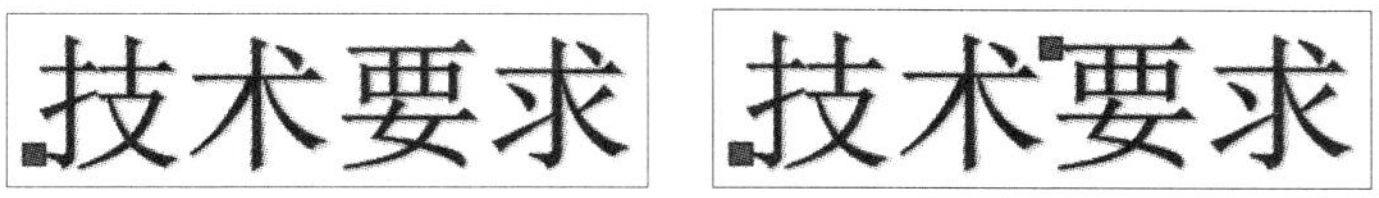

技术要求 技术要求

图 6-18

命令 : _justifytext // 选择“修改 > 对象 > 文字 > 对正”命令

选择对象 : 找到 1 个 // 选择文字对象

选择对象 : // 按 Enter 键输入对正选项 [左对齐 (L)/ 对齐 (A)/ 布满 (F)/

// 居中 (C)/ 中间 (M)/ 右对齐 (R)/ 左上 (TL)/ 中上 (TC)/

// 右上 (TR)/ 左中 (ML)/ 正中 (MC)/ 右中 (MR)/ 左下 (BL)/

// 中下 (BC)/ 右下 (BR)] < 中心 >: tc

// 选择“中上”选项，按 Enter 键

（4）使用对象“特性”选项板编辑文字

选择“工具 > 选项板 > 特性”命令，打开“特性”选项板。单击“选择对象”按钮，然后在绘图窗口中选择文字对象，此时选项板将显示与文字相关的信息，如图 6-19 所示。从中可以修改文字的内容、样式、对正和高度等属性。

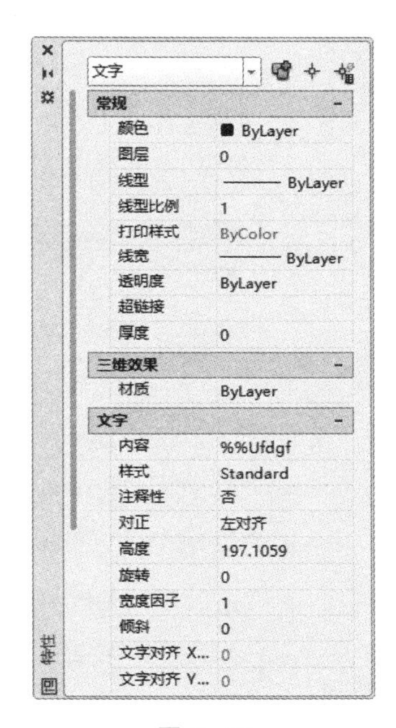

图 6-19

3 多行文字

对于较长、较为复杂的文字内容，通常是以多行文字方式输入的，这样可以方便、快捷地指定文字对象分布的宽度，并可以在多行文字中单独设置其中某个字符或某一部分文字的属性。

◎ 创建多行文字

AutoCAD 2019 提供了“多行文字”命令来输入多行文字。

启用“多行文字”命令的方法如下。

- 工具栏：单击“绘图”工具栏中的“多行文字”按钮A。
- 菜单命令：输入“绘图 > 文字 > 多行文字”命令。
- 命令行：输入 MTEXT 命令（快捷命令：T/MT）。

输入技术要求等文字，效果如图 6-20 所示。操作步骤如下。

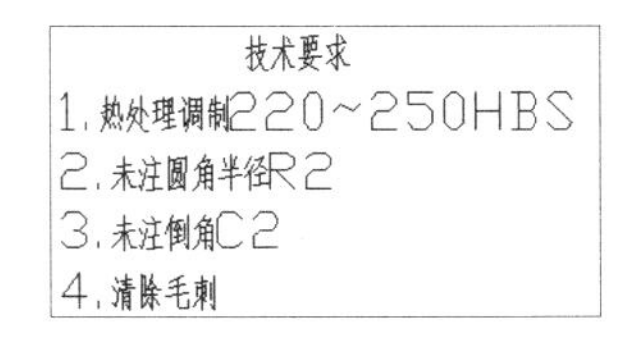

图 6-20

（1）单击“绘图”工具栏中的“多行文字”按钮A，鼠标指针变为“+abc”形式。在绘图窗口中单击以确定一点，并向右下方拖动鼠标绘制出一个矩形框，如图 6-21 所示。

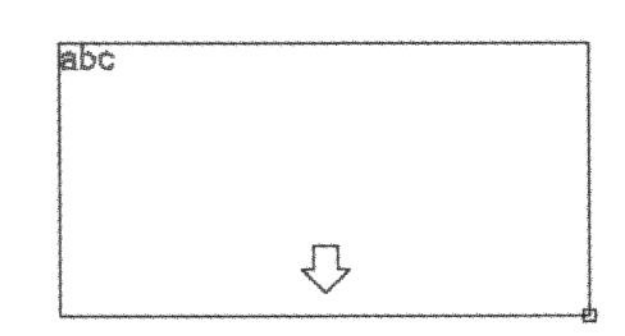

图 6-21

（2）拖动鼠标使鼠标指针位于适当的位置后单击以确定文字的输入区域，打开“文字编辑器”选项卡和一个顶部带有标尺的“文字输入”框，如图 6-22 所示。

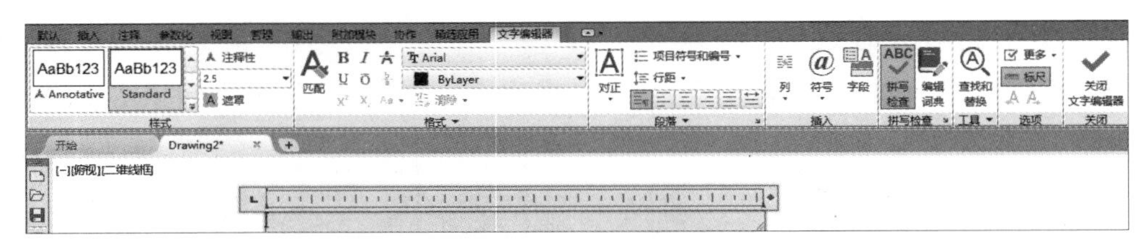

图 6–22

（3）在“文字输入”框中输入技术要求等文字，效果如图 6-23 所示。

（4）输入完毕后，单击 “文字编辑器”选项卡中的“关闭文字编辑器”按钮完成输入，效果如图 6-24 所示。

图 6–23

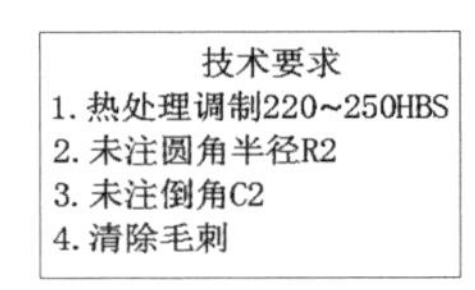

技术要求
1. 热处理调制220~250HBS
2. 未注圆角半径R2
3. 未注倒角C2
4. 清除毛刺

图 6–24

◎ 设置文字的字体与高度

“文字编辑器”选项卡用于设置多行文字的文字样式和文字字符格式，如图 6-25 所示。

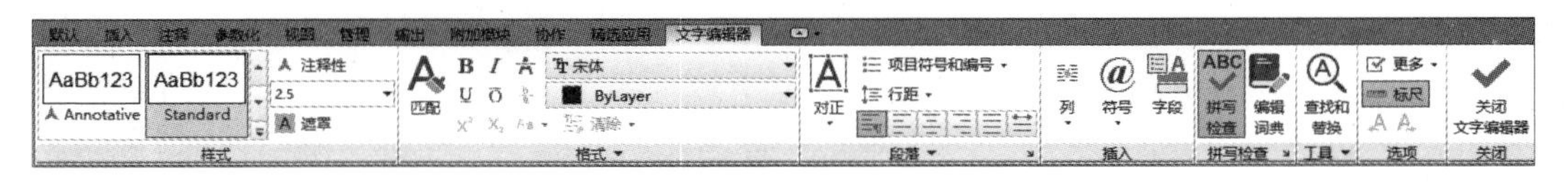

图 6–25

工具栏中各选项组的作用如下。

- “样式”选项组：用于选择文字样式、设置文字高度及文字注释。
- “格式”选项组：用于设置文字的字体、颜色、加粗、斜体、下画线、上画线等。
- “段落”选项组：用于设置文字的对齐方式、项目符号和行距等。
- “插入”选项组：用于设置文字的列数、特殊符号和字段等。
- “拼写检查”选项组：用于设置文字的拼写及词典等。
- “工具”选项组：用于文字的查找和替换等。
- “选项”选项组：用于设置标尺等。
- “关闭”选项组：用于文字的提交。

◎ 输入分数与公差

“文字编辑器”选项卡“格式”选项组中的“堆叠”按钮用于设置有分数、公差等形式的文字，通常是使用“/” “^” “#”等符号设置文字的堆叠形式。

文字的堆叠形式如下。

- 分数形式：使用“/”或“#”连接分子与分母。选中分数文字，单击“堆叠”按钮，文字即可显示为分数的表示形式，效果如图 6-26 所示。

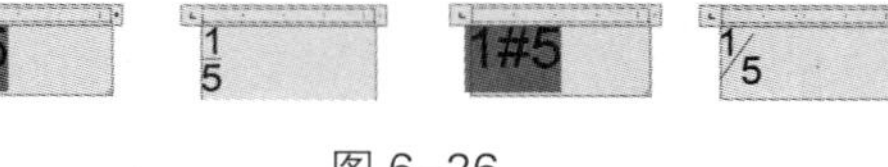

图 6–26

- 上标形式：使用字符“^”标识文字。将“^”放在文字之后，然后将其与文字都选中。单击“堆叠”按钮，即可设置所选文字为上标字符，效果如图 6-27 所示。
- 下标形式：将“^”放在文字之前，然后将其与文字都选中。单击“堆叠”按钮，即可设置所选文字为下标字符，效果如图 6-28 所示。
- 公差形式：将字符“^”放在文字之间，然后将其与文字都选中。单击“堆叠”按钮，即可将所选文字设置为公差形式，效果如图 6-29 所示。

10mm2^　$10mm^2$

图 6–27

10mm^2　$10mm_2$

图 6–28

10+0.01^-0.02　$10^{+0.01}_{-0.02}$

图 6–29

提示

当需要修改分数、公差等形式的文字时，可选择已堆叠的文字，然后单击鼠标右键，选择“堆叠特性”命令，弹出“堆叠特性”对话框，如图 6-30 所示。对需要修改的选项进行修改，然后单击 确定 按钮，确认修改。

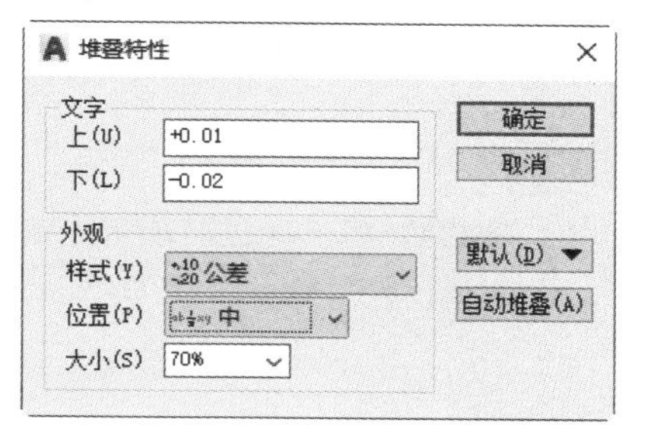

图 6–30

◎ 输入特殊字符

使用“多行文字”命令也可以输入相应的特殊字符。

单击“文字编辑器”选项卡“插入”选项组中的“符号”按钮@，弹出快捷菜单，如图 6-31 所示。从中可以选择相应的特殊字符，菜单命令的右侧标明了特殊字符的代码。

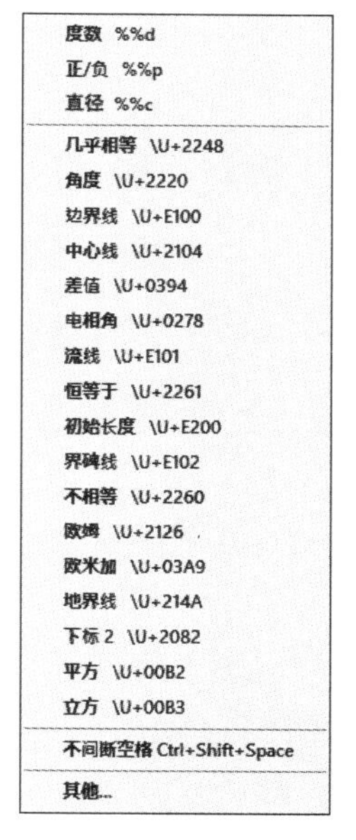

图 6–31

◎ 编辑多行文字

AutoCAD 2019 提供了“编辑”命令来编辑多行文字的内容。

选择“修改 > 对象 > 文字 > 编辑”命令，打开“文字编辑器”选项卡和“文字输入”框。在“文字输入”框内可修改文字的内容，在“文字编辑器”选项卡中可以修改字体、大小、样式和颜色等属性。

提示

直接双击要修改的多行文字对象，也可打开“文字编辑器”选项卡和“文字输入”框。

6.1.3 任务实施

（1）启动AutoCAD 2019单击“多行文字”按钮A，并通过鼠标指定文字的输入位置。

（2）进入“文字编辑器”选项卡和一个顶部带有标尺的“文字输入”框（即多行文字编辑器）。

（3）在“文字输入”框中输入技术要求等文字，并调整其格式，如图6-32所示。

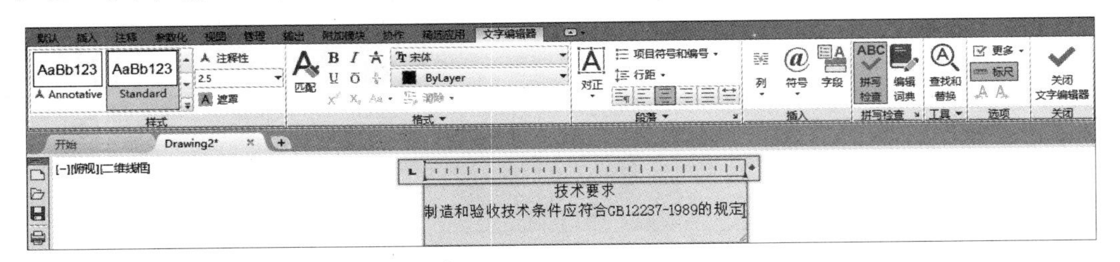

图6–32

（4）选中“技术要求”，在“文字高度”下拉列表框中输入5，按Enter键，即可将字高设置为5，如图6-33所示。

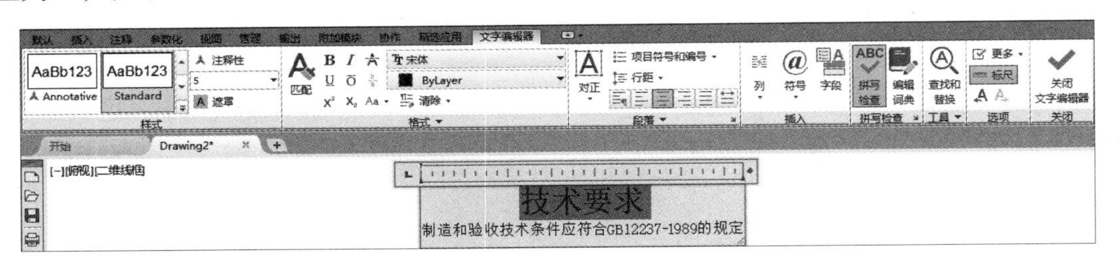

图6–33

（5）选中“制造和验收技术条件应符合GB12237—1989的规定”，在“字体”下拉列表中选择“楷体_GB2312”选项，即可将字体设置为楷体，如图6-34所示。

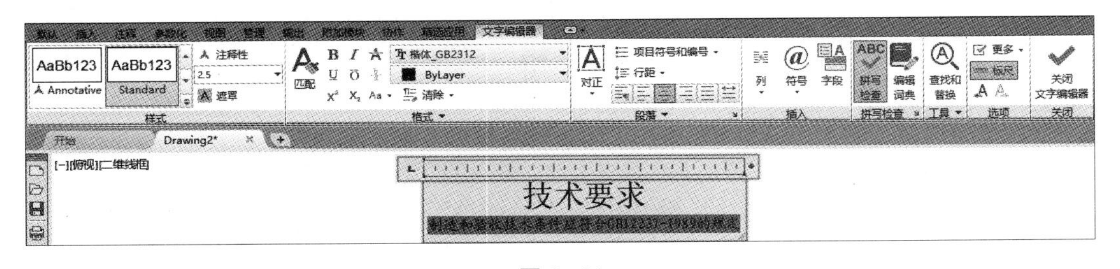

图6–34

（6）单击“文字编辑器”选项卡中的“关闭文字编辑器”按钮完成输入。

6.1.4 扩展实践：输入文字说明

本任务需要使用“多行文字”按钮来完成文字说明的输入。最终效果参看云盘中的“Ch06 >DWG > 输入文字说明.dwg”，如图6-35所示。

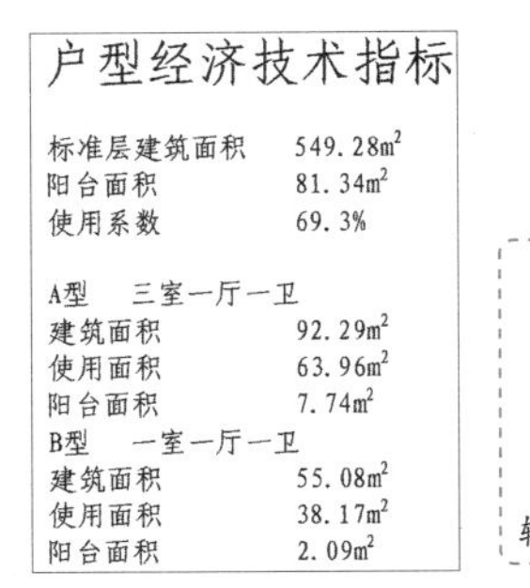

图6–35

任务 6.2　填写灯具明细表

6.2.1　任务引入

本任务要求读者首先了解如何应用表格；然后使用“表格”命令来完成灯具明细表的填写。最终效果参看云盘中的“Ch06 >DWG > 填写灯具明细表 .dwg”，如图 6-36 所示。

灯具明细表					
代号	图标	名称	尺寸	位置	备注
L1		日光灯格栅	600X1200	办公区域	2支冷光1支暖光
L2		日光灯格栅	600X600		2支冷光1支暖光
L3	⊕ "L"	蓄能筒灯	Ø150		应急使用
L4	⊕ "W"	八寸节能管筒灯			
L5	⊕	筒灯	Ø150	走廊	

图 6-36

6.2.2　任务知识：应用表格

1　创建表格样式

利用 AutoCAD 2019 的表格功能，可以方便、快速地绘制图纸所需的表格，如明细表和标题栏等。在绘制表格之前，需要启用“表格样式”命令来设置表格的样式，使表格按照一定的标准进行创建。

启用“表格样式”命令的方法如下。

- 工具栏：单击“样式”工具栏中的“表格样式”按钮。
- 菜单命令：选择“格式 > 表格样式”命令。
- 命令行：输入 TABLESTYLE 命令。

选择“格式 > 表格样式”命令，弹出“表格样式”对话框，如图 6-37 所示。

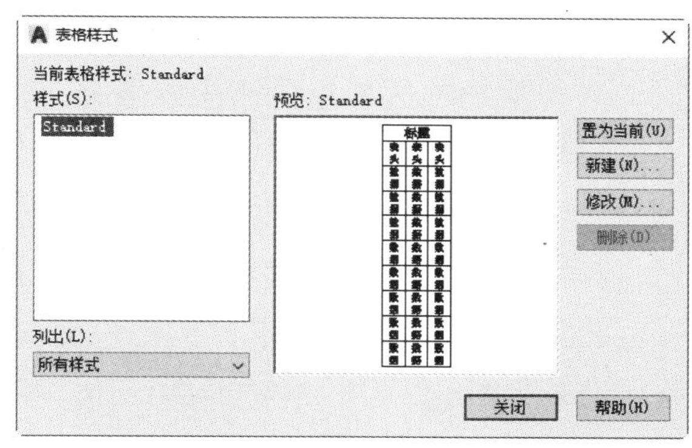

图 6-37

“表格样式”对话框中各选项的作用如下。

- “样式”列表框：用于显示所有的表格样式，默认的表格样式为“Standard”。
- “列出”下拉列表：用于控制表格样式在“样式”列表框中显示的条件。
- “预览”框：用于预览选择的表格样式。
- “置为当前”按钮置为当前(U)：用于将选择的样式设置为当前的表格样式。
- “新建”按钮新建(N)...：用于创建新的表格样式。
- “修改”按钮修改(M)...：用于编辑选择的表格样式。

● “删除”按钮：用于删除选择的表格样式。

单击“表格样式”对话框中的“新建”按钮，弹出“创建新的表格样式”对话框，如图 6-38 所示。在“新样式名”文本框中输入新的样式名称，单击“继续”按钮，弹出“新建表格样式”对话框，如图 6-39 所示。

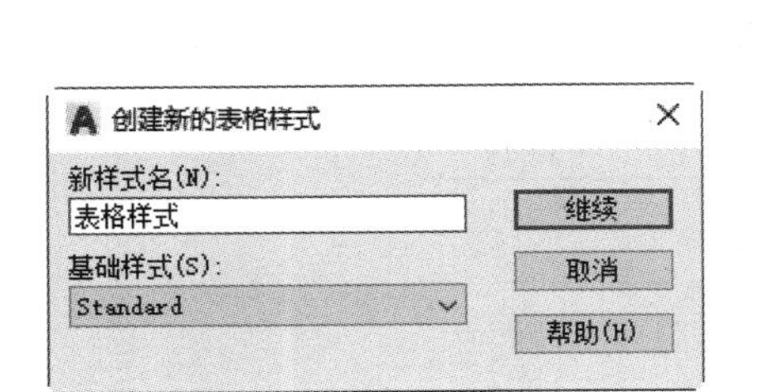

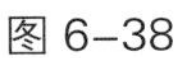
图 6–38

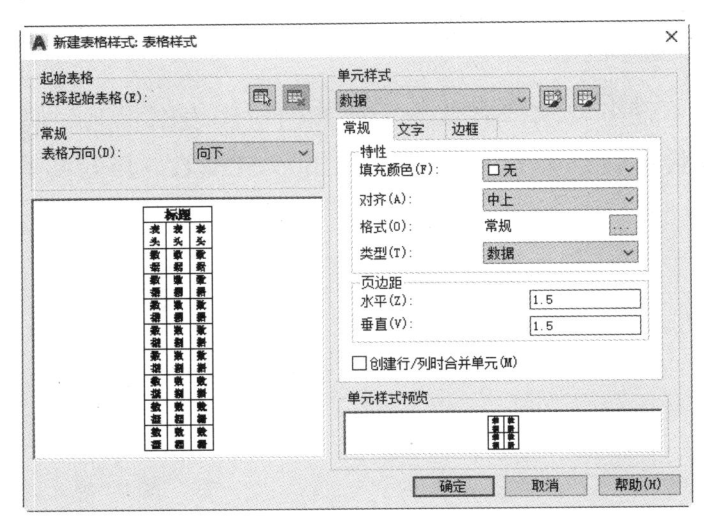

图 6–39

“新建表格样式”对话框中各选项的作用如下。

● “起始表格”选项组：用于使用户在图形中指定一个表格用作样例来设置此表格样式的格式。

▲“选择一个表格用作此表格样式的起始表格”按钮：单击该按钮回到绘图界面，选择表格后，可以指定从该表格复制到表格样式的结构和内容。

▲“从此表格样式中删除起始表格”按钮：用于将表格从当前指定的表格样式中删除。

“常规”选项组用于更改表格方向。

▲“表格方向”下拉列表：用于设置表格方向。选择“向上”选项表示创建自上而下读取的表格，即其行标题和列标题位于表的顶部；选择“向下”选项表示创建自下而上读取的表格，即其行标题和列标题位于表的底部。

● “单元样式”选项组：用于定义新的单元样式或修改现有单元样式。

▲“单元样式”下拉列表：用于显示表格中的单元样式。单击“创建新单元样式”按钮，弹出“创建新单元样式”对话框，如图 6-40 所示。在“新样式名”文本框中输入要建立的新单元样式的名称。单击“继续”按钮，返回“表格样式”对话框，可以对其进行各项设置。单击“管理单元样式”按钮，弹出“管理单元样式”对话框，如图 6-41 所示，可以对“单元样式”列表框中的已有样式进行操作，也可以新建单元样式。

● “常规”选项卡：用于设置表格属性和页边距，如图 6-42 所示。

▲“填充颜色”下拉列表：用于指定单元的背景色，默认值为“无”。

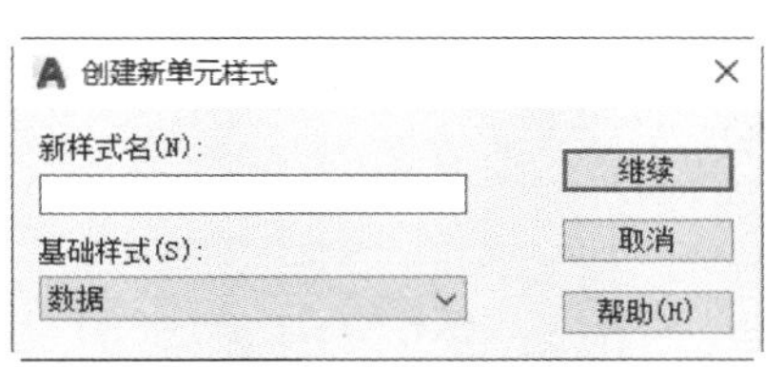
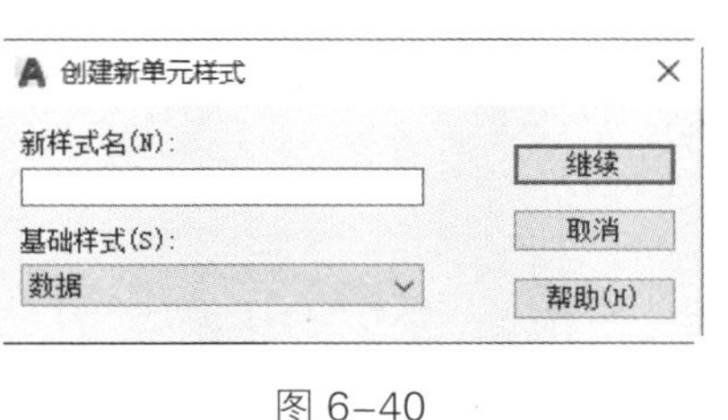

图 6-40

图 6-41

▲“对齐”下拉列表：用于设置表格单元中文字的对正和对齐方式。文字相对于单元的顶部边框和底部边框进行居中对齐、上对齐或下对齐，相对于单元的左边框和右边框进行居中对正、左对正或右对正。

▲“格式”：用于为表格中的各行设置数据类型和格式。单击后面的[...]按钮，弹出“表格单元格式”对话框，如图 6-43 所示，从中可以进一步定义格式选项。

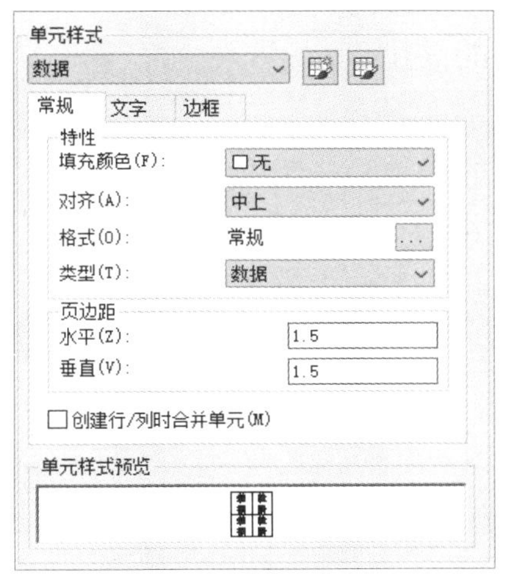

图 6-42

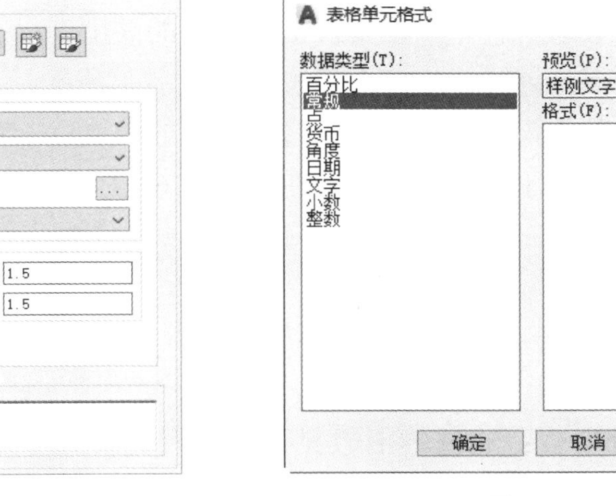

图 6-43

▲“类型”下拉列表：用于将单元样式指定为标签或数据。

▲“水平”数值框：用于设置单元中的文字或块与左右单元边界之间的距离。

▲“垂直”数值框：用于设置单元中的文字或块与上下单元边界之间的距离。

▲“创建行 / 列时合并单元”复选框：将使用当前单元样式创建的所有新行或新列合并为一个单元。可以使用此复选框在表格的顶部创建标题行。

●“文字”选项卡：用于设置文字的属性，如图 6-44 所示。

图 6-44

▲“文字样式”下拉列表：用于设置表格内文字的样式。若表格内的文字显示为“？”符号，如图 6-45 所示，则需要设置文字的样式。单击“文字样式”下拉列表右侧的[...]按钮，弹出“文字样式”对话框，如图 6-46 所示。在“字体”选项组的“字体名”下拉列表中选择“仿宋_GB2312”选项，并依次单击“应用”按钮[应用(A)]和“关闭”按钮[关闭(C)]，关闭对话框，这时预览框会显示文字的预览效果。

??		
??	??	??
??	??	??
??	??	??
??	??	??
??	??	??
??	??	??
??	??	??
??	??	??
??	??	??

图 6-45

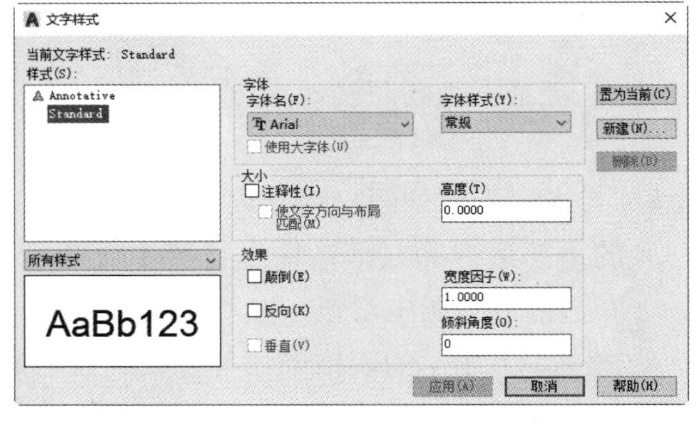

图 6-46

▲“文字高度”数值框：用于设置表格中文字的高度。

▲“文字颜色”下拉列表：用于设置表格中文字的颜色。

▲“文字角度”数值框：用于设置表格中文字的角度。

● “边框”选项卡：用于设置边框的属性，如图 6-47 所示。

▲“线宽”下拉列表：通过单击边界按钮，设置将要应用于指定边界的线宽。

▲“线型”下拉列表：通过单击边界按钮，设置将要应用于指定边界的线型。

▲“颜色”下拉列表：通过单击边界按钮，设置将要应用于指定边界的颜色。

图 6-47

▲“双线”复选框：选择该复选框则表格的边界显示为双线，同时激活“间距”数值框。

▲“间距”数值框：用于设置双线边界的间距。

▲“所有边框”按钮：将边界特性设置应用于所有数据单元、列标题单元或标题单元的所有边界。

▲“外边框”按钮：将边界特性设置应用于所有数据单元、列标题单元或标题单元的外部边界。

▲“内边框”按钮：将边界特性设置应用于除标题单元外的所有数据单元或列标题单元的内部边界。

▲“底部边框”按钮：将边界特性设置应用于指定单元样式的底部边界。

▲“左边框”按钮：将边界特性设置应用于指定单元样式的左边界。

▲“上边框”按钮：将边界特性设置应用于指定单元样式的上边界。

▲“右边框”按钮：将边界特性设置应用于指定单元样式的右边界。

▲“无边框”按钮：隐藏数据单元、列标题单元或标题单元的边界。

▲“单元样式预览”框：用于显示当前设置的表格样式。

2 修改表格样式

若需要修改表格样式，可以选择“格式 > 表格样式”命令，弹出“表格样式”对话框。在“样式”列表框内选择表格样式，单击“修改”按钮 修改(M)... ，弹出“修改表格样式”对话框，如图 6-48 所示，从中可以修改表格的各项属性。修改完成后，单击“确定”按钮 确定 ，完成表格样式的修改。

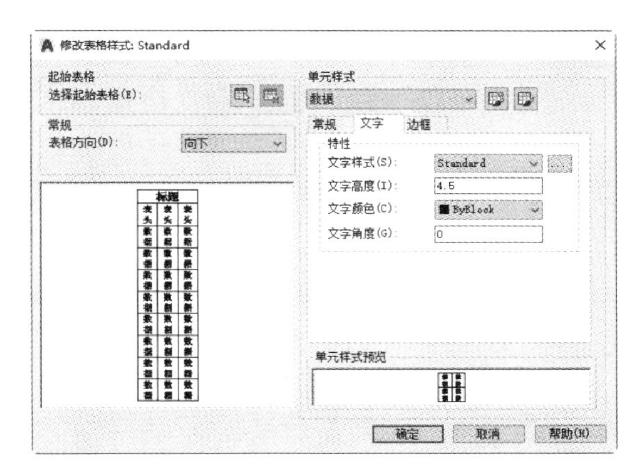

图 6-48

3 创建表格

启用“表格”命令可以方便、快速地创建图纸所需的表格。

启用“表格”命令的方法如下。

● 工具栏：单击“绘图”工具栏中的“表格”按钮。

● 菜单命令：选择“绘图 > 表格”命令。

● 命令行：输入 TABLE 命令。

选择“绘图 > 表格”命令，弹出“插入表格”对话框，如图 6-49 所示。

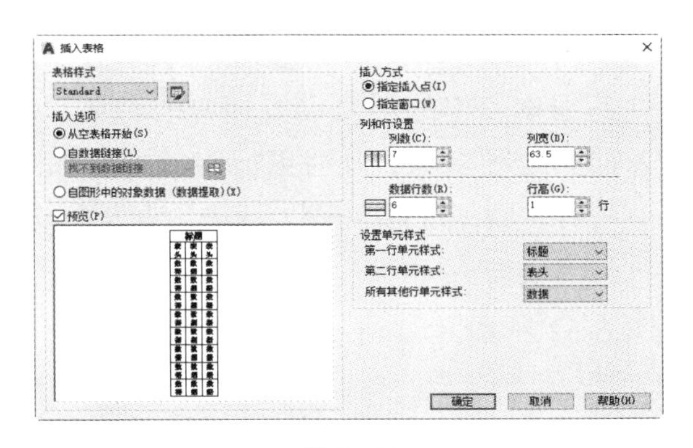

图 6-49

“插入表格”对话框中各选项的作用如下。

● “表格样式”下拉列表用于选择要使用的表格样式。单击后面的按钮，弹出“表格样式”对话框，可以创建表格样式。

● “从空表格开始”单选按钮：用于创建可以手动填充数据的空表格。

● “自数据链接”单选按钮：用于根据外部电子表格中的数据创建表格，单击后面的“启动‘数据链接管理器’对话框”按钮，弹出“选择数据链接”对话框，如图 6-50 所示，从中可以创建新的或是选择已有的表格数据。

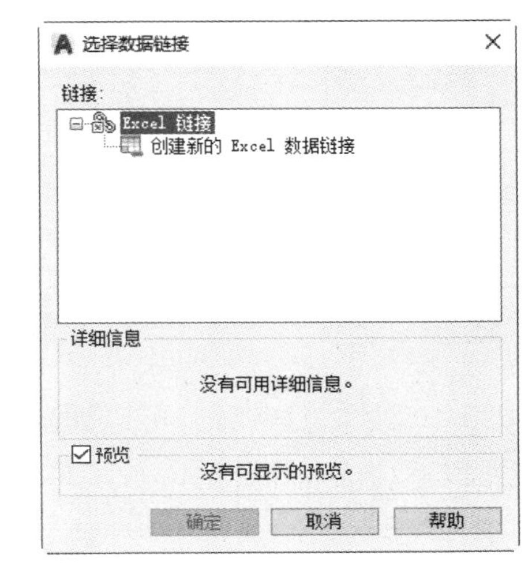

图 6-50

● “自图形中的对象数据（数据提取）”单选按钮：用于从图形中提取对象数据，这些数据可输出到表格或外部文件。选择该单选按钮后，单击“确定”按钮 确定 ，启动“数据提取”向导，这里提供了“创建新数据提取”和“编辑现有的数据提取”两种数据提取方式。

- “指定插入点”单选按钮：用于设置表格左上角的位置。如果表格样式将表的方向设置为自下而上读取，则插入点位于表的左下角。
- “指定窗口”单选按钮：用于设置表格的大小和位置。选择此单选按钮后，行数、列数、列宽和行高取决于窗口的大小及列和行的设置。
- “列数”数值框：用于指定表格中的列数。
- “列宽”数值框：用于指定表格中的列的宽度。
- “数据行数”数值框：用于指定表格中的行数。
- “行高”数值框：用于指定表格中行的高度。
- “第一行单元样式”下拉列表：用于指定表格中第一行的单元样式，包括“标题”“表头”“数据”3个选项，默认情况下，使用“标题”单元样式。
- “第二行单元样式”下拉列表：用于指定表格中第二行的单元样式，包括“标题”“表头”“数据”3个选项，默认情况下，使用“表头”单元样式。
- “所有其他行单元样式”下拉列表：用于指定表格中所有其他行的单元样式，包括“标题”“表头”“数据”3个选项，默认情况下，使用“数据”单元样式。

根据表格的需要设置相应的参数，单击“确定”按钮 确定 ，关闭“插入表格”对话框，返回到绘图窗口，此时鼠标指针形状如图6-51所示。

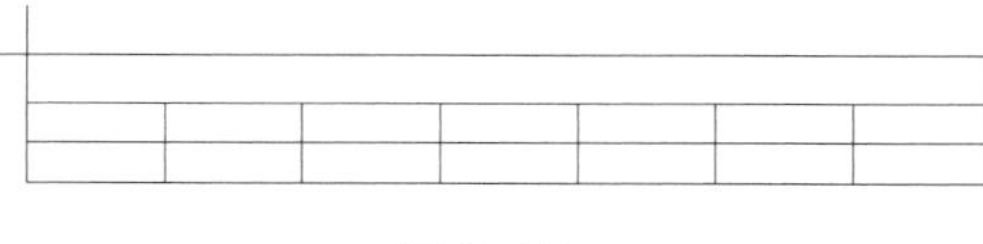

图 6–51

在绘图窗口中单击，指定插入表格的位置，并打开“文字编辑器”选项卡。在标题栏中，光标如图6-52所示。

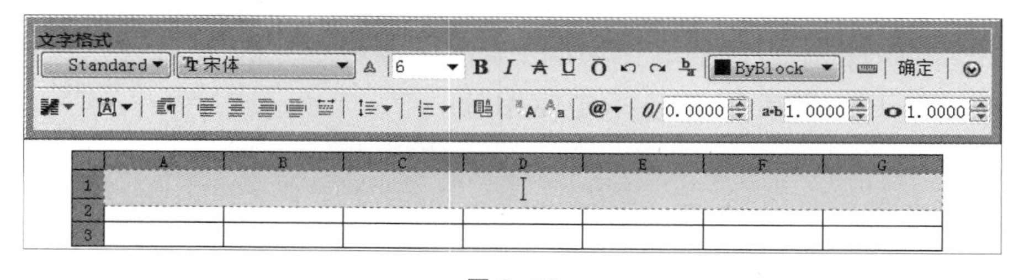

图 6–52

表格单元中的数据可以是文字或块。创建完表格后，可以在其单元格内添加文字或者插入块。

提示

绘制表格时，可以通过输入数值来确定表格的大小，列和行将自动调整其数值，以适应表格的大小。

若在输入文字之前直接单击“文字编辑器”选项卡中的“关闭”按钮，则可以退出表格的文字输入状态，此时可以绘制没有文字的表格，效果如图6-53所示。

如果绘制的表格是一个数表，则可能需要对表中的某些数据进行求和、均值等公式计算。AutoCAD 2019 提供了非常快捷的操作方法，用户可以先将要进行公式计算的单元格激活，然后打开“表格单元”选项卡，单击“插入公式”按钮，在弹出的下拉列表中选择相应的选项，如图 6-54 所示。

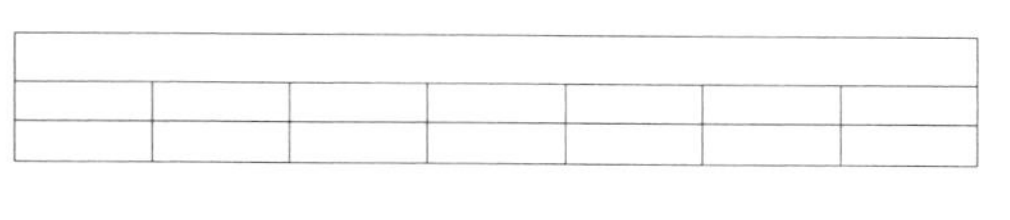

图 6-53

创建一个表格，并对表格中的数据进行求和，效果如图 6-55 所示。操作步骤如下。

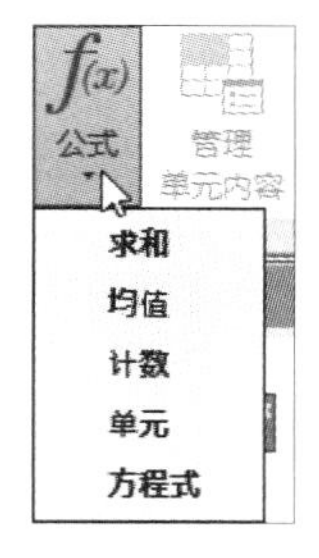

图 6-54

公式求和						
名称	轴承	螺栓	螺母	垫圈	密封圈	总计
数量	20	24	24	48	6	122

图 6-55

（1）单击“表格”按钮，弹出“插入表格”对话框。设置表格列数为 7、数据行数为 6，如图 6-56 所示。完成后单击“确定”按钮 确定 ，将表格插入绘图区域，效果如图 6-57 所示。

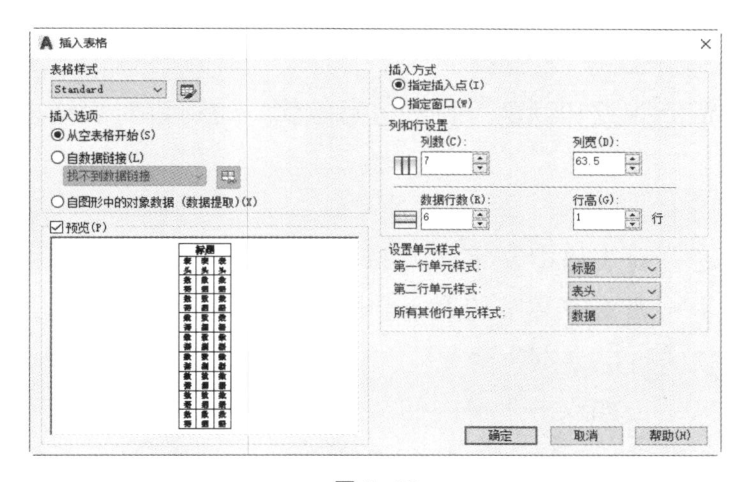

图 6-56

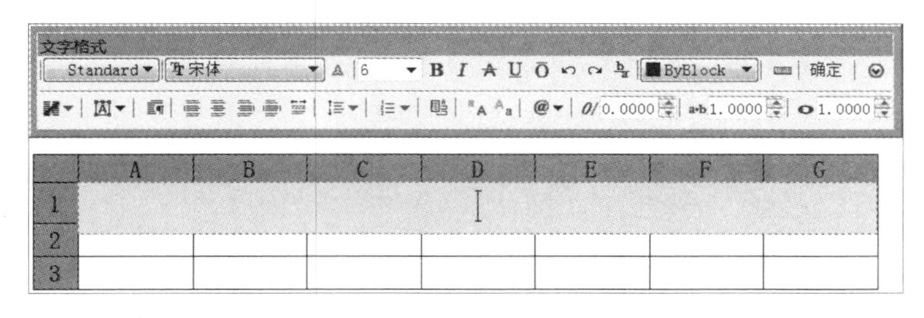

图 6-57

（2）分别双击各个单元格，输入相应的内容，然后单击“文字编辑器”选项卡中的“关闭”按钮，完成表格内容的填写，如图 6-58 所示。

公式求和						
名称	轴承	螺栓	螺母	垫圈	密封圈	总计
数量	20	24	24	48	6	

图 6-58

（3）单击表格右下角的单元格，将其激活，如图 6-59 所示，弹出“表格单元”工具栏，单击“插入公式”按钮，在弹出的下拉列表中选择“求和”选项。此时系统提示选择表格单元的范围。在轴承下方的单元格中单击，使其作为第一个角点；在密封圈下方的单元格中单击，使其作为第二个角点，如图 6-60 所示。系统自动打开“文字编辑器”选项卡，此时表格如图 6-61 所示。单击“关闭”按钮，完成公式自动求和。

	A	B	C	D	E	F	G
1	公式求和						
2	名称	轴承	螺栓	螺母	垫圈	密封圈	总计
3	数量	20	24	24	48	6	

图 6-59

	A	B	C	D	E	F	G
1	公式求和						
2	名称	轴承	螺栓	螺母	垫圈	密封圈	总计
3	数量	20	24	24	48	6	

图 6-60

	A	B	C	D	E	F	G
1	公式求和						
2	名称	轴承	螺栓	螺母	垫圈	密封圈	总计
3	数量	20	24	24	48	6	=Sum(B3:

图 6-61

4 编辑表格

通过调整表格的样式，可以对表格的特性进行编辑；通过文字编辑工具可以对表格中的文字进行编辑；通过在表格中插入块，可以对块进行编辑；通过编辑夹点，可以调整表格中行与列的大小。

◎ 编辑表格的特性

可以对表格中栅格的线宽和颜色等特性进行编辑，也可以对表格中文字的高度和颜色等特性进行编辑。

◎ 编辑表格的文字内容

在编辑表格特性时，对表格中文字样式的某些修改不能应用在表格中，这时可以单独对表格中的文字进行编辑。表格中文字的大小会决定表格单元格的大小，表格某行中的一个单元格发生变化，它所在的行也会发生变化。

双击单元格中的文字，如双击表格内的文字“名称”，打开“文字编辑器”选项卡，此时可以对单元格中的文字进行编辑，如图 6-62 所示。

对文字进行编辑包括修改文字内容及其字体和字号等特性，也可以继续输入其他字符。在文字之间输入空格，效果如图 6-63 所示。使用这种方法可以修改表格中的所有文字内容。

	A	B	C	D	E	F	G
1	零件						
2	名称	轴承	螺栓	螺母	垫圈	密封圈	总计
3	数量						

图 6-62

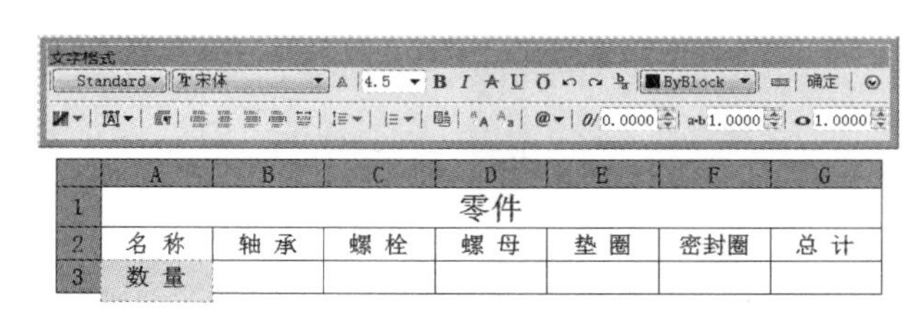

	A	B	C	D	E	F	G
1	零件						
2	名 称	轴 承	螺 栓	螺 母	垫 圈	密封圈	总 计
3	数 量						

图 6-63

按 Tab 键，切换到下一个单元格，如图 6-64 所示，此时可以对文字进行编辑。依次按 Tab 键，可切换到相应的单元格，完成编辑后，单击“关闭”按钮。

提示

按 Tab 键切换单元格时，若插入的是块的单元格，则跳过单元格。

◎ 编辑表格中的行与列

使用“表格”工具建立表格时，行与列的间距都是均匀的，这就使表格中留有大部分空白区域，增加了表格的大小。如果要使表格中行与列的间距适合文字的宽度和高度，可以通过调整夹点来实现。选中整个表格时，表格上会出现夹点，如图 6-65 所示，拖动夹点即可调整表格，使表格更加简明、美观。

	A	B	C	D	E	F	G
1	零件						
2	名 称	轴 承	螺 栓	螺 母	垫 圈	密封圈	总 计
3	数 量						

图 6-64

	A	B	C	D	E	F	G
1	零件						
2	名称	轴承	螺栓	螺母	垫圈	密封圈	总计
3	数量						

图 6-65

提示

若想选中整个表格中的单元格，则需将单元格全部选中或单击表格边框线。若在表格的单元格内部单击，则只能选中光标所在单元格。

编辑表格中某个单元格的大小可以调整单元格所在的行与列的大小。

在表格的单元格中单击，夹点位于被选择的单元格边界的中间，效果如图 6-66 所示。选择夹点进行拉伸，即可改变单元格所在行或列的大小，效果如图 6-67 所示。

	A	B	C	D	E	F	G
1	零件						
2	名称	轴承	螺栓	螺母	垫圈	密封圈	总计
3	数量						

图 6-66

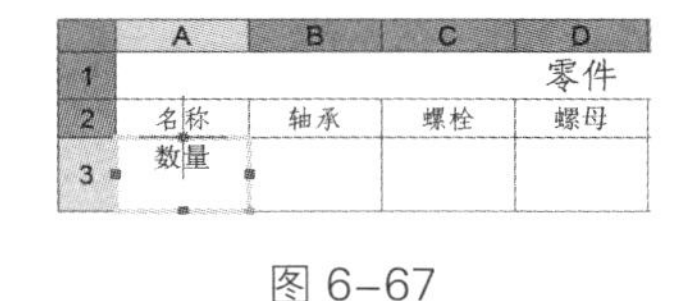

	A	B	C	D
1				零件
2	名称	轴承	螺栓	螺母
3	数量			

图 6-67

6.2.3 任务实施

（1）启动 Auto CAD 2019，打开图形文件。选择“文件 > 打开”命令，打开云盘中的“Ch06 > 素材 > 填写灯具明细表 .dwg”文件，如图 6-68 所示。

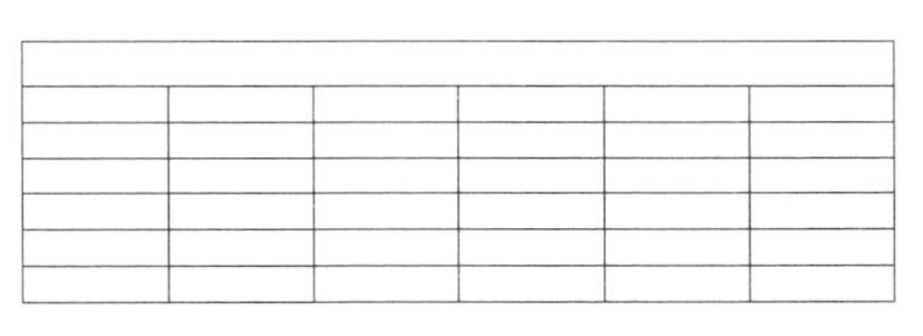

图 6-68

（2）输入“标题”单元格文字。双击“标题”

单元格，进入“文字编辑器”选项卡，同时显示表格的列字母和行号，鼠标指针变成文字光标，如图 6-69 所示。在“文字编辑器”选项卡中设置文字的样式、字体和颜色等，这时可以在表格单元格中输入 “灯具明细表”，如图 6-70 所示。

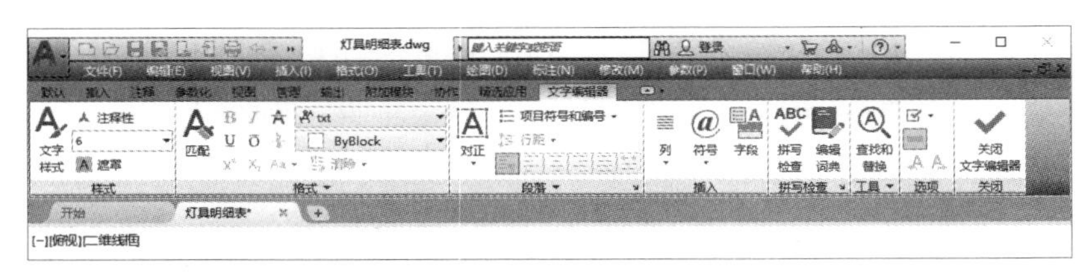

	A	B	C	D	E	F
1						
2						
3						
4						
5						
6						
7						

图 6-69

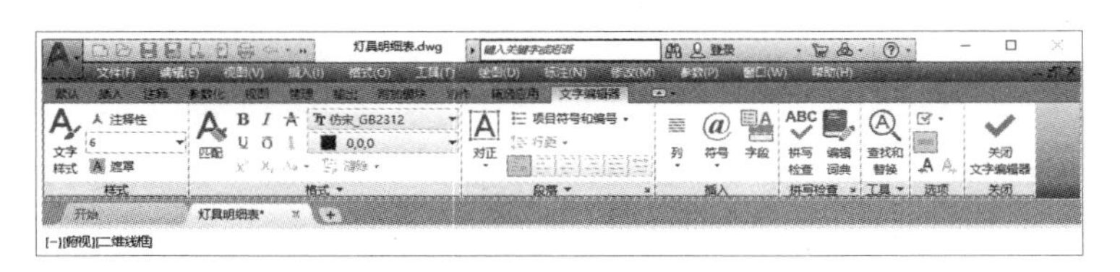

	A	B	C	D	E	F
1	灯具明细表					
2						
3						
4						
5						
6						
7						

图 6-70

（3）输入“列标题”单元格文字。按 Tab 键，转到下一个单元格，输入“列标题”单元格文字“代号”，如图 6-71 所示。

（4）按照步骤（3）所示的方法，输入其余的“列标题”和“数据”单元格中的文字，如图 6-72 所示。

	A	B	C	D	E	F
1	灯具明细表					
2	代号					
3						
4						
5						
6						
7						

图 6-71

灯具明细表					
代号	图标	名称	尺寸	位置	备注
L1		日光灯格栅	600x1200	办公区域	2支冷光1支暖光
L2		日光灯格栅	600x600		2支冷光1支暖光
L3		蓄能筒灯	Ø150		应急使用
L4		八寸节能管筒灯			
L5		筒灯	Ø150	走廊	

图 6-72

（5）插入块。选择“图标”列下的单元格，单击鼠标右键，在弹出的快捷菜单中选择“插入点 > 块”命令，如图 6-73 所示。弹出“在表格单元中插入块”对话框，选择块名称为“L1”，将“全局单元对齐”设置为“正中”，如图 6-74 所示。单击“确定”按钮，完成块的插入，如图 6-75 所示。

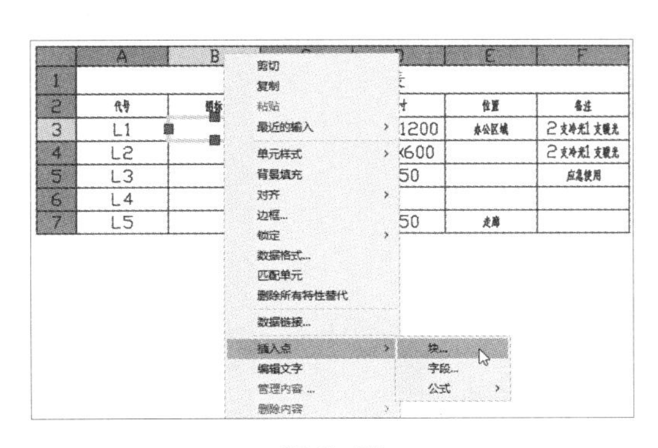

图 6-73

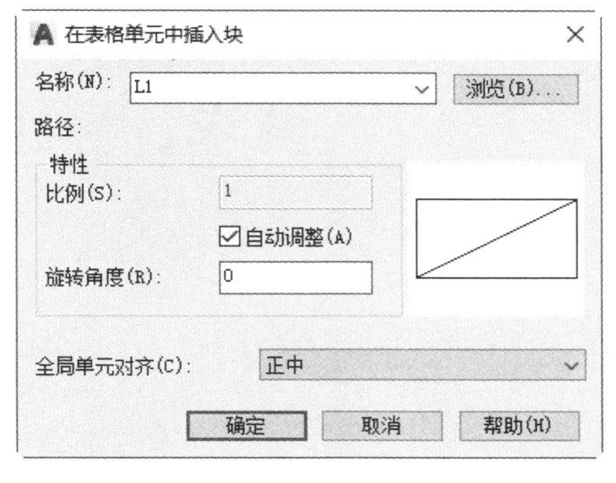

图 6-74

（6）插入其余块。根据步骤（5）所示的方法，依次插入其余灯具图标的块，完成后效果如图 6-76 所示。

灯具明细表					
代号	图标	名称	尺寸	位置	备注
L1	◱	日光灯格栅	600x1200	办公区域	2支冷光1支暖光
L2		日光灯格栅	600x600		2支冷光1支暖光
L3		蓄能筒灯	Ø150		应急使用
L4		八寸节能管筒灯			
L5		筒灯	Ø150	走廊	

图 6-75

灯具明细表					
代号	图标	名称	尺寸	位置	备注
L1	◱	日光灯格栅	600x1200	办公区域	2支冷光1支暖光
L2	◱	日光灯格栅	600x600		2支冷光1支暖光
L3	⌖ "L"	蓄能筒灯	Ø150		应急使用
L4	⌖ "W"	八寸节能管筒灯			
L5	⌖	筒灯	Ø150	走廊	

图 6-76

6.2.4 扩展实践：填写轴系零件装配图的技术要求、标题栏和明细表

本实践需要使用“样式”命令创建表格样式，使用“表格”按钮和“单行文字”命令来完成轴系零件装配图的技术要求、标题栏和明细表的填写。最终效果参看云盘中的“Ch06 > DWG > 填写轴系零件装配图的技术要求、标题栏和明细表 .dwg”，如图 6-77 所示。

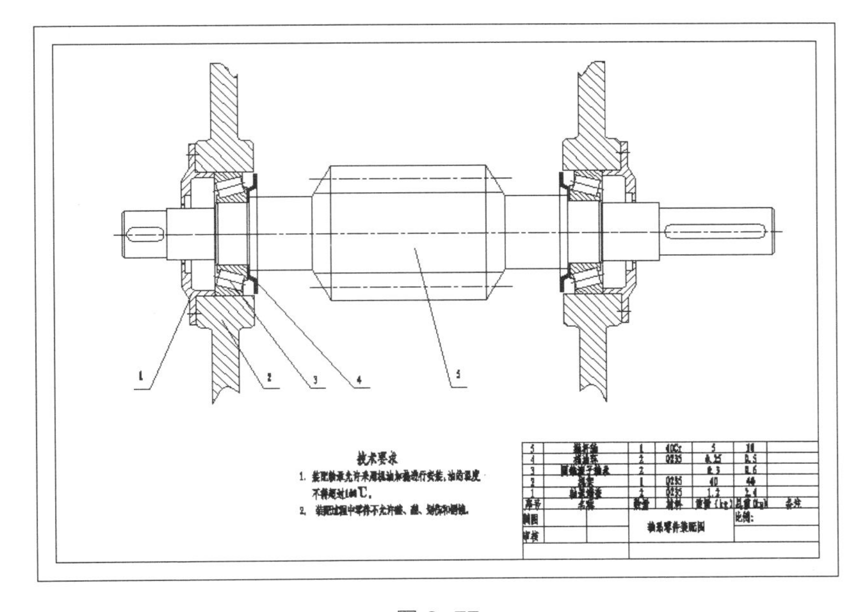

图 6-77

任务 6.3 项目演练：填写圆锥齿轮轴零件图的技术要求、标题栏和明细表

使用“多行文字”按钮、“单行文字”命令和“表格”按钮完成圆锥齿轮轴零件图的技术要求、标题栏和明细表的填写。最终效果参看云盘中的“Ch06 >DWG > 填写圆锥齿轮轴零件图的技术要求、标题栏和明细表 .dwg”，如图 6-78 所示。

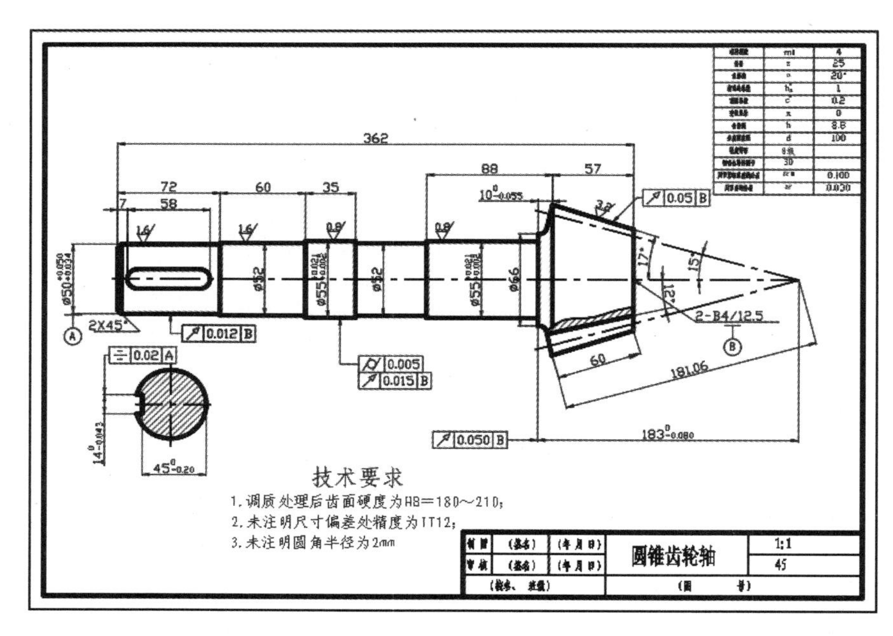

图 6-78

07

项目7

掌握尺寸标注应用

——尺寸标注

本项目主要介绍尺寸的标注方法及技巧。工程设计图是以图内标注的尺寸的数值为准的，尺寸标注在工程设计图中是一项非常重要的内容。通过本项目的学习读者可以掌握在绘制好的图形上添加尺寸标注、材料标注等的方法，从而表达一些图形所无法表达的信息。

学习引导

知识目标

- 掌握尺寸标注的基本概念
- 了解各种尺寸标注命令

能力目标

- 掌握尺寸标注样式的创建和修改方法
- 掌握各种尺寸的标注方法和技巧

素养目标

- 培养精益求精的工匠精神
- 培养认真负责的工作态度

实训项目

- 标注高脚椅
- 标注写字台大样图材料名称

任务 7.1 标注高脚椅

7.1.1 任务引入

本任务要求读者首先了解尺寸标注样式与标注角度的相关概念，操作；然后使用“半径”命令来完成高脚椅的标注。最终效果参看云盘中的“Ch07 > DWG > 标注高脚椅 .dwg”，如图 7-1 所示。

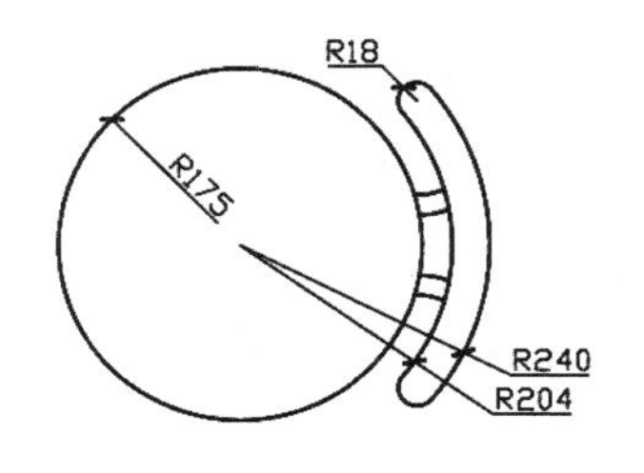

图 7-1

7.1.2 任务知识：尺寸标注样式与标注角度

1 尺寸标注样式

尺寸标注样式用于控制尺寸标注的外观，如箭头的样式、文字的位置及尺寸界线的长度等。通过设置尺寸标注样式，可以确保工程图中的尺寸标注符合行业或项目标准。

◎ 尺寸标注的基本概念

尺寸标注是由文字、尺寸线、尺寸界线、箭头、中心线等元素组成的，如图 7-2 所示。

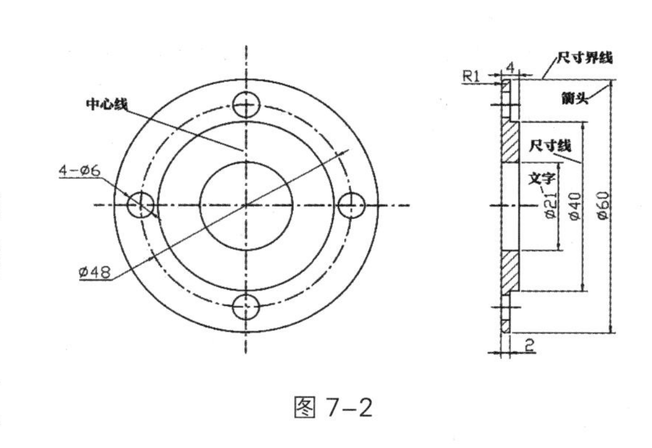

图 7-2

◎ 创建尺寸标注样式

默认情况下，在 AutoCAD 2019 中创建尺寸标注时使用的尺寸标注样式是“ISO-25”。用户可以根据需要新建尺寸标注样式，并将其设置为当前标注样式，这样在标注尺寸时，就可使用自定义的尺寸标注样式。AutoCAD 2019 提供了“标注样式”命令来创建尺寸标注样式。

启用“标注样式”命令的方法如下。

- 工具栏：单击“样式”工具栏中的“标注样式”按钮。
- 菜单命令：选择“格式 > 标注样式”命令。
- 命令行：输入 DIMSTZYLE 命令。

启用“标注样式”命令，弹出“标注样式管理器”对话框，从中可以创建或调用已有的尺寸标注样式。在创建新的尺寸标注样式时，需要输入尺寸标注样式的名称，并进行相应的设置。

创建名称为“机械制图”的尺寸标注样式的操作步骤如下。

（1）选择“格式 > 标注样式”命令，弹出“标注样式管理器”对话框，如图 7-3 所示。“样式”列表框中显示了当前已存在的标注样式。

（2）单击“新建”按钮新建(N)...，弹出“创建新标注样式”对话框，在“新样式名”

文本框中输入新样式的名称“机械制图”，如图 7-4 所示。

（3）在“基础样式”下拉列表中选择新标注样式的基础样式，在“用于”下拉列表中选择新标注样式的应用范围。此处选择默认值，即“ISO-25”和“所有标注”。

（4）单击“继续”按钮 继续 ，弹出“新建标注样式”对话框，如图 7-5 所示。可以在该对话框的 7 个选项卡中进行相应的设置。

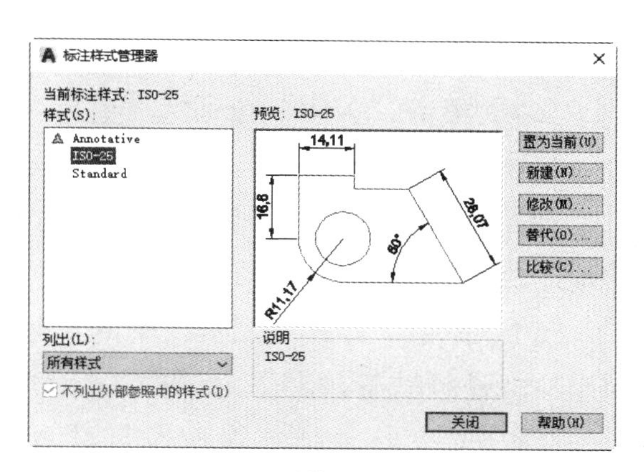

图 7-3

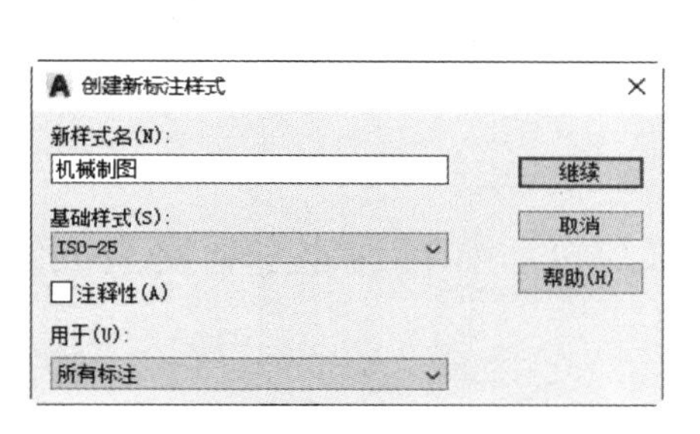

图 7-4

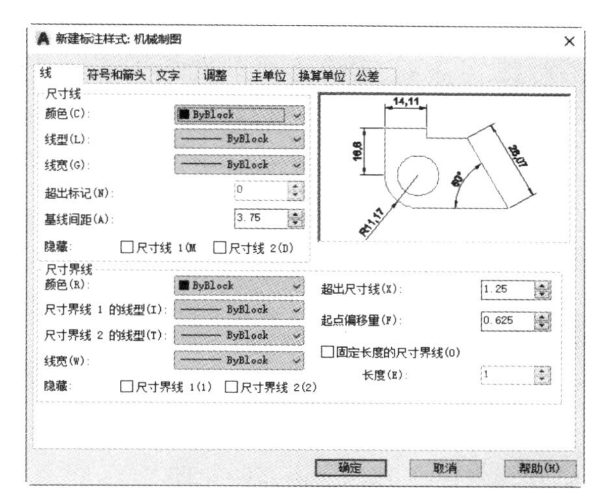

图 7-5

（5）单击“主单位”选项卡，在“小数分隔符”下拉列表中选择“‘.’（句点）”选项，如图 7-6 所示，将小数点的符号修改为句点。

（6）单击“确定”按钮 确定 ，创建新的标注样式，其名称显示在“标注样式管理器”对话框的“样式”列表框中，如图 7-7 所示。

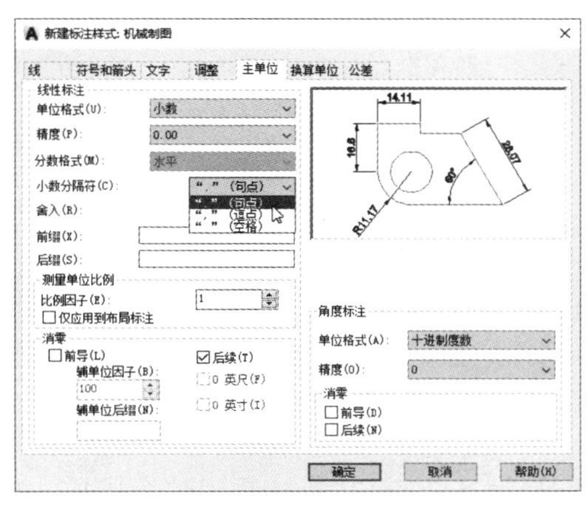

图 7-6

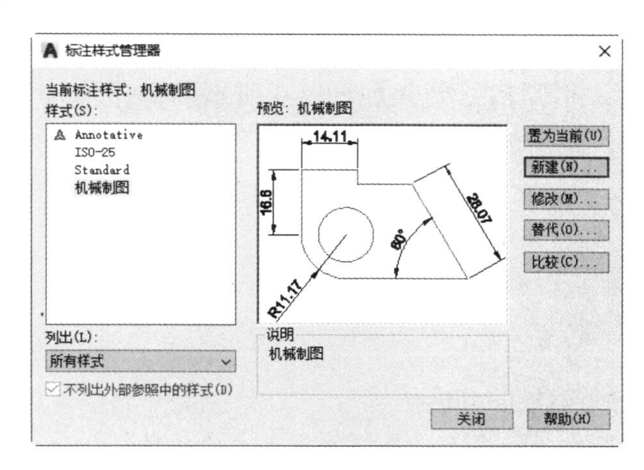

图 7-7

（7）在“样式”列表框中选择创建的“机械制图”标注样式，然后单击“置为当前”

按钮 置为当前(U) ，将其设置为当前标注样式。

（8）单击“关闭”按钮 关闭 ，关闭“标注样式管理器”对话框。

◎ 修改尺寸标注样式

在绘图过程中，可以随时修改尺寸标注样式，完成修改后，绘图窗口中的尺寸标注将自动使用更新后的样式。修改尺寸标注样式的操作步骤如下。

（1）单击“样式”工具栏中的“标注样式”按钮，或选择“格式 > 标注样式”命令，弹出“标注样式管理器”对话框。

（2）在“标注样式管理器”对话框的“样式”列表框中选择需要修改的尺寸标注样式，单击“修改”按钮 修改(M)... ，弹出“修改标注样式”对话框，如图 7-8 所示。可以在该对话框的 7 个选项卡中进行相应的设置。

（3）完成修改后，单击“确定”按钮 确定 ，返回“标注样式管理器”对话框。单击“关闭”按钮 关闭 ，完成修改尺寸标注样式的操作。

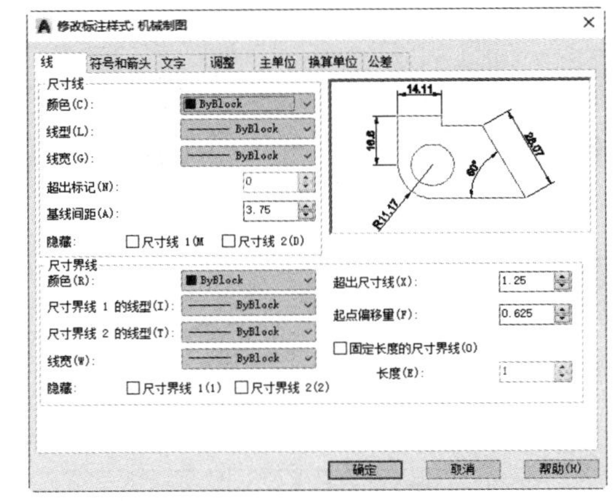

图 7-8

2 标注线性尺寸

AutoCAD 2019 提供的“线性”命令用于标注线性尺寸，如标注水平、垂直或倾斜方向的线性尺寸。

启用“线性”命令的方法如下。

- 工具栏：单击“标注”工具栏中的“线性”按钮。
- 菜单命令：选择“标注 > 线性”命令。
- 命令行：输入 DIMLINEAR 命令（快捷命令：DLI）。

◎ 标注水平方向的尺寸

使用“线性”命令可以标注水平方向的线性尺寸。

打开云盘中的“Ch07 > 素材 > 锥齿轮 .dwg”文件，在锥齿轮上标注交点 *A* 与交点 *B* 之间的水平距离，效果如图 7-9 所示。操作步骤如下。

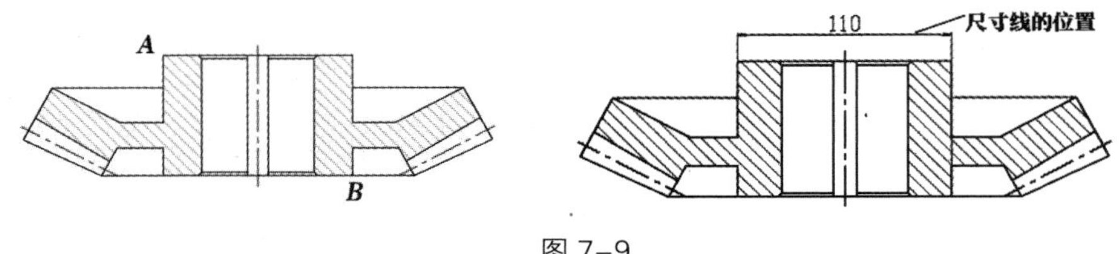

图 7-9

命令 : _dimlinear　　// 单击“线性”按钮

指定第一条尺寸界线原点或 < 选择对象 >: < 对象捕捉 开 >　　// 打开“对象捕捉”功能，// 选择交点 *A*

指定第二条尺寸界线原点 :　　// 选择交点 *B*

指定尺寸线位置或

[多行文字 (M)/ 文字 (T)/ 角度 (A)/ 水平 (H)/ 垂直 (V)/ 旋转 (R)]: H　// 选择“水平”选项

指定尺寸线位置或 [多行文字 (M)/ 文字 (T)/ 角度 (A)]:　// 指定尺寸线的位置

标注文字 = 110

提示选项解释如下。

- 多行文字 (M)：用于输入多行文字。选择该选项，会打开“文字编辑器”选项卡和“文字输入”编辑框，如图 7-10 所示。“文字输入”编辑框中的数值为 AutoCAD 2019 自动测量得到的数值，用户可以在该编辑框中输入其他数值来修改尺寸标注的文字。

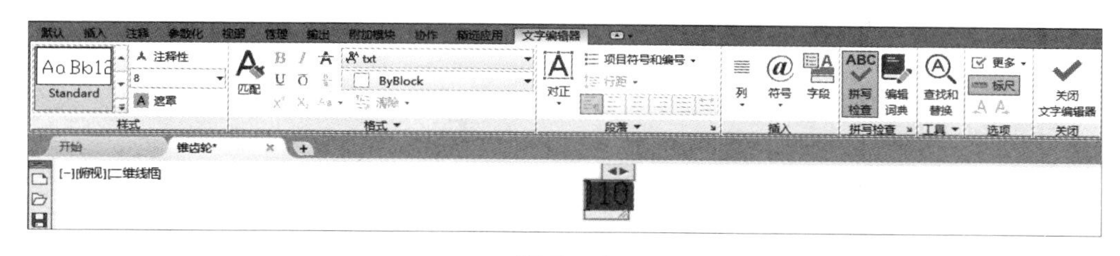

图 7–10

- 文字 (T)：用于设置尺寸标注中的文字。
- 角度 (A)：用于设置尺寸标注中文字的倾斜角度。
- 水平 (H)：用于创建水平方向的线性标注。
- 垂直 (V)：用于创建垂直方向的线性标注。
- 旋转 (R)：用于创建旋转一定角度的线性标注。

◎ 标注垂直方向的尺寸

使用“线性”命令可以标注垂直方向的线性尺寸。

打开云盘中的“Ch07 > 素材 > 锥齿轮 .dwg”文件，在锥齿轮上标注交点 *A* 与交点 *B* 之间的垂直距离，即标注锥齿轮的厚度，如图 7-11 所示。操作步骤如下。

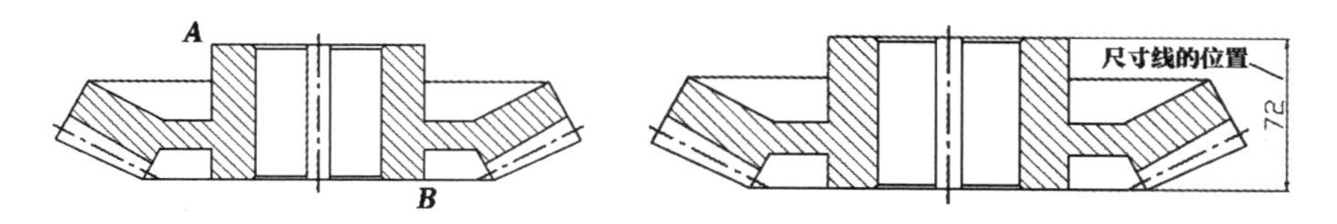

图 7–11

命令 : _dimlinear　// 单击“线性”按钮

指定第一条尺寸界线原点或 < 选择对象 >: < 对象捕捉 开 >　// 打开“对象捕捉”功能，

// 选择交点 *A*

指定第二条尺寸界线原点 :　// 选择交点 *B*

指定尺寸线位置或

[多行文字 (M)/ 文字 (T)/ 角度 (A)/ 水平 (H)/ 垂直 (V)/ 旋转 (R)]: V　// 选择“垂直”选项

指定尺寸线位置或 [多行文字 (M)/ 文字 (T)/ 角度 (A)]:　// 指定尺寸线的位置

标注文字 = 72

◎ 标注倾斜方向的尺寸

使用“线性”命令可以标注倾斜方向的线性尺寸。

打开云盘中的“Ch07 > 素材 > 锥齿轮 .dwg”文件，在锥齿轮上标注交点 *A* 与交点 *B* 在 45° 方向上的投影距离，效果如图 7-12 所示。操作步骤如下

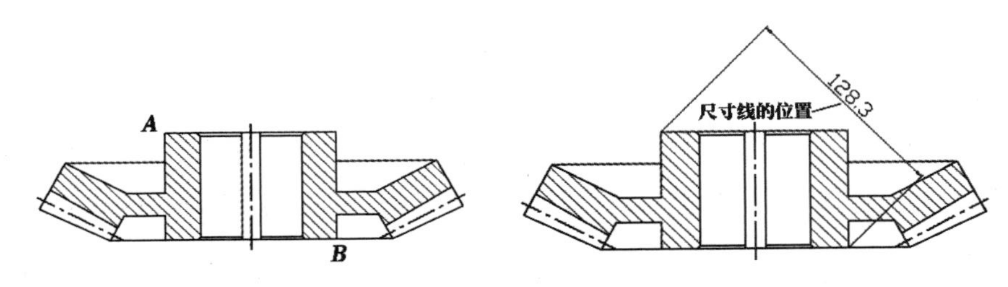

图 7-12

```
命令 : _dimlinear                                            // 单击“线性”按钮
指定第一条尺寸界线原点或 < 选择对象 >:< 对象捕捉 开 >           // 打开“对象捕捉”功能，
                                                             // 选择交点 A
指定第二条尺寸界线原点 :                                       // 选择交点 B
指定尺寸线位置或
[ 多行文字 (M)/ 文字 (T)/ 角度 (A)/ 水平 (H)/ 垂直 (V)/ 旋转 (R)]: R   // 选择“旋转”选项
指定尺寸线的角度 <0>: 45                                       // 输入倾斜方向的角度
指定尺寸线位置或
[ 多行文字 (M)/ 文字 (T)/ 角度 (A)/ 水平 (H)/ 垂直 (V)/ 旋转 (R)]:      // 指定尺寸线的位置
标注文字 = 128.69
```

3 标注对齐尺寸

使用“对齐”命令可以标注倾斜线段的长度，并且对齐尺寸的尺寸线平行于标注的图形对象。

启用“对齐”命令的方法如下。

- 工具栏：单击“标注”工具栏中的“对齐”按钮。
- 菜单命令：选择“标注 > 对齐”命令。
- 命令行：输入 DIMALIGNED 命令（快捷命令：DAL）。

打开云盘中的“Ch07 > 素材 > 锥齿轮 .dwg”文件，标注锥齿轮的齿宽，效果如图 7-13 所示。

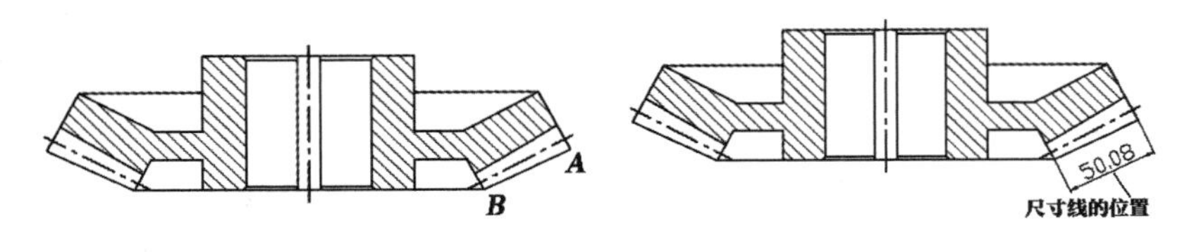

图 7-13

```
命令 : _dimaligned                                           // 单击“对齐”按钮
```

指定第一条尺寸界线原点或 < 选择对象 >:< 对象捕捉 开 >　　// 打开“对象捕捉”功能，选择
// 交点 *A*

指定第二条尺寸界线原点 :　　// 选择交点 *B*

指定尺寸线位置或 [多行文字 (M)/ 文字 (T)/ 角度 (A)]:　　// 指定尺寸线的位置

标注文字 = 50.08

此外，还可以直接选择线段 AB 来进行标注。

命令 : _dimaligned　　// 单击“对齐”按钮

指定第一条尺寸界线原点或 < 选择对象 >:　　// 按 Enter 键

选择标注对象 :　　// 选择线段 *AB*

指定尺寸线位置或 [多行文字 (M)/ 文字 (T)/ 角度 (A)]:　　// 指定尺寸线的位置

标注文字 = 50.08

4 标注半径尺寸

半径尺寸常用于标注圆弧和圆角。在标注过程中，AutoCAD 2019 自动在标注文字前添加半径符号“R”。AutoCAD 2019 提供了“半径”命令来标注半径尺寸。

启用“半径”命令的方法如下。

- 工具栏：单击“标注”工具栏中的“半径”按钮。
- 菜单命令：选择“标注 > 半径”命令。
- 命令行：输入 DIMRADIUS 命令（快捷命令：DRA）。

打开云盘中的“Ch07 > 素材 > 连杆 .dwg”文件，标注连杆的外形尺寸，效果如图 7-14 所示。操作步骤如下。

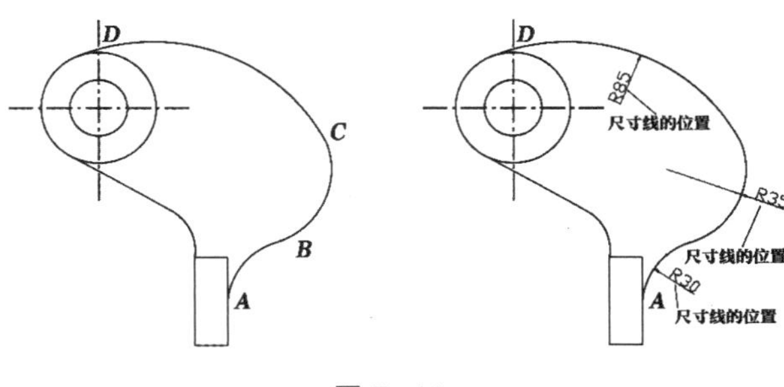

图 7-14

命令 : _dimradius　　// 单击“半径”按钮

选择圆弧或圆 :　　// 选择圆弧 *AB*

标注文字 = 30

指定尺寸线位置或 [多行文字 (M)/ 文字 (T)/ 角度 (A)]:　// 在圆弧内侧单击以确定尺寸线的位置

命令 : _dimradius　　// 单击“半径”按钮

选择圆弧或圆 :　　// 选择圆弧 *BC*

标注文字 = 35

指定尺寸线位置或 [多行文字 (M)/ 文字 (T)/ 角度 (A)]:　// 在圆弧外侧单击以确定尺寸线的位置

命令 : _dimradius　　// 单击“半径”按钮

选择圆弧或圆 :　　// 选择圆弧 *CD*

标注文字 = 85

指定尺寸线位置或 [多行文字 (M)/ 文字 (T)/ 角度 (A)]:　// 在圆弧内侧单击以确定尺寸线的位置

5 标注直径尺寸

直径尺寸常用于标注圆的大小。在标注过程中，AutoCAD 2019 自动在标注文字前添加直径符号“ϕ”。AutoCAD 2019 提供了“直径”命令来标注直径尺寸。

启用“直径”命令的方法如下。

- 工具栏：单击“标注”工具栏中的“直径”按钮⃠。
- 菜单命令：选择“标注 > 直径”命令。
- 命令行：输入 DIMDIAMETER 命令（快捷命令：DDI）。

打开云盘中的“Ch07 > 素材 > 连杆 .dwg”文件，标注连杆圆孔的直径，效果如图 7-15 所示。

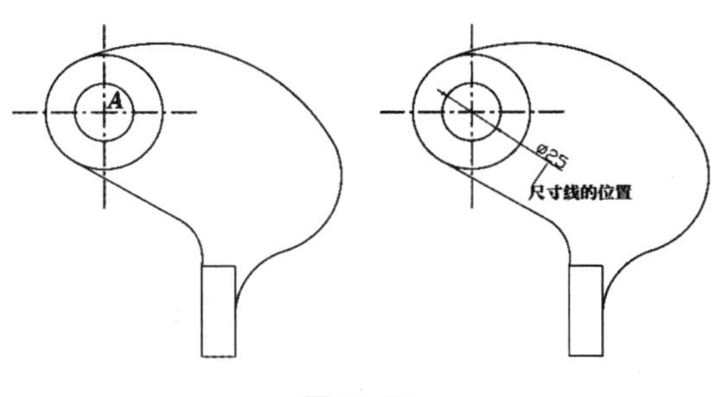

图 7–15

操作步骤如下。

命令 : _dimdiameter　　　　// 单击“直径”按钮⃠
选择圆弧或圆 :　　　　// 选择圆 *A*
标注文字 = 25
指定尺寸线位置或 [多行文字 (M)/ 文字 (T)/ 角度 (A)]:　　　　// 指定尺寸线的位置

选择“格式 > 标注样式”命令，弹出“标注样式管理器”对话框。单击“修改”按钮 修改(M)... ，弹出“修改标注样式”对话框；单击“文字”选项卡，选择“文字对齐”选项组中的“ISO 标准”单选按钮，如图 7-16 所示。单击“确定”按钮 确定 ，返回“标注样式管理器”对话框。单击“关闭”按钮 关闭 ，即可修改标注样式，如图 7-17 所示。

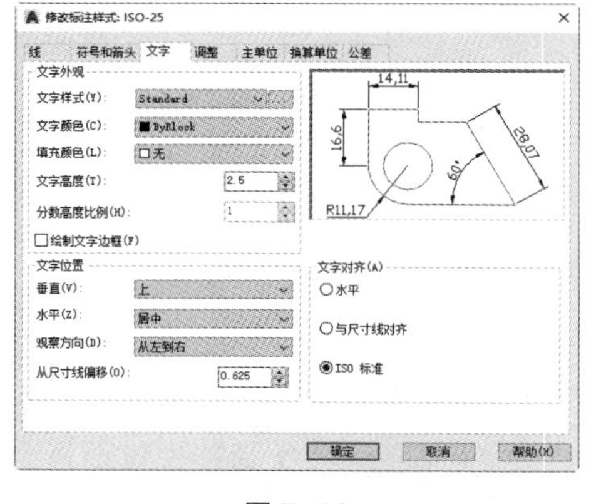

图 7–16

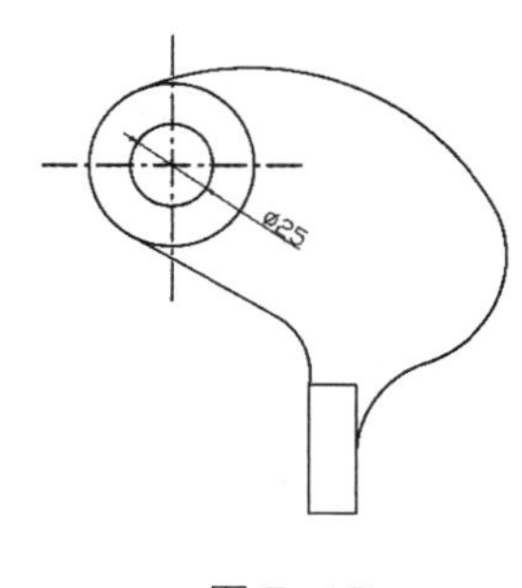

图 7–17

6 标注角度尺寸

角度尺寸标注用于标注两条直线之间的夹角、3 点之间的角度，以及圆弧的包含角度。AutoCAD 2019 提供了“角度”命令来创建角度尺寸标注。

启用“角度”命令的方法如下。

- 工具栏：单击“标注”工具栏中的“角度”按钮△。
- 菜单命令：选择“标注 > 角度”命令。

● 命令行：输入 DIMANGULAR 命令（快捷命令：DAN）。

◎ 标注两条直线之间的夹角

启用“角度”命令后，依次选择两条直线，然后指定尺寸线的位置，即可标注两条直线之间的夹角。AutoCAD 2019 将根据尺寸线的位置来确定其夹角是锐角还是钝角。

打开云盘中的“Ch07 > 素材 > 锥齿轮 .dwg”文件，标注锥齿轮的锥角，效果如图 7-18 所示。操作步骤如下。

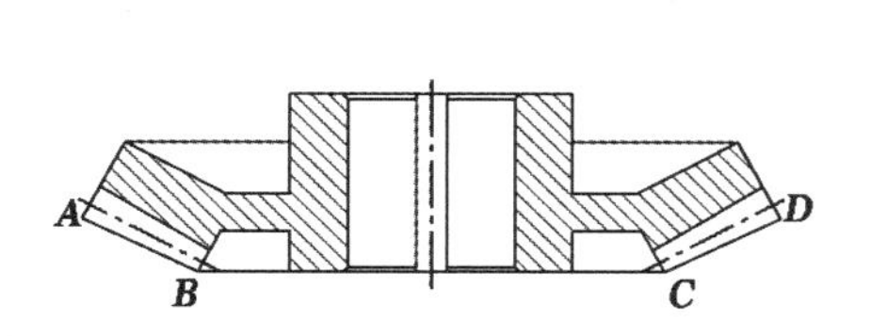

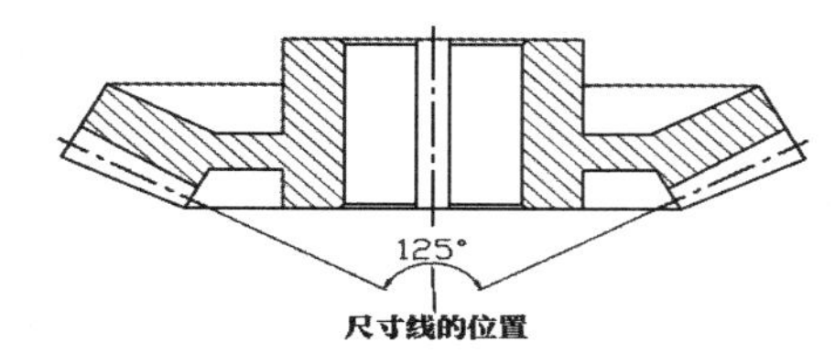

图 7-18

命令 : _dimangular　　// 单击“角度”按钮

选择圆弧、圆、直线或 <指定顶点>:　　// 选择线段 *AB*

选择第二条直线 :　　// 选择线段 *CD*

指定标注弧线位置或 [多行文字 (M)/ 文字 (T)/ 角度 (A) / 象限点 (Q)]: // 指定尺寸线的位置

标注文字 = 125

指定不同的尺寸线位置将产生不一样的角度尺寸，如图 7-19 所示。

◎ 标注 3 点之间的角度

启用“角度”命令，按 Enter 键，然后依次选择顶点和两个端点，即可标注 3 点之间的角度。在 *A* 点处标注 *A*、*B*、*C* 这 3 点之间的角度，效果如图 7-20 所示。操作步骤如下。

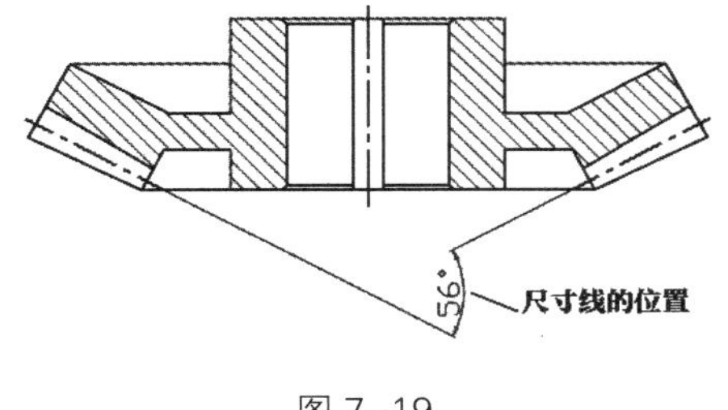

图 7-19

C　B　A

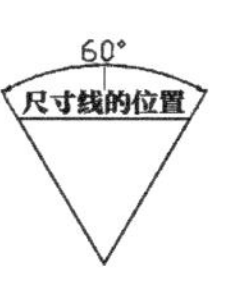

图 7-20

命令 : _dimangular　　// 单击“角度”按钮

选择圆弧、圆、直线或 <指定顶点>:　　// 按 Enter 键

指定角的顶点 : <对象捕捉 开>　　// 打开“对象捕捉”开关，选择顶点 *A*

指定角的第一个端点 :　　// 选择顶点 *B*

指定角的第二个端点 :　　// 选择顶点 *C*

指定标注弧线位置或 [多行文字 (M)/ 文字 (T)/ 角度 (A) / 象限点 (Q)]: // 指定尺寸线的位置

标注文字 = 60

◎ 标注圆弧的包含角度

启用“角度”命令，然后选择圆弧，即可标注该圆弧的包含角度。

打开云盘中的“Ch07 > 素材 > 凸轮 .dwg”文件，标注凸轮 *AB* 段圆弧的包含角度，即凸轮的远休角度，效果如图 7-21 所示。操作步骤如下。

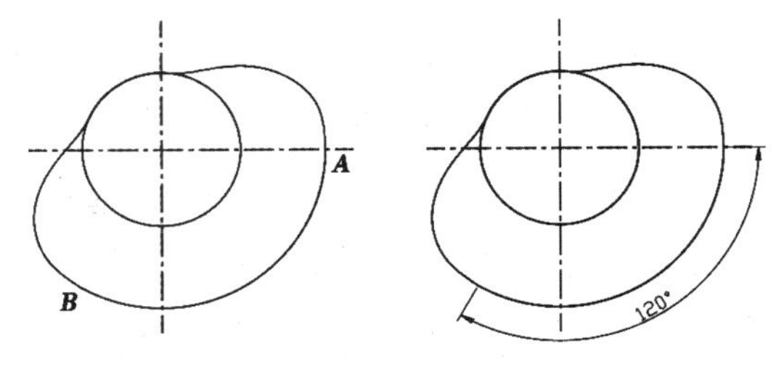

图 7-21

命令 : _dimangular //单击“角度”按钮

选择圆弧、圆、直线或 < 指定顶点 >: //选择圆弧 *AB*

指定标注弧线位置或 [多行文字 (M)/ 文字 (T)/ 角度 (A) / 象限点 (Q)]: //指定尺寸线的位置

标注文字 = 120

◎ 标注圆上某段圆弧的包含角度

启用“角度”命令，依次选择圆上某段圆弧的起点与终点，即可标注该圆弧的包含角度。

打开云盘中的“Ch07 > 素材 > 凸轮 .dwg”文件，标注凸轮 *AB* 段圆弧的包含角度，即凸轮的近休角度，效果如图 7-22 所示。操作步骤如下。

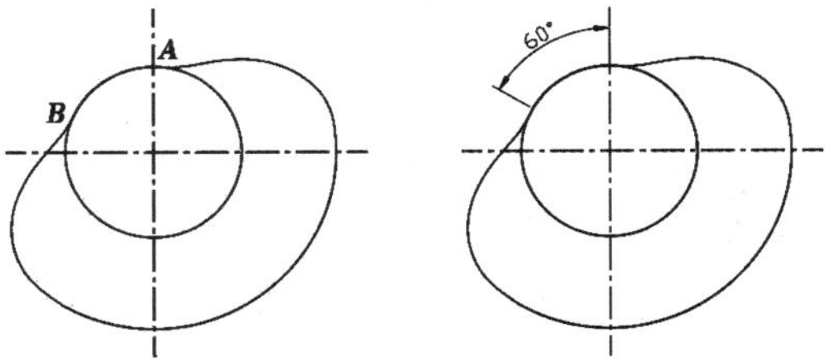

图 7-22

命令 : _dimangular //单击“角度”按钮

选择圆弧、圆、直线或 < 指定顶点 >: //选择圆上的 *A* 点

指定角的第二个端点 : //选择圆上的 *B* 点

指定标注弧线位置或 [多行文字 (M)/ 文字 (T)/ 角度 (A) / 象限点 (Q)]: //指定尺寸线的位置

标注文字 = 60

7.1.3 任务实施

（1）启动 AutoCAD 2019，打开图形文件。选择“文件 > 打开”命令，打开云盘中的“Ch07 > 素材 > 标注高脚椅 .dwg”文件，如图 7-23 所示。

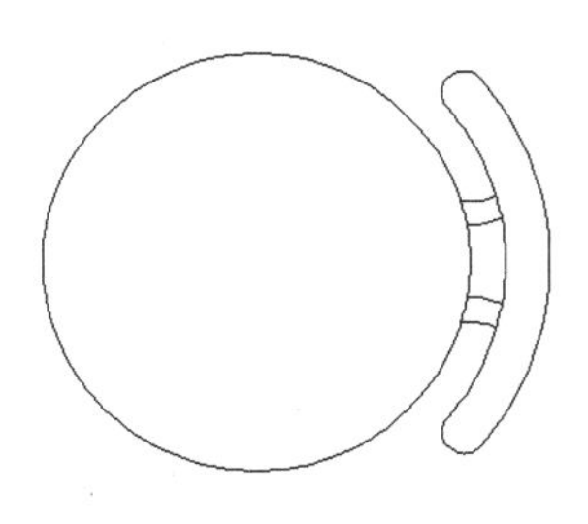

图 7-23

（2）设置图层。选择“格式 > 图层”命令，弹出“图层特性管理器”对话框。单击“新建图层”按钮，建立一个“DIM”图层，设置图层颜色为“绿色”，单击“置为当前”按钮，设置“DIM”图层为当前图层。单击“关闭”按钮，关闭“图层特性管理器”对话框，完成图层的设置。

（3）设置标注样式。单击“样式”工具栏中的“标注样式”按钮，弹出“标注样式管理器”对话框，如图 7-24 所示。单击“新建”按钮，弹出“创建新标注样式”对话框，在“新样式名”文本框中输入 “dim”，如图 7-25 所示。单击“继续”按钮，弹出“新建标注样式”对话框，设置标注样式参数，如图 7-26 所示。单击“符号和箭头”选项卡，相关设置如图 7-27 所示，单击“确定”按钮，返回“标注样式管理器”对话框，在“样式”列表框中选择“dim”样式，单击“置为当前”按钮，将其设置为当前标注样式，单击“关闭”按钮，返回绘图窗口。

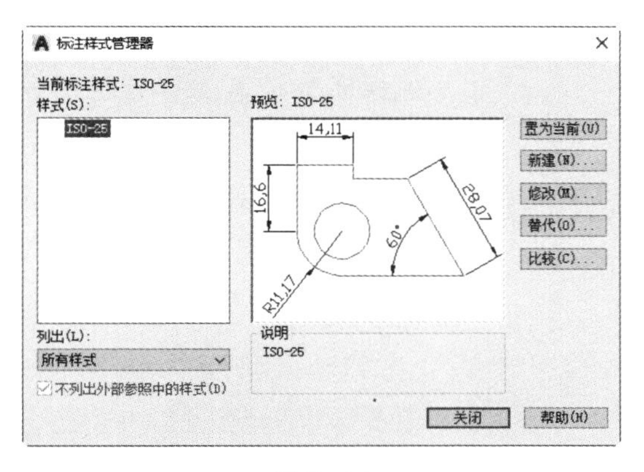

图 7-24

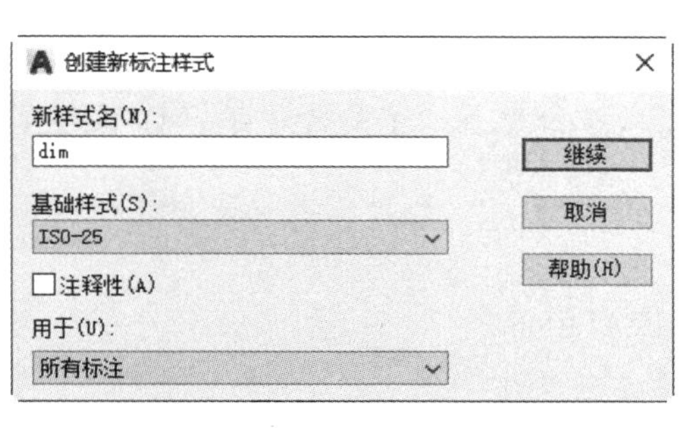

图 7-25

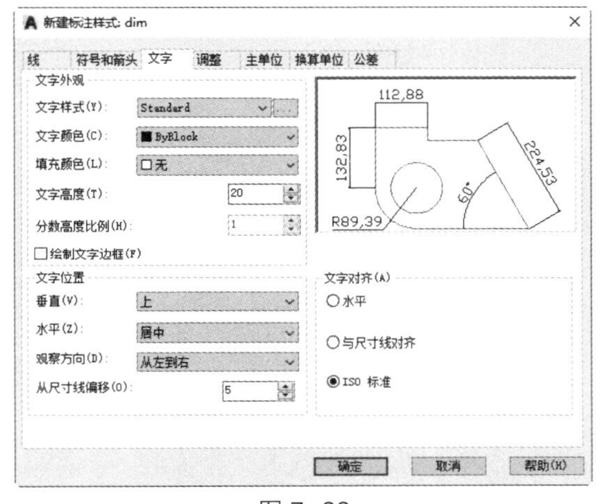

图 7-26

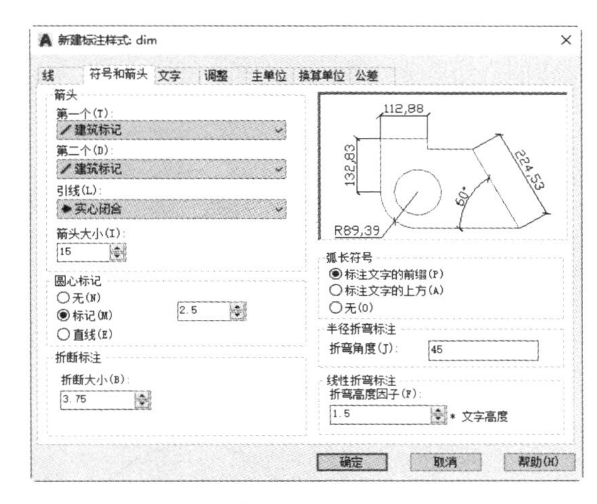

图 7-27

（4）打开标注工具栏。在任意工具栏上单击鼠标右键，弹出快捷菜单，在其中选择“标注”命令，如图 7-28 所示。弹出“标注”工具栏，如图 7-29 所示。

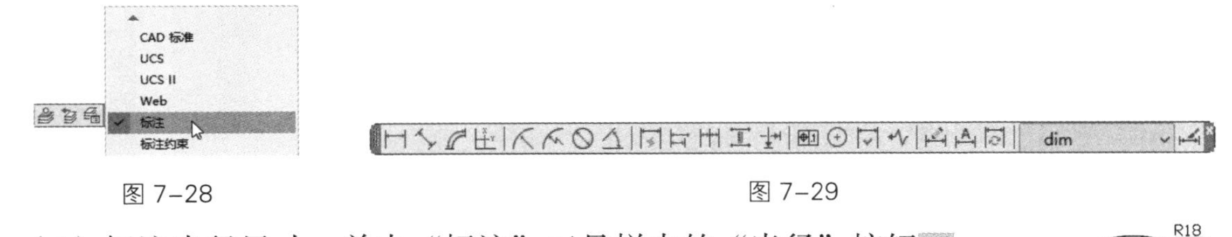

图 7-28　　图 7-29

（5）标注半径尺寸。单击“标注”工具栏中的“半径”按钮，在高脚椅轮廓线上的圆角处进行标注，效果如图 7-30 所示。操作步骤如下。

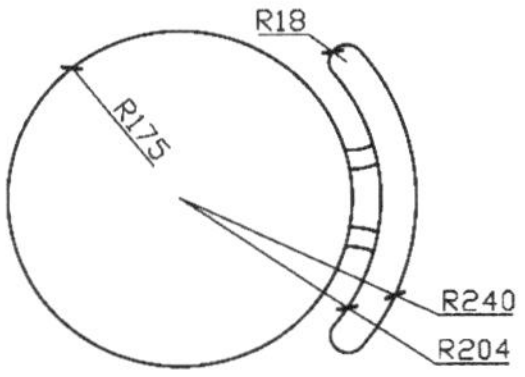

图 7-30

命令：_dimradius　　//单击“半径”按钮

选择圆弧或圆：　　//选择外轮廓处圆角，如图 7-31 所示

标注文字 = 175

指定尺寸线位置或 [多行文字(M)/文字(T)/角度(A)]：　//移动鼠标指针，单击以指定尺寸线的

// 位置，如图 7-32 所示

命令 : // 按 Enter 键

DIMRADIUS

选择圆弧或圆 : // 选择高脚椅靠上部的轮廓线

标注文字 =18

指定尺寸线位置或 [多行文字 (M)/ 文字 (T)/ 角度 (A)]: // 移动鼠标指针，单击以指定尺寸线的 // 位置

命令 : // 按 Enter 键

DIMRADIUS

选择圆弧或圆 : // 选择高脚椅靠下部的外轮廓线

标注文字 = 240

指定尺寸线位置或 [多行文字 (M)/ 文字 (T)/ 角度 (A)]: // 移动鼠标指针，单击以指定尺寸线的 // 位置

命令 : // 按 Enter 键

DIMRADIUS

选择圆弧或圆 : // 选择高脚椅靠下部的内轮廓线

标注文字 = 204

指定尺寸线位置或 [多行文字 (M)/ 文字 (T)/ 角度 (A)]: // 移动鼠标指针，单击以指定尺寸线的 // 位置

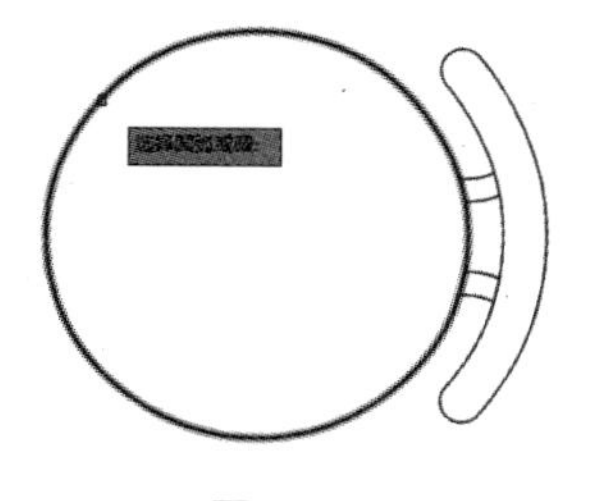

图 7-31

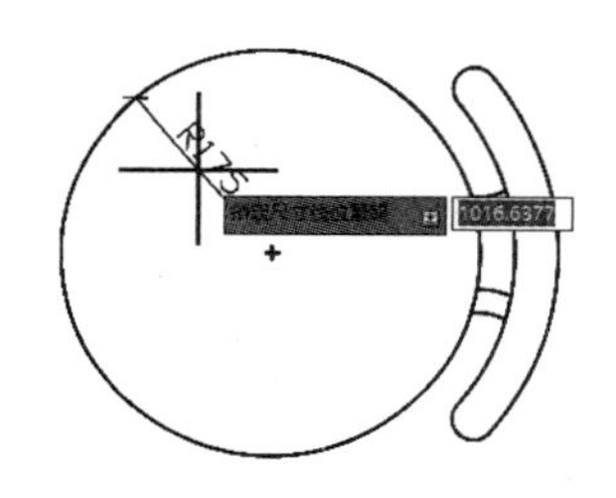

图 7-32

微课

标注阶梯轴零件图

7.1.4 扩展实践：标注阶梯轴零件图

本实践需要使用“线性”按钮、“基线”按钮、“连续”按钮、“多重引线”命令及文字的“编辑”命令来完成阶梯轴零件图的标注。最终效果参看云盘中的“Ch07 > DWG > 标注阶梯轴零件图 .dwg”，如图 7-33 所示。

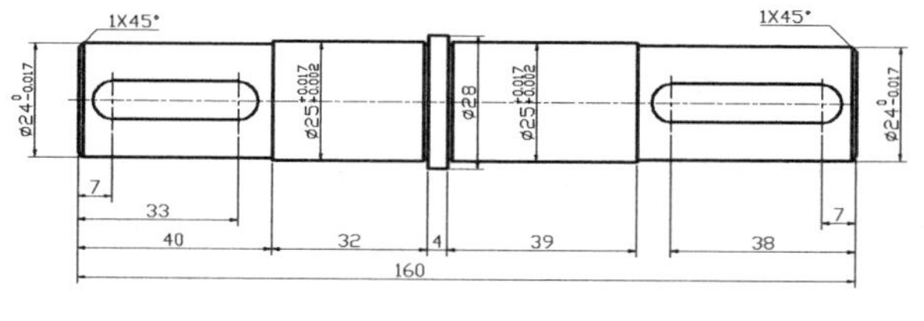

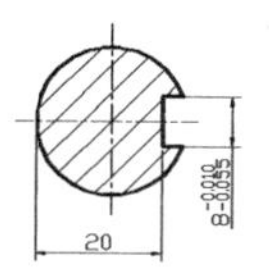

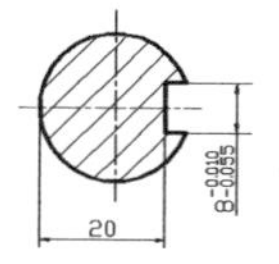

图 7-33

任务 7.2　标注写字台大样图材料名称

微课

标注写字台大样图材料名称

7.2.1　任务引入

本任务需要使用引线标注命令“qleader”来完成写字台大样图材料名称的标注。最终效果参看云盘中的“Ch07 > DWG > 标注写字台大样图材料名称.dwg”，如图 7-34 所示。

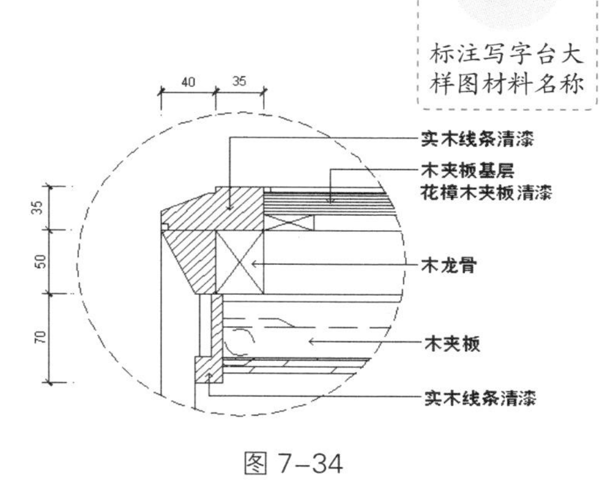

图 7–34

7.2.2　任务知识：“基线”“公差”和引线注释

1 标注基线尺寸

启用“基线”命令可以为多个图形对象标注基线尺寸。标注基线尺寸是指标注一组起始点相同的尺寸，其特点是尺寸拥有相同的基准线。在进行基线尺寸标注之前，工程图中必须已存在一个以上的尺寸标注，否则无法进行操作。

启用“基线”命令的方法如下。

- 工具栏：单击“标注”工具栏中的“基线”按钮。
- 菜单命令：选择“标注 > 基线”命令。
- 命令行：输入 DIMBASELINE 命令（快捷命令：DBA）。

打开云盘中的“Ch07 > 素材 > 传动轴.dwg”文件，标注传动轴各段的长度，效果如图 7-35 所示。操作步骤如下。

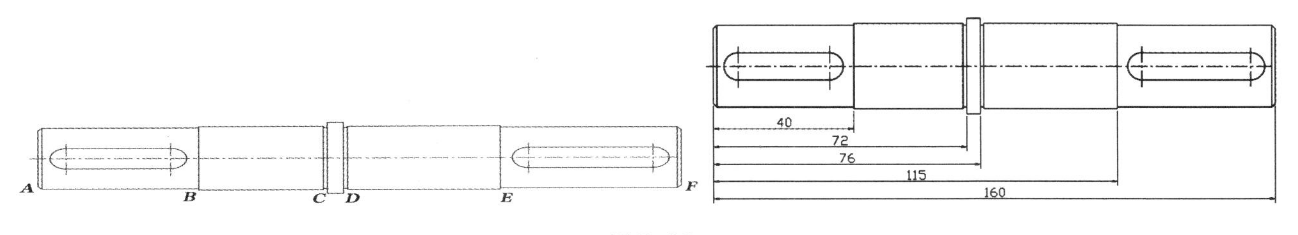

图 7–35

命令：_dimlinear　　// 单击“线性”按钮

指定第一条尺寸界线原点或 < 选择对象 >:< 对象捕捉 开 >　　// 打开“对象捕捉”开关，选择交 // 点 *A*

指定第二条尺寸界线原点：　　// 选择交点 *B*

指定尺寸线位置或　　// 指定尺寸线的位置

[多行文字 (M)/ 文字 (T)/ 角度 (A)/ 水平 (H)/ 垂直 (V)/ 旋转 (R)]:

标注文字 = 40

命令 : _dimbaseline // 单击“基线”按钮

指定第二条尺寸界线原点或 [选择 (S)/ 放弃 (U)] < 选择 >: // 选择交点 C

标注文字 = 72

指定第二条尺寸界线原点或 [选择 (S)/ 放弃 (U)] < 选择 >: // 选择交点 D

标注文字 = 76

指定第二条尺寸界线原点或 [选择 (S)/ 放弃 (U)] < 选择 >: // 选择交点 E

标注文字 = 115

指定第二条尺寸界线原点或 [选择 (S)/ 放弃 (U)] < 选择 >: // 选择交点 F

标注文字 = 160

指定第二条尺寸界线原点或 [选择 (S)/ 放弃 (U)] < 选择 >: // 按 Enter 键

选择基准标注 : // 按 Enter 键

提示选项解释如下。

- 指定第二条尺寸界线原点：用于选择基线标注的第二条尺寸界线。
- 选择 (S)：用于选择基线标注的第一条尺寸界线。默认情况下，AutoCAD 会自动将最后创建的尺寸标注的第一条尺寸界线作为基线标注的第一条尺寸界线。例如，选择 B 点处的尺寸界线作为基准线时，标注的图形如图 7-36 所示。
- 放弃 (U)：用于撤销上一步的操作。

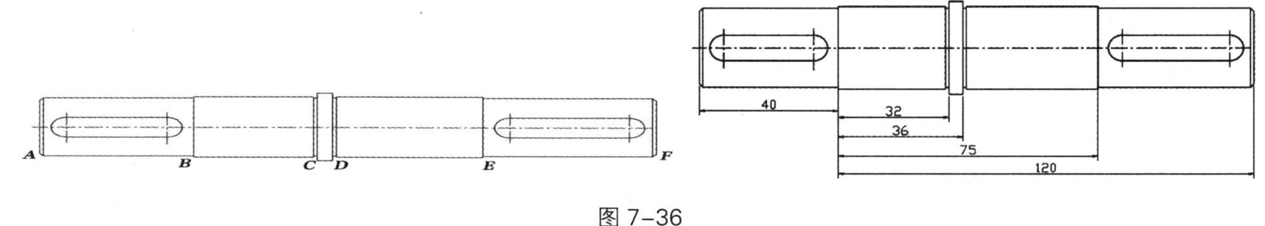

图 7-36

命令 : _dimlinear // 单击“线性”按钮

指定第一条尺寸界线原点或 < 选择对象 >:< 对象捕捉 开 > // 打开“对象捕捉”开关，选择交 // 点 A

指定第二条尺寸界线原点 : // 选择交点 B

指定尺寸线位置或 // 指定尺寸线的位置

[多行文字 (M)/ 文字 (T)/ 角度 (A)/ 水平 (H)/ 垂直 (V)/ 旋转 (R)]:

标注文字 = 40

命令 : _dimbaseline // 单击“基线”按钮

指定第二条尺寸界线原点或 [选择 (S)/ 放弃 (U)] < 选择 >: s // 选择“选择”选项

选择基准标注 : // 选择 B 点处的尺寸界线

指定第二条尺寸界线原点或 [选择 (S)/ 放弃 (U)] < 选择 >: // 选择交点 C

标注文字 = 32

指定第二条尺寸界线原点或 [选择 (S)/ 放弃 (U)] < 选择 >:　　// 选择交点 *D*

标注文字 = 36

指定第二条尺寸界线原点或 [选择 (S)/ 放弃 (U)] < 选择 >:　　// 选择交点 *E*

标注文字 = 75

指定第二条尺寸界线原点或 [选择 (S)/ 放弃 (U)] < 选择 >:　　// 选择交点 *F*

标注文字 = 120

指定第二条尺寸界线原点或 [选择 (S)/ 放弃 (U)] < 选择 >:　　// 按 Enter 键

选择基准标注 :　　// 按 Enter 键

2 标注连续尺寸

启用“连续”命令可以标注多个连续的对象，为图形对象标注连续尺寸。连续尺寸是工程制图中常用的一种标注形式，其特点是首尾相连。在标注过程中，AutoCAD 2019 会自动将最后创建的尺寸标注结束点处的尺寸界线作为下一标注起始点处的尺寸界线。

启用“连续”命令的方法如下。

- 工具栏：单击“标注”工具栏中的“连续”按钮。
- 菜单命令：选择“标注 > 连续”命令。
- 命令行：输入 DIMCONTINUE 命令（快捷命令：DCO）。

打开云盘中的“Ch07 > 素材 > 传动轴 .dwg”文件，标注传动轴各段的长度，效果如图 7-37 所示。操作步骤如下。

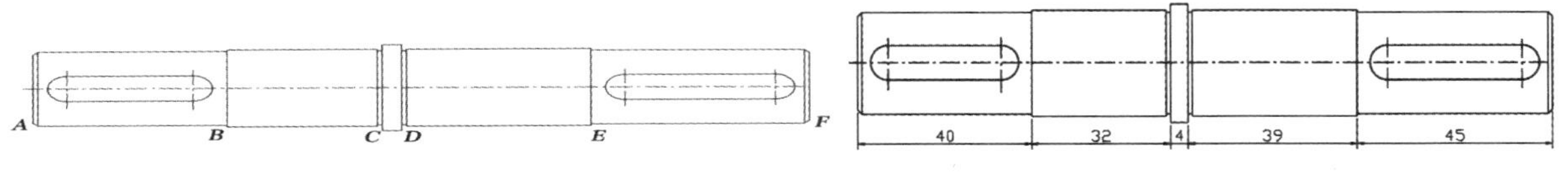

图 7–37

命令 : _dimlinear　　// 单击“线性”按钮

指定第一条尺寸界线原点或 < 选择对象 >:< 对象捕捉 开 >　　// 打开“对象捕捉”开关，选 // 择交点 *A*

指定第二条尺寸界线原点 :　　// 选择交点 *B*

指定尺寸线位置或　　// 指定尺寸线的位置

[多行文字 (M)/ 文字 (T)/ 角度 (A)/ 水平 (H)/ 垂直 (V)/ 旋转 (R)]:

标注文字 = 40

命令 : _dimcontinue　　// 单击“连续”按钮

指定第二条尺寸界线原点或 [选择 (S)/ 放弃 (U)] < 选择 >:　　// 选择交点 *C*

标注文字 = 32

指定第二条尺寸界线原点或 [选择 (S)/ 放弃 (U)] < 选择 >:　　// 选择交点 *D*

标注文字 = 4

指定第二条尺寸界线原点或 [选择 (S)/ 放弃 (U)] < 选择 >: // 选择交点 *E*

标注文字 = 39

指定第二条尺寸界线原点或 [选择 (S)/ 放弃 (U)] < 选择 >: // 选择交点 *F*

标注文字 = 45

指定第二条尺寸界线原点或 [选择 (S)/ 放弃 (U)] < 选择 >: // 按 Enter 键

选择连续标注 : // 按 Enter 键

提示选项解释如下。

- 指定第二条尺寸界线原点：用于选择连续标注的第二条尺寸界线。
- 选择 (S)：用于选择连续标注的第一条尺寸界线。默认情况下，AutoCAD 2019 会自动将最后创建的尺寸标注的第二条尺寸界线作为连续标注的第一条尺寸界线。
- 放弃 (U)：用于撤销上一步的操作。

3 标注形位公差

在 AutoCAD 2019 中，使用“公差”命令可以创建零件的各种形位公差，如零件的形状、方向、位置及跳动的允许偏差等。

启用“公差”命令的方法如下。

- 工具栏：单击“标注”工具栏中的“公差”按钮。
- 菜单命令：选择“标注 > 公差”命令。
- 命令行：输入 TOLERANCE 命令（快捷命令：TOL）。

打开云盘中的“Ch07 > 素材 > 标注圆锥齿轮轴 .dwg”文件，在 *A* 点处标注键槽的对称度，效果如图 7-38 所示。操作步骤如下。

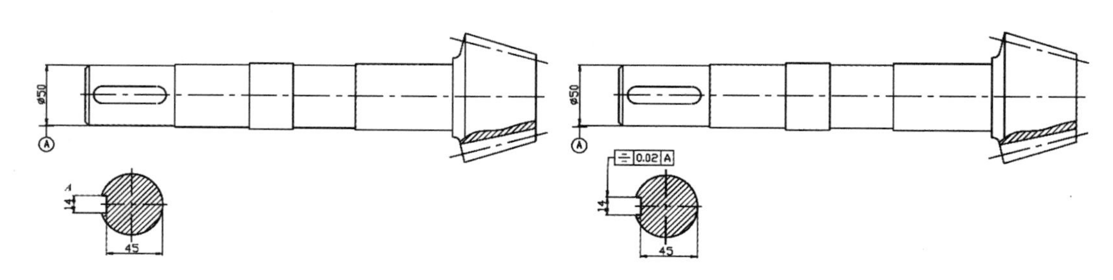

图 7–38

（1）单击“公差”按钮，弹出“形位公差”对话框，如图 7-39 所示。

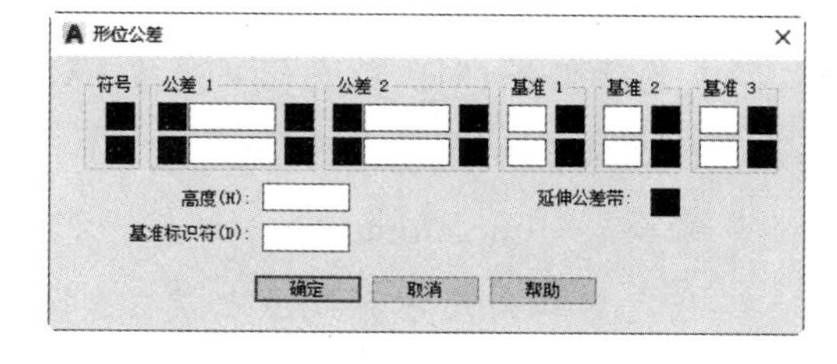

图 7–39

“形位公差”对话框中各选项的作用如下。

- “符号”选项组：用于设置形位公差的几何特征符号。
- “公差 1”选项组：用于在特征控制框中创建第一个公差值。该公差值指明了几何特征相对于精确形状的允许偏差量。另外，可在公差值前插入直径符号，在其后插入包容条件符号。

- “公差 2”选项组：用于在特征控制框中创建第二个公差值。
- “基准 1”选项组：用于在特征控制框中创建第一级基准参照。基准参照由值和修饰符号组成。基准是理论上精确的几何参照，用于创建特征的公差带。
- “基准 2”选项组：用于在特征控制框中创建第二级基准参照。
- “基准 3”选项组：用于在特征控制框中创建第三级基准参照。
- “高度”数值框：在特征控制框中创建投影公差带的值。投影公差带用于控制固定垂直部分延伸区的高度变化，并以位置公差控制公差精度。
- “延伸公差带”选项组：在延伸公差带值的后面插入延伸公差带符号“Ⓟ”。
- “基准标识符”文本框：创建由参照字母组成的基准标识符号。基准是理论上精确的几何参照，用于创建其他特征的位置和公差带。点、直线、平面、圆柱或者其他几何图形都能作为基准。

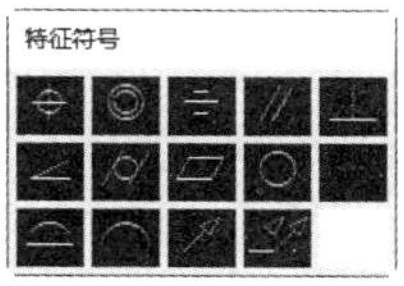

（2）单击“符号”选项组中的黑色图标，弹出“特征符号”对话框，如图 7-40 所示。该对话框中各符号的含义如表 7-1 所示。

图 7-40

表 7-1

符号	含义	符号	含义	符号	含义
⌖	位置度	∠	倾斜度	⌓	面轮廓度
◎	同轴度	⌭	圆柱度	⌒	线轮廓度
⌯	对称度	⏥	平面度	↗	圆跳度
//	平行度	○	圆度	⌰	全跳度
⊥	垂直度	—	直线度		

（3）单击“特征符号”对话框中的对称度符号图标“⌯”，AutoCAD 2019 会自动将该符号图标显示于“形位公差”对话框的“符号”选项组中。

（4）单击“公差 1”选项组左侧的黑色图标可以添加直径符号，再次单击新添加的直径符号图标可以将其取消。

（5）在“公差 1”选项组的数值框中可以输入“公差 1”的数值，本例在此处输入数值“0.02”。单击其右侧的黑色图标，会弹出“附加符号”对话框，如图 7-41 所示。该对话框中各符号的含义如表 7-2 所示。

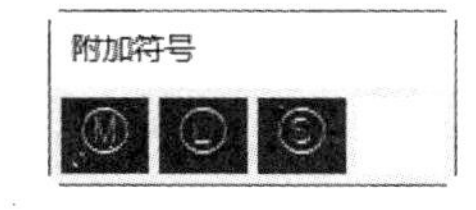

图 7-41

表 7-2

符号	含义
Ⓜ	材料的一般中等状况
Ⓛ	材料的最大状况
Ⓢ	材料的最小状况

（6）利用同样的方法设置“公差 2”选项组中的各项。

（7）“基准 1”选项组用于设置形位公差的第一级基准，本例在此处的文本框中输入形位公差的基准代号“A”。单击其右侧的黑色图标，显示“附加符号”对话框，从中可以选择相应的符号图标。

（8）同样，可以设置形位公差的第二、第三级基准。

（9）在“高度”数值框中设置高度值。

（10）单击“延伸公差带”右侧的黑色图标，可以插入投影公差带的符号图标“Ⓟ”。

（11）在“基准标识符”文本框中添加一个基准值。

（12）完成以上设置后，单击“形位公差”对话框中的“确定”按钮，返回到绘图窗口。提示“输入公差位置 :”时，在 *A* 点处单击以确定公差的标注位置。

（13）完成后的形位公差如图 7-42 所示。启用“公差”命令创建的形位公差不带引线，如图 7-42 所示，因此通常要启用“引线”命令来创建带引线的形位公差。

（14）在命令行输入“QLEADER”命令，按 Enter 键，弹出“引线设置”对话框。在“注释类型”选项组中选择“公差”单选按钮，如图 7-43 所示。

（15）单击“确定”按钮，关闭“引线设置”对话框。

（16）在 *A* 点处单击以确定引线，弹出“形位公差”对话框。设置形位公差的数值，完成后单击“确定”按钮，形位公差如图 7-44 所示。

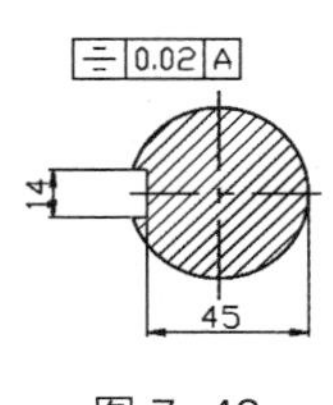
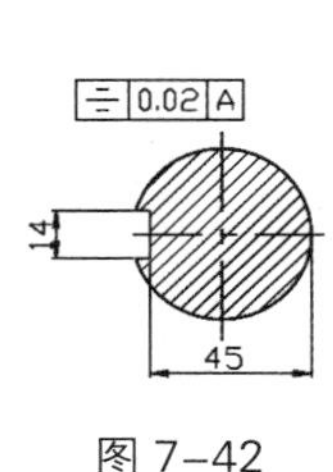

图 7-42

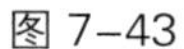
图 7-43

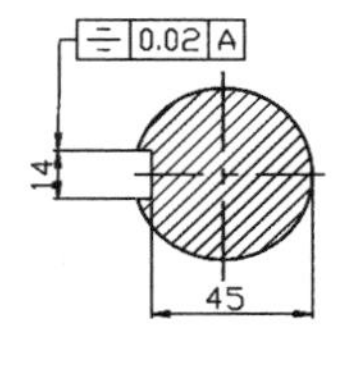

图 7-44

4 创建圆心标注

“圆心标记”命令用于创建圆心标注，即标注圆或圆弧的圆心符号。

启用“圆心标记”命令的方法如下。

- 工具栏：单击“标注”工具栏中的“圆心标记”按钮。
- 菜单命令：选择“标注 > 圆心标记”命令。
- 命令行：输入 DIMCENTER 命令（快捷命令：DCE）。

打开云盘中的“Ch07 > 素材 > 连杆 .dwg”文件，依次标注圆弧 *AB* 和圆弧 *BC* 的圆心，效果如图 7-45 所示。操作步骤如下。

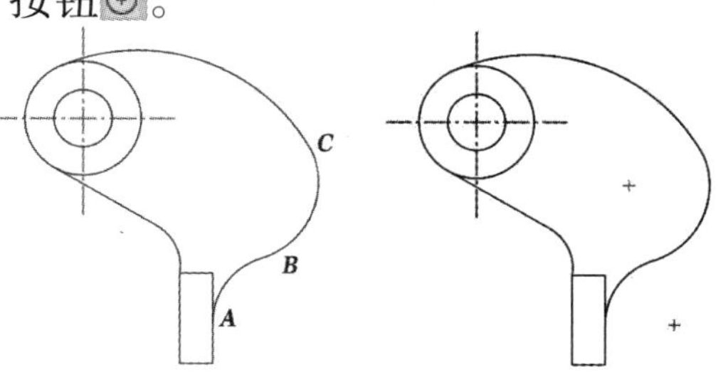

图 7-45

命令：_dimcenter　　　　//单击“圆心标记”按钮

选择圆弧或圆：　　　　　　　　　　　　// 选择圆弧 *AB*

命令：_dimcenter　　　　　　　　　　　// 单击“圆心标记”按钮

选择圆弧或圆：　　　　　　　　　　　　// 选择圆弧 *BC*

5 创建引线注释

引线注释是由箭头、直线和注释文字组成的，如图 7-46 所示。AutoCAD 2019 提供了“引线”命令来创建引线注释。

打开云盘中的“Ch07 > 素材 > 传动轴 .dwg”文件，在命令行输入 QLEADER，启动“引线”命令，对轴端的倒角进行标注，效果如图 7-47 所示。操作步骤如下。

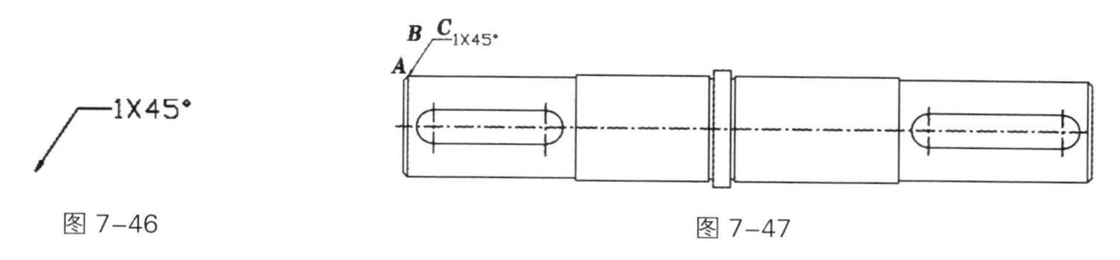

图 7–46　　　　　　图 7–47

命令：qleader　　　　　　　　　　　　// 在命令行中输入“qleader”

指定第一个引线点或 [设置 (S)] < 设置 >:< 对象捕捉 开 >　// 打开“对象捕捉”开关，选择 *A* 点

指定下一点：　　　　　　　　　　　　// 在 *B* 点处单击

指定下一点：< 正交 开 >　　　　　　　// 打开“正交”开关，选择 *C* 点

指定文字宽度 <0.0000>:　　　　　　　// 按 Enter 键

输入注释文字的第一行 < 多行文字 (M)>: 1X45%%d　// 输入倒角尺寸

输入注释文字的下一行：　　　　　　　// 按 Enter 键

◎ 设置引线注释的类型

可以在“引线设置”对话框中设置引线注释的外观样式。在命令行中输入“qleader”，按 Enter 键后，命令行提示“指定第一个引线点或 [设置 (S)] < 设置 >:”；此时按 Enter 键，弹出“引线设置”对话框，如图 7-48 所示。

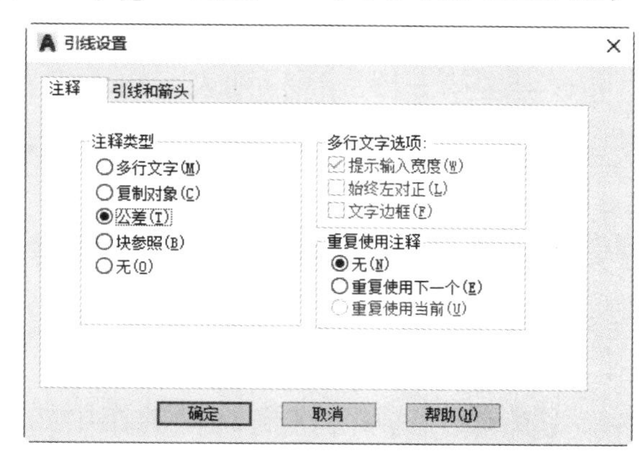

图 7–48

“引线设置”对话框中各选项的作用如下。

- “注释类型”选项组：用于设置引线注释的类型。
  - ▲“多行文字”单选按钮：用于创建多行文字的引线注释。
  - ▲“复制对象”单选按钮：用于复制多行文字、单行文字、公差或块参照对象。
  - ▲“公差”单选按钮：用于标注形位公差。
  - ▲“块参照”单选按钮：用于插入块参照。
  - ▲“无”单选按钮：用于创建无注释的引线。
- “多行文字选项”选项组：用于设置文字的格式。

▲“提示输入宽度”复选框：用于设置多行文字的宽度。

▲“始终左对齐”复选框：用于设置多行文字的对齐方式。

▲“文字边框”复选框：用于为多行文字添加边框线。

- “重复使用注释”选项组：用于设置引线注释的使用特点。

▲“无”单选按钮：不重复使用引线注释。

▲“重复使用下一个”单选按钮：用于重复使用为后续引线创建的下一个注释。

▲“重复使用当前”单选按钮：用于重复使用当前注释。选择“重复使用下一个”单选按钮之后，重复使用注释时，AutoCAD 2019 将自动选择此选项。

◎ 控制引线及箭头的外观特征

“引线设置”对话框中的“引线和箭头”选项卡如图 7-49 所示，从中可以设置引线注释的引线和箭头样式。

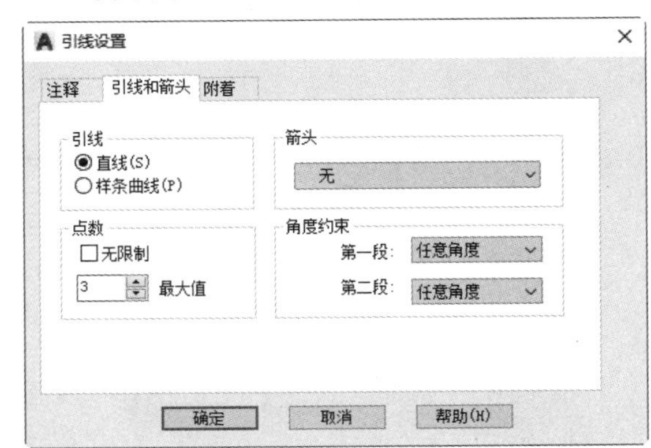

图 7-49

“引线和箭头”选项卡中各选项的作用如下。

- “直线”单选按钮：将引线设置为直线段样式。
- “样条曲线”单选按钮：将引线设置为样条曲线样式。
- “箭头”下拉列表：用于设置箭头的样式。
- “点数”选项组：用于设置引线形状控制点的数量。

▲“无限制”复选框：可以设置无限制的引线控制点。AutoCAD 2019 将一直提示选择引线控制点，直到按 Enter 键为止。

▲“最大值”数值框：用于设置引线控制点的最大数量。可在该数值框中输入 2 ~ 999 的任意整数。

- “角度约束”选项组：用于设置第一段和第二段引线之间的角度。

▲“第一段”下拉列表：用于设置第一段引线的角度。

▲“第二段”下拉列表：用于设置第二段引线的角度。

◎ 设置引线注释的对齐方式

在“引线设置”对话框中，单击“附着”选项卡，从中可以设置引线和多行文字注释的附着位置。只有在“注释”选项卡中选择了“多行文字”单选按钮时，“附着”选项卡才可用，如图 7-50 所示。

“附着”选项卡中各选项的作用如下。

“多行文字附着”选项组的每个选项都有“文字在左边”和“文字在右边”两个单选按钮，用于设置文字附着的位置，如图 7-51 所示。

- “第一行顶部”选项：用于将引线附着到多行文字第一行的顶部。
- “第一行中间”选项：用于将引线附着到多行文字第一行的中间。

- “多行文字中间”选项：用于将引线附着到多行文字的中间。
- “最后一行中间”选项：用于将引线附着到多行文字最后一行的中间。
- “最后一行底部”选项：用于将引线附着到多行文字最后一行的底部。
- “最后一行加下画线”复选框：用于在多行文字的最后一行加下画线。

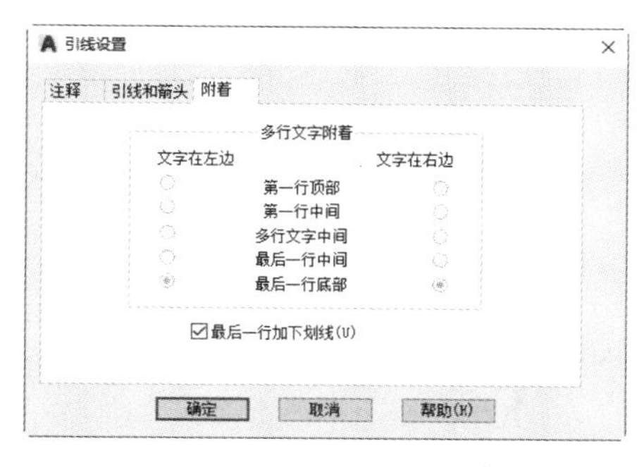

图 7-50

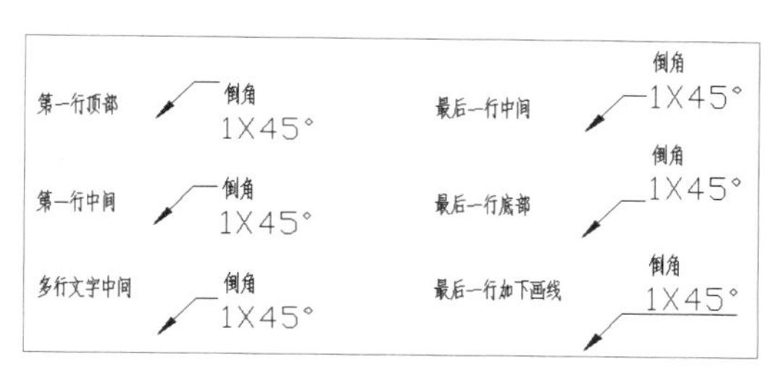

图 7-51

6 快速标注

为了提高标注尺寸的速度，AutoCAD 2019 提供了“快速标注”命令来快速创建或编辑基线标注、连续标注，以及快速标注圆或圆弧等。启用“快速标注”命令后，一次选择多个图形对象，AutoCAD 2019 将自动完成标注操作。

启用“快速标注”命令的方法如下。

- 工具栏：单击“标注”工具栏中的“快速标注”按钮。
- 菜单命令：选择“标注 > 快速标注”命令。
- 命令行：输入 QDIM 命令。

打开云盘中的“Ch07 > 素材 > 传动轴 .dwg”文件，使用“快速标注”命令可一次标注多个对象，效果如图 7-52 所示。操作步骤如下。

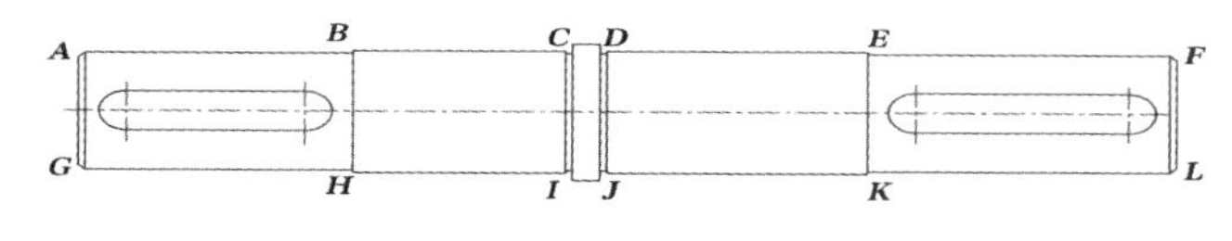

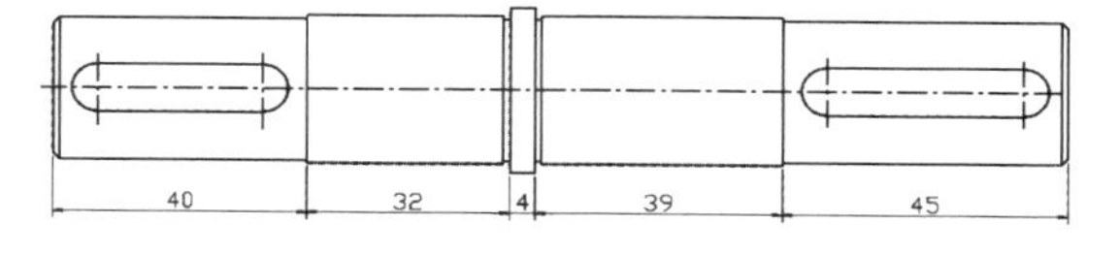

图 7-52

命令 : _qdim //单击“快速标注”按钮

关联标注优先级 = 端点

选择要标注的几何图形 : 找到 1 个 //选择线段 *AG*

选择要标注的几何图形 : 找到 1 个，总计 2 个 //选择线段 *BH*

选择要标注的几何图形 : 找到 1 个，总计 3 个 //选择线段 *CI*

选择要标注的几何图形 : 找到 1 个，总计 4 个 //选择线段 *DJ*

选择要标注的几何图形 : 找到 1 个，总计 5 个 //选择线段 *EK*

选择要标注的几何图形 : 找到 1 个，总计 6 个 //选择线段 *FL*

选择要标注的几何图形 : //按 Enter 键

指定尺寸线位置或

[连续 (C)/ 并列 (S)/ 基线 (B)/ 坐标 (O)/ 半径 (R)/ 直径 (D)/ 基准点 (P)/ 编辑 (E)/ 设置 (T)] < 连续 >:
// 指定尺寸线的位置

提示选项解释如下。

- 连续 (C)：用于创建连续标注。
- 并列 (S)：用于创建一系列并列标注。
- 基线 (B)：用于创建一系列基线标注。
- 坐标 (O)：用于创建一系列坐标标注。
- 半径 (R)：用于创建一系列半径标注。
- 直径 (D)：用于创建一系列直径标注。
- 基准点 (P)：为基线和坐标标注设置新的基准点。
- 编辑 (E)：用于显示所有的标注节点，可以在现有标注中添加或删除点。
- 设置 (T)：为指定尺寸界线原点设置默认对象捕捉方式。

7.2.3 任务实施

（1）启动 AutoCAD 2019，打开图形文件。选择“文件 > 打开”命令，打开云盘中的“Ch07 > 素材 > 标注写字台大样图 .dwg”文件，如图 7-53 所示。

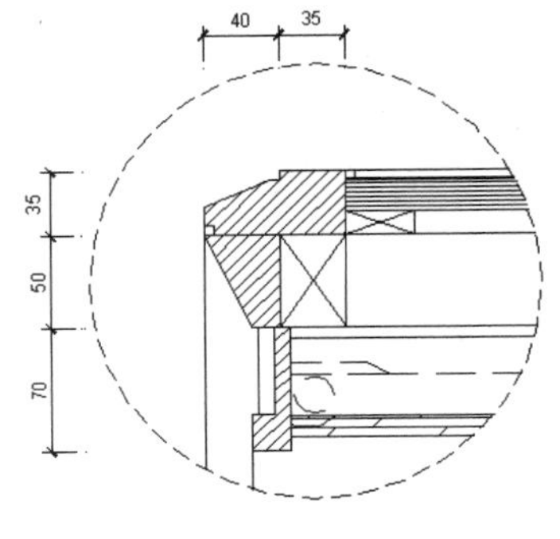

图 7–53

（2）设置图层。选择“格式 > 图层”命令，弹出“图层特性管理器”对话框，选择“DIM”图层，单击“置为当前”按钮，设置“DIM”图层为当前图层，关闭“图层特性管理器”对话框。

（3）设置标注样式。单击“样式”工具栏中的“标注样式”按钮，弹出“标注样式管理器”对话框，如图 7-54 所示。单击“替代”按钮，弹出“替代当前样式”对话框，设置标注样式的参数，如图 7-55 所示。单击“确定”按钮，返回“标注样式管理器”对话框，单击“关闭”按钮，返回绘图窗口。

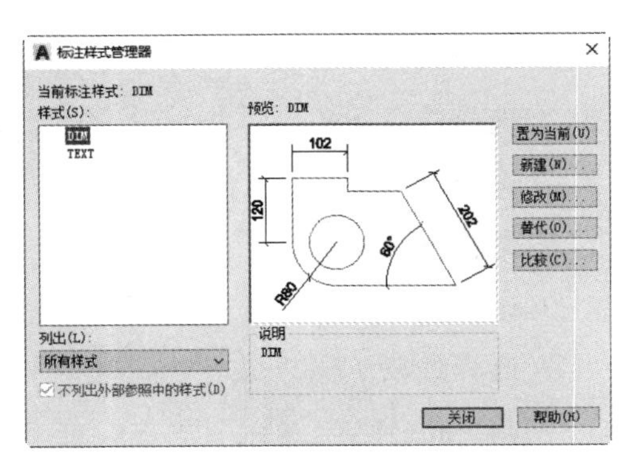

图 7–54

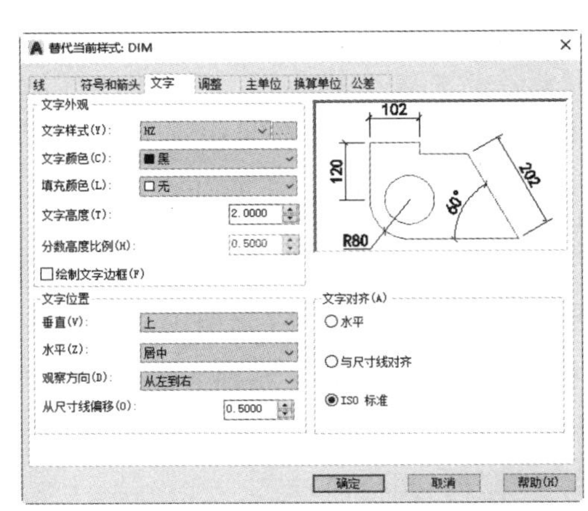

图 7–55

（4）标注材料名称。在命令行中输入“qleader”，按 Enter 键，弹出“引线设置”对话框。单击“引线和箭头”选项卡，在“箭头”选项组的下拉列表中选择“直角”选项，如图 7-56 所示。单击“附着”选项卡，选择“第一行中间”选项的“文字在左边”和“文字在右边”单选按钮，如图 7-57 所示。单击“确定”按钮，返回绘图窗口，在绘图窗口中单击以确定引线位置并输入材料名称，注释结果如图 7-58 所示。操作步骤如下。

命令 : qleader

指定第一个引线点或 [设置 (S)] < 设置 >: // 按 Enter 键

指定第一个引线点或 [设置 (S)] < 设置 >: // 在“引线设置”对话框中单击“确定”// 按钮

指定下一点 : // 在绘图窗口中单击以确定引线的引出 // 位置

指定下一点 : // 单击以确定第二点

指定文字宽度 <0.0000>: // 按 Enter 键

输入注释文字的第一行 < 多行文字 (M)>: 实木线条清漆 // 输入注释文字

输入注释文字的下一行 : // 按 Enter 键

（5）标注其余材料名称。依上述方法，使用引线标注，在绘图窗口中单击以确定引线位置并输入材料名称，注释完成后效果如图 7-59 所示。

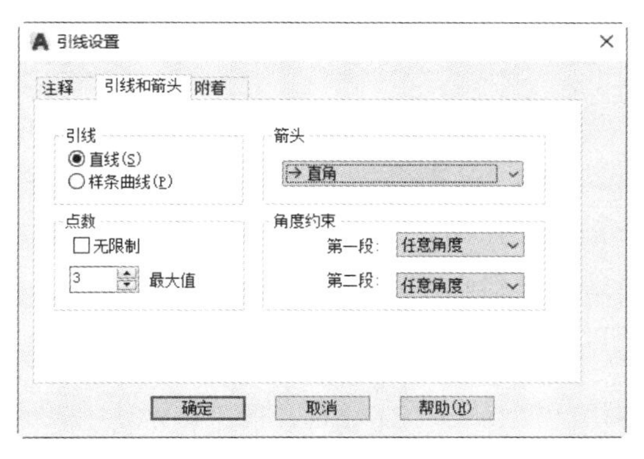

图 7-56

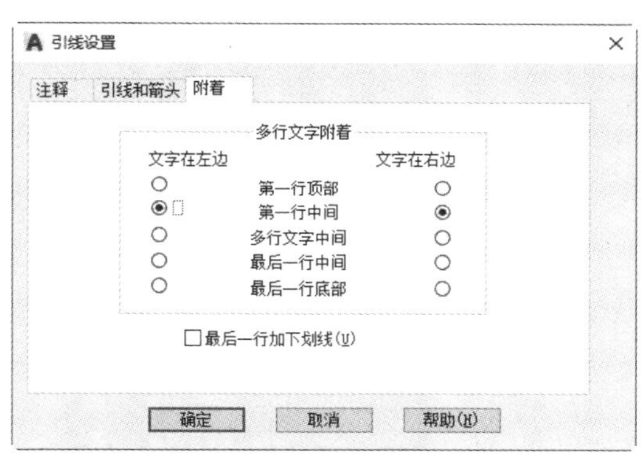

图 7-57

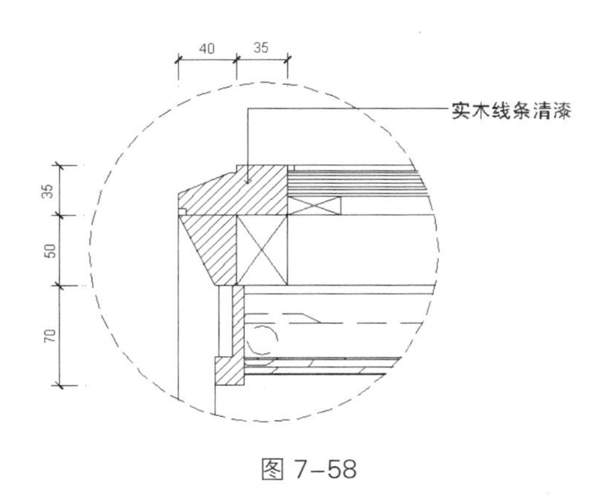

图 7-58

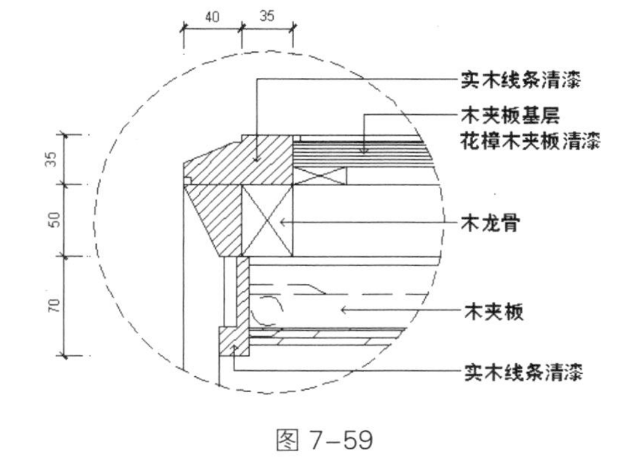

图 7-59

7.2.4 扩展实践：标注压盖零件图

本实践需要使用“线性”标注命令、“半径”标注命令和“直径”标注命令来完成压盖零件图的标注。最终效果参看云盘中的“Ch07 > DWG > 标注压盖零件图 .dwg”，如图 7-60 所示。

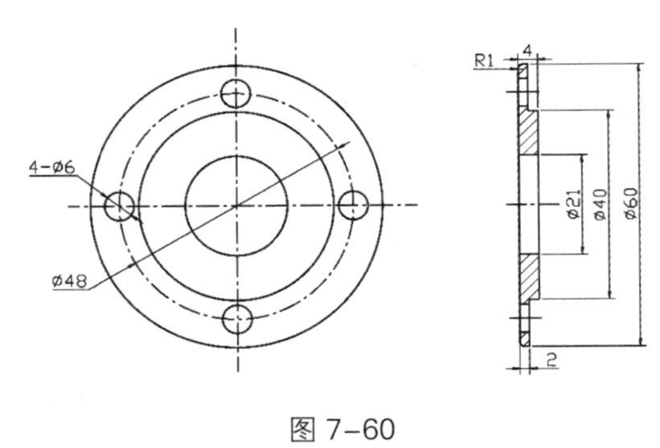

微课

标注压盖零件图

图 7-60

微课

标注圆锥齿轮轴

任务 7.3 项目演练：标注圆锥齿轮轴

使用“线性”标注命令、“半径”标注命令、“基线”标注命令、“连续”标注命令、“角度”标注命令和“快速引线”标注命令完成圆锥齿轮轴的标注。最终效果参看云盘中的“Ch07 > DWG > 标注圆锥齿轮轴 .dwg”，如图 7-61 所示。

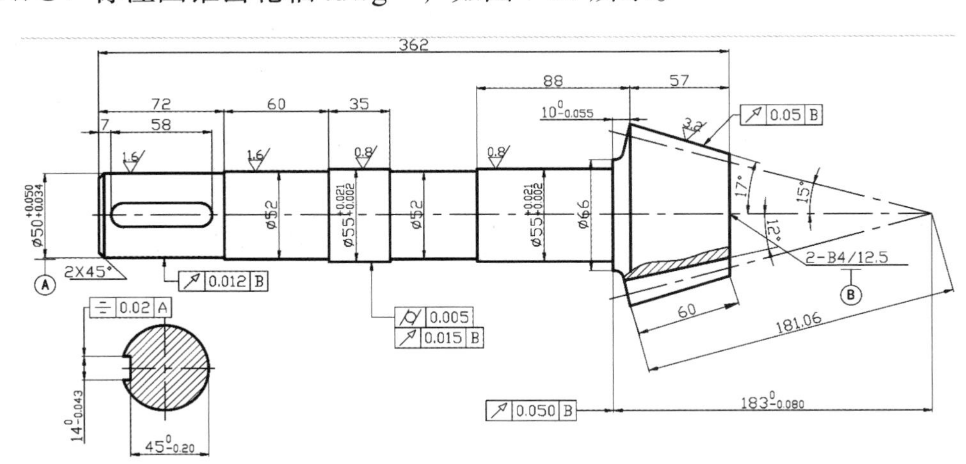

图 7-61

08

项目8

掌握创建图块和引用外部参照
——图块与外部参照

本项目主要介绍块和动态块的创建、插入方法，以及使用外部参照的方法。在工程制图中利用块可以重复调用相同或相似的图形，动态块提供了块的在位调整功能，利用外部参照可以共享设计数据。通过本项目的学习，读者可以掌握创建图块和引用外部参照的方法、技巧，提高绘图速度和设计能力。

学习引导

知识目标

- 了解块和动态块的应用
- 了解外部参照的使用

能力目标

- 掌握块和动态块的创建与插入方法
- 掌握外部参照的引用、更新和编辑方法

素养目标

- 培养积极思考的工作习惯
- 培养提高工作效率的意识

实训项目

- 定义和插入表面粗糙度符号图块
- 创建门动态块

任务 8.1 定义和插入表面粗糙度符号图块

8.1.1 任务引入

本任务要求读者首先了解图块的相关应用；然后使用“块定义”对话框来完成表面粗糙度符号图块的定义和插入。最终效果参看云盘中的“Ch08 > DWG > 定义和插入表面粗糙度符号图块 .dwg”，如图 8-1 所示。

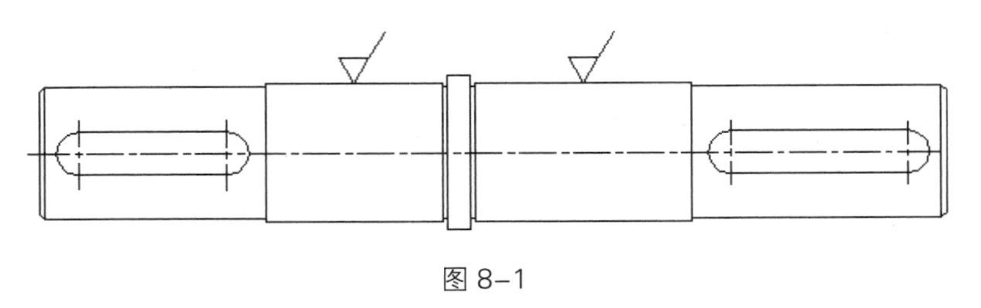

图 8-1

8.1.2 任务知识：图块应用

1 应用图块

应用图块可以快速绘制一些外形相似的图形对象，在 AutoCAD 2019 中，可以将外形相似的图形对象定义为图块，然后根据需要在图形文件中方便、快捷地插入这些图块。

◎ 创建图块

AutoCAD 2019 提供了以下两种方法来创建图块。

- 启用“块”命令创建图块

启用“块”命令创建的图块将保存于当前的图形文件中，此时只能将该图块应用到当前的图形文件，而不能应用到其他图形文件中，因此有一定的局限性。

- 启用“写块”命令创建图块

启用“写块”命令创建的图块将以图形文件格式（*.dwg）保存到用户的计算机硬盘上。在应用图块时，可以将这些图块应用到任意图形文件中。

（1）启用“块”命令创建图块

启用“块”命令的方法如下。

- 工具栏：单击“绘图”工具栏中的“创建块”按钮或“插入”选项卡中的“创建块”按钮。
- 菜单命令：选择“绘图 > 块 > 创建”命令。
- 命令行：输入 BLOCK 命令（快捷命令：B）。

选择“绘图 > 块 > 创建”命令，弹出“块定义”对话框，如图 8-2 所示。在该对话框中可以将图形对象定义为图块，然后单击“确定”按钮，将其创建为图块。

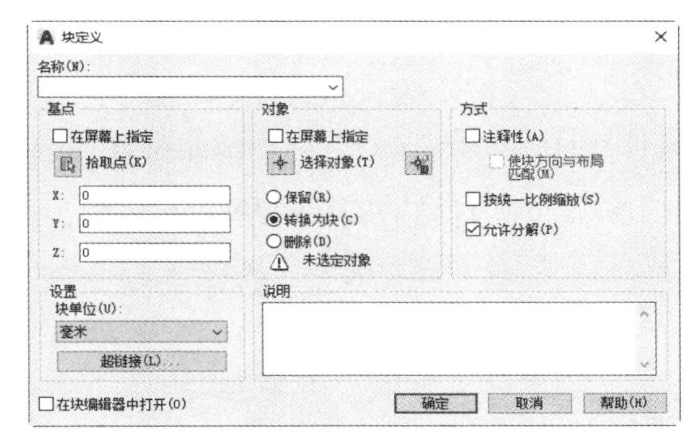

图 8-2

“块定义”对话框中部分选项的作用如下。

- “名称”下拉列表框：用于输入或选择图块的名称。
- “基点”选项组：“用于确定图块插入基点的位置。
  - ▲“X”“Y”“Z”数值框：用于输入插入基点的 x、y、z 坐标。
  - ▲“拾取点”按钮：用于在绘图窗口中选择插入基点的位置。
- “对象”选项组：用于选择组成图块的图形对象。
  - ▲“选择对象”按钮：用于在绘图窗口中选择组成图块的图形对象。
  - ▲“快速选择”按钮：单击该按钮，会弹出“快速选择”对话框，通过该对话框可以利用快速过滤来选择满足条件的图形对象。
  - ▲“保留”单选按钮：选择该单选按钮，则在创建图块后，所选择的图形对象仍保留在绘图窗口中，并且其属性不变。
  - ▲“转换为块”单选按钮：选择该单选按钮，则在创建图块后，所选择的图形对象转换为图块。
  - ▲“删除”单选按钮：选择该单选按钮，则在创建图块后，所选择的图形对象将被删除。
- “方式”选项组：用于定义块的使用方式。
- “方式”选项组中选项的功能如下。
  - ▲“注释性”复选框：使块具有注释特性，选择该复选框后，“使块方向与布局匹配”复选框将处于可选状态。
  - ▲“按统一比例缩放”复选框：用于设置图块是否按统一比例进行缩放。
  - ▲“允许分解”复选框：用于设置图块是否可以进行分解。
- “设置”选项组：用于设置图块的属性。
  - ▲“块单位”下拉列表：用于选择图块的单位。
  - ▲“超链接”按钮：用于设置图块的超链接，单击“超链接”按钮，会弹出“插入超链接”对话框，从中可以将超链接与图块定义相关联。
  - ▲“说明”文本框：用于输入图块的说明文字。
- “在块编辑器中打开”复选框：用于在图块编辑器中打开当前的块定义。

（2）启用“写块”命令创建图块

启用“写块”命令创建的图块可以保存到用户计算机的硬盘中，并能够应用到其他图形文件中。

启用“写块”命令的方法如下。

- 工具栏：单击“插入”选项卡中的“写块”按钮。
- 命令行：输入 WBLOCK 命令（快捷命令：W）。

启用“写块”命令，将平垫圈创建为图块。操作步骤如下。

① 打开云盘中的“Ch08 > 素材 > 平垫圈 .dwg”文件。

② 在命令行中输入“wblock”，按 Enter 键，弹出“写块”对话框，如图 8-3 所示。

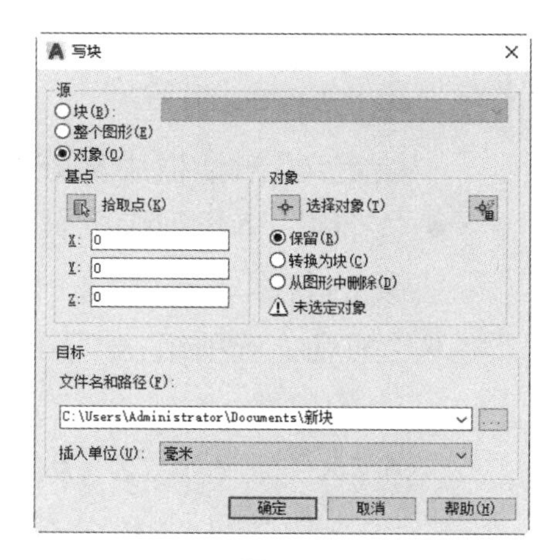

图 8-3

③ 单击“基点”选项组中的“拾取点”按钮，在绘图窗口中选择交点 A 作为图块的基点，如图 8-4 所示。

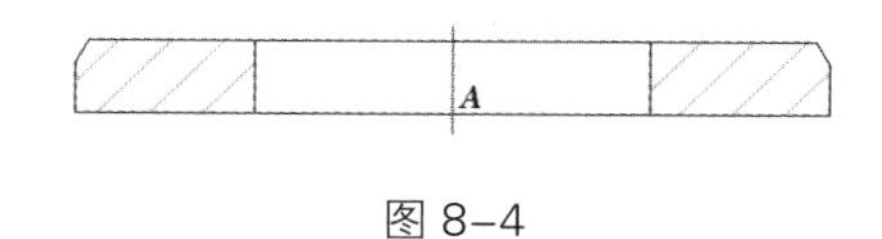

图 8-4

④ 单击“对象”选项组中的“选择对象”按钮，在绘图窗口中选择平垫圈的所有图形对象，然后单击鼠标右键，返回“写块”对话框。

⑤ 在“目标”选项组中输入图块的名称和保存路径，单击“确定”按钮，完成创建图块的操作。

“写块”对话框中各选项的作用如下。

- “源”选项组：用于选择图块和图形对象，以便将其保存为图形文件，并为其设置插入点。
  - ▲“块”单选按钮：用于从列表中选择要保存为图形文件的现有图块。
  - ▲“整个图形”单选按钮：用于将当前绘图窗口中的图形对象创建为图块。
- “对象”单选按钮：用于从绘图窗口中选择组成图块的图形对象。
- “基点”选项组：用于设置图块插入基点的位置。
  - ▲“X”“Y”“Z”数值框：用于输入插入基点的 x、y、z 坐标。
  - ▲“拾取点”按钮：用于在绘图窗口中选择插入基点的位置。
- “对象”选项组：用于选择组成图块的图形对象。
  - ▲“选择对象”按钮：用于在绘图窗口中选择组成图块的图形对象。
  - ▲“快速选择”按钮：单击该按钮，会弹出“快速选择”对话框，通过该对话框可以利用快速过滤来选择满足条件的图形对象。
  - ▲“保留”单选按钮：选择该单选按钮，则在创建图块后，所选择的图形对象仍保留在绘图窗口中，并且其属性不变。
  - ▲“转换为块”单选按钮：选择该单选按钮，则在创建图块后，所选择的图形对象转换为图块。
  - ▲“从图形中删除”单选按钮：选择该单选按钮，则在创建图块后，所选择的图形对象将被删除。
- “目标”选项组：用于设置图块文件的名称、位置和插入图块时使用的测量单位。
  - ▲“文件名和路径”下拉列表框：用于输入或选择图块文件的名称和保存位置。单击右侧的按钮，弹出“浏览图形文件”对话框，可以设置图块的保存位置，并输入图块的名称。

▲“插入单位”下拉列表：用于选择插入图块时使用的测量单位。

◎ 插入图块

在绘图过程中需要应用图块时，可以启用“插入块”命令，将已创建的图块插入当前图形中。在插入图块时，用户需要指定图块的名称、插入点、缩放比例和旋转角度。

启用“插入块”命令的方法如下。

- 工具栏：单击“绘图”工具栏中的“插入块”按钮或“插入”选项卡中的“插入块”按钮。
- 菜单命令：选择“插入 > 块”命令。
- 命令行：输入 INSERT 命令（快捷命令：I）。

选择“插入 > 块”命令，弹出“插入”对话框，如图 8-5 所示。从中可以选择需要插入的图块的名称与位置。

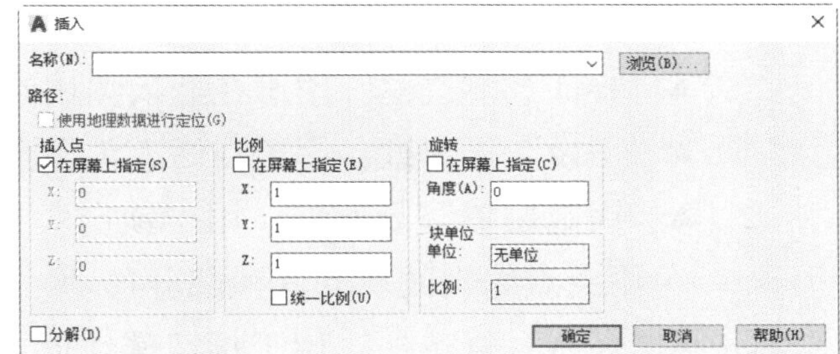

图 8-5

“插入”对话框中各选项的作用如下。

- “名称”下拉列表框：用于输入或选择需要插入的图块的名称。
- “浏览”按钮：用于选择需要插入的图块。单击“浏览”按钮，会弹出“选择图形文件”对话框，从中可以选择需要的图块文件。然后单击“确定”按钮，可以将该文件中的图形对象作为图块插入当前图形。
- “插入点”选项组：用于设置图块的插入点位置。可以利用鼠标在绘图窗口中指定插入点的位置，也可以通过“X”“Y”“Z”数值框输入插入点的 x、y、z 坐标。
- “比例”选项组：用于设置图块的缩放比例。可以直接在“X”“Y”“Z”数值框内输入图块的 x、y、z 方向比例因子，也可以利用鼠标在绘图窗口中设置图块的缩放比例。
- “旋转”选项组：用于设置图块的旋转角度。在插入图块时，可以按照“角度”数值框内设置的角度旋转图块。
- “块单位”选项组：用于设置图块的单位。
- “分解”复选框：用于控制是否对插入的图块进行分解。

2 图块属性

图块属性是附加在图块上的文字信息，在 AutoCAD 2019 中经常要利用图块属性来预定义文字的位置、内容或默认值等。在插入图块时，输入不同的文字信息，可以使相同的图块表达不同的信息，如粗糙度符号就是利用图块属性设置的。

◎ 定义图块属性

定义带有属性的图块时，需要将作为图块的图形和标记图块属性的信息都定义为图块。

启用定义图块属性命令的方法如下。

- 工具栏：单击“插入”选项卡中的“定义属性”按钮。
- 菜单命令：选择“绘图 > 块 > 定义属性”命令。

- 命令行：输入 ATTDEF 命令。

选择“绘图 > 块 > 定义属性”命令，弹出“属性定义”对话框，如图 8-6 所示。从中可以定义模式、属性标记、属性提示、属性值、插入点及属性的文字选项等。

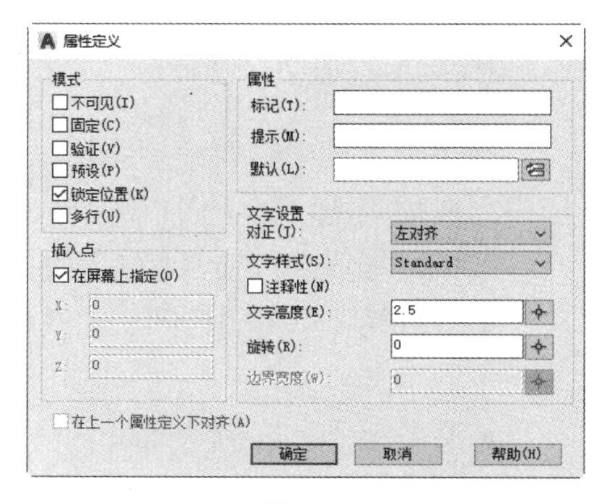

图 8-6

“属性定义”对话框中各选项的作用如下。

- “模式”选项组：用于设置图块属性插入时的模式。
  - ▲“不可见”复选框：用于指定插入图块时不显示属性值。
  - ▲“固定”复选框：用于在插入图块时赋予属性固定值。
  - ▲“验证”复选框：用于在插入图块时，提示验证属性值是否正确。
  - ▲“预设”复选框：用于在插入包含预置属性值的图块时，将属性设置为默认值。
  - ▲“锁定位置”复选框：用于锁定块参照中属性的位置。解锁后，属性可以相对于使用夹点编辑的块的其他部分移动，并且可以调整多行属性的大小。
  - ▲“多行”复选框：用于指定属性值可以包含多行文字。选择此复选框后，可指定属性的边界宽度。
- “属性”选项组：用于设置图块属性的各项值。
  - ▲“标记”文本框：用于标识图形中每次出现的属性。
  - ▲“提示”文本框：用于指定在插入包含该属性定义的图块时显示的提示。
  - ▲“默认”数值框：用于指定默认的属性值。
- “插入点”选项组：用于设置属性的位置。
  - ▲“在屏幕上指定”复选框：用于通过鼠标在绘图窗口中指定图块属性插入点的位置。
  - ▲“X”“Y”“Z”数值框：用于输入图块属性插入点的 x、y、z 坐标值。
- “文字设置”选项组：用于设置图块属性文字的对正、样式、高度和旋转。
  - ▲“对正”下拉列表：用于指定属性文字的对正方式。
  - ▲“文字样式”下拉列表：用于指定属性文字的预定义样式。
  - ▲“注释性”复选框：如果块是注释性的，则属性将与块的方向相匹配。
  - ▲“文字高度”数值框：用于指定属性文字的高度。
  - ▲“旋转”数值框：可以使用鼠标来确定属性文字的旋转角度。
  - ▲“边界宽度”数值框：用于指定多线属性中文字行的最大长度。
- “在上一个属性定义下对齐”复选框：用于将属性标记直接置于定义的上一个属性的下面。如果之前没有创建属性定义，则此复选框不可用。

◎ 修改图块属性

（1）修改单个图块的属性

创建带有属性的图块之后，可以对其属性进行修改，如修改属性标记和提示等。

启用修改单个图块属性命令的方法如下。

- 工具栏：单击“修改Ⅱ”工具栏中的“编辑属性”按钮或“插入”选项卡中的“编辑属性”按钮。
- 菜单命令：选择“修改 > 对象 > 属性 > 单个”命令。
- 鼠标：双击带有属性的图块。

修改表面粗糙度符号参数值的操作步骤如下。

① 打开云盘中的“Ch08 > 素材 > 带属性的表面粗糙度符号 .dwg”文件。

② 选择“修改 > 对象 > 属性 > 单个”命令，选择表面粗糙度符号，如图 8-7 所示，弹出的“增强属性编辑器”对话框如图 8-8 所示。

③ “属性”选项卡中显示了图块的属性，如标记、提示和参数值。此时可以在“值”数值框中输入表面粗糙度的新参数值“9.3”。

④ 单击“增强属性编辑器”对话框中的“确定”按钮，将表面粗糙度的参数值“3.2”修改为“6.3”，效果如图 8-9 所示。

图 8-7

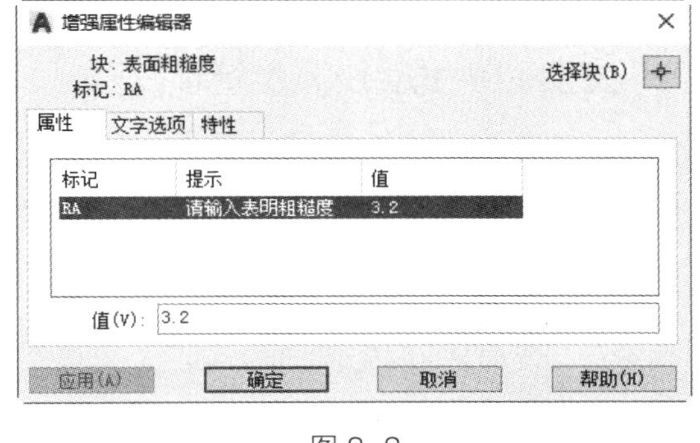

图 8-8

图 8-9

“增强属性编辑器”对话框中各选项卡的作用如下。

- “属性”选项卡：用于修改图块的属性，如标记、提示和参数值等。
- “文字选项”选项卡：单击“文字选项”选项卡，“增强属性编辑器”对话框如图 8-10 所示，从中可以修改属性文字在图形中的显示方式，如文字样式、对正方式、文字高度和旋转角度等。
- “特性”选项卡：单击“特性”选项卡，“增强属性编辑器”对话框如图 8-11 所示，从中可以修改图块属性所在的图层及线型、颜色和线宽等。

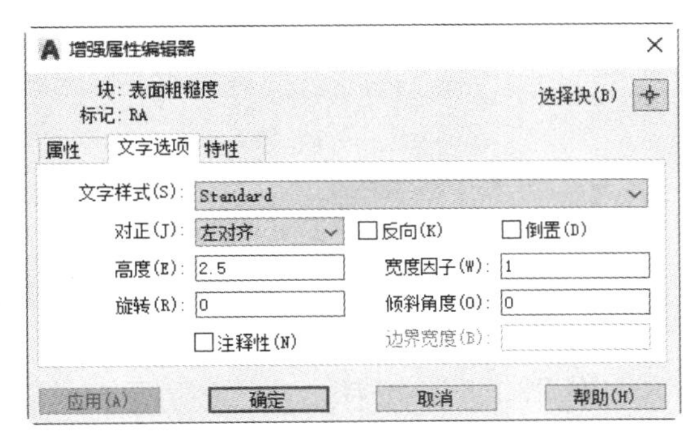

图 8-10

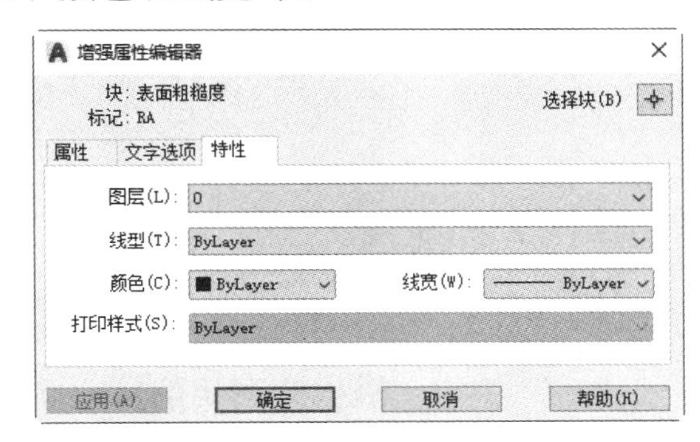

图 8-11

（2）修改图块的参数值

启用“编辑属性”命令，可以直接修改图块的参数值。

启用“编辑属性”命令修改表面粗糙度符号参数值的操作步骤如下。

① 在命令行中输入“attedit”，按 Enter 键。

② 命令行提示“选择块参照”，在绘图窗口中选择需要修改参数值的表面粗糙度符号。

③ 弹出“编辑属性”对话框，如图 8-12 所示。在“请输入表面粗糙度”数值框中输入新的参数值“6.3”。

④ 单击“确定”按钮，即可将表面粗糙度的参数值“3.2”修改为“6.3”。

（3）块属性管理器

当图形中存在多种图块时，可以启用“块属性管理器”命令来管理所有图块的属性。

启用“块属性管理器”命令的方法如下。

- 工具栏：单击“修改Ⅱ”工具栏中的“块属性管理器”按钮。

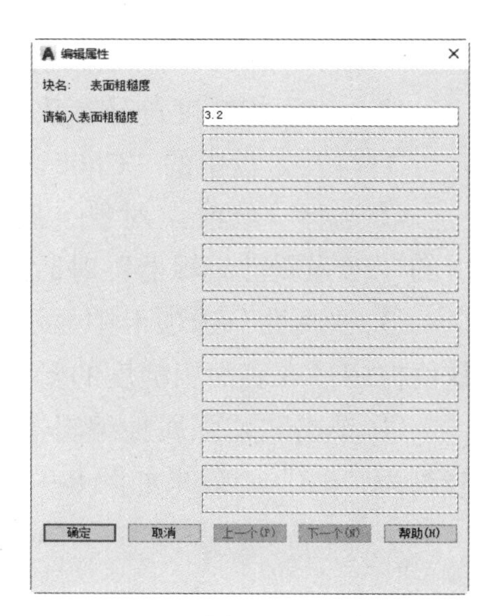

图 8-12

- 菜单命令：选择“修改 > 对象 > 属性 > 块属性管理器”命令。
- 命令行：输入 BATTMAN 命令。

选择“修改 > 对象 > 属性 > 块属性管理器”命令，弹出“块属性管理器”对话框，如图 8-13 所示。在对话框中可以编辑选择的块的属性。

“块属性管理器”对话框中各选项的作用如下。

- “选择块”按钮：用于在绘图窗口中选择要进行编辑的图块。
- “块”下拉列表：用于选择要编辑的图块。
- “设置”按钮：单击该按钮，会弹出“块属性设置”对话框，如图 8-14 所示，从中可以设置“块属性管理器”对话框中属性信息的显示方式。

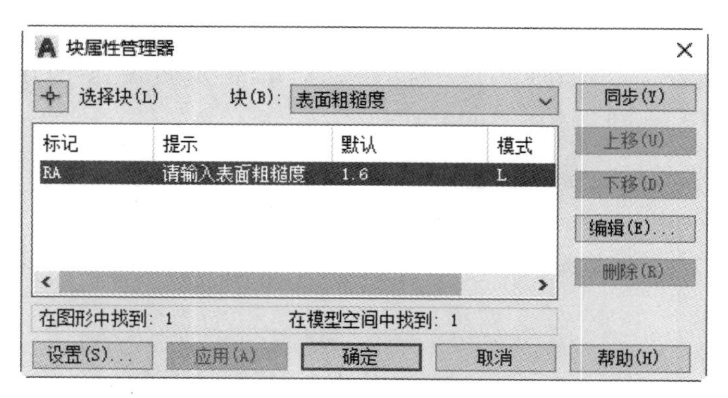

图 8-13

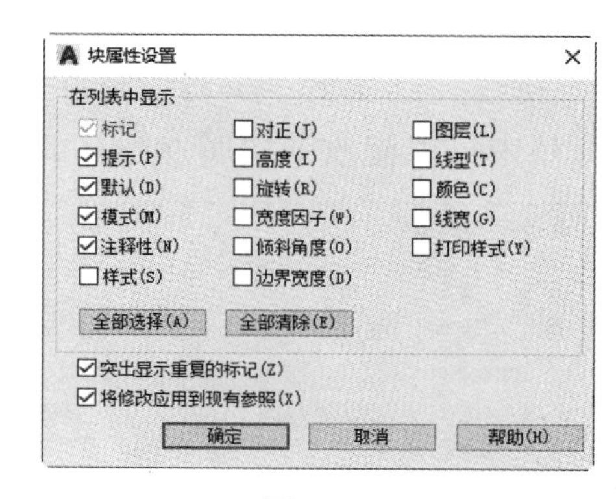

图 8-14

- “同步”按钮：当修改图块的某一属性后，单击“同步”按钮，将更新所有已被选择的且具有当前属性的图块。

- “上移”按钮：在提示序列中，向上一行移动选择的属性标签。
- “下移”按钮：在提示序列中，向下一行移动选择的属性标签。选择固定属性时，“上移”或“下移”按钮不可用。
- “编辑”按钮：单击该按钮，会弹出“编辑属性”对话框，在“属性”“文字选项”“特性”选项卡中可以修改图块的各项属性，如图 8-15 所示。
- “删除”按钮：删除列表中所选的属性定义。
- “应用”按钮：将设置应用到图块中。
- “确定”按钮：保存设置并关闭对话框。

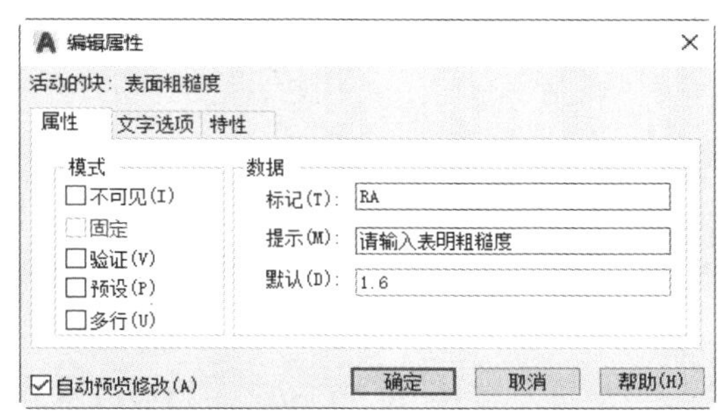

图 8–15

8.1.3 任务实施

（1）启动 AutoCAD 2019，选择“文件 > 打开”命令，打开云盘中的“Ch08 > 素材 > 表面粗糙度 .dwg”文件，如图 8-16 所示。

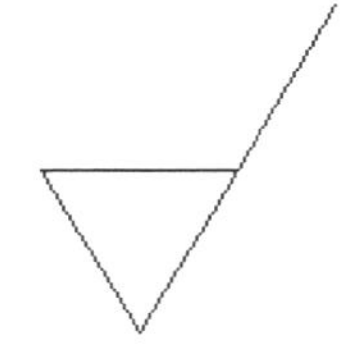

图 8–16

（2）选择“绘图 > 块 > 创建”命令，弹出“块定义”对话框。在“名称”文本框中输入块的名称“表面粗糙度”。单击“对象”选项组中的“选择对象”按钮，在绘图窗口中选择表面粗糙度的所有图形对象，然后单击鼠标右键，返回“块定义”对话框。

（3）单击“基点”选项组中的“拾取点”按钮，在绘图窗口中选择 *A* 点作为图块的基点，如图 8-17 所示。

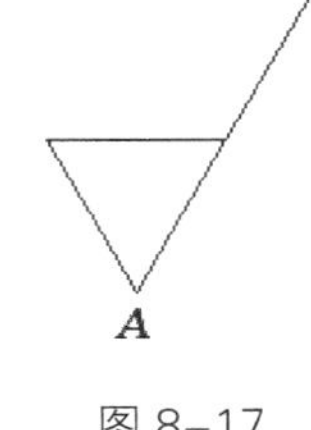

图 8–17

（4）单击“块定义”对话框中的“确定”按钮，完成创建图块的操作。

（5）选择“文件 > 打开”命令，打开云盘文件中的“Ch08 > 素材 > 插入表面粗糙度 .dwg”文件，如图 8-18 所示。

（6）选择“插入 > 块”命令，弹出“插入”对话框。在“名称”下拉列表中选择“表面粗糙度”选项，如图 8-19 所示。单击“确定”按钮，在传动轴零件图上指定表面粗糙度符号的位置，如图 8-20 所示。

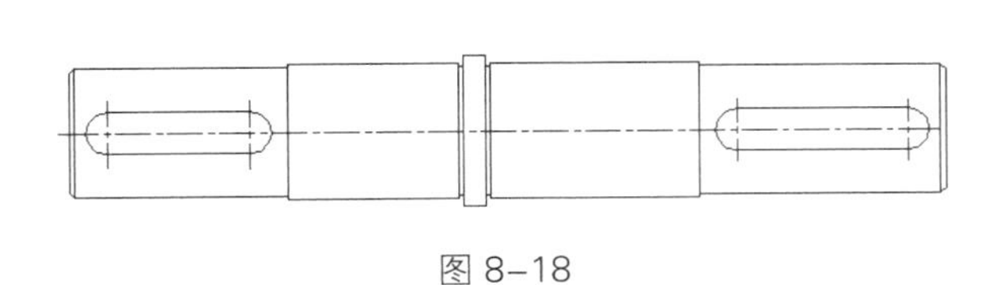

图 8–18

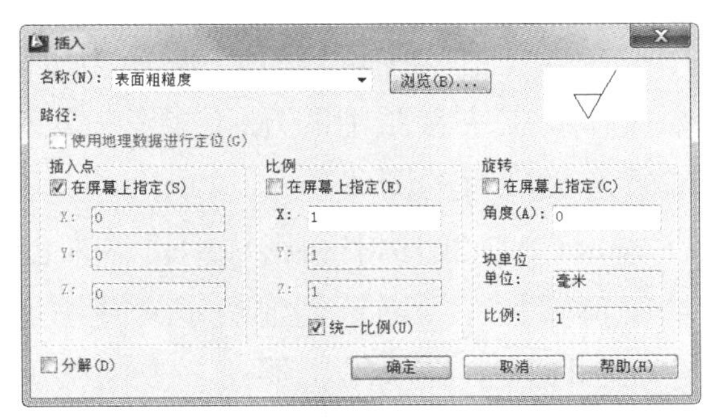

图 8–19

（7）重复步骤（2）的操作，插入另一个表面粗糙度符号，如图 8-21 所示。

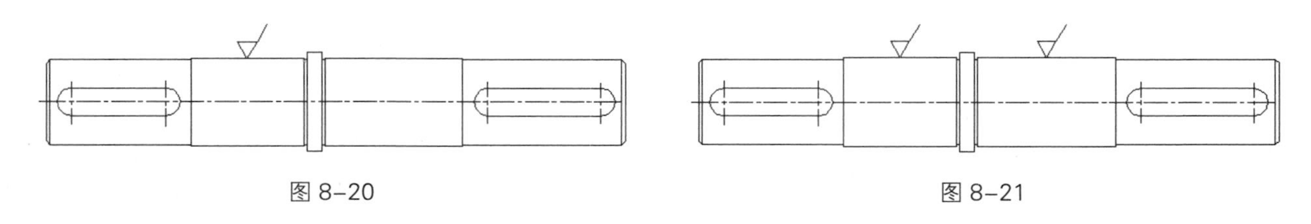

图 8–20　　图 8–21

8.1.4 扩展实践：定义带有属性的表面粗糙度符号

本实践需要使用“块 > 定义属性”命令来完成带有属性的表面粗糙度符号的定义。最终效果参看云盘中的“Ch08 > DWG > 定义带有属性的表面粗糙度符号 .dwg”，如图 8-22 所示。

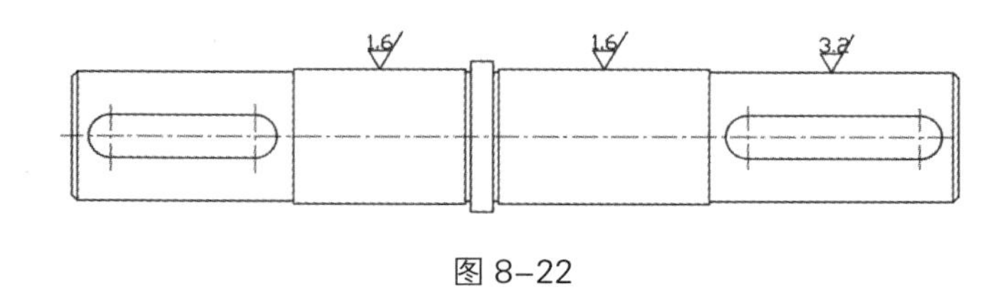

图 8–22

微课

定义带有属性的表面粗糙度符号

任务 8.2　创建门动态块

微课

创建门动态块

8.2.1 任务引入

本任务要求读者首先了解动态块与外部参照的相关操作；然后使用“块编辑器”按钮来完成门动态块的创建。最终效果参看云盘中的“Ch08 > DWG > 创建门动态块 .dwg”，如图 8-23 所示。

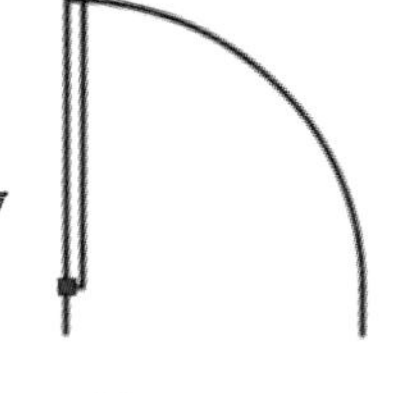

图 8–23

8.2.2 任务知识：动态块与外部参照

1 动态块

用户在操作过程中可以轻松地更改图形中的动态块参照。可以通过自定义按钮或自定义特性来操作动态块参照中的几何图形，实现按需要在位调整图块，而不用搜索另一个图块以插入或重定义现有的图块。

在 AutoCAD 2019 中利用块编辑器来创建动态块的方法如下。

块编辑器是专门用于创建块定义并添加动态行为的编写区域。利用“块编辑器”命令可以创建动态图块。在块编辑器这一专门的编写区域中，能够添加使块成为动态块的元素。可以从头创建块，也可以在现有的块定义中添加动态行为，还可以像在绘图区域中一样创建几何图形。

启用“块编辑器”命令的方法如下。

- 菜单命令：选择“工具 > 块编辑器”命令。
- 工具栏：单击“插入”选项卡“块定义”选项组中的“块编辑器”按钮。
- 命令行：输入 BEDIT（快捷命令：BE）。

利用上述任意一种方法启用“块编辑器”命令，均会弹出“编辑块定义”对话框，如图 8-24 所示，在该对话框中定义要创建或编辑的块。在“要创建或编辑的块”文本框中输入要创建的块的名称，或者在下面的列表框中选择创建好的块进行编辑。然后单击“确定”按钮，绘图区域会弹出“块编辑器”界面，如图 8-25 所示。

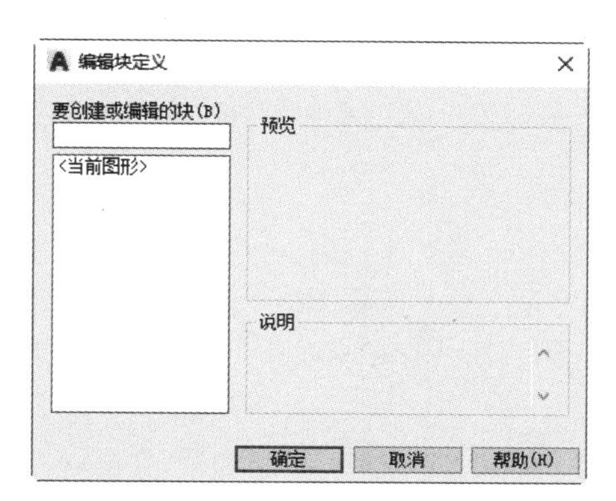

图 8–24

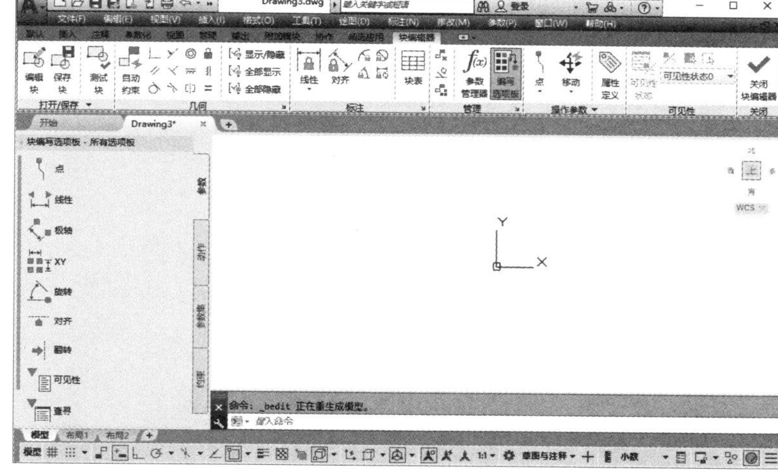

图 8–25

块编辑器包括块编写选项板、绘图区域和“块编辑器”选项卡 3 个部分。

- 块编写选项板：用于快速访问块编写工具。
- 绘图区域：用于绘制块图形，用户可以根据需要在程序的主绘图区域中绘制和编辑几何图形。
- “块编辑器”选项卡：用于显示当前正在编辑的块定义的名称，并提供执行各种操作所需的按钮，例如“保存块定义”按钮、“参数管理器”按钮、“自动约束”按钮、“定义属性”按钮、“关闭块编辑器”按钮等。

提示

用户可以使用块编辑器中的大部分命令。如果输入了块编辑器中不允许执行的命令，则命令行会显示一条提示信息。

2 外部参照

AutoCAD 2019 将外部参照看作一种图块定义类型，但外部参照与图块有一些重要的区别。例如，将图形对象作为图块插入时，它可以保存在图形中，但不会随原始图形的改变而更新。而将图形作为外部参照插入时，会将该参照图形链接到当前图形，这样以后打开外部参照并修改参照图形时，会把所做的修改更新到当前图形中。

◎ 引用外部参照

外部参照将数据保存于一个外部图形中，当前图形数据库中仅存放外部文件的一个引用。使用“外部参照”命令可以附加、覆盖、连接或更新外部参照图形。

启用“外部参照”命令的方法如下。

- 工具栏：单击“参照”工具栏中的“附着外部参照”按钮。
- 菜单命令：选择“插入 > 外部参照”命令。
- 命令行：输入 XATTACH 命令。

选择“插入 > 外部参照”命令，弹出“外部参照”选项卡，单击“附着 DWG”按钮，在弹出的“选择参照文件”对话框中选择需要引用的外部参照图形文件，单击“打开”按钮，弹出“附着外部参照”对话框，如图 8-26 所示。设置完成后单击“确定”按钮，然后在绘图窗口中选择插入的位置即可。

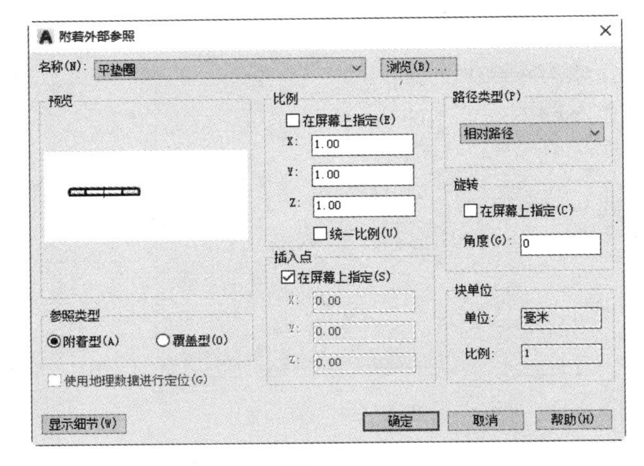

图 8-26

“附着外部参照”对话框中各选项的作用如下。

- “名称”下拉列表：用于选择外部参照文件。
- “浏览”按钮：单击该按钮，会弹出“选择参照文件”对话框，从中可以选择相应的外部参照图形文件。
- “参照类型”选项组：用于设置外部参照图形的插入方式，有“附着型”和“覆盖型”两种方式。“附着型”单选按钮用于表示可以附着包含其他外部参照的外部参照；“覆盖型”单选按钮与附着的外部参照不同，当图形作为外部参照附着或覆盖到另一图形中时，不包括覆盖的外部参照。通过覆盖外部参照，无须通过附着外部参照来修改图形便可查看图形与其他编组中的图形的相关方式。
- “路径类型”下拉列表：用于指定外部参照的保存路径是完整路径、相对路径还是无路径。
- “插入点”选项组：用于指定所选外部参照的插入点。可以直接输入 x、y、z 这 3 个方向的坐标，或是选择“在屏幕上指定”复选框，在插入图形时指定外部参照的位置。
- “比例”选项组：用于指定所选外部参照的比例因子。可以直接输入 x、y、z 这 3 个方向的比例因子，或是选择“在屏幕上指定”复选框，在插入图形时指定外部参照的比例。

- “旋转”选项组：用于指定插入外部参照时图形的旋转角度。
- “块单位”选项组：用于显示图块的单位信息，“单位”文本框用于显示插入图块的图形单位。“比例”文本框用于显示插入图块的单位比例因子，它是根据块和图形单位计算出来的。

◎ 更新外部参照

当在图形中引用了外部参照文件时，在修改外部参照后，AutoCAD 2019 并不会自动更新当前图样中的外部参照，而是需要启用“外部参照管理器”命令重新加载以进行更新。

启用“外部参照管理器”命令的方法如下。

- 工具栏：单击“参照”工具栏中的“外部参照”按钮。
- 菜单命令：选择“插入 > 外部参照”命令。
- 命令行：输入 EXTERNALREFERENCES 命令。

选择“插入 > 外部参照”命令，弹出“外部参照”选项卡，如图 8-27 所示。

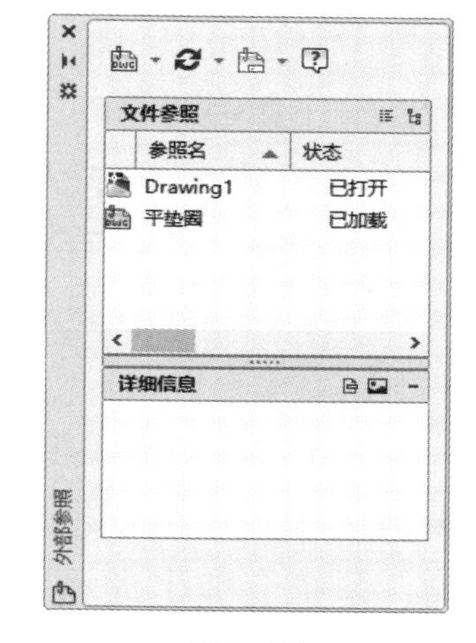

图 8-27

“外部参照”选项卡中各选项的作用如下。

- “列表图”按钮：在列表中以无层次列表的形式显示附着的外部参照及其相关数据。可以按名称、状态、类型、文件日期、文件大小、保存路径和文件名对列表中的参照进行排序。
- “树状图”按钮：用于显示一个外部参照的层次结构图，图中会显示外部参照定义之间的嵌套关系层次、外部参照的类型及它们的状态的关系。
- “附着 DWG”选项：将文件附着到当前图形。可从下拉列表中选择一种格式以显示“选择参照文件”对话框。
- “刷新”选项：刷新列表显示或重新加载所有参照以显示在参照文件中可能发生的任何更改。
- “更改路径”选项：修改选定文件的路径。用户可以将路径设置为绝对路径或相对路径。如果参照文件与当前图形存储在相同位置，也可以删除路径。还可使用“选择新路径”选项为缺少的参照选择新路径。“查找和替换”选项支持从选定的参照中找出使用指定路径的所有参照，并将此路径的所有匹配项替换为指定的新路径。
- “帮助”选项：打开“帮助”主页。

◎ 编辑外部参照

由于外部引用文件不属于当前文件的内容，所以当外部引用的内容比较烦琐时，只能进行少量的编辑工作。如果想要对外部引用文件进行大量的修改，建议打开原始图形。

启用编辑外部参照命令的方法如下。

● 菜单命令：选择“工具 > 外部参照和块在位编辑 > 在位编辑参照”命令。

● 命令行：输入 REFEDIT 命令。

编辑外部参照引用文件的操作步骤如下。

（1）选择“工具 > 外部参照和块在位编辑 > 在位编辑参照”命令，命令行提示“选择参照”，在绘图窗口中选择要在位编辑的外部参照图形，弹出“参照编辑”对话框。该对话框中列出了所选外部参照的文件名称及预览图，如图 8-28 所示。

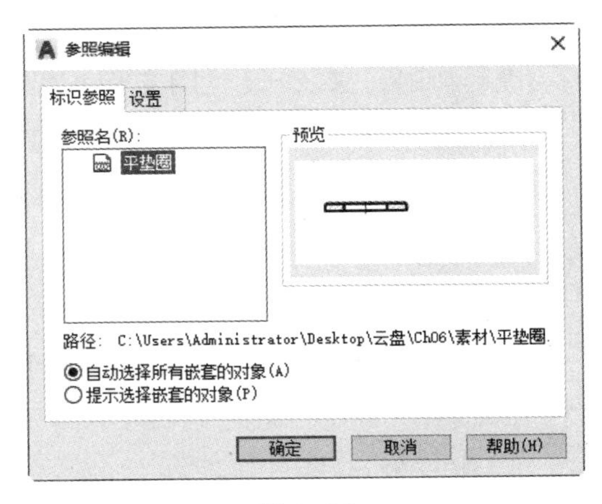

图 8-28

（2）单击“确定”按钮，返回到绘图窗口，系统转入对外部参照文件的在位编辑状态。

（3）在参照图形中选择需要编辑的对象，然后使用编辑工具对其进行编辑；也可以单击“添加到工作集”按钮，选择图形，并将其添加到在位编辑的选择集中；还可以单击“从工作集删除”按钮，然后选择工作集中要删除的对象。

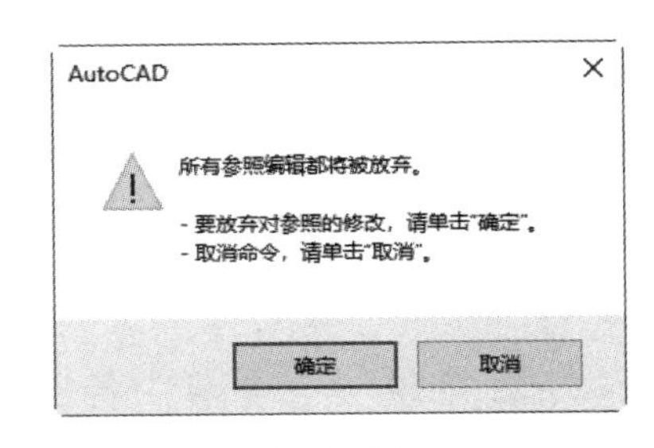

图 8-29

（4）在编辑过程中，如果想放弃对外部参照的修改，可以单击“放弃修改”按钮，系统会弹出提示对话框，提示选择是否放弃对参照的编辑，如图 8-29 所示。

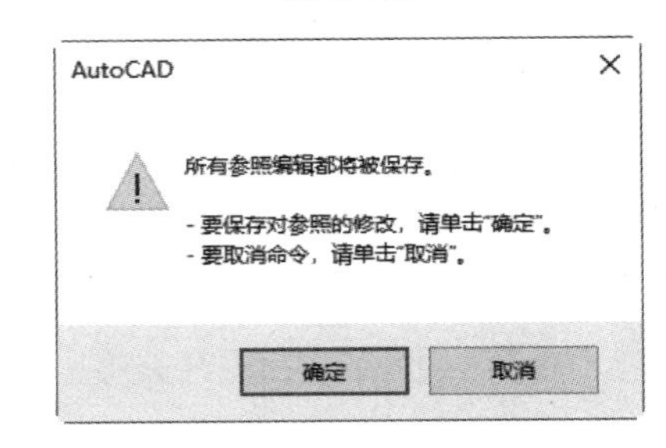

图 8-30

（5）完成外部参照的在位编辑操作后，如果想将编辑应用在当前图形中，可以单击“保存修改”按钮，系统会弹出提示对话框，提示选择是否保存并应用对参照的编辑，如图 8-30 所示。此编辑结果也将存入外部引用的源文件中。

（6）只有在指定放弃或保存对参照的修改后，才能结束对外部参照的编辑，返回到正常绘图状态。

8.2.3 任务实施

（1）启动 AutoCAD 2019，打开云盘中的“Ch08 > 素材 > 门动态块 .dwg”文件，图形如图 8-31 所示。

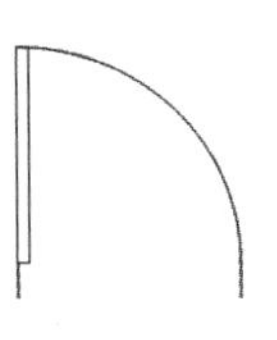

图 8-31

（2）单击“块编辑器”按钮，弹出“编辑块定义”对话框，如图 8-32 所示。选择当前图形作为要创建或编辑的块，单击“确定”按钮，进入“块编辑器”界面，如图 8-33 所示。

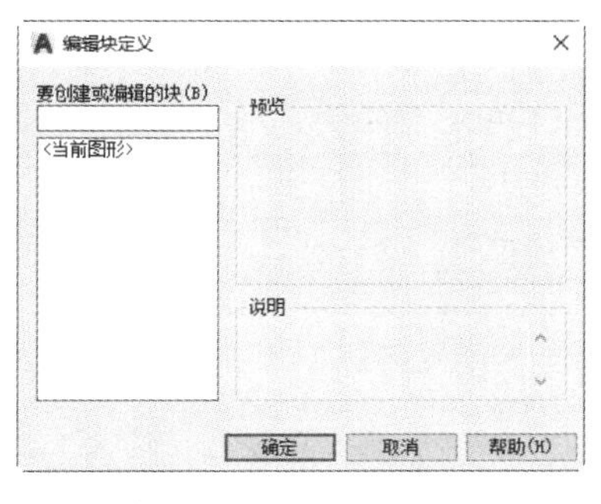

图 8–32

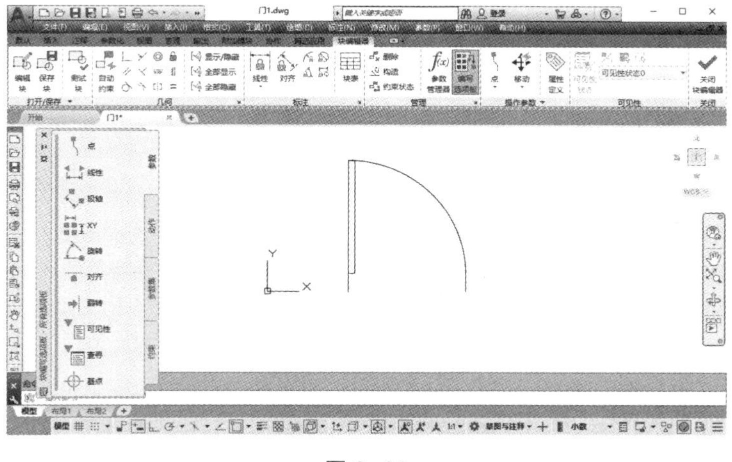

图 8–33

（3）对门板进行阵列。选择“环形阵列”工具，设置“项目数”为 7、“填充”为 90，完成后的效果如图 8-34 所示。

（4）删除多余门板。选择“删除”工具，删除多余的门板，保留 0°、30°、45°、60°、90° 位置处的门板，效果如图 8-35 所示。

（5）绘制圆弧。选择“圆弧”工具，绘制门板在 30°、45°、60° 位置时的圆弧，效果如图 8-36 所示。

（6）定义动态块的可见性参数。在块编写选项板的“参数”选项卡中单击“可见性参数”按钮，在编辑区域中的合适位置单击，如图 8-37 所示。

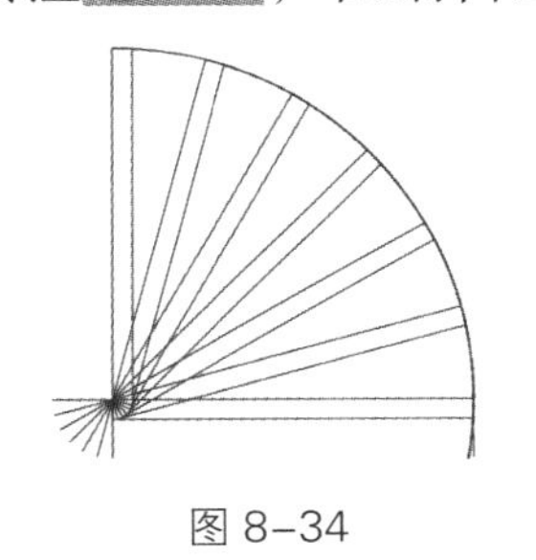

图 8–34

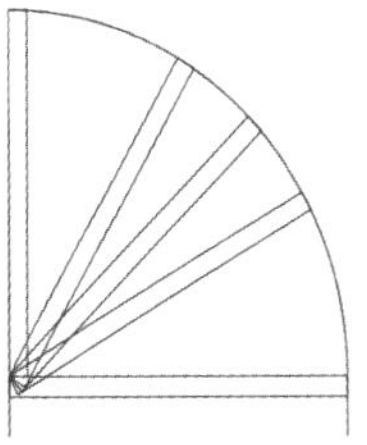

图 8–35

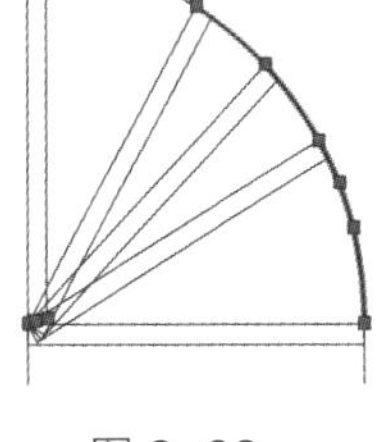

图 8–36

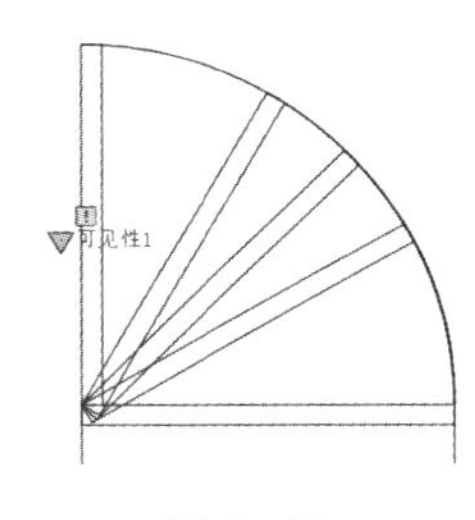

图 8–37

（7）创建可见性状态。在“块编辑器”选项卡的“可见性”选项组中单击“可见性状态”按钮，弹出“可见性状态”对话框，如图 8-38 所示。单击“新建”按钮 新建(N)...，弹出“新建可见性状态”对话框，在“可见性状态名称”文本框中输入“打开 90 度”，在“新状态的可见性选项”选项组中选择“在新状态中隐藏所有现有对象”单选按钮，如图 8-39 所示，然后单击“确定”按钮。依次新建可见性状态“打开 60 度”“打开 45 度”“打开 30 度”。

（8）重命名可见性状态。在可见性状态列表框中选择“可见性状态 0”选项，单击对话框右侧的“重命名”按钮 重命名(R)，将可见性状态名称更改为“打开 0 度”，如图 8-40 所示。选择“打开 90 度”选项，单击“置为当前”按钮 置为当前(C)，将其设置为当前状态，如图 8-41 所示。单击“确定”按钮，返回块编辑器的绘图区域。

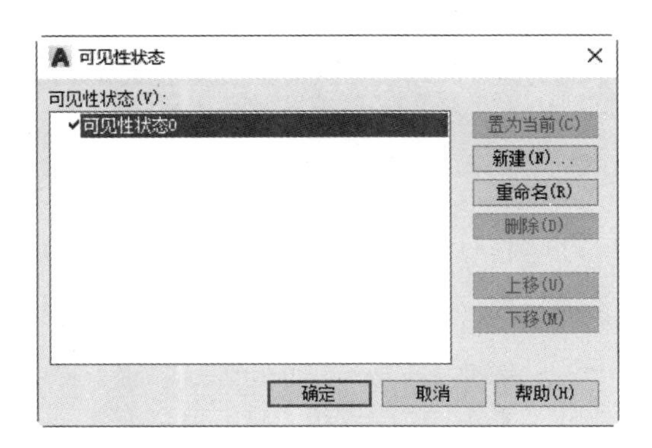

图 8-38

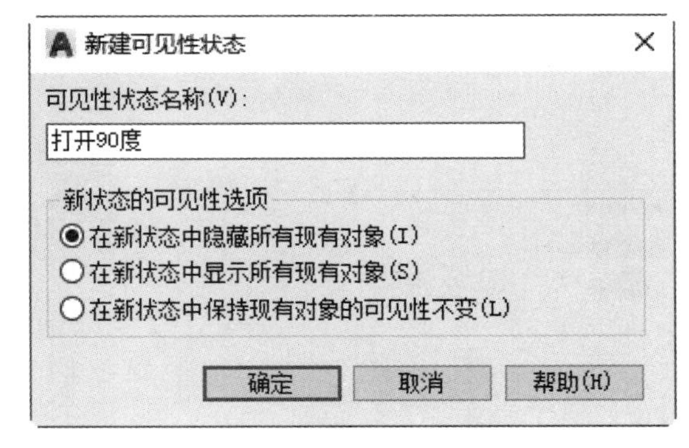

图 8-39

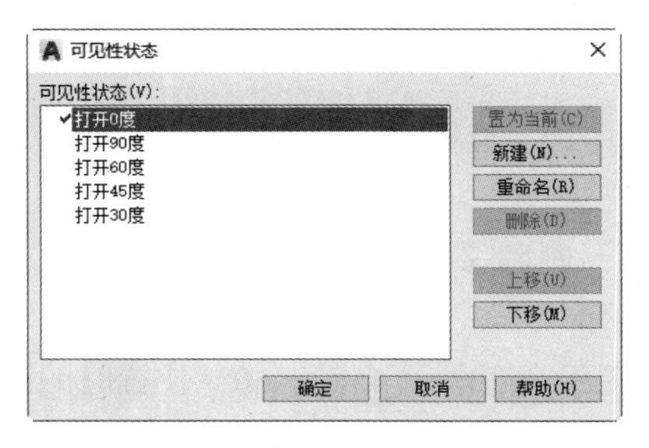

图 8-40

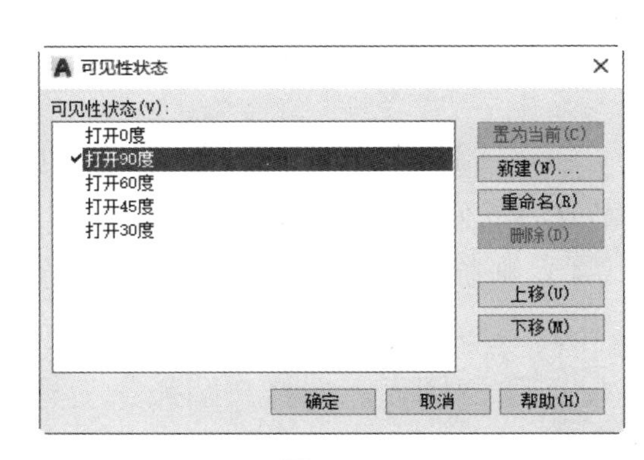

图 8-41

（9）定义可见性状态的动作。在绘图区域中选择所有的图形，单击“块编辑器”选项卡“可见性”选项组中的“使不可见”按钮，使绘图区域中的图形不可见。单击“块编辑器”选项卡“可见性”选项组中的“使可见”按钮，在绘图区域中选择需要使之可见的图形，如图 8-42 所示。在命令行中的操作步骤如下。

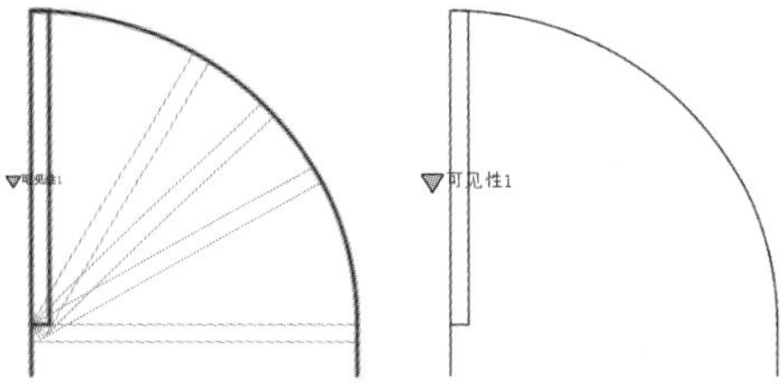

图 8-42

选择要使之可见的对象：　　　　　　　　　　　　　　// 单击“使可见”按钮

选择对象：找到 1 个　　　　　　　　　　　　　　　　// 依次选择需要使之可见的图形

选择对象：找到 1 个，总计 2 个

选择对象：找到 1 个，总计 3 个

选择对象：找到 1 个，总计 4 个

选择对象：

_BVSHOW

在当前状态或所有可见性状态中显示 [当前 (C)/ 全部 (A)] < 当前 >: _C　　　　// 按 Enter 键

（10）定义其余可见性状态下的动作。在工具栏中的“可见性状态”下拉列表中选择“打开 60 度”选项，如图 8-43 所示。单击工具栏中的“使可见”按钮，在块编辑器的绘图区域中选择需要使之可见的图形，按 Enter 键，效果如图 8-44 所示。根据步骤（9）完成定义“打开 0 度”“打开 30 度”“打开 45 度”的可见性状态的动作。

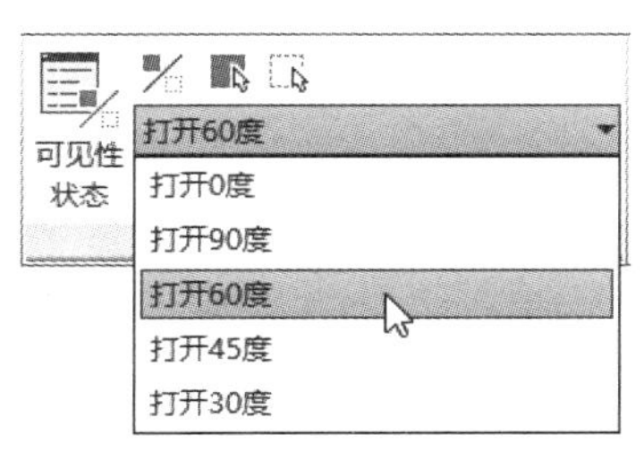

图 8-43

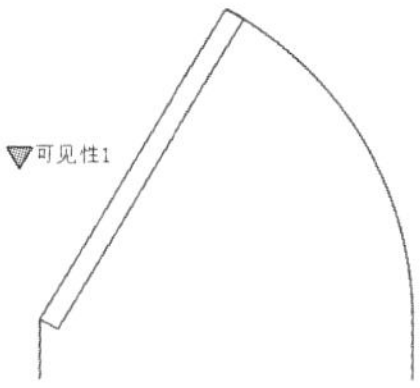

图 8-44

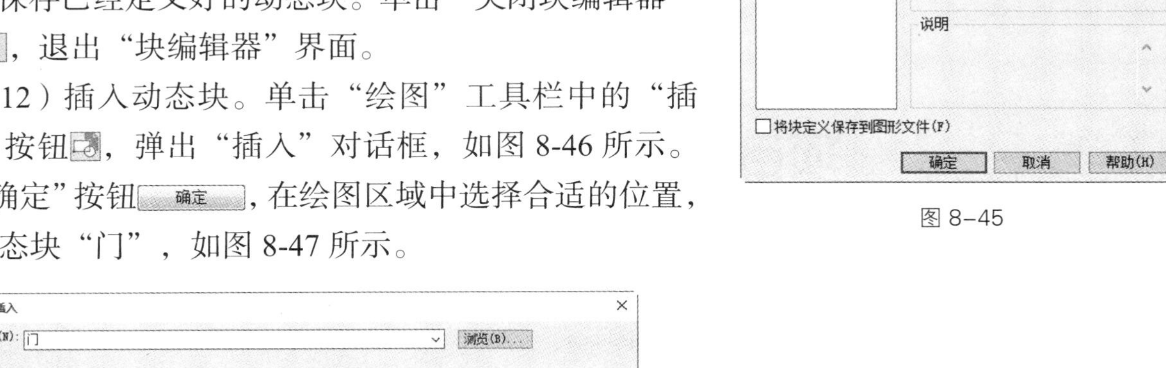

图 8-45

（11）保存动态块。单击“块编辑器”选项卡“打开 / 保存”选项组下方的按钮，在弹出的下拉列表中选择“将块另存为”选项，弹出“将块另存为”对话框，在“块名”文本框中输入“门”，如图 8-45 所示。单击“确定”按钮，保存已经定义好的动态块。单击“关闭块编辑器”按钮，退出“块编辑器”界面。

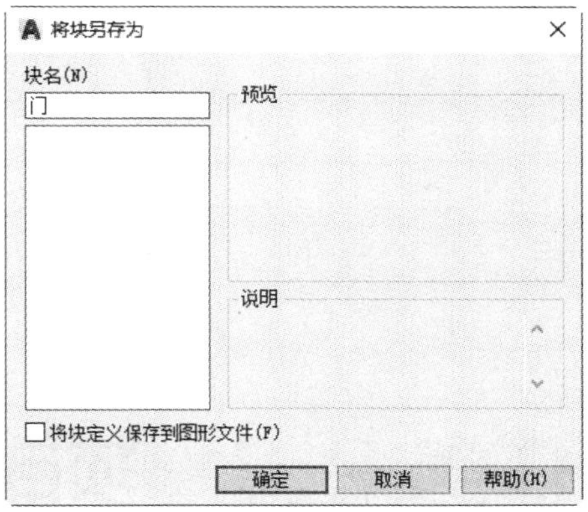

（12）插入动态块。单击“绘图”工具栏中的“插入块”按钮，弹出“插入”对话框，如图 8-46 所示。单击“确定”按钮，在绘图区域中选择合适的位置，插入动态块“门”，如图 8-47 所示。

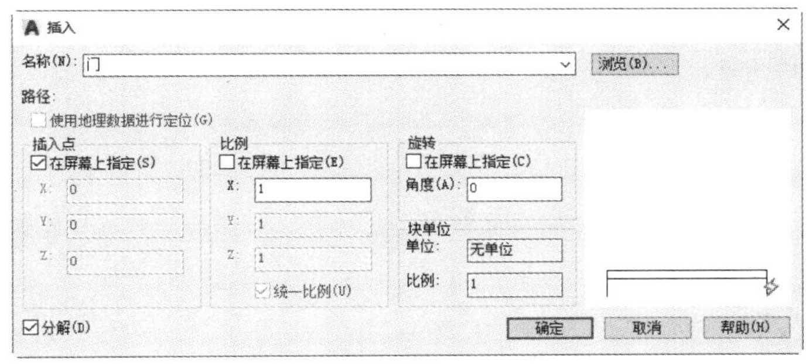

图 8-46

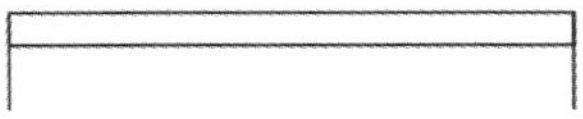

图 8-47

（13）选择动态块“门”，然后单击“可见性状态”按钮，弹出下拉列表，从中可以选择门开启的角度，选择“打开 45 度”选项，如图 8-48 所示。完成后的效果如图 8-49 所示。

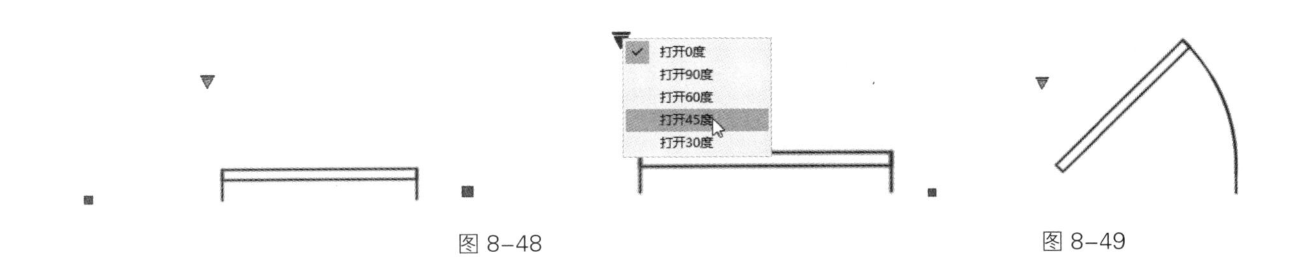

图 8-48

图 8-49

8.2.4 扩展实践：插入深沟球轴承图块

本实践需要使用“外部参照”命令来完成深沟球轴承图块的插入。最终效果参看云盘中的“Ch08 > DWG > 插入深沟球轴承图块 .dwg”，如图 8-50 所示。

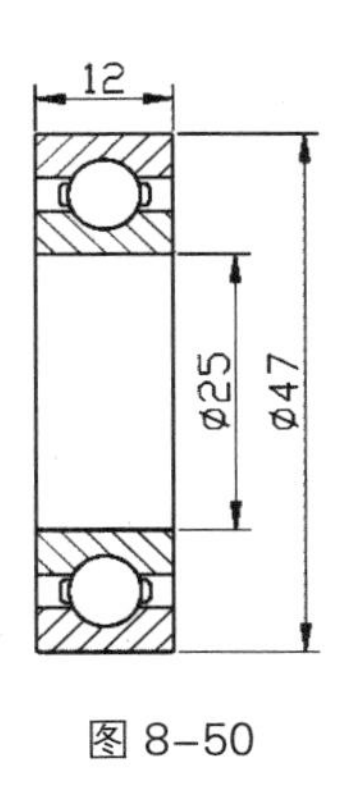

图 8-50

任务 8.3 项目演练：绘制客房立面布置图

使用“图块”命令完成客房立面布置图的绘制。最终效果参看云盘中的“Ch08 > DWG > 绘制客房立面布置图 .dwg”，如图 8-51 所示。

图 8-51

09

项目9

掌握三维模型编辑应用

——创建和编辑三维模型

本项目主要介绍三维模型的基础知识和简单操作，包括三维图形的观察、三维视图的操作、绘制三维实体模型和三维曲面，以及对实体模型进行布尔运算等知识。通过本项目的学习，读者可以了解 AutoCAD 的三维建模功能。

学习引导

知识目标

- 了解三维模型的基础知识
- 了解绘制和编辑三维模型的方法

能力目标

- 掌握三维坐标系和视图的操作技巧
- 掌握三维实体模型的绘制和编辑技巧

素养目标

- 提高空间想象力

实训项目

- 观察支架的三维模型
- 绘制花瓶实体模型

任务 9.1 观察支架的三维模型

微课

观察支架的三维模型

9.1.1 任务引入

本任务要求读者首先了解三维坐标系和视图操作；然后使用“命名视图”命令设置视图的名称，并使用“左视”“西南等轴测”“主视”“世界 UCS” “视点预置” “三维动态观测器”命令从不同的角度来完成支架三维模型的观察。最终效果参看云盘中的“Ch09 > DWG > 观察支架的三维模型 .dwg”，如图 9-1 所示。

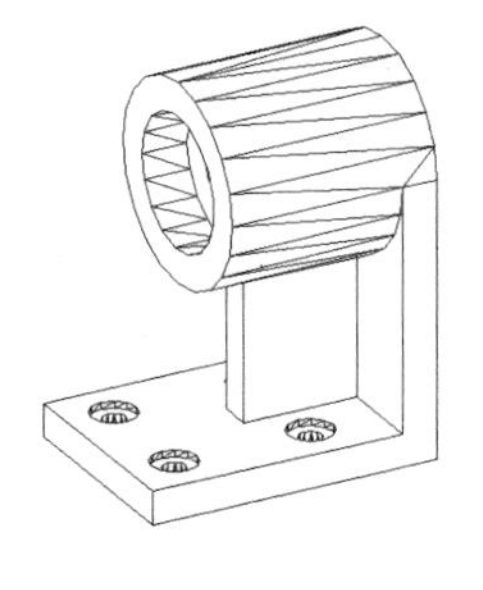

图 9-1

9.1.2 任务知识：三维坐标系和视图操作

1 三维坐标系

在三维空间中，图形的位置和大小均是用三维坐标来表示的。三维坐标即 *xyz* 空间。在 AutoCAD 中，三维坐标系定义为世界坐标系和用户坐标系。

◎ 世界坐标系

世界坐标系的图标如图 9-2 所示，其 *x* 轴正向向右，*y* 轴正向向上，*z* 轴正向由屏幕指向操作者，坐标原点位于屏幕左下角。当用户从三维空间观察世界坐标系时，其图标如图 9-3 所示。

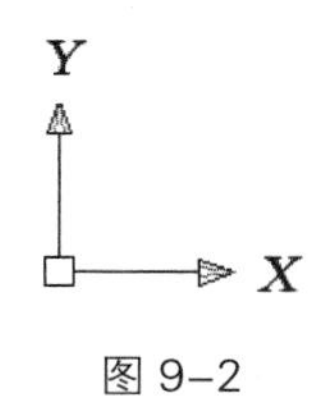

图 9-2

在三维世界坐标系中，根据其表示方法可分为直角坐标、圆柱坐标和球坐标 3 种形式。下面分别对这 3 种坐标形式的定义及坐标值输入方式进行介绍。

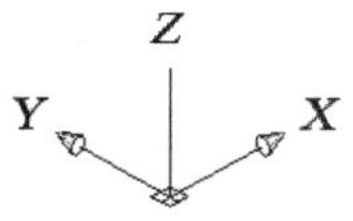

Z
Y X

图 9-3

（1）直角坐标

直角坐标又称笛卡尔坐标，它是通过右手定则来确定坐标系各方向的。

● 右手定则

右手定则是以人的右手作为判断工具，拇指指向 *x* 轴正方向，食指指向 *y* 轴正方向，然后弯曲其余 3 指，这 3 个手指的弯曲方向即为坐标系的 *z* 轴正方向。

采用右手定则还可以确定坐标轴的旋转正方向，其方法是将大拇指指向坐标轴的正方向，然后将其余 4 指弯曲，此时弯曲方向即为该坐标轴的旋转正方向。

● 坐标值输入形式

采用直角坐标确定空间中一个点的位置时，需要指定该点的 *x*、*y*、*z* 坐标值。

绝对坐标值的输入形式是：*x*, *y*, *z*。

相对坐标值的输入形式是：@*x*, *y*, *z*。

（2）圆柱坐标

采用圆柱坐标确定空间中一个点的位置时，需要指定该点在 *xy* 平面内的投影点与坐标系原点的距离、投影点与 *x* 轴的夹角及该点的 *z* 坐标值。

绝对坐标值的输入形式是：$r<\theta, z$。

其中，r 表示输入点在 *xy* 平面内的投影点与原点的距离，θ 表示投影点和原点的连线与 *x* 轴的夹角，z 表示输入点的 *z* 坐标值。

相对坐标值的输入形式是：@ $r<\theta, z$。

例如，“1000<30, 800”表示输入点在 *xy* 平面内的投影点到坐标系的原点有 1000 个单位，该投影点和原点的连线与 *x* 轴的夹角为 30° ，且沿 *z* 轴方向有 800 个单位。

（3）球坐标

采用球坐标确定空间中一个点的位置时，需要指定该点与坐标系原点的距离、该点和坐标系原点的连线在 *xy* 平面上的投影与 *x* 轴的夹角，该点和坐标系原点的连线与 *xy* 平面形成的夹角。

绝对坐标值的输入形式是：$r<\theta<\phi$。

其中，r 表示输入点与坐标系原点的距离，θ 表示输入点和坐标系原点的连线在 *xy* 平面上的投影与 *X* 轴的夹角，ϕ 表示输入点和坐标系原点的连线与 *xy* 平面形成的夹角。

相对坐标值的输入形式是：@ $r<\theta<\phi$。

例如，“1000<120<60”表示输入点与坐标系原点的距离为 1000 个单位，输入点和坐标系原点的连线在 *xy* 平面上的投影与 *x* 轴的夹角为 120° ，该连线与 *xy* 平面的夹角为 60° 。

◎ 用户坐标系

在 AutoCAD 2019 中绘制二维图形时，绝大多数命令仅在 *xy* 平面内或在与 *xy* 面平行的平面内有效。另外在三维模型中，其截面的绘制也是采用二维绘图命令，这样当需要在某斜面上进行绘图时，该操作就不能直接进行。

例如，当前坐标系为世界坐标系，用户想要在模型的斜面上绘制一个新的圆柱，如图 9-4 所示。由于世界坐标系的 *xy* 平面与模型斜面存在一定的夹角，因此不能直接进行绘制。此时用户必须先将模型的斜面定义为坐标系的 *xy* 平面，由用户定义的坐标系就称为用户坐标系。

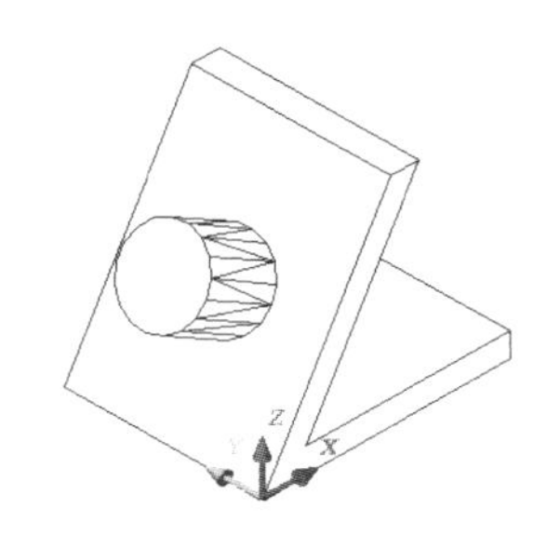

图 9–4

建立用户坐标系，主要有两种用途：一种是可以灵活定位 *xy* 面，以便用二维绘图命令绘制立体截面；另一种是便于将模型尺寸转化为坐标值。

启用“用户坐标系”命令的方法如下。

- 工具栏：单击“UCS”工具栏中的“UCS”按钮，如图 9-5 所示。
- 菜单命令：选择“工具”菜单中有关用户坐标系的菜单命令，如图 9-6 所示。
- 命令行：输入 UCS 命令。

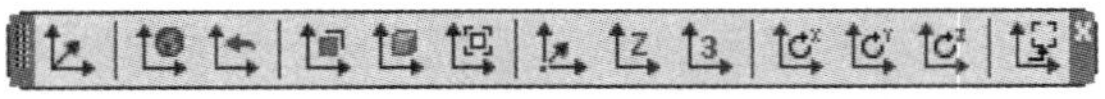

图 9-5

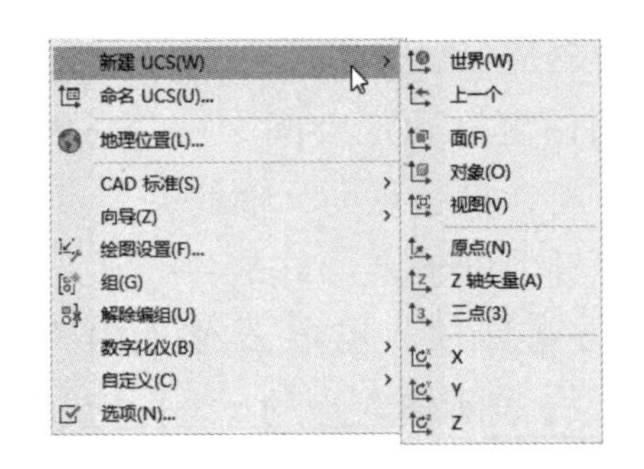

图 9-6

启用“UCS”命令，AutoCAD 2019 提示如下。

命令 : _ucs　　　　　　　　　　　　　　　　　　　// 单击“UCS”按钮

当前 UCS 名称 : * 世界 *　　　　　　　　　　　　// 提示当前的坐标系形式

指定 UCS 的原点或 [面 (F)/ 命名 (NA)/ 对象 (OB)/ 上一个 (P)/ 视图 (V)/ 世界 (W)/X/Y/Z/Z 轴 (ZA)] < 世界 >:

提示选项解释如下。

- 面 (F)：在提示中输入“F”，用于与三维实体的选定面对齐。要选择一个面，可在此面的边界内或面的边上单击，被选择的面将呈高亮显示状态，UCS 的 x 轴将与找到的第一个面上最近的边对齐。例如：

指定 UCS 的原点或 [面 (F)/ 命名 (NA)/ 对象 (OB)/ 上一个 (P)/ 视图 (V)/ 世界 (W)/X/Y/Z/Z 轴 (ZA)] < 世界 >:

F　　　　　　　　　　　　　　　　　　// 输入“F” 并按 Enter 键，选择“新建”选项

选择实体对象的面 :　　　　　　　　　// 选择实体表面

输入选项 [下一个 (N)/X 轴反向 (X)/Y 轴反向 (Y)] < 接受 >:

在接下来的提示选项中，“下一个 (N)”用于将 UCS 定位于邻接的面或选定边的后向面，“X 轴反向 (X)”用于将 UCS 绕 x 轴旋转 180°，“Y 轴反向 (Y)”用于将 UCS 绕 y 轴旋转 180°。如果按 Enter 键，则接受该位置；否则将重复出现提示，直到接受位置为止。

- 命名 (NA)：在提示中输入“NA”，按 Enter 键，AutoCAD 2019 提示如下。

输入选项 [恢复 (R)/ 保存 (S)/ 删除 (D)/?]:

按名称保存并恢复通常使用的 UCS 方向。“恢复 (R)”用于恢复已保存的 UCS，使它成为当前 UCS；“保存 (S)”用于把当前 UCS 按指定名称保存；“删除 (D)”用于从已保存的用户坐标系列表中删除指定的 UCS；“?”用于列出用户定义坐标系的名称，并列出每个保存的 UCS 相对于当前 UCS 的原点及 x、y 和 z 轴。如果当前 UCS 尚未命名，它将列为 WORLD 或 UNNAMED，这取决于它是否与 WCS 相同。

- 对象 (OB)：在提示中输入“OB”，按 Enter 键，AutoCAD 2019 提示如下。

选择对齐 UCS 的对象 :

根据选定三维对象定义新的坐标系。新建 UCS 的拉伸方向（z 轴正方向）与选定对象的拉伸方向相同。

- 上一个 (P)：在提示中输入“P”，按 Enter 键，AutoCAD 2019 将恢复到最近一次使用的 UCS。在 AutoCAD 2019 最多保存最近使用的 10 个 UCS。如果当前使用的 UCS 是由上一个坐标系移动得来的，使用“上一个 (P)”选项则不能恢复到移动前的坐标系。
- 视图 (V)：在提示中输入“V”，以垂直于观察方向（平行于屏幕）的平面为 *xy* 平面来建立新的坐标系。UCS 原点保持不变。
- 世界 (W)：在提示中输入“W”，将当前用户坐标系设置为世界坐标系。WCS 是所有用户坐标系的基准，不能被重新定义。
- X/Y/Z：在提示中输入“X”或“Y”或“Z”，用于绕指定轴旋转当前 UCS。
- Z 轴 (ZA)：在提示中输入“ZA”，按 Enter 键，AutoCAD 2019 提示如下。

指定新原点或 [对象 (O)] <0,0,0>:

即用指定的 *z* 轴正半轴定义 UCS。

◎ 新建用户坐标系

通过指定新坐标系的原点可以创建一个新的用户坐标系。用户输入新坐标系原点的坐标值后，系统会将当前坐标系的原点变为新坐标值所确定的点，但 *x* 轴、*y* 轴和 *z* 轴的方向不变。

启用“原点”命令的方法如下。

- 工具栏：单击“UCS”工具栏中的“原点”按钮。
- 菜单命令：选择“工具 > 新建 UCS > 原点”命令。

启用“原点”命令创建新的用户坐标系，AutoCAD 2019 提示如下。

命令 : _ucs
当前 UCS 名称 : * 世界 *
指定 UCS 的原点或 [面 (F)/ 命名 (NA)/ 对象 (OB)/ 上一个 (P)/ 视图 (V)/ 世界 (W)/X/Y/Z/Z 轴 (ZA)]
< 世界 >: _o　　　　　　　　　　　　　　// 单击“原点”按钮
指定新原点 <0，0，0>:　　　　　　　　　// 确定新坐标系原点

通过指定新坐标系的原点与 *z* 轴来创建一个新的用户坐标系，在创建过程中系统会根据右手定则判定坐标系的方向。

启用“Z 轴矢量”命令的方法如下。

- 工具栏：单击“UCS”工具栏中的“Z 轴矢量”按钮。
- 菜单命令：选择“工具 > 新建 UCS > Z 轴矢量”命令。

启用“Z 轴矢量”命令创建新的用户坐标系，AutoCAD 2019 提示如下。

命令 : _ucs
当前 UCS 名称 : * 世界 *
指定 UCS 的原点或 [面 (F)/ 命名 (NA)/ 对象 (OB)/ 上一个 (P)/ 视图 (V)/ 世界 (W)/X/Y/Z/Z 轴 (ZA)]
< 世界 >: _zaxis　　　　　　　　　　　　// 单击“Z 轴矢量”按钮
指定新原点 <0，0，0>:　　　　　　　　　// 确定新坐标系的原点
在正 Z 轴范围上指定点 <0.0000,0.0000,1.0000 >:　　// 确定新坐标系 *z* 轴的正方向

通过指定新坐标系的原点、x 轴方向及 y 轴的方向来创建一个新的用户坐标系。

启用“三点”命令的方法如下。

- 工具栏：单击“UCS”工具栏中的“三点”按钮。
- 菜单命令：选择“工具 > 新建 UCS > 三点”命令。

启用“三点”命令创建新的用户坐标系，AutoCAD 2019 提示如下。

命令 : _ucs

当前 UCS 名称 : * 世界 *

指定 UCS 的原点或 [面 (F)/ 命名 (NA)/ 对象 (OB)/ 上一个 (P)/ 视图 (V)/ 世界 (W)/X/Y/Z/Z 轴 (ZA)]

< 世界 >: _3　　　　// 单击“三点”按钮

指定新原点 <0，0，0>:　　　　// 确定新坐标系的原点

在正 X 轴范围上指定点 <1.0000,0.0000,0.0000>:　　　　// 确定新坐标系 x 轴的正方向

在 UCS XY 平面的正 Y 轴范围上指定点 <0.0000,1.0000,0.0000>:

// 确定新坐标系 y 轴的正方向

通过指定一个已有对象来创建新的用户坐标系，创建的坐标系与选择的对象具有相同的 z 轴方向，它的原点及 x 轴的正方向按表 9-1 所示的规则确定。

表 9-1

可选对象	创建的 UCS 方向
直线	以离拾取点最近的端点为原点，x 轴方向与直线方向一致
圆	以圆心为原点，x 轴通过拾取点
圆弧	以圆弧圆心为原点，x 轴通过离拾取点最近的一点
标注	以标注文字中心为原点，x 轴平行于绘制标注时有效 UCS 的 x 轴
可选对象	创建的 UCS 方向
点	以选取点为原点，x 轴方向可以任意确定
二维多段线	以多段线的起点为原点，x 轴沿从起点到下一顶点的线段延伸
二维填充	以二维填充的第一点为原点，x 轴为两起始点之间的直线
三维面	第一点为坐标系原点，x 轴为第一点到第二点的连线方向，第一点到第四点的连线方向为 y 轴的正向方向，z 轴遵从右手定则
文字、块引用、属性定义	以对象的插入点为原点，x 轴由对象绕其拉伸方向旋转定义，用于建立新 UCS 的对象在新 UCS 中的旋转角为 0°

启用“对象”命令的方法如下。

- 工具栏：单击“UCS”工具栏中的“对象”按钮。
- 菜单命令：选择“工具 > 新建 UCS > 对象”命令。

通过选择三维实体的面来创建新用户坐标系。被选中的面以虚线显示，新建坐标系的 xy 平面落在该实体面上，同时其 x 轴与所选择面的最近边对齐。

启用“面 UCS”命令的方法如下。

- 工具栏：单击“UCS”工具栏中的“面 UCS”按钮。
- 菜单命令：选择“工具 > 新建 UCS > 面”命令。

启用“面 UCS”命令创建新的用户坐标系，AutoCAD 2019 提示如下。

```
命令 : _ucs
当前 UCS 名称 : * 世界 *
指定 UCS 的原点或 [ 面 (F)/ 命名 (NA)/ 对象 (OB)/ 上一个 (P)/ 视图 (V)/ 世界 (W)/X/Y/Z/Z 轴 (ZA)]
< 世界 >: _f                                          // 单击“面 UCS”按钮
选择实体对象的面 :                                     // 选择实体的面
输入选项 [ 下一个 (N) /X 轴反向 (X) /Y 轴反向 (Y) ] < 接受 >:   // 按 Enter 键
```

提示选项解释。

- 下一个 (N)：用于将 UCS 放到邻近的实体面上。
- X 轴反向 (X)：用于将 UCS 绕 x 轴旋转 180°。
- Y 轴反向 (Y)：用于将 UCS 绕 y 轴旋转 180°。

通过当前视图来创建新用户坐标系。新坐标系的原点保持在当前坐标系的原点位置，其 xy 平面设置在与当前视图平行的平面上。

启用“视图”命令的方法如下。

- 工具栏：单击“UCS”工具栏中的“视图”按钮。
- 菜单命令：选择“工具 > 新建 UCS > 视图”命令。

通过指定绕某一坐标轴旋转的角度来创建新用户坐标系。

启用命令的方法如下。

- 工具栏：单击“UCS”工具栏中的“X”按钮、“Y”按钮或“Z”按钮。
- 菜单命令：选择“工具 > 新建 UCS > X”或“工具 > 新建 UCS >Y”或“工具 > 新建 UCS >Z”命令。

2 三维视图操作

在 AutoCAD 2019 中可以采用系统提供的观察方向对模型进行观察，也可以自定义观察方向。另外，在 AutoCAD 2019 中用户还可以进行多视口观察。

◎ 视图观察

AutoCAD 2019 提供了 10 个标准视点，供用户选择来观察模型，其中包括 6 个正交投影视图和 4 个等轴测视图，它们分别为主视图、后视图、俯视图、仰视图、左视图、右视图，以及西南等轴测视图、东南等轴测视图、东北等轴测视图和西北等轴测视图。

启用观察视图命令的方法如下。

- 工具栏：单击“视图”工具栏上的命令按钮，如图 9-7 所示。
- 菜单命令：选择“视图 > 三维视图”子菜单中提供的菜单命令，如图 9-8 所示。

图 9-7

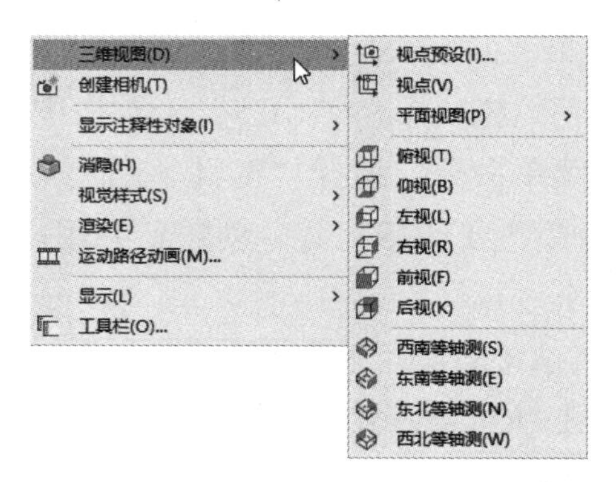

图 9-8

◎ 设置视点

用户也可以自定义视点，从任意位置查看模型。在模型空间中，可以通过启用“视点预设”或“视点”命令来设置视点。

（1）利用“视点预设”命令设置视点

① 选择“视图 > 三维视图 > 视点预设”命令，弹出“视点预设”对话框，如图 9-9 所示。

② 设置视点位置。在“视点预设”对话框中有两个刻度盘，左边的刻度盘用来设置视线在 xy 平面内的投影与 x 轴的夹角，用户可直接在“X 轴”数值框中输入该值。右边的刻度盘用来设置视线与 xy 平面的夹角，用户也可以直接在“XY 平面”数值框中输入该值。

③ 参数设置完成后，单击“确定”按钮即可对模型进行观察。

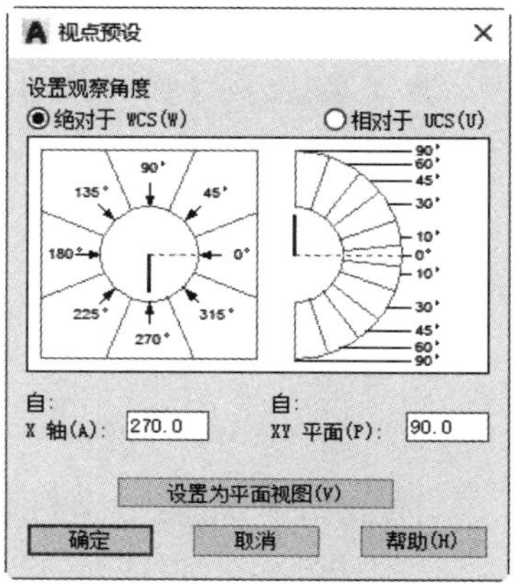

图 9-9

（2）利用“视点”命令设置视点

① 选择“视图 > 三维视图 > 视点”命令，模型空间会自动显示罗盘和三轴架，如图 9-10 所示。

② 移动鼠标指针，当鼠标指针落于坐标球的不同位置时，三轴架将以不同状态显示，此时三轴架的显示直接反映了三维坐标轴的状态。

③ 当三轴架的状态达到所要求的效果后，单击即可对模型进行观察。

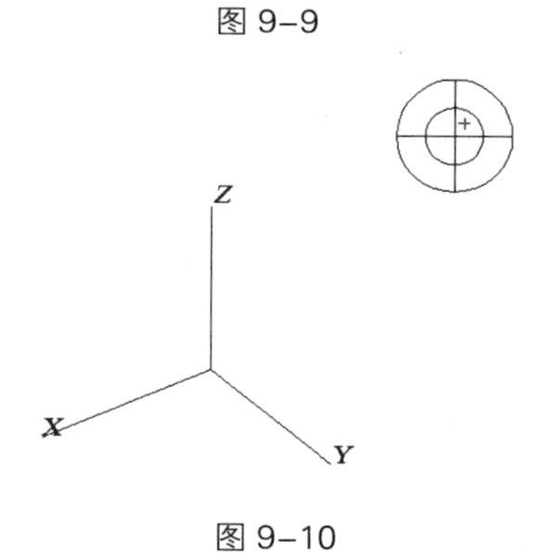

图 9-10

◎ 动态观察器

利用动态观察器可以通过简单的鼠标操作对三维模型进行多角度观察，从而使操作更加灵活，观察角度更加全面。动态观察又分为受约束的动态观察、自由动态观察和连续动态观察 3 种。

（1）受约束的动态观察：沿 xy 平面或 z 轴约束三维动态观察。

启用“受约束的动态观察”命令的方法如下。

● 工具栏：单击“动态观察”工具栏中的“受约束的动态观察”按钮。

● 菜单命令：选择“视图 > 动态观察 > 受约束的动态观察”命令。

● 命令行：输入 3DORBIT 命令。

启用“受约束的动态观察”命令，鼠标指针显示为，如图 9-11 所示。此时按住鼠标左键并拖动鼠标，如果水平拖动，模型将平行于世界坐标系的 *xy* 平面移动；如果垂直拖动，模型将沿 *z* 轴移动。

（2）自由动态观察：不参照平面，在任意方向上进行动态观察。沿 *xy* 平面和 *z* 轴进行动态观察时，视点不受约束。

启用“自由动态观察”命令的方法如下。

● 工具栏：单击“动态观察”工具栏中的“自由动态观察”按钮。

● 菜单命令：选择“视图 > 动态观察 > 自由动态观察”命令。

● 命令行：输入 3DFORBIT 命令。

启用“自由动态观察”命令，在当前视口中激活三维自由动态观察视图，如图 9-12 所示。如果用户坐标系图标为开，则表示当前 UCS 的着色三维 UCS 图标显示在三维动态观察视图中。在启用命令之前可以查看整个图形，或者选择一个或多个对象。

在拖动鼠标旋转观察模型时，鼠标指针位于转盘的不同部位，指针会显示为不同的形状。拖动鼠标也将会产生不同的显示效果。

移动鼠标指针到大圆之外时，鼠标指针显示为，此时拖动鼠标，视图将绕通过转盘中心并垂直于屏幕的轴旋转。

移动鼠标指针到大圆之内时，鼠标指针显示为，此时可以在水平、铅垂、对角方向拖动鼠标，旋转视图。

移动鼠标指针到左边或右边小圆之上时，鼠标指针显示为，此时拖动鼠标，视图将绕通过转盘中心的竖直轴旋转。

移动鼠标指针到上边或下边小圆之上时，鼠标指针显示为，此时拖动鼠标，视图将绕通过转盘中心的水平轴旋转。

（3）连续动态观察：连续地进行动态观察。在要使连续动态观察移动的方向上单击并拖动鼠标，然后释放鼠标左键，轨道沿该方向继续移动。

启用“连续动态观察”命令的方法如下。

● 工具栏：单击“动态观察”工具栏中的“连续动态观察”按钮。

● 菜单命令：选择“视图 > 动态观察 > 连续动态观察”命令。

● 命令行：输入 3DCORBIT 命令。

启用“连续动态观察”命令，鼠标指针显示为，此时，在绘图区域中单击并沿任意方向拖动定点设备，使对象沿正在拖动的方向开始移动。释放鼠标左键，对象在指定的方向上继续进行它们的轨迹运动，如图 9-13 所示。为鼠标指针移动设置的速度决定了对象的旋转速度。

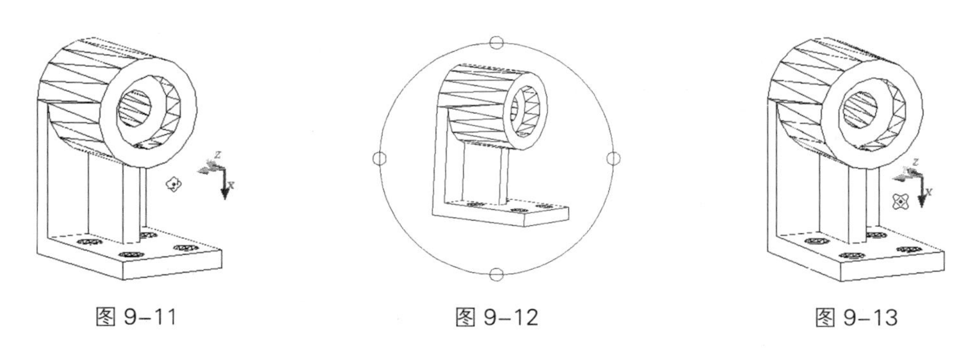

图 9–11　　图 9–12　　图 9–13

◎ 多视口观察

在模型空间内，可以将绘图窗口拆分成多个视口，这样在创建复杂的图形时，就可以在不同的视口从多个方向观察模型，如图 9-14 所示。

启用多视口观察命令的方法如下。

- 菜单命令：选择“视图 > 视口”子菜单中的命令，如图 9-15 所示。
- 命令行：输入 VPORTS 命令。

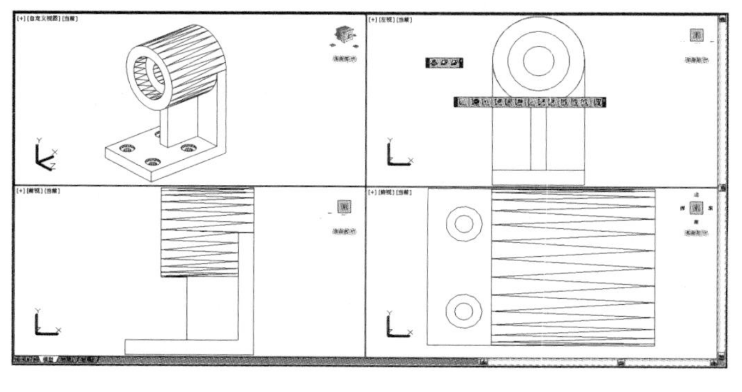

图 9–14

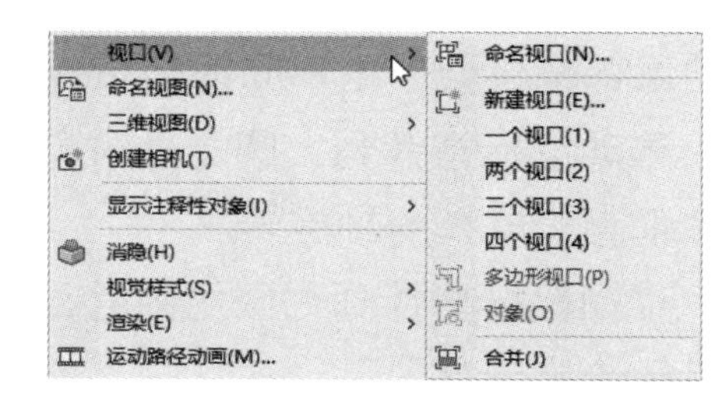

图 9–15

提示

当用户在一个视口中对模型进行了修改，其他视口也会立即进行相应的更新。

9.1.3 任务实施

（1）启动 AutoCAD 2019，打开云盘中的“Ch09 > 素材 > 支架 1.dwg”文件，如图 9-16 所示。

（2）选择“视图 > 三维视图 > 左视”命令，观察支架实体模型的左视图，如图 9-17 所示。

（3）选择“视图 > 三维视图 > 西南等轴测”命令，从西南方向观察支架实体模型的等轴测视图，如图 9-18 所示。

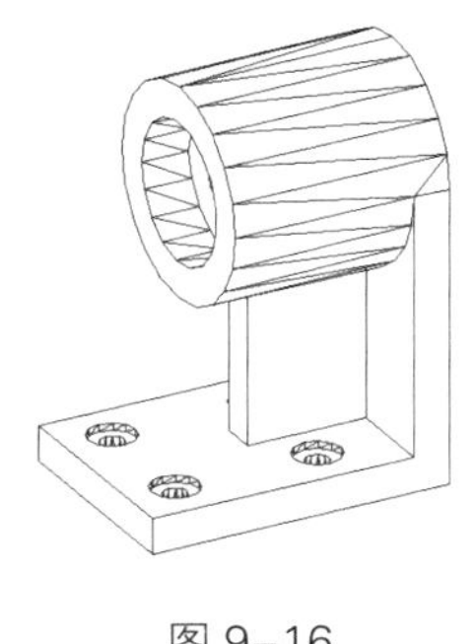

图 9–16

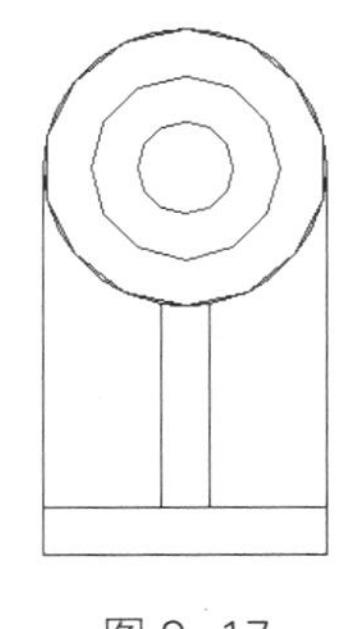

图 9–17

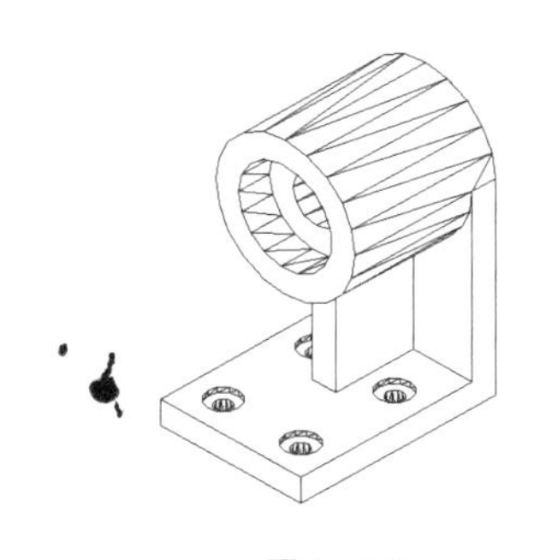

图 9–18

（4）选择“视图 > 三维视图 > 前视”命令，观察支架实体模型前视图，如图 9-19 所示。

（5）选择“视图 > 三维视图 > 平面视图 > 世界 UCS”命令，观察支架实体模型的平面视图，如图 9-20 所示。

（6）选择“视图 > 三维视图 > 视点预设”命令，弹出“视点预设”对话框。在该对话框的“X 轴”数值框中输入“135”，在“XY 平面”数值框中输入“45”，如图 9-21 所示。单击“确定”按钮 确定 ，确认观察模型的角度（即视点），如图 9-22 所示。

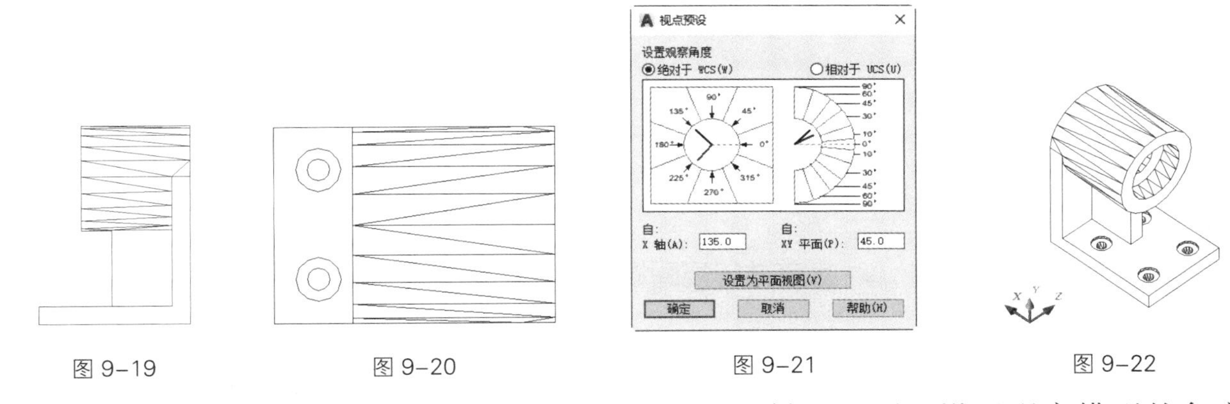

图 9–19　图 9–20　图 9–21　图 9–22

（7）在命令行中输入“vpoint”，然后按 Enter 键，也可以设置观察模型的角度，如图 9-23 所示。

命令：_vpoint

*** 切换至 WCS ***

当前视图方向：VIEWDIR=6.1237,9.6066,12.2474

指定视点或 [旋转 (R)] < 显示坐标球和三轴架 >: r　　// 选择“旋转”选项

输入 XY 平面中与 X 轴的夹角 <135>: 120　　// 输入观察方向的角度

输入与 XY 平面的夹角 <45>: 30　　// 输入观察方向的角度

*** 返回 UCS ***

正在重生成模型。

（8）选择“视图 > 三维视图 > 视点”命令，还可以利用屏幕上显示的罗盘与三轴架来设置观察模型的角度。

命令：_vpoint

```
*** 切换至 WCS ***
当前视图方向：VIEWDIR=6.1237,-6.1237,15.0000
指定视点或 [ 旋转 (R)] < 显示坐标球和三轴架 >:
                    // 屏幕显示罗盘与三轴架，在罗盘中移动十字光标，
                    // 移动到合适的位置，如图 9-24 所示，然后单击，图
                    // 形效果如图 9-25 所示
*** 返回 UCS ***
正在重生成模型。
```

（9）选择“视图 > 动态观察 > 自由动态观察”命令，可以动态观察支架的实体模型，如图 9-26 所示。在绘图窗口中按住鼠标左键并沿指定方向拖动，实体模型也会随之转动。

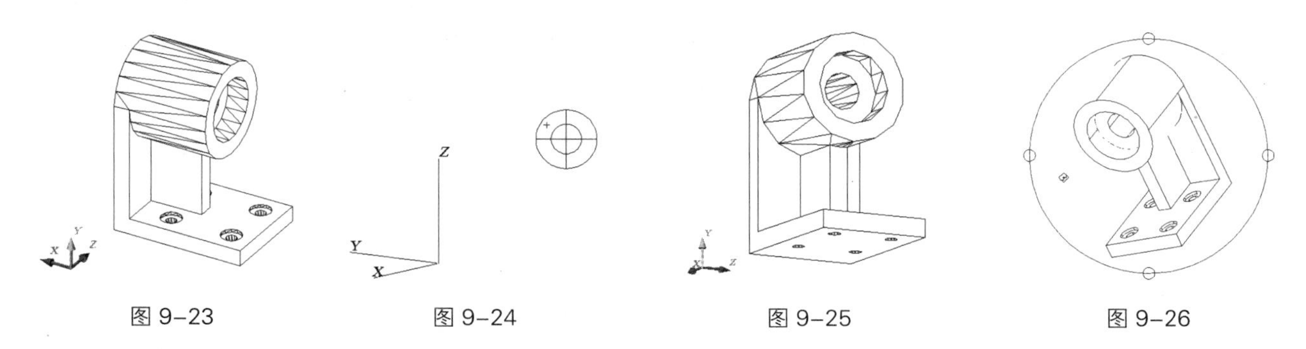

图 9–23　　图 9–24　　图 9–25　　图 9–26

9.1.4 扩展实践：对客房进行视图操作

本实践需要从各视角来完成对客房的观察。最终效果参看云盘中的“Ch09 > DWG > 客房 .dwg”，如图 9-27 所示。

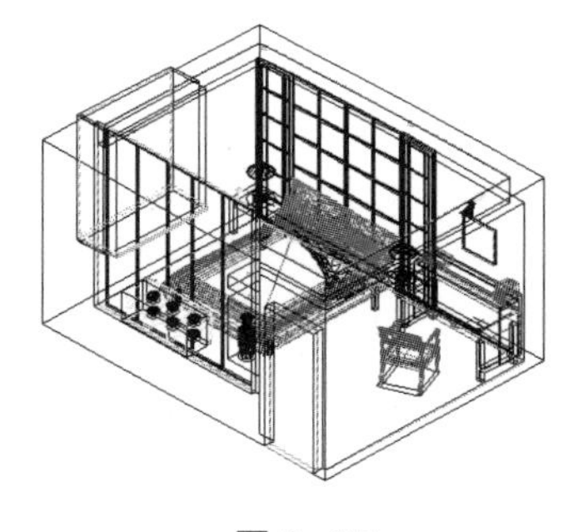

图 9–27

任务 9.2　绘制花瓶实体模型

9.2.1 任务引入

本任务需要使用“旋转”命令来完成花瓶实体模型的绘制。最终效果参看云盘中的“Ch09 > DWG > 绘制花瓶实体模型 .dwg”，如图 9-28 所示。

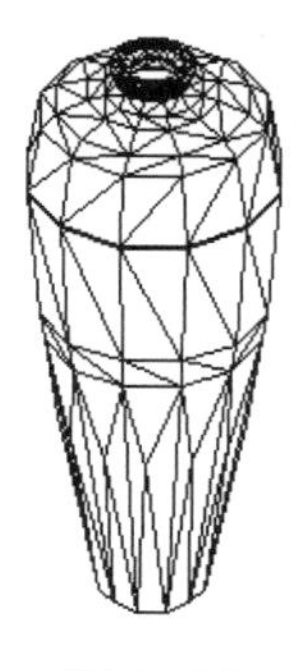

图 9–28

9.2.2 任务知识：绘制和编辑三维模型

1 绘制三维实体模型

◎ 拉伸实体

通过拉伸将二维图形绘制成三维实体时，该二维图形必须是一个封闭的二维对象或由封闭曲线构成的面域，并且拉伸的路径必须是一条多段线。

可作为拉伸对象的二维图形有圆、椭圆、用正多边形命令绘制的正多边形、用矩形命令绘制的矩形、封闭的样条曲线和封闭的多段线等。

利用直线、圆弧等命令绘制的一般闭合图形不能直接进行拉伸，此时需要将其定义为面域。

启用“拉伸”命令的方法如下。

- 工具栏：单击“建模”工具栏中的“拉伸”按钮。
- 菜单命令：选择“绘图 > 建模 > 拉伸”命令。
- 命令行：输入 EXTRUDE 命令。

选择“绘图 > 建模 > 拉伸”命令，通过拉伸将二维图形绘制成三维实体，效果如图 9-29 所示。操作步骤如下。

图 9-29

命令：_extrude //选择“拉伸”命令
当前线框密度：ISOLINES=4，闭合轮廓创建模式 = 实体 //显示当前线框密度
选择要拉伸的对象或 [模式 (MO)]: 找到 1 个 //选择封闭的拉伸对象
选择要拉伸的对象或 [模式 (MO)]: //按 Enter 键
指定拉伸的高度或 [方向 (D)/ 路径 (P)/ 倾斜角 (T)/ 表达式 (E)]: 300 //输入拉伸高度

当输入了拉伸的倾斜角度后，效果如图 9-30 所示。

图 9-30

◎ 旋转实体

通过旋转将二维图形绘制成三维实体时，该二维图形也必须是一个封闭的二维对象或由封闭曲线构成的面域。此外，可以通过定义两点来创建旋转轴，也可以选择已有的对象或坐标系的 x 轴、y 轴作为旋转轴。

启用“旋转”命令的方法如下。

- 工具栏：单击“实体”工具栏中的“旋转”按钮。
- 菜单命令：选择“绘图 > 建模 > 旋转”命令。
- 命令行：输入 REVOLVE 命令。

选择“绘图 > 建模 > 旋转”命令，通过旋转将二维图形绘制成三维实体，效果如图 9-31 所示。操作步骤如下。

图 9-31

命令：_revolve //选择“旋转”命令
当前线框密度：ISOLINES=10，闭合轮廓创建模式 = 实体 //显示当前线框密度
选择要旋转的对象或 [模式 (MO)]: 找到 1 个 //选择旋转截面

选择要旋转的对象或 [模式 (MO)]: // 按 Enter 键

指定旋转轴的起点或

指定轴起点或根据以下选项之一定义轴 [对象 (O) X Y Z]: X // 选择“X”选项

指定旋转角度或 [起点角度 (ST)/ 反转 (R)/ 表达式 (EX)] <360>: // 按 Enter 键

提示选项解释如下。

- 旋转轴的起点：通过两点定义旋转轴。
- 对象 (O)：选择一条已有的线段作为旋转轴。
- X：选择 x 轴作为旋转轴。
- Y：选择 y 轴作为旋转轴。
- Z：选择 z 轴作为旋转轴。

◎ 长方体

启用“长方体”命令的方法如下。

- 工具栏：单击“建模”工具栏中的“长方体”按钮。
- 菜单命令：选择“绘图 > 建模 > 长方体”命令。
- 命令行：输入 BOX 命令。

绘制长、宽、高分别为 100mm、60mm、80mm 的长方体，如图 9-32 所示。操作步骤如下。

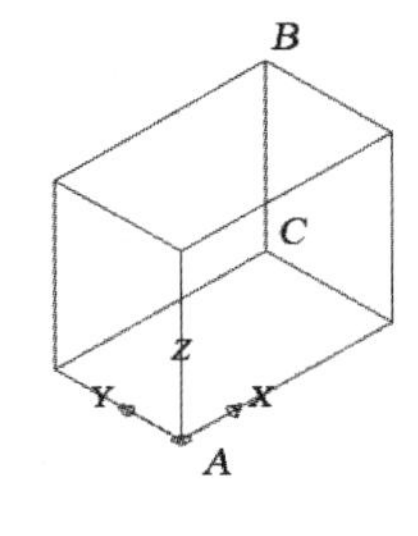

图 9-32

命令 : _box // 单击“长方体”按钮

指定第一个角点或 [中心 (C)]: // 输入长方体角点 A 的三维坐标

指定其他角点或 [立方体 (C)/ 长度 (L)]: 100,60,80 // 输入长方体另一个角点 B 的三维坐标

提示

当命令行出现“指定角点或 [立方体 (C)/ 长度 (L)]:”时，还可以输入长方体底面角点 B 的坐标，然后输入长方体的高度来完成操作。

提示选项解释如下。

- 中心 (C)：定义长方体的中心点，并根据该中心点和一个角点来绘制长方体。
- 立方体 (C)：绘制立方体，选择该选项后即可根据提示输入立方体的边长。
- 长度 (L)：选择该选项后，系统会依次提示用户输入长方体的长、宽、高来定义长方体。

另外，在绘制长方体的过程中，当命令行提示指定长方体的第二个角点时，用户还可以通过输入长方体底面角点 C 的平面坐标和长方体的高度来完成长方体的绘制，也就是说上面的长方体也可以通过下面的操作步骤来绘制。

命令 : _box

指定长方体的角点或 [中心 (C)] <0,0,0>: // 输入长方体角点 A 的三维坐标

指定其他角点或 [立方体 (C)/ 长度 (L)]: 80,100 // 输入长方体底面角点 C 的平面坐标

指定高度或 [两点 (2P)]<300.0000>: 60 // 输入长方体的高度

◎ 球体

启用“球体”命令的方法如下。

- 工具栏：单击“建模”工具栏中的“球体”按钮。
- 菜单命令：选择“绘图 > 建模 > 球体”命令。
- 命令行：输入 SPHERE 命令。

绘制半径为 100mm 的球体，效果如图 9-33 所示。操作步骤如下。

命令 : _sphere // 单击“球体”按钮

指定中心点或 [三点 (3P)/ 两点 (2P)/ 相切、相切、半径 (T)]: 0,0,0 // 输入球心的坐标

指定半径或 [直径 (D)]: 100 // 输入球体的半径

绘制完球体后，可以选择“视图 > 消隐”命令，对球体进行消隐观察，如图 9-34 所示。与消隐后观察到的图形相比，图 9-33 所示球体的外形线框的线条太少，不能反映整个球体的外观，此时用户可以修改系统参数 ISOLINES 的值来增加线条的数量。操作步骤如下。

命令 : _isolines // 输入系统参数名称

输入 ISOLINES 的新值 <4>: 20 // 输入系统参数的新值

设置完系统参数后，再次创建同样大小的球体模型，效果如图 9-35 所示。

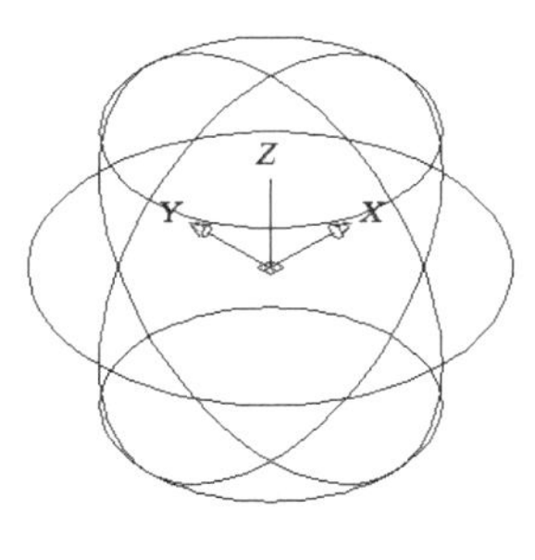

图 9-33

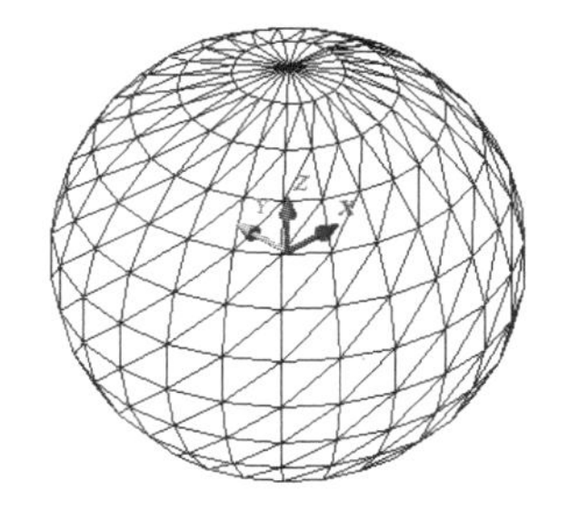

图 9-34

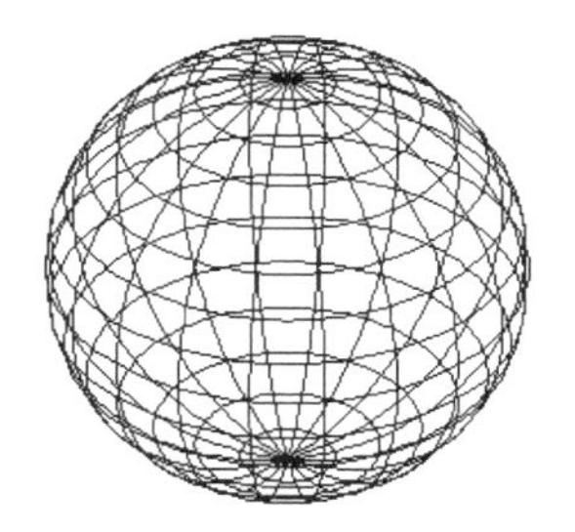

图 9-35

◎ 圆柱体

启用“圆柱体”命令的方法如下。

- 工具栏：单击“建模”工具栏中的“圆柱体”按钮。
- 菜单命令：选择“绘图 > 建模 > 圆柱体”命令。
- 命令行：输入 CYLINDER 命令。

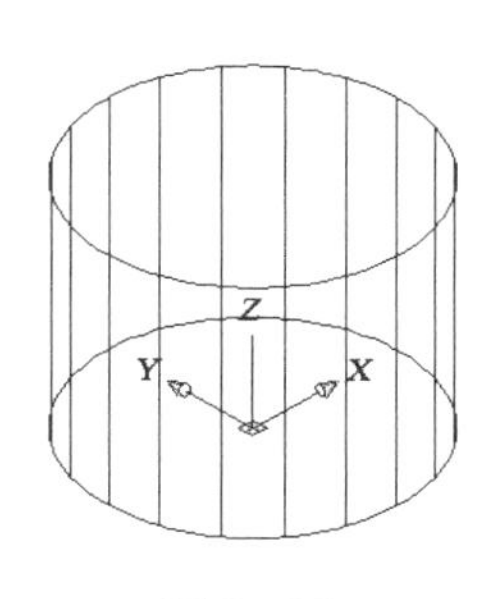

图 9-36

绘制直径为 20mm、高为 16mm 的圆柱体，效果如图 9-36 所示。操作步骤如下。

命令 : _cylinder // 单击“圆柱体”按钮

指定底面的中心点或 [三点 (3P)/ 两点 (2P)/ 相切、相切、半径 (T)/ 椭圆 (E)]: 0,0,0

// 输入圆柱体底面中心点的坐标

指定底面半径或 [直径 (D)]: 10　　　　// 输入圆柱体底面的半径

指定高度或 [两点 (2P)/ 轴端点 (A)] <76.5610>: 16　　　　// 输入圆柱体的高度

提示选项解释如下。

- 三点 (3P)：通过指定 3 个点来定义圆柱体的底面周长和底面。
- 两点 (2P)：上面命令行中第二行的两点命令用来指定底面圆的直径的两个端点。
- 相切、相切、半径 (T)：定义具有指定半径，且与两个对象相切的圆柱体底面。
- 椭圆 (E)：用于绘制椭圆柱，如图 9-37 所示。
- 两点 (2P)：上面命令行中最后一行的两点命令用来指定圆柱体的高度为两个指定点之间的距离。
- 轴端点 (A)：指定圆柱体轴的端点位置。轴端点是圆柱体的顶面中心点。轴端点可以位于三维空间的任何位置，它定义了圆柱体的长度和方向。

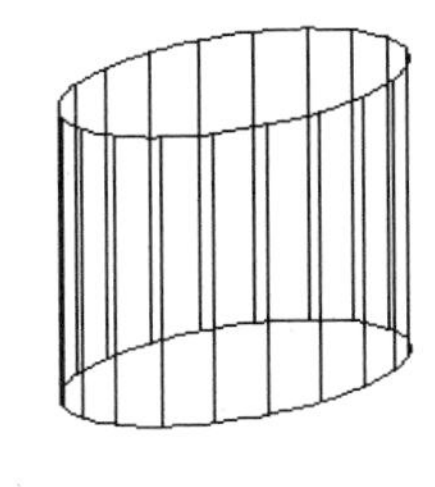

图 9-37

◎ 圆锥体

启用“圆锥体”命令的方法如下。

- 工具栏：单击“建模”工具栏中的“圆锥体”按钮。
- 菜单命令：选择“绘图 > 建模 > 圆锥体”命令。
- 命令行：输入 CONE 命令。

绘制一个底面直径为 30mm、高为 40mm 的圆锥体，效果如图 9-38 所示。操作步骤如下。

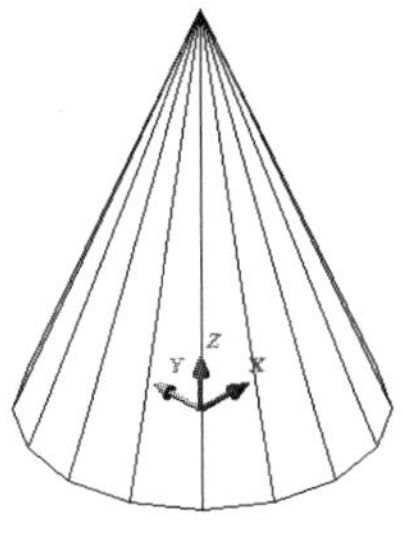

图 9-38

命令 : cone　　　　// 单击“圆锥体”按钮

指定底面的中心点或 [三点 (3P)/ 两点 (2P)/ 相切、相切、半径 (T)/ 椭圆 (E)]: 0,0,0

// 输入圆锥体底面中心点的坐标

指定底面半径或 [直径 (D)]: 15　　　　// 输入圆锥体底面的半径

指定高度或 [两点 (2P)/ 轴端点 (A)/ 顶面半径 (T)] <16.0000>: 40　// 输入圆锥体的高度

绘制完圆锥体后，可以选择“视图 > 消隐”命令，对其进行消隐观察。

个别提示选项解释如下。

- 椭圆 (E)：通过将圆锥体底面设置为椭圆形状来绘制椭圆锥体，效果如图 9-39 所示。
- 轴端点 (A)：通过输入圆锥体顶点的坐标来绘制倾斜圆锥体，圆锥体的生成方向为底面圆心与顶点的连线方向。
- 顶面半径 (T)：用于创建圆台时指定圆台的顶面半径。

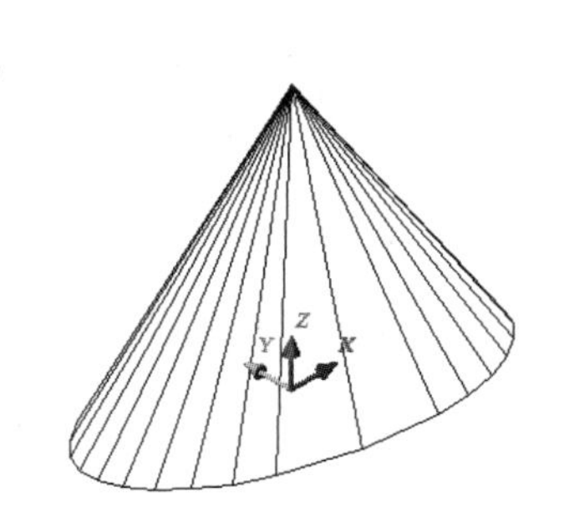

图 9-39

◎ 楔体

启用“楔体”命令的方法如下。

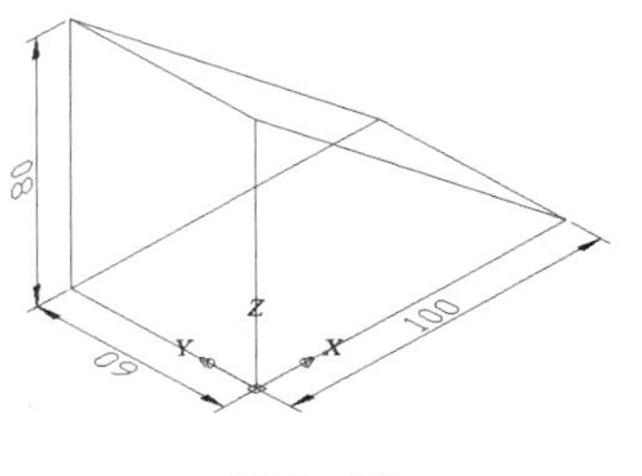

图 9-40

- 工具栏：单击“建模”工具栏中的“楔体”按钮。
- 菜单命令：选择“绘图 > 建模 > 楔体”命令。
- 命令行：输入 WEDGE 命令。

绘制楔体，效果如图 9-40 所示。操作步骤如下。

命令 : _wedge　　　　// 单击“楔体”按钮

指定第一个角点或 [中心 (C)]:0,0,0　　　　// 输入楔体第一个角点的坐标

指定其他角点或 [立方体 (C)/ 长度 (L)]: 100,60,80　　　　// 输入楔体另一个角点的坐标

◎ 圆环体

启用“圆环体”命令的方法如下。

- 工具栏：单击“建模”工具栏中的“圆环”按钮。
- 菜单命令：选择“绘图 > 建模 > 圆环体”命令。
- 命令行：输入 TORUS 命令。

绘制半径为 150mm、圆管半径为 15mm 的圆环体，效果如图 9-41 所示。操作步骤如下。

命令 : _torus　　　　// 单击“圆环”按钮

指定中心点或 [三点 (3P)/ 两点 (2P)/ 相切、相切、半径 (T)]: 0,0,0　　　　// 输入圆环体中心点的坐标

指定半径或 [直径 (D)]: 150　　　　// 输入圆环体的半径

指定圆管半径或 [两点 (2P)/ 直径 (D)]: 15　　　　// 输入圆管的半径

绘制完圆环体后，可以选择“视图 > 消隐”命令，对其进行消隐观察，如图 9-42 所示。

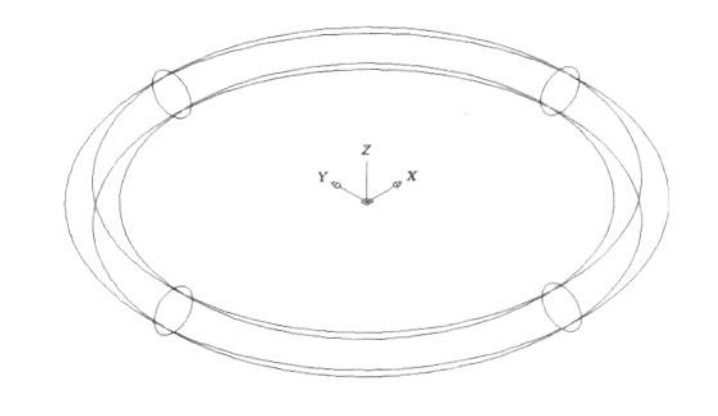
图 9-41

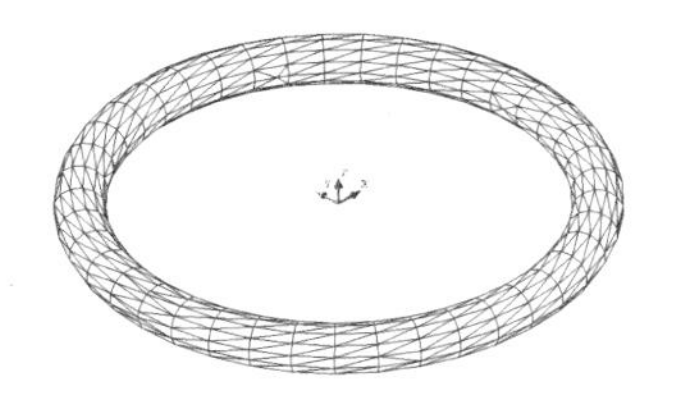
图 9-42

◎ 利用剖切法绘制组合体

剖切实体是指通过定义一个剖切平面将已有三维实体剖切为两个部分。在剖切过程中，用户可以选择剖切后要保留的实体部分，也可选择全部保留。

启用“剖切”命令的方法如下。

- 菜单命令：选择“修改 > 三维操作 > 剖切”命令。
- 命令行：输入 SLICE 命令。

选择“修改 > 三维实操 > 剖切”命令，通过定义一个剖切平面将圆柱体剖切为两个部分，效果如图 9-43 所示。操作步骤如下。

命令 : _slice　　　　// 选择“剖切”命令

选择要剖切的对象 : 找到 1 个　　　　// 选择圆柱体

选择要剖切的对象：　　　　　　　　　　　　　// 按 Enter 键

指定切面的起点或 [平面对象 (O)/ 曲线 (S)/Z 轴 (Z)/ 视图 (V)/xy (XY)/yz (YZ)/zx (ZX)/ 三点 (3)] < 三点 >: < 对捕捉 开 >　　　　　　　　　　　// 打开“对象捕捉”开关，单击以选择象限点 *A*

指定平面上的第二个点：　　　　　　　　　　// 单击以选择象限点 *B*

指定平面上的第三个点：　　　　　　　　　　// 单击以选择象限点 *C*

在所需的侧面上指定点或 [保留两个侧面 (B)]< 保留两个侧面 >:　　　// 单击要保留的一侧的点

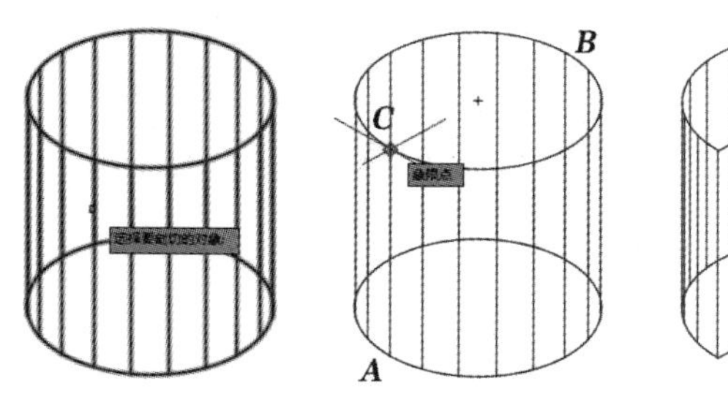

图 9-43

◎ 利用布尔运算绘制组合体

使用 AutoCAD 可以对三维实体进行布尔运算，从而生成各种形状的组合体。布尔运算分为并、差、交 3 种运算。

（1）并运算

并运算可以合并两个或多个实体（或面域），使它们构成一个组合对象。

启用“并集”命令的方法如下。

- 工具栏：单击“实体编辑”工具栏中的“并集”按钮。
- 菜单命令：选择“修改 > 实体编辑 > 并集”命令。
- 命令行：输入 UNION 命令。

（2）差运算

差运算可以删除两个实体间的公共部分。

启用“差集”命令的方法如下。

- 工具栏：单击“实体编辑”工具栏中的“差集”按钮。
- 菜单命令：选择“修改 > 实体编辑 > 差集”命令。
- 命令行：输入 SUBTRACT 命令。

（3）交运算

交运算可以用两个或多个重叠实体的公共部分创建组合实体。

启用“交集”命令的方法如下。

- 工具栏：单击“实体编辑”工具栏中的“交集”按钮。
- 菜单命令：选择“修改 > 实体编辑 > 交集”命令。
- 命令行：输入 INTERSECT 命令。

2 编辑三维实体

◎ 三维实体阵列

利用“三维阵列”命令可阵列三维实体。在操作过程中，需要输入阵列的列数、行数和层数。其中，列数、行数、层数分别是指实体在 x、y、z 方向的数目。此外，根据实体的阵列特点，可分为矩形阵列与环形阵列，如图 9-44 所示。

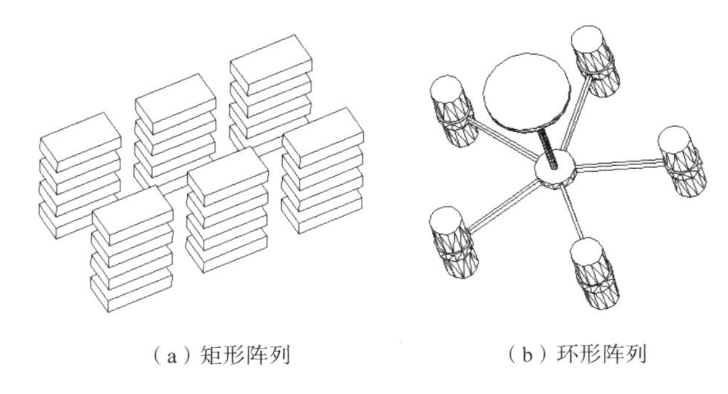

（a）矩形阵列　　（b）环形阵列

图 9-44

启用“三维阵列”命令的方法如下。

- 菜单命令：选择“修改 > 三维操作 > 三维阵列”命令。
- 命令行：输入 3DARRAY 命令。

进行矩形阵列时，若输入的间距为正值，则向坐标轴的正方向阵列；若输入的间距为负值，则向坐标轴的负方向阵列。

进行环形阵列时，若输入的间距为正值，则逆时针阵列；若输入的间距为负值，则顺时针阵列。

选择“修改 > 三维操作 > 三维阵列”命令，AutoCAD 2019 提示如下。

```
命令：_3darray                                   // 选择“三维阵列”命令
选择对象：找到 1 个                              // 选择长方体实体模型
选择对象：                                       // 按 Enter 键
输入阵列类型 [ 矩形 (R)/ 环形 (P)] < 矩形 >:     // 按 Enter 键
输入行数 (---) <1>: 2                            // 输入行数
输入列数 (|||) <1>: 3                            // 输入列数
输入层数 (...) <1>: 4                            // 输入层数
指定行间距 (---): 300                            // 输入行间距
指定列间距 (|||): 300                            // 输入列间距
指定层间距 (...): 100                            // 输入层间距
命令：_3darray                                   // 选择“三维阵列”命令
选择对象：找到 1 个                              // 选择灯实体模型
选择对象：                                       // 按 Enter 键
输入阵列类型 [ 矩形 (R)/ 环形 (P)] < 矩形 >:P    // 选择“环形”选项
输入阵列中的项目数目：5                          // 输入阵列数目
指定要填充的角度 (+= 逆时针 , -= 顺时针 ) <360>: // 按 Enter 键
旋转阵列对象？ [ 是 (Y)/ 否 (N)] <Y>:            // 按 Enter 键
```

指定阵列的中心点 : _cen 于 //单击“对象捕捉”工具栏中的“捕捉到圆心”

//按钮◎，捕捉吊灯支架的圆心

指定旋转轴上的第二点 : _cen 于 //捕捉圆心

◎ 三维实体镜像

“三维镜像”命令通常用于绘制具有对称结构的三维实体，效果如图 9-45 所示。

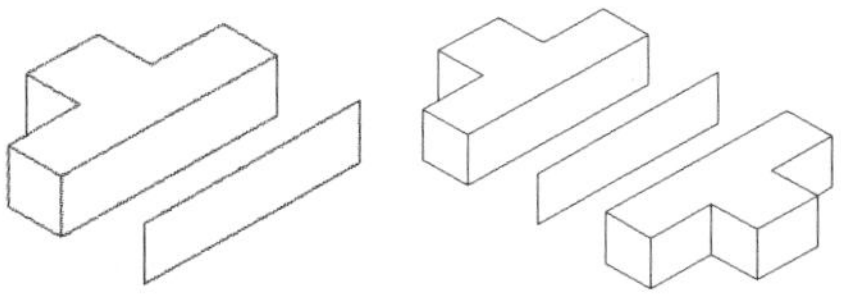

图 9-45

启用“三维镜像”命令的方法如下。

- 菜单命令：选择“修改 > 三维操作 > 三维镜像”命令。
- 命令行：输入 MIRROR3D 命令。

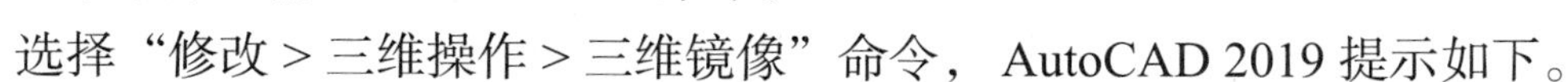

选择“修改 > 三维操作 > 三维镜像”命令，AutoCAD 2019 提示如下。

命令 : _mirror3d //选择“三维镜像”命令

选择对象 : 找到 1 个 //选择镜像对象

选择对象 : //按 Enter 键

指定镜像平面 (三点) 的第一个点或

[对象 (O)/ 最近的 (L)/Z 轴 (Z)/ 视图 (V)/XY 平面 (XY)/YZ 平面 (YZ)/ZX 平面 (ZX)/ 三点 (3)] < 三点 >:

//捕捉镜像平面的第一个点

在镜像平面上指定第二点 : //捕捉镜像平面的第二个点

在镜像平面上指定第三点 : //捕捉镜像平面的第三个点

是否删除源对象？ [是 (Y)/ 否 (N)] < 否 >: //按 Enter 键

提示选项解释如下。

- 对象 (O)：将所选对象（圆、圆弧或多段线等）所在的平面作为镜像平面。
- 最近的 (L)：使用上一次镜像操作中使用的镜像平面作为本次操作的镜像平面。
- Z 轴 (Z)：依次选择两点，系统会自动将两点的连线作为镜像平面的法线，同时镜像平面通过所选的第一点。
- 视图 (V)：选择一点，系统会自动将通过该点且与当前视图平面平行的平面作为镜像平面。
- XY 平面 (XY)：选择一点，系统会自动将通过该点且与当前坐标系的 *xy* 平面平行的平面作为镜像平面。
- YZ 平面 (YZ)：选择一点，系统会自动将通过该点且与当前坐标系的 *yx* 平面平行的平面作为镜像平面。
- ZX 平面 (ZX)：选择一点，系统会自动将通过该点且与当前坐标系的 *zx* 平面平行的平面作为镜像平面。
- 三点 (3)：通过指定 3 个点来确定镜像平面。

◎ 三维实体旋转

通过“三维旋转”命令可以灵活定义旋转轴，并可任意旋转三维实体。

启用“三维旋转”命令的方法如下。

- 菜单命令：选择“修改 > 三维操作 > 三维旋转”命令。
- 命令行：输入 ROTATE3D 命令。

选择“修改 > 三维操作 > 三维旋转”命令，将正六棱柱绕 x 轴旋转 90°，旋转前后的效果分别如图 9-46 和图 9-47 所示。操作步骤如下。

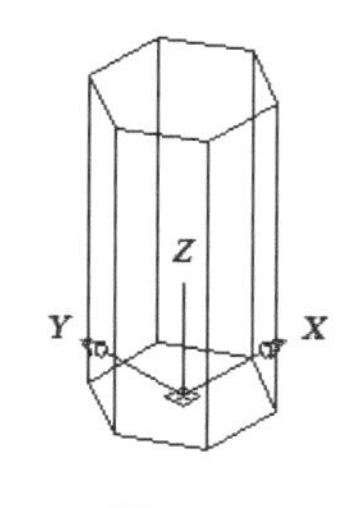

图 9-46

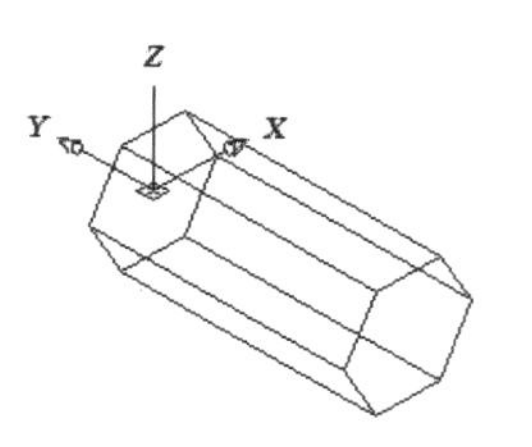

图 9-47

```
命令 : rotate3d                                        // 选择“三维旋转”命令
当前正向角度 : ANGDIR= 逆时针 ANGBASE=0
选择对象 : 找到 1 个                                    // 选择正六棱柱
选择对象 :                                              // 按 Enter 键
指定轴上的第一个点或定义轴依据
[ 对象 (O)/ 最近的 (L)/ 视图 (V)/X 轴 (X)/Y 轴 (Y)/Z 轴 (Z)/ 两点 (2)]: Z
                                                        // 选择“Z 轴”选项
指定 Z 轴上的点 <0,0,0>:                                // 按 Enter 键
指定旋转角度或 [ 参照 (R)]: 90                          // 输入旋转角度
```

提示选项解释如下。

- 对象 (O)：通过选择一个对象确定旋转轴。若选择直线，则该直线就是旋转轴；若选择圆或圆弧，则旋转轴通过选择点，并与其所在的平面垂直。
- 最近的 (L)：使用上一次旋转操作中使用的旋转轴作为本次操作的旋转轴。
- 视图 (V)：选择一点，系统会自动将通过该点且与当前视图平面垂直的直线作为旋转轴。
- X 轴 (X)：选择一点，系统会自动将通过该点且与当前坐标系 x 轴平行的直线作为旋转轴。
- Y 轴 (Y)：选择一点，系统会自动将通过该点且与当前坐标系 y 轴平行的直线作为旋转轴。
- Z 轴 (Z)：选择一点，系统会自动将通过该点且与当前坐标系 z 轴平行的直线作为旋转轴。
- 两点 (2)：通过指定两点来确定旋转轴。

◎ 三维实体对齐

三维对齐是指通过移动、旋转一个实体使其与另一个实体对齐。在三维对齐的操作过程中，最关键的是选择合适的源点与目标点。其中，源点是在被移动、旋转的对象上选择的；

目标点是在相对不动、作为放置参照的对象上选择的。

启用“对齐”命令的方法如下。

● 菜单命令：选择“修改 > 三维操作 > 对齐”命令。

● 命令行：输入 ALIGN 命令。

选择“修改 > 三维操作 > 对齐”命令，将正三棱柱和正六棱柱对齐，对齐前后的效果分别如图 9-48 和图 9-49 所示。操作步骤如下。

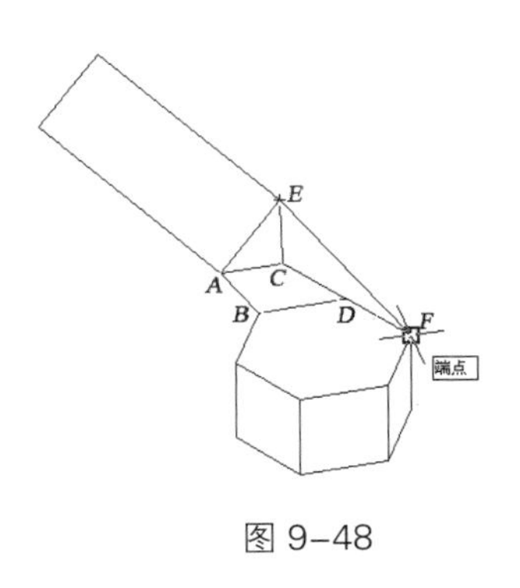

图 9-48

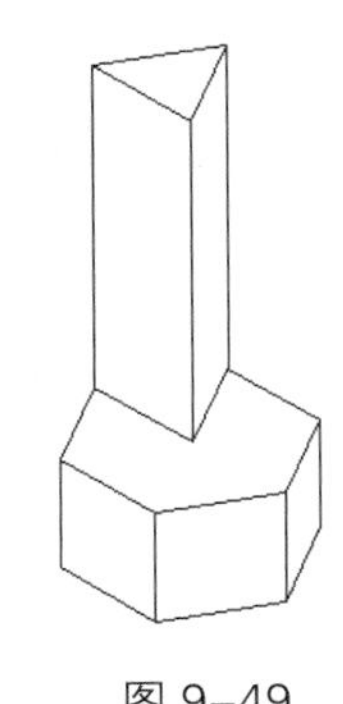
图 9-49

```
命令 : align                                  // 选择三维对齐命令
选择对象 : 找到 1 个                           // 选择正三棱柱
选择对象 :                                     // 按 Enter 键
指定源平面和方向…
指定基点或 [ 复制 (C)]:                        // 选择正三棱柱上的 A 点
指定第二个点或 [ 继续 (C)] <C>:                // 选择正三棱柱上的 C 点
指定第三个点或 [ 继续 (C)] <C>:                // 选择正三棱柱上的 E 点
指定第一个目标点 :                             // 选择正六棱柱上的 B 点
指定第二个目标点或 [ 退出 (X)] <X>:            // 选择正六棱柱上的 D 点
指定第三个目标点或 [ 退出 (X)] <X>:            // 选择正六棱柱上的 F 点
```

3 压印与抽壳

压印能将图形对象绘制到另一个三维图形的表面，抽壳能快速绘制具有相等壁厚的壳体。

◎ 压印

启用“压印”命令可以将选择的图形对象压印到另一个三维图形的表面。可以用来压印的图形对象包括圆、圆弧、直线、二维和三维多段线、椭圆、样条曲线、面域、实心体等。另外，用来压印的图形对象必须与三维图形的一个或几个面相交。

启用“压印”命令的方法如下。

● 工具栏：单击“实体编辑”工具栏中的“压印”按钮。

● 菜单命令：选择“修改 > 实体编辑 > 压印边”命令。

将图 9-50 所示的圆压印到立方体模型上，绘制出图 9-51 所示的图形。操作步骤如下。

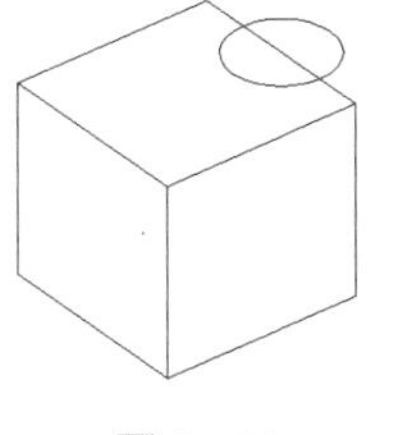
图 9-50

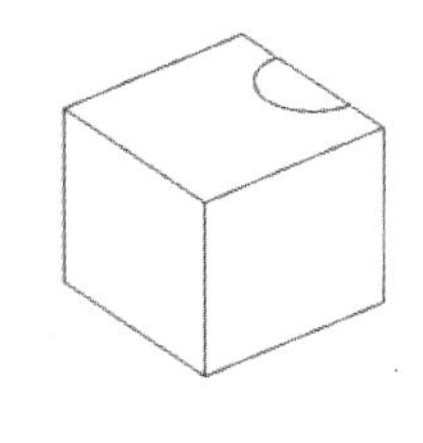
图 9-51

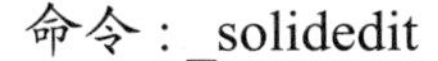

```
命令 : _solidedit                              // 单击“压印”按钮
实体编辑自动检查 : SOLIDCHECK=1
输入实体编辑选项 [ 面 (F)/ 边 (E)/ 体 (B)/ 放弃 (U)/ 退出 (X)] < 退出 >: _body
```

输入体编辑选项

[压印 (I)/ 分割实体 (P)/ 抽壳 (S)/ 清除 (L)/ 检查 (C)/ 放弃 (U)/ 退出 (X)] < 退出 >: _imprint

选择三维图形 :　　// 选择立方体模型

选择要压印的对象 :　　// 选择圆

是否删除源对象 [是 (Y)/ 否 (N)] <N>: y　　// 选择“是”选项

选择要压印的对象 :　　// 按 Enter 键

输入体编辑选项 [压印 (I)/ 分割实体 (P)/ 抽壳 (S)/ 清除 (L)/ 检查 (C)/ 放弃 (U)/ 退出 (X)] < 退出 >:

// 按 Enter 键

实体编辑自动检查 : SOLIDCHECK=1

输入实体编辑选项 [面 (F)/ 边 (E)/ 体 (B)/ 放弃 (U)/ 退出 (X)] < 退出 >:　// 按 Enter 键

◎ 抽壳

“抽壳”命令通常用来绘制壁厚相等的壳体，还可以选择是否删除实体的某些表面而形成敞口的壳体。

启用“抽壳”命令的方法如下。

- 工具栏：单击“实体编辑”工具栏中的“抽壳”按钮。
- 菜单命令：选择“修改 > 实体编辑 > 抽壳”命令。

将图 9-52 所示的长方体模型抽壳，绘制出图 9-53 所示的图形。操作步骤如下。

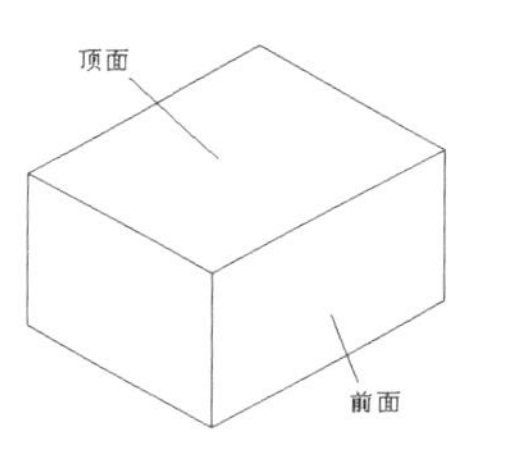

图 9-52

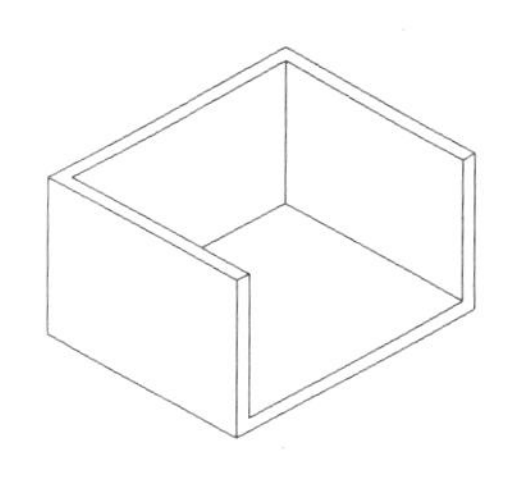
图 9-53

命令 : _solidedit　　// 单击“抽壳”按钮

实体编辑自动检查 : SOLIDCHECK=1

输入实体编辑选项 [面 (F)/ 边 (E)/ 体 (B)/ 放弃 (U)/ 退出 (X)] < 退出 >: _body

输入体编辑选项 [压印 (I)/ 分割实体 (P)/ 抽壳 (S)/ 清除 (L)/ 检查 (C)/ 放弃 (U)/ 退出 (X)] < 退出 >: _shell

选择三维图形 :　　// 选择长方体

删除面或 [放弃 (U)/ 添加 (A)/ 全部 (ALL)]: 找到一个面，已删除 1 个。　// 选择长方体的顶面

删除面或 [放弃 (U)/ 添加 (A)/ 全部 (ALL)]: 找到一个面，已删除 1 个。　// 选择长方体的前面

删除面或 [放弃 (U)/ 添加 (A)/ 全部 (ALL)]:　　// 按 Enter 键

输入抽壳偏移距离 : 5　　// 输入壳的厚度

已开始实体校验。

已完成实体校验。

输入体编辑选项 [压印 (I)/ 分割实体 (P)/ 抽壳 (S)/ 清除 (L)/ 检查 (C)/ 放弃 (U)/ 退出 (X)] < 退出 >:

// 按 Enter 键

实体编辑自动检查 : SOLIDCHECK=1

输入实体编辑选项 [面 (F)/ 边 (E)/ 体 (B)/ 放弃 (U)/ 退出 (X)] < 退出 >:　// 按 Enter 键

在定义壳体厚度时，输入的值可为正值或负值。当输入正值时，实体表面向内偏移形成壳体；当输入负值时，实体表面向外偏移形成壳体。

4 清除与分割

“清除”命令用于删除所有重合的边、顶点及压印形成的图形等。

“分割”命令用于将体积不连续的实体模型分割为几个独立的三维实体。通常，在进行布尔运算中的差运算后会产生一个体积不连续的三维实体，此时利用“分割”命令可将其分割为几个独立的三维实体。

启用“分割”命令的方法如下。

- 工具栏：单击“实体编辑”工具栏中的“清除”按钮或“分割”按钮。
- 菜单命令：选择“修改 > 实体编辑 > 清除”或“修改 > 实体编辑 > 分割”命令。

9.2.3 任务实施

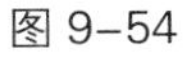

图 9-54

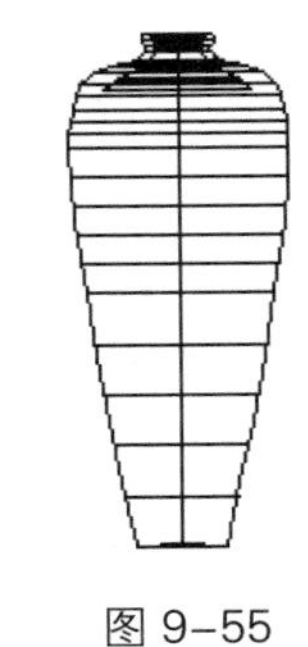

图 9-55

（1）启动 AutoCAD 2019，打开图形文件。选择“文件 > 打开”命令，打开云盘文件中的“Ch09 > 素材 > 花瓶”文件，如图 9-54 所示。

（2）旋转花瓶。选择“绘图 > 建模 > 旋转”命令，将花瓶图形对象旋转成实体图形，效果如图 9-55 所示。

```
命令：_revolve                                          // 选择“旋转”命令
当前线框密度：ISOLINES=4，闭合轮廓创建模式 = 实体          // 显示当前线框密度
选择要旋转的对象或 [ 模式 (MO)]: 找到 1 个                  // 选择旋转截面
选择要旋转的对象或 [ 模式 (MO)]:                            // 按 Enter 键
指定轴起点或根据以下选项之一定义轴 [ 对象 (O) X Y Z]:        // 单击以捕捉图 9-54 所示的 A 点
指定轴端点：                                             // 单击以捕捉 B 点
指定旋转角度或 [ 起点角度 (ST)/ 反转 (R)/ 表达式 (EX)] <360>: // 按 Enter 键
```

（3）观察图形。选择“视图 > 三维视图 > 西南等轴测”命令，观察花瓶实体模型，如图 9-56 所示。

（4）消隐图形。选择“视图 > 消隐”命令，观察花瓶实体模型消隐显示效果，如图 9-57 所示。

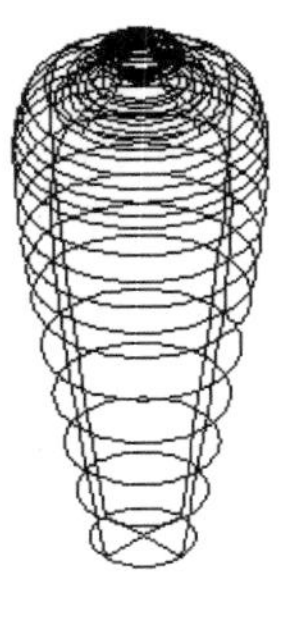

图 9-56

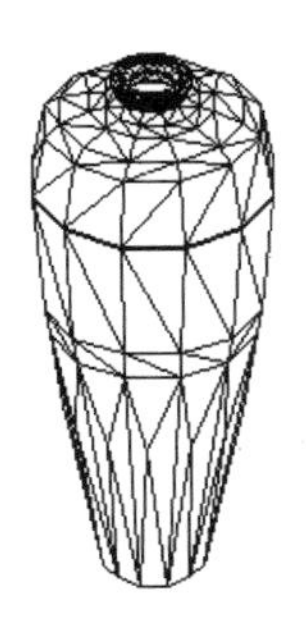

图 9-57

9.2.4 扩展实践：绘制螺母

本实践需要使用“圆”工具、“面域”按钮、“差集”按钮、“拉伸”按钮、“圆角”按钮、“倒角”按钮、“多边形”按钮和“交集”工具来完成螺母的绘制。最终效果参看云盘中的“Ch09 > DWG > 绘制螺母 .dwg”，如图 9-58 所示。

图 9–58

任务 9.3　项目演练：绘制台灯三维模型

使用“旋转”工具和“真实视觉样式”命令完成台灯三维模型的绘制，并观察它。最终效果参看云盘中的“Ch09 > DWG > 绘制台灯三维模型 .dwg”，如图 9-59 所示。

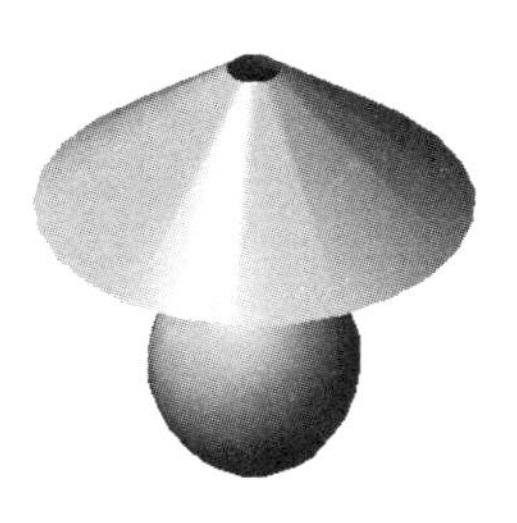

微课

绘制台灯三维模型

图 9–59

项目10

掌握商业设计应用
——综合设计实训

本项目的综合设计实训案例根据实际设计项目真实情境来训练读者利用所学知识完成商业设计任务。通过本项目的学习，读者能够进一步掌握AutoCAD的功能和使用技巧，并应用好所学技能制作出专业的设计作品。

学习引导

知识目标

- 掌握软件的基础知识
- 了解 AutoCAD 的常用设计领域

能力目标

- 了解 AutoCAD 在不同设计领域的设计思路
- 掌握 AutoCAD 在不同设计领域的制作技巧

素养目标

- 培养创新设计思维
- 培养对商业项目的流程掌控能力

实训项目

- 绘制油标
- 绘制花岗岩拼花图形
- 绘制咖啡厅墙体
- 绘制咖啡厅平面布置图
- 绘制泵盖

任务 10.1　标志设计——绘制油标

10.1.1　任务引入

本任务需要使用“构造线”“删除”“圆”“直线”“修剪”“复制”“图案填充”命令来完成油标的绘制。最终效果参看云盘中的“Ch10 > 效果 > 绘制油标 .dwg”，如图 10-1 所示。

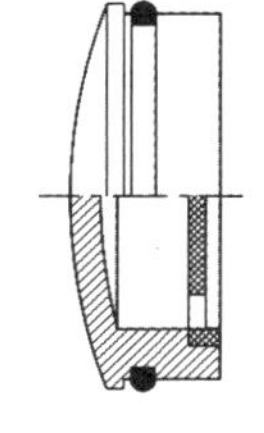
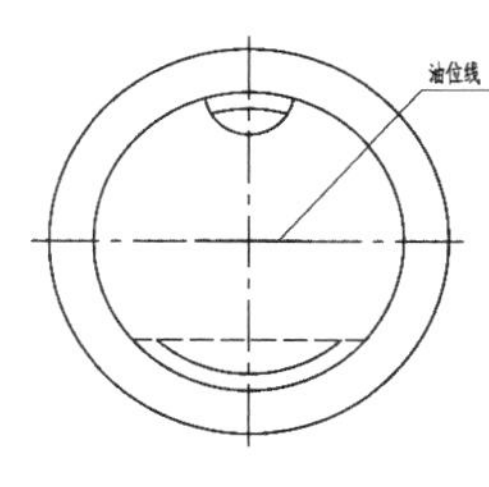

图 10–1

10.1.2　任务实施

（1）启动 AutoCAD 2019，选择“文件 > 新建”命令，创建新的图形文件，分别创建“轮廓线”“剖面线”“细点划线”“尺寸线”“虚线”5 个图层。

（2）将“细点划线”图层设置为当前图层，选择“直线”工具，绘制中心线，效果如图 10-2 所示。

（3）选择“偏移”工具，将水平中心线分别向上和向下偏移 29，效果如图 10-3 所示。

图 10–2　　图 10–3

命令：_offset　// 选择“偏移”工具

当前设置：删除源 = 否　图层 = 源　OFFSETGAPTYPE=0

指定偏移距离或 [通过 (T)/ 删除 (E)/ 图层 (L)]< 通过 >: 29

选择要偏移的对象或 [退出 (E)/ 放弃 (U)]< 退出 >:　// 选择水平直线

指定要偏移的那一侧上的点，或 [退出 (E)/ 多个 (E)/ 放弃 (U)]< 退出 >:　// 在水平直线上侧单击

选择要偏移的对象或 [退出 (E)/ 放弃 (U)]< 退出 >:　// 选择水平直线

指定要偏移的那一侧上的点，或 [退出 (E)/ 多个 (E)/ 放弃 (U)]< 退出 >:　// 在水平直线下侧单击

选择要偏移的对象或 [退出 (E)/ 放弃 (U)]< 退出 >:　// 按 Enter 键

（4）选择“偏移”工具，将左侧竖直中心线分别向右偏移 5.5、7、8、9、12.5、17.5、20 和 22，将水平中心线向上偏移 27.5。将水平中心线分别向下偏移 20、22.5 和 27.5，效果如图 10-4 所示。

（5）将“轮廓线”图层设置为当前图层，选择“直线”工具，绘制直线，效果如图 10-5 所示。

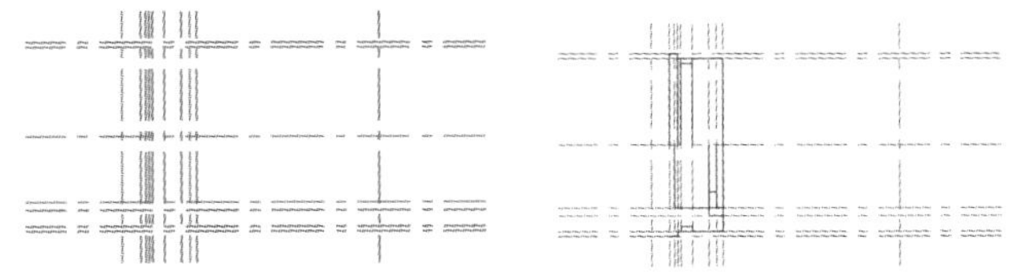

图 10–4　　图 10–5

（6）使用“删除”工具、“圆弧”工具、“复制”工具和“修改”工具制作出图 10-6 所示的效果。

（7）选择“圆”工具，绘制直径为 58 的圆，效果如图 10-7 所示。

命令：_circle 指定圆的圆心或 [三点 (3P)/ 两点 (2P)/ 相切、相切、半径 (T)]: // 捕捉侧视图的交点

指定圆的半径或 [直径 (D)] <29.0000>: D

指定圆的直径 <58.0000>: 58

图 10-6　　图 10-7

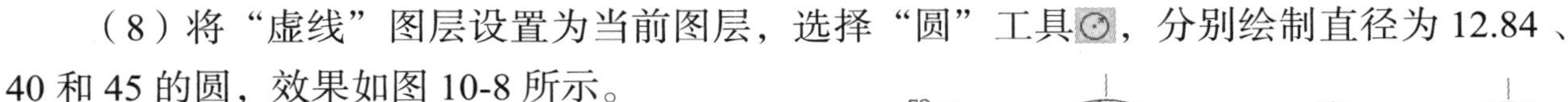

（8）将“虚线”图层设置为当前图层，选择“圆”工具，分别绘制直径为 12.84 、40 和 45 的圆，效果如图 10-8 所示。

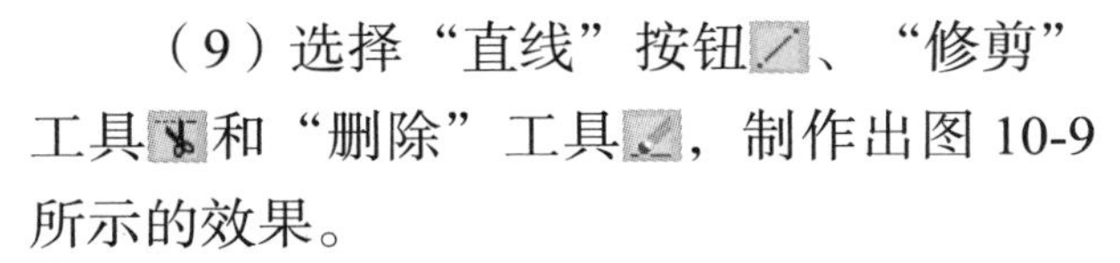

（9）选择“直线”按钮、“修剪”工具和“删除”工具，制作出图 10-9 所示的效果。

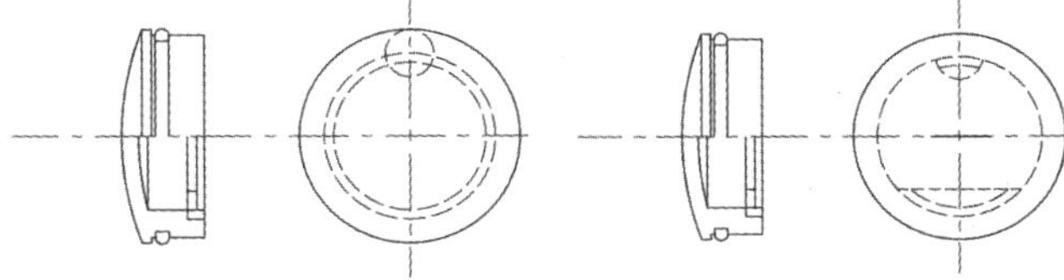

图 10-8　　图 10-9

（10）将“剖面线”图层设置为当前图层，单击“图案填充”按钮，弹出“图案填充创建”选项卡，单击“图案”选项组中的按钮，在弹出的下拉列表中选择“ANSI37”选项（即选择图案 ANSI37）；在“特性”选项组的“填充图案比例”文本框中输入“0.25”；单击“边界”选项组中的“拾取点”按钮，然后在需要绘制剖面线的区域内单击，并按 Enter 键，单击“确定”按钮，效果如图 10-10 所示。

（11）用相同的方法填充其他图案，制作出图 10-11 所示的效果。至此，油标绘制完毕。

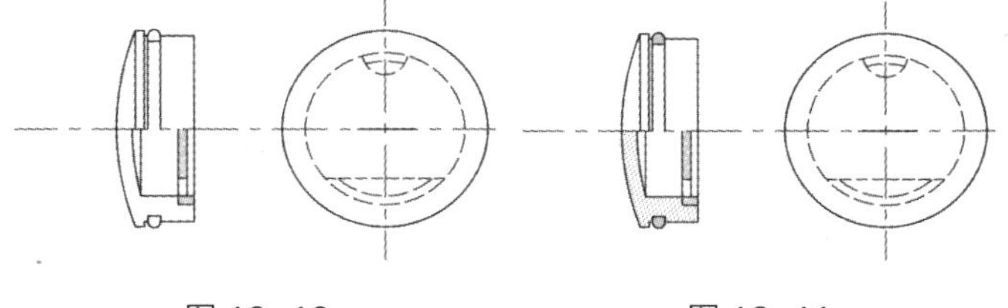

图 10-10　　图 10-11

任务 10.2　图案设计——绘制花岗岩拼花图形

10.2.1 任务引入

本任务需要使用“椭圆”“圆”“直线”“阵列”“修剪”“删除”“图案填充”命令来完成花岗岩拼花图形的绘制。最终效果参看云盘中的“Ch10 > 效果 > 绘制花岗岩拼花图形 .dwg”，如图 10-12 所示。

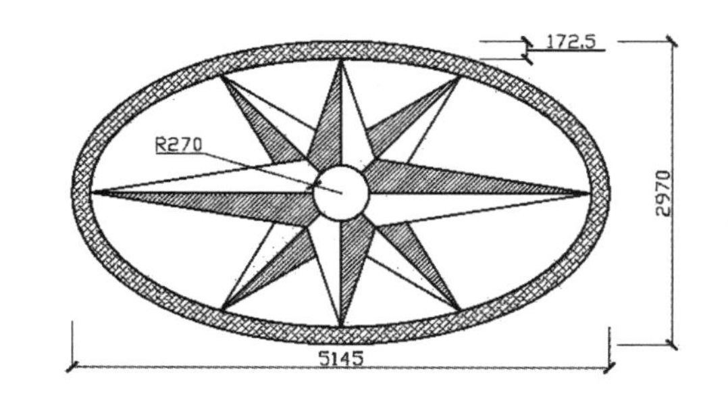

图 10-12

10.2.2 任务实施

（1）启动 AutoCAD 2019，创建图形文件。选择“文件 > 新建”命令，弹出“选择样板”对话框，单击“打开”按钮，创建一个新的图形文件。创建一个“剖面线”图层。

（2）打开正交绘图模式。选择“椭圆”工具，绘制椭圆，如图 10-13 所示，然后选择“偏移”工具，设置偏移距离为 172.5，如图 10-14 所示。

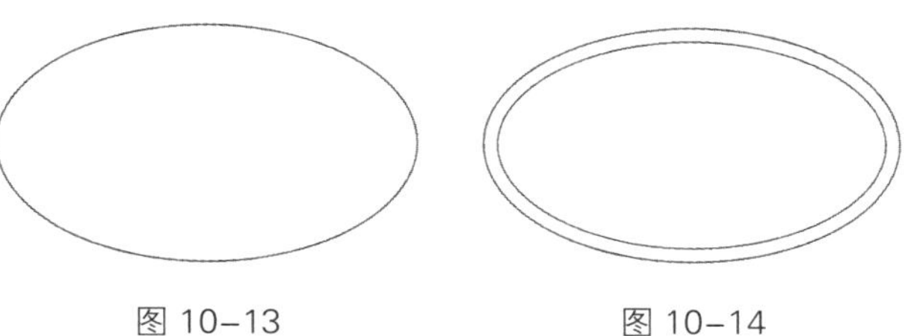

图 10–13　　图 10–14

命令 : _ellipse　　// 选择“椭圆”工具

指定椭圆的轴断点或 [圆弧 (A)/ 中心点 (C)]:　　// 单击以确定起点

指定轴的另一个端点 : 5145　　// 确定端点

指定另一条半轴长度或 [旋转 (R)]:1485　　// 确定半轴长度

（3）选择“圆”工具，以椭圆的中心点为圆心，分别绘制半径为 270 和 465 的圆形，如图 10-15 所示。

（4）使用“直线”工具、“环形阵列”工具和“修剪”工具制作出图 10-16 所示的图形。

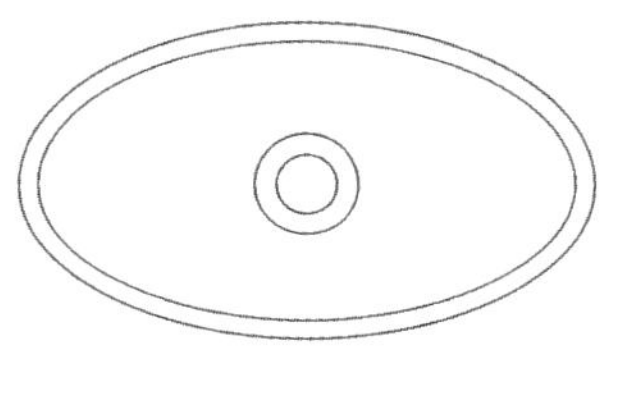

图 10–15

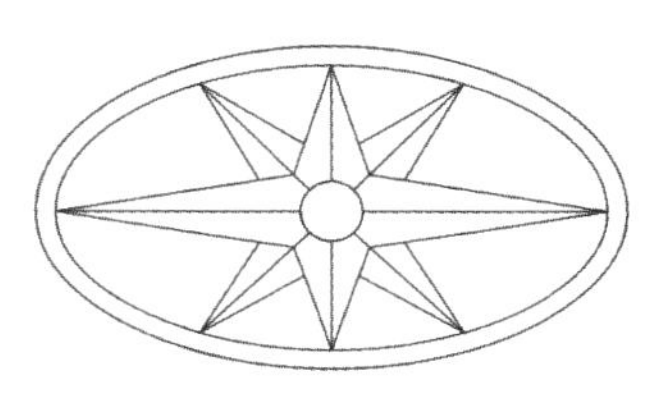

图 10–16

（5）将“剖面线”图层设置为当前图层，单击“图案填充”按钮，弹出“图案填充创建”选项卡，单击“图案”选项组中的按钮，在弹出的下拉列表中选择“ANSI38”选项（即选择图案 ANSI38）；在“特性”选项组的“填充图案比例”文本框中输入“15”；单击“边界”选项组中的“拾取点”按钮，然后在需要绘制剖面线的区域内单击，并按 Enter 键，单击“确定”按钮，效果如图 10-17 所示。

（6）用相同的方法填充其他图案，制作出图 10-18 所示的效果。至此，花岗岩拼花图形绘制完毕。

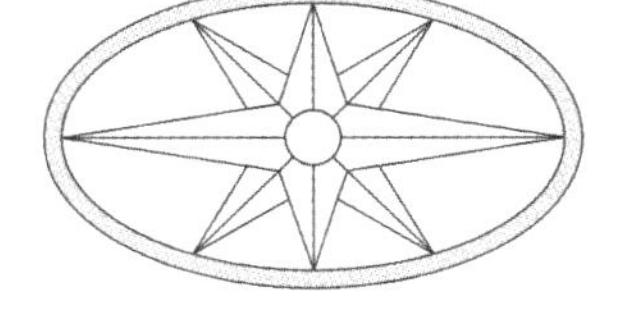

图 10–17

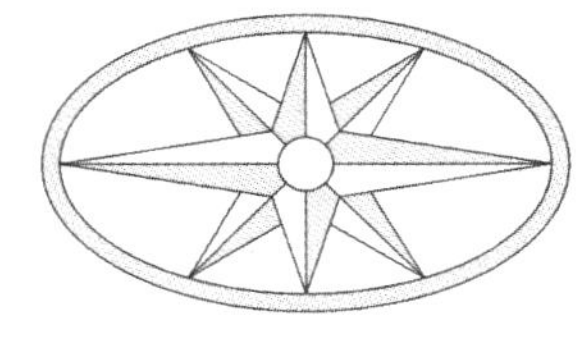

图 10–18

任务 10.3 墙体设计——绘制咖啡厅墙体

10.3.1 任务引入

本任务需要使用“矩形”“分解”“偏移”“多段线”“复制”“圆”“修剪”“直线”

“图案填充”命令来完成咖啡厅墙体的绘制。最终效果参看云盘中的“Ch10 > 效果 > 绘制咖啡厅墙体 .dwg”，如图 10-19 所示。

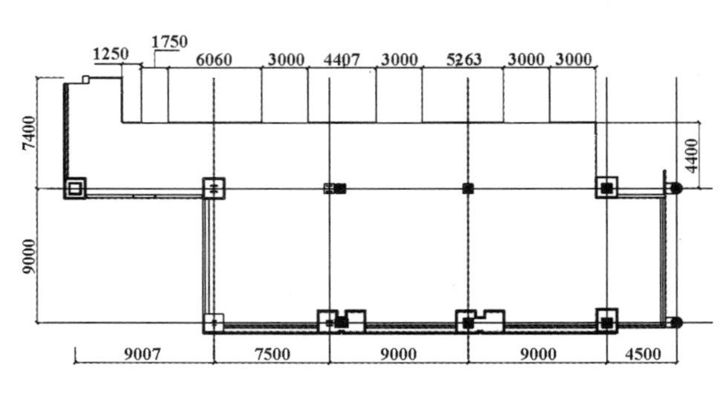

图 10-19

10.3.2 任务实施

（1）启动 AutoCAD 2019，创建图形文件。选择“文件 > 新建”命令，弹出“选择样板”对话框，单击“打开”按钮，创建一个新的图形文件。然后分别创建“细实线”“细点划线”“剖面线”3 个图层，将“细点划线”图层的线型设置为“CENTER2”，并将“细实线”图层设置为当前图层。

图 10-20

（2）选择“矩形”工具，绘制咖啡厅墙体图形，效果如图 10-20 所示。

命令：_rectang　　// 选择“矩形”工具

指定第一个角点或 [倒角 (C)/ 标高 (E)/ 圆角 (F)/ 厚度 (T)/ 宽度 (W)]:　　// 单击以确定第一个角点 *A*

指定另一个角点或 [面积 (A)/ 尺寸 (D)/ 旋转 (R)]: @39000,17130　　// 输入 *C* 点的相对坐标

（3）选择“分解”工具，把矩形分解开来。选择“偏移”工具，将直线 *AD* 向右偏移，偏移距离分别为 100、250、3750、3770、3790、9007、9157、9387，将直线 *BC* 向左偏移，偏移距离分别为 165、325、4480、4500、4520，效果如图 10-21 所示。

命令：_offset　　// 选择“偏移”工具

当前设置：删除源 = 否　图层 = 源　OFFSETGAPTYPE=0

指定偏移距离或 [通过 (T)/ 删除 (E)/ 图层 (L)] < 通过 >: 100　　// 输入偏移距离值

选择要偏移的对象，或 [退出 (E)/ 放弃 (U)] < 退出 >:　　// 选择直线 *AB*

指定要偏移的那一侧上的点，或 [退出 (E)/ 多个 (M)/ 放弃 (U)] < 退出 >:　　// 单击直线 *AB* 的右侧

选择要偏移的对象，或 [退出 (E)/ 放弃 (U)] < 退出 >:　　// 按 Enter 键

（4）选择“偏移”工具，将直线 *CD* 向下偏移，偏移距离分别为 20、40、400、3000、3020、3040、7825、8055，将直线 *AB* 向上偏移，偏移距离分别为 100、400、550，效果如图 10-22 所示。

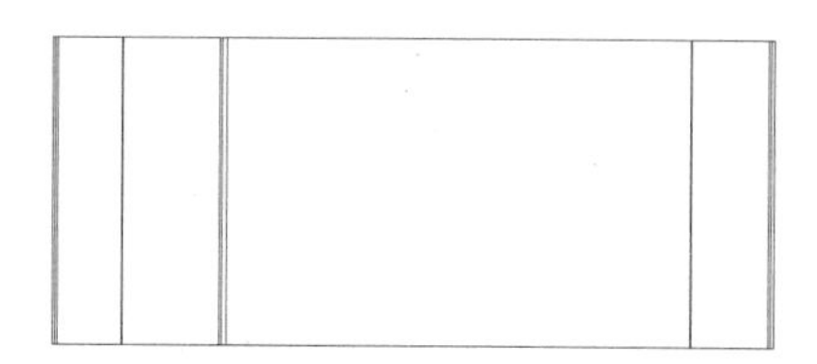

图 10-21

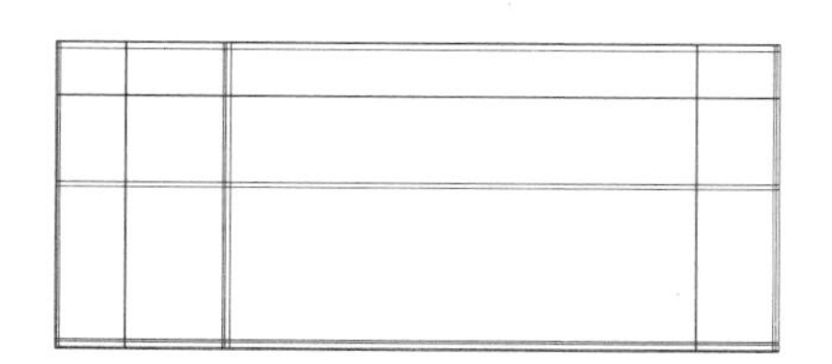

图 10-22

（5）使用“矩形”工具▭、“多段线”工具⊃和“复制”工具⧉绘制柱子图形，效果如图 10-23 所示。

（6）使用“圆”工具⊙和“复制”工具⧉绘制圆，效果如图 10-24 所示。

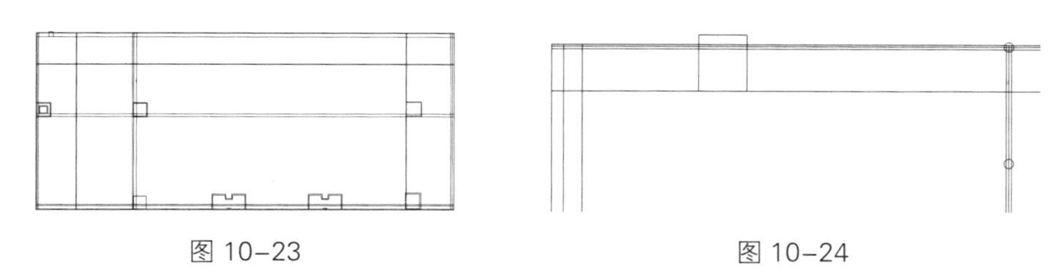

图 10-23　　图 10-24

（7）选择“修剪”工具✂，修剪多余线条，效果如图 10-25 所示。

（8）使用“直线”工具／、“偏移”工具⊆和“修剪”工具✂完善咖啡厅墙体图形，效果如图 10-26 所示。

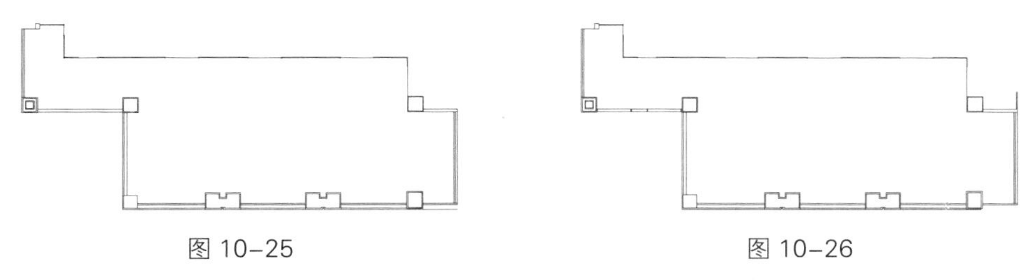

图 10-25　　图 10-26

（9）将“细点划线”图层设置为当前图层，选择“直线”工具／，绘制梁的轴线，如图 10-27 所示。选择“偏移”工具⊆，偏移轴线图形，将横梁偏移 9000，将垂直梁分别偏移 7500、16500、25500、30000，效果如图 10-28 所示。

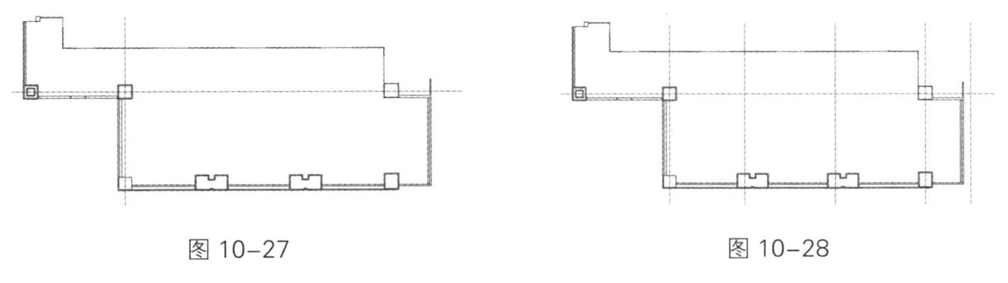

图 10-27　　图 10-28

（10）将“细实线”图层设置为当前图层。使用“矩形”工具▭、“圆”工具⊙、“直线”工具／绘制柱子图形，效果如图 10-29 所示。选择“多段线”工具⊃，绘制工字梁图形，效果如图 10-30 所示。

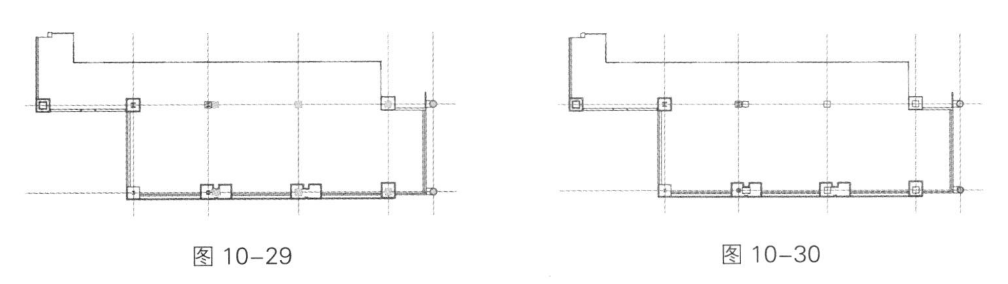

图 10-29　　图 10-30

（11）将“剖面线”图层设置为当前图层，单击“图案填充”按钮▦，弹出“图案填充创建”选项卡，单击“图案”选项组中的▾按钮，在弹出的下拉列表中选择“SOLID”

选项（即选择图案 SOLID）；单击“边界”选项组中的“拾取点”按钮，然后在需要绘制剖面线的区域内单击，并按 Enter 键，单击“确定”按钮，效果如图 10-31 所示。

（12）用相同的方法填充其他图案，制作出图 10-32 所示的效果。至此，咖啡厅墙体绘制完成。

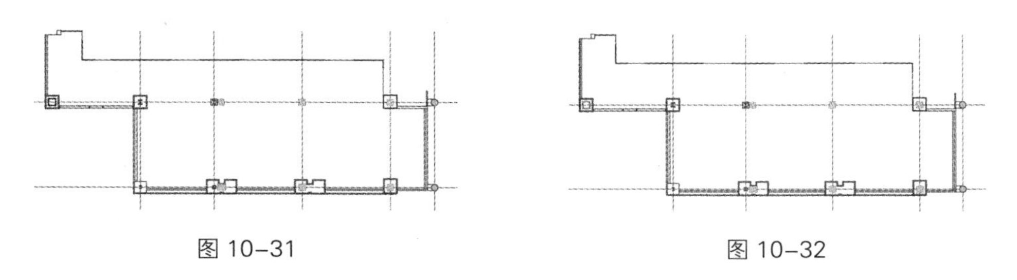

图 10-31　　图 10-32

任务 10.4　平面布局——绘制咖啡厅平面布置图

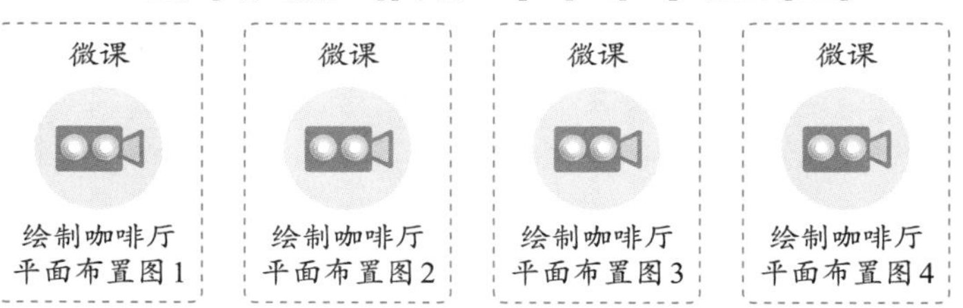

10.4.1 任务引入

本任务需要使用“多线”“移动”“旋转”“镜像”“复制”“矩形”“直线”“分解”“删除”“偏移”“多行文字”命令来完成咖啡厅平面布置图的绘制。最终效果参看云盘中的“Ch10 > 效果 > 绘制咖啡厅平面布置图 .dwg”，如图 10-33 所示。

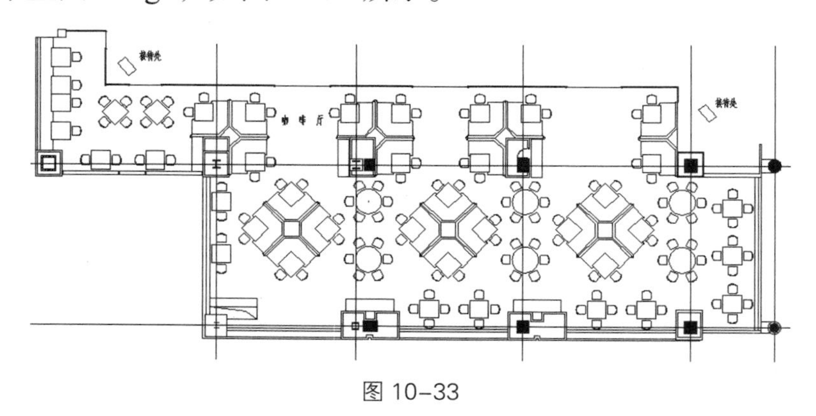

图 10-33

10.4.2 任务实施

（1）启动 AutoCAD 2019，创建图形文件。选择“文件 > 新建”命令，弹出“选择样板”对话框，单击“打开”按钮，创建一个新的图形文件。

（2）选择“插入 > 块”命令，弹出“插入”对话框，单击“浏览”按钮，弹出“选择图形文件”对话框。选择云盘中的“Ch10 > 素材 > 绘制咖啡厅平面布置图 > 咖啡厅平面布置图 .dwg”图形文件，单击“打开”按钮，返回 “插入”对话框。单击“确定”按钮，返回绘图区域，单击以插入该图形。然后选择“视图 > 缩放 > 范围”命令，使图形全屏显示，如图 10-34 所示。

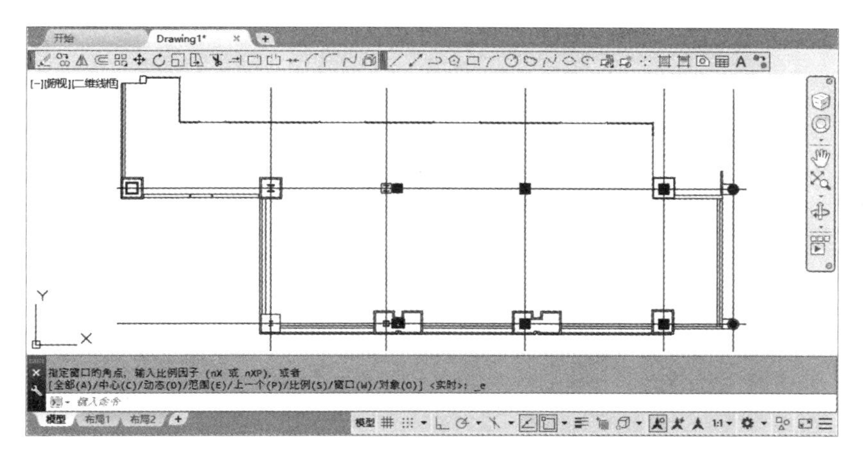

图 10-34

（3）插入“单人桌”图形，选择“移动”工具，打开“对象捕捉”和“对象追踪”开关，移动单人桌图形，效果如图 10-35 所示。选择“复制”工具，复制单人桌图形，效果如图 10-36 所示。然后选择“镜像”工具，镜像以上两个单人桌图形，效果如图 10-37 所示。

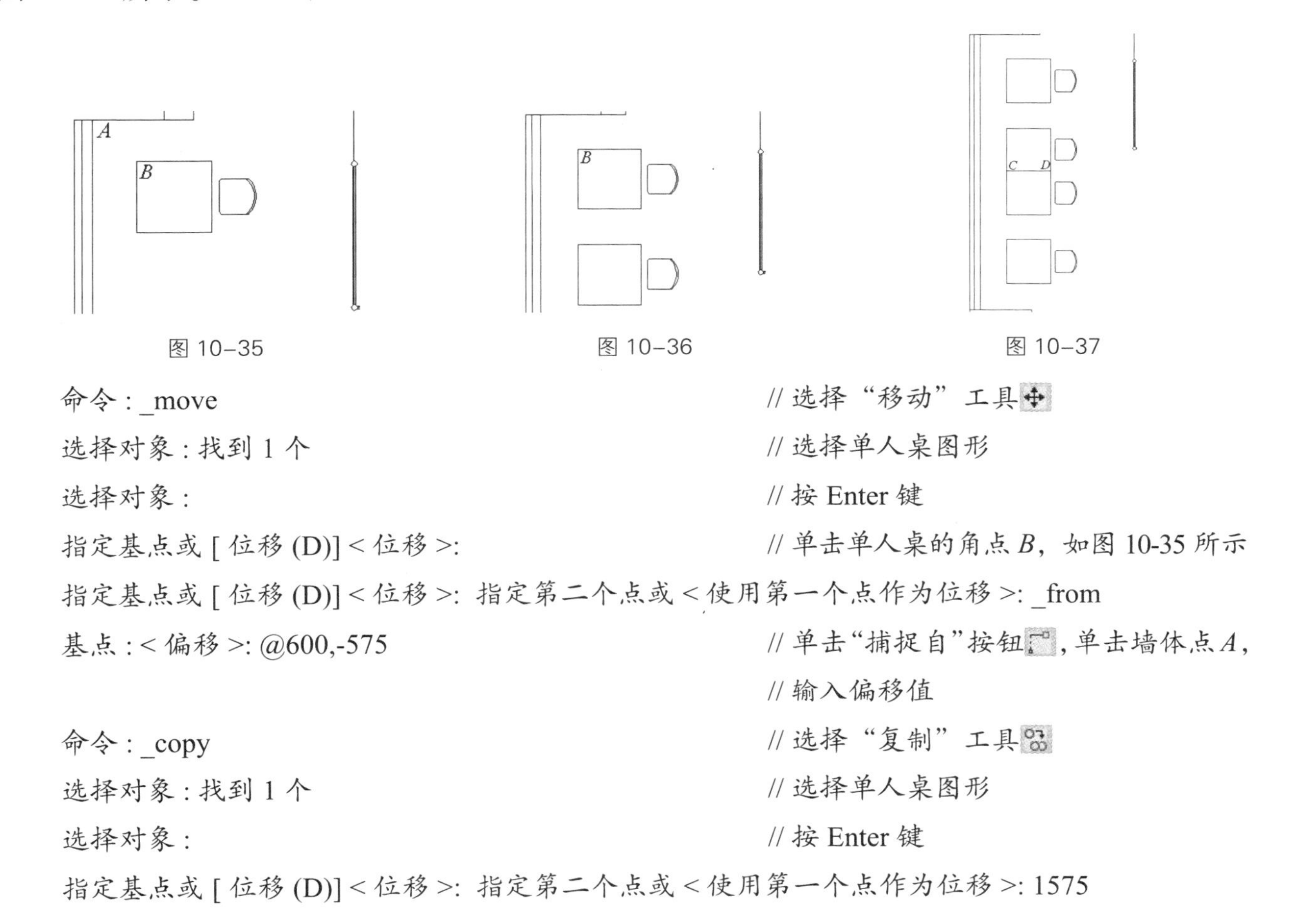

图 10-35　　图 10-36　　图 10-37

命令 : _move　　// 选择“移动”工具

选择对象 : 找到 1 个　　// 选择单人桌图形

选择对象 :　　// 按 Enter 键

指定基点或 [位移 (D)] < 位移 >:　　// 单击单人桌的角点 *B*，如图 10-35 所示

指定基点或 [位移 (D)] < 位移 >: 指定第二个点或 < 使用第一个点作为位移 >: _from

基点 : < 偏移 >: @600,-575　　// 单击“捕捉自”按钮，单击墙体点 *A*，// 输入偏移值

命令 : _copy　　// 选择“复制”工具

选择对象 : 找到 1 个　　// 选择单人桌图形

选择对象 :　　// 按 Enter 键

指定基点或 [位移 (D)] < 位移 >: 指定第二个点或 < 使用第一个点作为位移 >: 1575

// 单击 *B* 点，并将鼠标指针放在 *B* 点
// 下侧，输入距离值

指定第二个点或 [退出 (E)/ 放弃 (U)] < 退出 >: // 按 Enter 键
命令 : _mirror // 选择“镜像”工具
选择对象 : 指定对角点 : 找到 2 个 // 选择两个单人桌图形
选择对象 : 指定镜像线的第一点 : 指定镜像线的第二点 : // 按 Enter 键，并依次单击 *C* 点和 *D* 点
要删除源对象吗？ [是 (Y)/ 否 (N)] <N>: // 按 Enter 键

（4）选择“直线”工具，绘制直线，效果如图 10-38 所示。然后选择“修剪”工具，修剪直线，效果如图 10-39 所示。

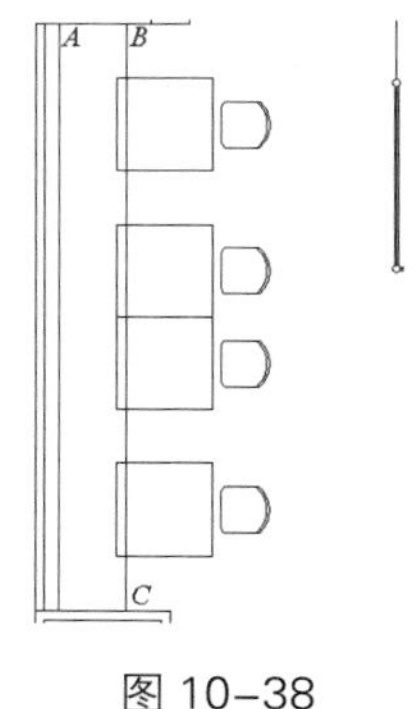

图 10-38

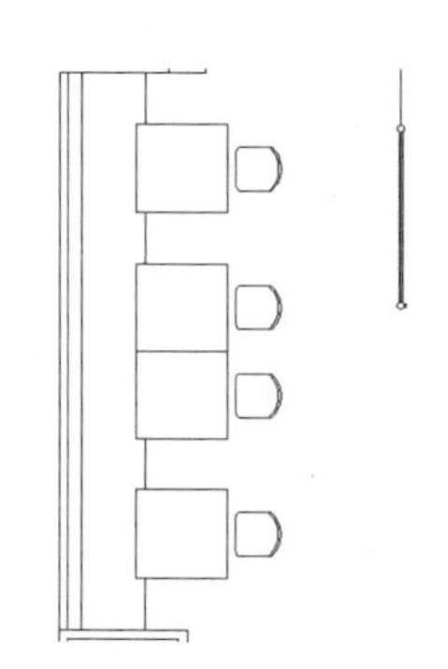
图 10-39

命令 : _line 指定第一点 : _tt 指定临时对象追踪点 : // 选择“直线”工具，然后选择“临时
// 追踪点”工具，单击 *A* 点
指定第一点 : 700 // 向右追踪，输入距离值，确定 *B* 点
指定下一点或 [放弃 (U)]: // 捕捉到垂足 *C* 点
指定下一点或 [放弃 (U)]: // 按 Enter 键

（5）用上述的方法插入其他图形，并应用相应的工具，制作出图 10-40 所示的效果。

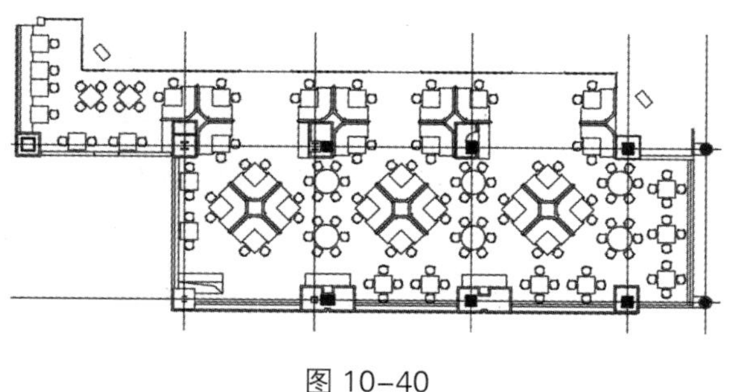
图 10-40

（6）选择“多行文字”工具A，在空白区域创建一个文本框，弹出“文字编辑器”选项卡，在“文字高度”数值框中输入“540”，然后在文本框中输入文字“接待处”，单击“关闭文字编辑器”按钮，效果如图 10-41 所示。用相同的方法输入其他文字，制作出图 10-42 所示的效果。至此，咖啡厅平面布置图绘制完成。

接待处

图 10-41

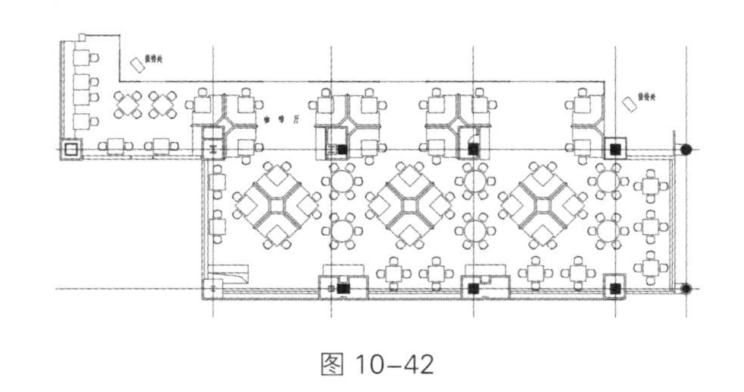

图 10-42

任务 10.5 三维设计——绘制泵盖

10.5.1 任务引入

本任务需要使用“面域”“拉伸”“旋转”“复制”“镜像”“并集”“差集”命令绘制泵盖的三维模型；使用“消隐”命令、“自由动态观察”工具和“西南等轴测”工具来完成三维泵盖的绘制。最终效果参看云盘中的“Ch10 > 效果 > 绘制泵盖 .dwg”，如图 10-43 所示。

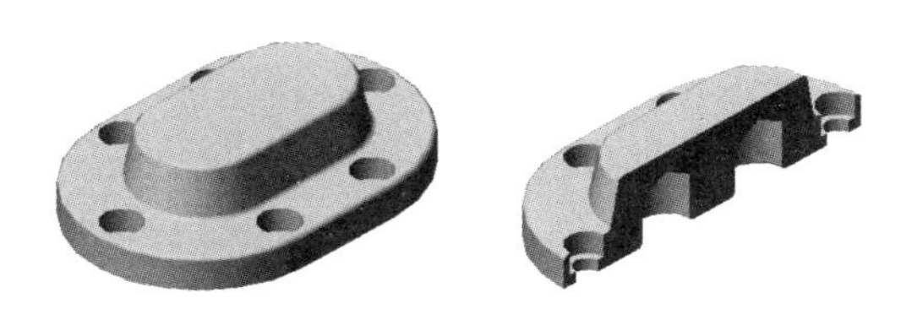

图 10-43

10.5.2 任务实施

（1）启动 AutoCAD 2019，创建图形文件。选择“文件 > 新建”命令，弹出“选择样板”对话框，单击“打开”按钮，创建一个新的图形文件。

（2）选择“矩形”工具，绘制图 10-44 所示的图形。选择“拉伸”工具，将刚创建的图形作为拉伸对象，并定义拉伸高度为 10。完成拉伸后依次选择“西南等轴测”工具、选择“视图 > 消隐”命令，效果如图 10-45 所示。

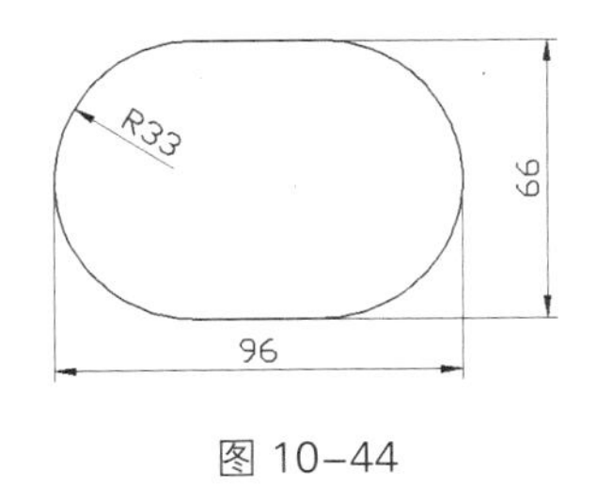

图 10-44

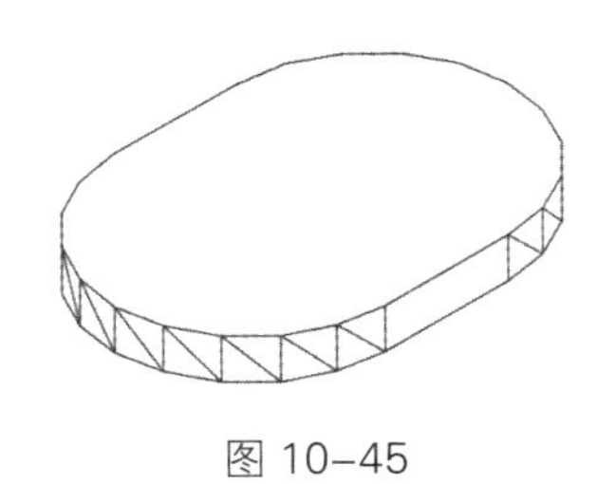

图 10-45

（3）移动鼠标指针至图 10-46 所示的位置。选择“矩形”工具，绘制出图 10-47 所示的图形。选择“拉伸”工具，将刚创建的图形作为拉伸对象，并定义拉伸高度为 14、倾斜角度为 11°，效果如图 10-48 所示。

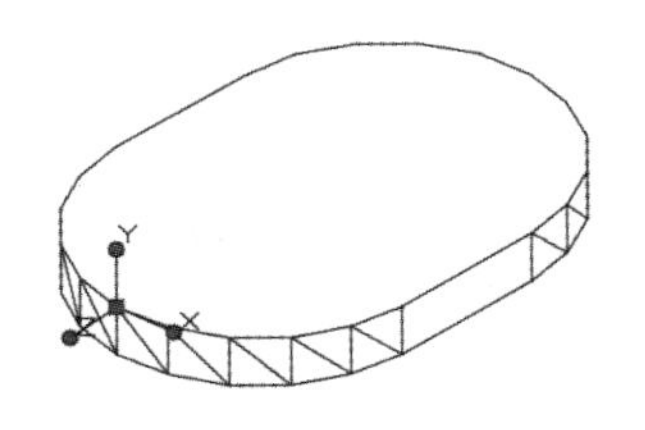

图 10-46

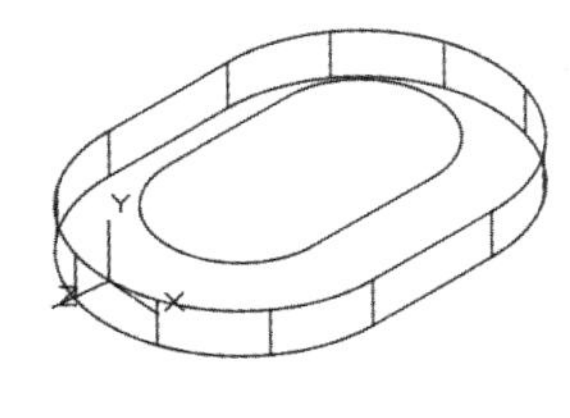

图 10-47

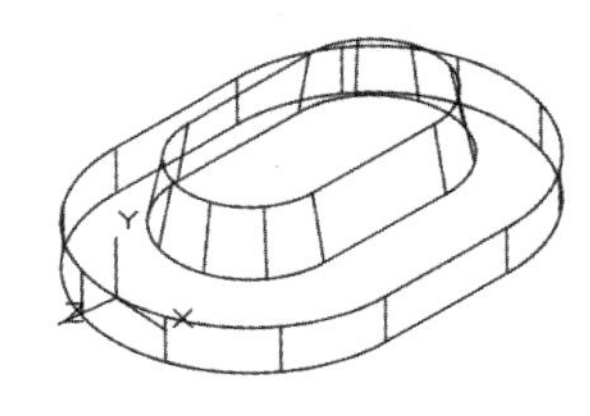

图 10-48

命令 : _extrude　　//选择“拉伸”工具

当前线框密度 : ISOLINES=4

选择要拉伸的对象 : 找到 1 个　　//选择拉伸对象

选择要拉伸的对象 :

指定拉伸的高度或 [方向 (D)/ 路径 (P)/ 倾斜角 (T)]: t　　//选择“倾斜角”选项

指定拉伸的倾斜角度 <0>: 11　　//输入拉伸倾斜角度

指定拉伸高度或 [方向 (D)/ 路径 (P)/ 倾斜角 (T))]: 14　　//输入拉伸高度

（4）选择“实体编辑”工具栏中的“并集”工具，按照命令行的提示，选择刚创建的两个拉伸实体并通过并运算将其合为一体。至此，泵盖模型的基体就创建完成了，效果如图 10-49 所示。

（5）用上述的方法绘制其他图形，并使用“实体编辑”工具栏中的工具制作出图 10-50 所示的效果。

（6）选择“修改 > 三维操作 > 剖切”命令，剖切泵盖的实体模型，在定义剖切平面时通过三点方式定义，如图 10-51 所示。完成剖切后的图形效果如图 10-52 所示。

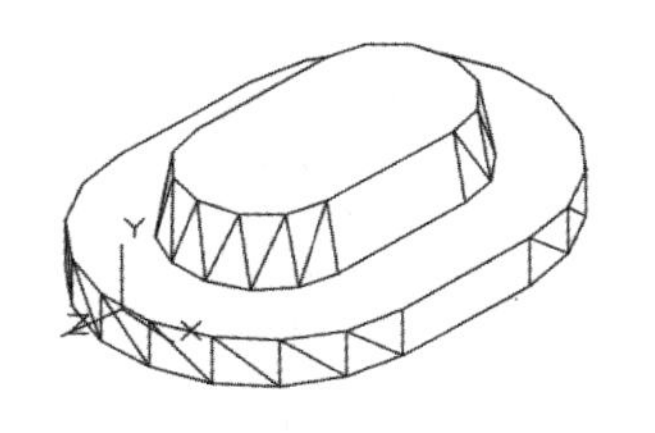

图 10-49

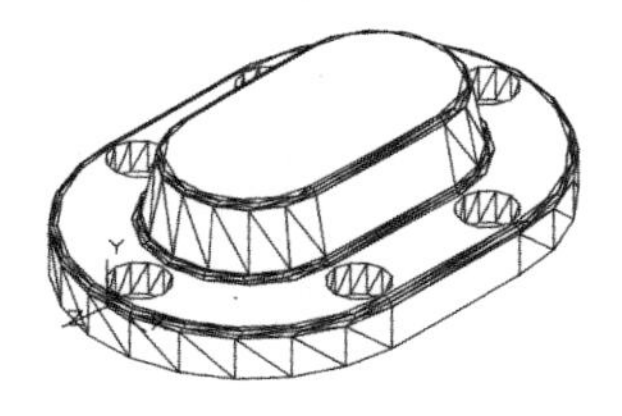

图 10-50

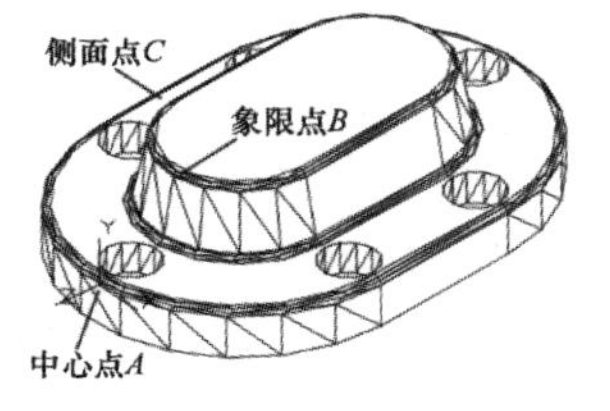

图 10-51

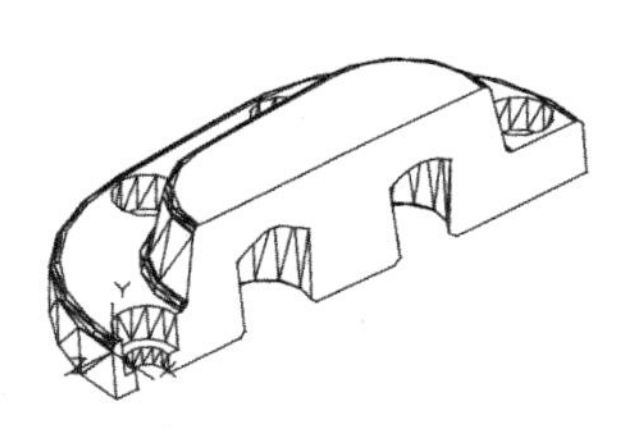

图 10-52

命令 : _slice　　//选择“剖切”工具

选择要剖切的对象 : 找到 1 个　　//选择泵盖三维模型

选择要剖切的对象 :　　//按 Enter 键

指定切面的起点或 [平面对象 (O)/ 曲面 (S)/Z 轴 (Z)/ 视图 (V)/XY(XY)/YZ(YZ)/ZX(ZX)/ 三点 (3)] < 三点 >:　　//选择中点 *A*

指定平面上的第二个点 :　　//选择象限点 *B*

指定平面上的第三个点 :　　//选择象限点 *B*

在所需的侧面上指点或 [保留两个侧面 (B)]:　　//选择侧面点 *C*，保留左半一侧

（7）至此，整个泵盖的三维模型就创建完成了。最后选择“视觉样式”工具栏中的“概念视觉样式”工具，对创建好的泵盖模型进行着色观察。也可以选择“动态观察”工具栏中的“自由动态观察”工具，对模型进行多角度观察。